U0659327

李述铜 ◎ 编著

从0手写 x86

计算机操作系统

清华大学出版社

北京

内 容 简 介

本书是一本为渴望深入理解计算机操作系统设计与实现的读者量身打造的实践指南。全书共 18 章，涵盖了诸多关键主题，包括如何启动操作系统，管理内存和异常，创建进程并实现进程的协作，开发设备驱动程序，构建文件系统从而读写文件等内容，并以此为基础构建出可供用户程序使用的系统调用接口。通过这些接口，创建出小型的命令行解析器，它可根据用户输入的命令动态加载硬盘上的程序执行。

为降低学习难度，尽可能地减少汇编代码的使用，并且向读者提供了一套简单易用的开发环境。通过翔实的原理分析和示例代码，读者能够清楚地看到一个小型的操作系统是如何一步步构建出来的。通过本书，读者不仅能够掌握操作系统的设计原理，还能亲自动手实践，构建属于自己的操作系统。

无论你是计算机专业的学生，还是希望扩展技术深度的开发者，本书都能为你提供丰富的学习资源和实践指导。通过本书，你将不仅仅了解操作系统"是什么"，更会明白它"为什么这么做"以及"如何实现"。

版权所有，侵权必究。举报：010-62782989，beiqinquan@tup.tsinghua.edu.cn。

图书在版编目（CIP）数据

从 0 手写 x86 计算机操作系统/李述铜编著. --北京：清华大学出版社，2025.8.
ISBN 978-7-302-70251-1

Ⅰ．TP316

中国国家版本馆 CIP 数据核字第 202591NK56 号

责任编辑：杨迪娜
封面设计：杨玉兰
责任校对：徐俊伟
责任印制：杨　艳

出版发行：清华大学出版社
　　　　　网　　址：https://www.tup.com.cn，https://www.wqxuetang.com
　　　　　地　　址：北京清华大学学研大厦 A 座　　　　　邮　　编：100084
　　　　　社 总 机：010-83470000　　　　　　　　　　　邮　　购：010-62786544
　　　　　投稿与读者服务：010-62776969，c-service@tup.tsinghua.edu.cn
　　　　　质量反馈：010-62772015，zhiliang@tup.tsinghua.edu.cn
　　　　　课件下载：https://www.tup.com.cn，010-83470236
印 装 者：三河市君旺印务有限公司
经　　销：全国新华书店
开　　本：185mm×260mm　　印　张：23　　　　　　　字　　数：562 千字
版　　次：2025 年 9 月第 1 版　　　　　　　　　　　印　　次：2025 年 9 月第 1 次印刷
定　　价：99.00 元

产品编号：104633-01

前言

本书介绍

记得很多年前,我在学校的图书馆书架上发现了一本厚厚的关于 Linux 0.11 内核源码分析的书籍。不过,由于该书仅从源码分析的角度介绍操作系统的实现,再加之自己的编程水平有限,因此最终仅阅读了一小部分章节。后来,偶尔也能找到介绍手写操作系统的书籍,不过,书中充斥着大量的汇编代码、复杂的设计算法且代码难于调试,这也导致我很难读完这些书。

手写操作系统是一件非常令人兴奋的事情,上述因素不应当成为前进之路上的障碍。能不能将这个事情变得简单一些,使得初学者能够更容易地学习?

在经过一系列的摸索之后,我找到了一种解决方案,并以此为基础做出了一套介绍操作系统实现的课程,最终完成此书。在书中,我尽可能地简化了操作系统的实现过程,从而让初学者能够更专注于操作系统的实现。

例如,该操作系统既不支持 64 位架构,也不支持多核,内部设计算法也尽可能简单且易于理解。对于初学者而言,这些内容并不特别重要。尽管如此,这个操作系统仍然具备了一个操作系统应当具备的功能,如进程管理、虚拟内存、文件系统、系统调用和设备管理等。更重要的是,本书提供了一套简易的开发环境,学习者可以很方便地对代码进行调试。

本书特点

相比市面上已有的同类书籍,本书具备如下特点:

- 整体共 6000 余行代码,汇编代码仅约 100 行,其余均为可读性好的 C 代码。
- 无论是操作系统还是应用程序,所有代码均可一键编译和调试。
- 尽可能采用简单易懂而非复杂的设计算法降低学习难度。
- 各章节内容紧密联系,循序渐进地展示了操作系统的实现过程。

内容安排

对于大多数初学者而言,操作系统设计是一项复杂且烦琐的工作。同时,由于操作系统各模块之间存在复杂的关联;因此,要采用一种简单且易于理解的方式将其设计过程展示出来并非一件易事。

本书针对初学者的学习方式,对各章节的安排如下表所示。

章 节	功 能 模 块	主 要 内 容
第 1 章　设计目标	无	了解目标操作系统运行的硬件环境及设计目标
第 2 章　配置开发环境	无	分别介绍如何在 Windows 和 Linux 系统中安装开发所需的各项工具,从而构建开发操作系统所需的环境
第 3 章　启动操作系统	无	完成操作系统最基本的初始化和自加载工作,进入 C 环境运行,实现简单的日志打印接口

续表

章　节	功能模块	主要内容
第4章　内存管理	内存管理	实现位图算法用于管理物理内存的分配和释放,创建页表并启用虚拟内存
第5章　异常管理 第6章　实现多进程运行 第7章　进程的同步与互斥	进程管理	创建系统中第一个进程 first,构建就绪列表和延时列表,实现进程的有序运行以及进程睡眠等功能,实现互斥锁和信号量
第8章　屏幕显示与键盘读取 第9章　读写硬盘 第10章　统一管理设备	设备管理	为键盘、屏幕以及硬盘设计驱动程序,抽象出一套简单易用、统一的接口用于对这些设备进行访问
第11章　读写设备文件 第12章　读写普通文件 第13章　文件系统的实现	文件系统	将硬件设备视作设备文件,抽象出相应的文件访问接口;支持对硬盘上 FAT16 分区中普通文件的读写;实现文件系统模块,提供统一接口用于访问设备文件和普通文件
第14章　从硬盘加载程序执行	内存管理 进程管理	将位于硬盘上的 shell 可执行程序加载到内存中执行,并为其创建进程地址空间
第15章　实现系统调用 第16章　支持内存分配和 printf() 打印 第17章　实现命令行解释器 第18章　进程的创建与退出	进程管理 系统调用	实现系统调用机制,使得 shell 能够请求操作系统完成某些工作;引入 C 语言标准库,丰富 shell 可直接使用的功能接口;实现 fork()、execve()等系统调用接口

　　每个章节首先结合当前设计目标介绍设计原理;之后再介绍如何用代码实现。在阅读本书时,请注意参考上表,以明确当前所读的内容在整个系统设计中所处的位置。

学习基础和方法

　　阅读本书的读者应当具备一定的编程基础,如熟练使用 C 语言、了解汇编语言编程(无须熟练)、对计算机组成原理和操作系统工作原理有初步的了解。最好能有 Linux 系统编程的经验。

　　在学习过程中,可能会遇到很多问题和挑战。为此,给出相关建议供参考:

- 不要仅停留于阅读本书,多参考书中内容动手实践。
- 对于与硬件设备相关的控制代码,可以先不求甚解,直接引用书中的代码。
- 阅读每章时,可先尝试自行思考如何设计,再与书中介绍的设计方法进行对比。
- 以完成系统设计为首要目标,代码优化和功能增强等在完成本书学习后再进行。
- 使用 git 等版本管理工具保存每一步的开发成果,以笔记形式记录学习过程。
- 由于篇幅有限,对于一些不太重要的代码,本书不会全部列出。请参考本书提供的配套源码进行理解。

　　在阅读完本书之后,强烈建议读者尝试在该操作系统上进行功能扩展或算法优化,甚至从头设计一个完整的操作系统。通过这种方式,你对相关内容的掌握将会变得更为深入。

参考资料

　　在操作系统的开发过程中,涉及很多软硬件方面的知识。本书仅给出部分较为核心的

内容介绍。更为详细的介绍,可以从以下渠道获取:

- 维基网站给出了操作系统开发时所需要的硬件参考文档、示例代码及资料链接。请在阅读本书时,参考该网站的内容。
- Intel® 64 and IA-32 Architectures Software Developer's Manual:该文档共 3 卷,由 Intel 公司编写。其中,第三卷介绍 CPU 系统编程相关的内容,与操作系统开发密切相关。

此外,本书还提供了各章节的配套代码、开发工具和相关文档。请读者扫描书后二维码下载并适时参考,从而获取更多有用信息。

作　者

2025 年 9 月

目 录

第 **1** 章

设 计 目 标

在动手设计操作系统之前，我们需要先明确最终设计出一个什么样的操作系统。

与普通的应用程序不同，操作系统作为系统软件，它管理并控制整个计算机中的硬件设备，直接与底层硬件打交道；因此，我们需要先了解操作系统所处的硬件环境。之后，便可以将关注点放在操作系统本身，了解其能够实现哪些功能、结构组成等相关内容。

通过这些内容，你将能够从整体上对将要进行的工作有所了解，从而为后续内容的学习提供指引。

1.1 运行环境

操作系统需要运行在计算机硬件上。然而，现代计算机的形式多样，如 PC 机、手机和嵌入式控制器。这些计算机的硬件配置千差万别，能够为程序运行提供的硬件资源也有所不同。在这里，我们主要关注日常生活中使用的 PC 机。

对于不同型号的 PC 机，其硬件配置各不相同。不过，这些 PC 机大多都是 IBM 兼容机。所谓的 IBM 兼容机，是指与 IBM 在 1981 年推出的个人计算机(PC)兼容的计算机。这种计算机由以下几类关键硬件组成。

- 中央处理器(CPU)：英特尔处理器或与其兼容的处理器，例如 80386 等。
- 主板：支持与 IBM BIOS 兼容的芯片组和接口。
- 内存：常见为 SIMM 或 DIMM 类型的内存条。
- 存储设备：软盘驱动器、硬盘驱动器、光驱等。
- 显卡和声卡：用于图形和音频输出，通常为与 IBM 标准兼容的扩展卡。
- 输入设备：键盘和鼠标，符合 IBM 标准接口。
- 显示器：早期为 CRT 显示器，与 IBM VGA 标准兼容。

虽然在现代 PC 机中，整个计算机的结构以及硬件形式发生了翻天覆地的变化。但是，这些计算机仍然保持着兼容性，即早期的软件仍然可以运行在这些计算上。基于该原理，我们可以面向 IBM 兼容机开发操作系统。这样一来，该操作系统可以运行在现代各种 PC 机中。

具体而言,本书所假定的计算机硬件配置如图1.1所示。可以看到,该计算机硬件配置较简单,仅包含一些基本的设备,如显示器、内存、CPU、键盘和硬盘等。实际上,只需要这些设备的支持,就可以运行操作系统。

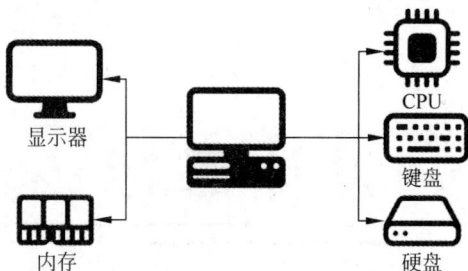

图 1.1　硬件环境

其中,CPU作为计算机最核心的芯片,负责运行操作系统和应用程序。在操作系统开发中,有很大一部分工作涉及CPU的控制。本书所采用的CPU并未限定具体型号,只要是兼容Intel公司的32位x86架构即可。并且,由于只用到CPU的部分功能;因此,最终开发的操作系统可以运行在80386、Pentium、Core i等一系列x86处理器上。

在实际开发时,本书会借助QEMU模拟器来辅助开发。该模拟器可以在真实的计算机环境中,模拟出任意配置的计算机。因此,读者无须按照上图购买相应配置的计算机。关于QEMU的更多内容,将在后面章节中介绍。

1.2　设计目标

本书将基于前面所述的硬件环境开发操作系统。接下来,我们将从该系统功能、设计成果以及系统结构这三部分介绍该操作系统,以便明确设计目标。

1.2.1　系统功能

相比现代Windows、Linux等操作系统,这个操作系统的功能要简单很多。不过,"麻雀虽小、五脏俱全",该系统实现了典型操作系统应当具备的功能,这些功能如图1.2所示。

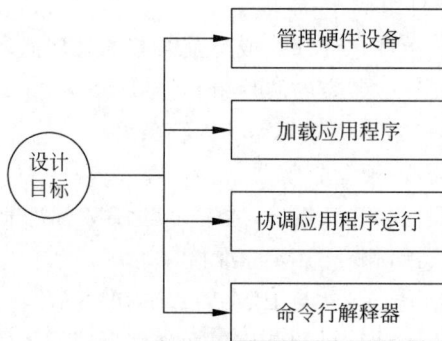

图 1.2　系统整体功能

注:如果想查看系统的运行效果,请参考第2章中的内容,配置开发环境并运行测试程序。

具体而言,图 1.2 中的各项功能介绍如下。

- 管理硬件设备:控制所有硬件设备的运行,对应用程序屏蔽硬件控制细节,提供简单易用的设备访问接口。
- 加载应用程序:支持将应用程序的可执行文件从硬盘加载到内存中执行。
- 协调应用程序运行:对于多应用程序的运行,提供合理、高效的方式协调其运行,从而提升整个系统的运行效率。
- 命令行解释器:读取并解析用户输入的命令,根据命令执行相应的操作。

注意,该操作系统并没有提供图形化界面。实际上,图形化界面并非操作系统必须提供的功能。图形化界面的主要作用是实现用户与操作系统进行交互,命令行解释器也可以用于达成此目的。此外,虽然命令行解释器只是一个应用程序;不过,由于其功能的特殊性,它的设计也被看作是操作系统设计工作的一部分。

1.2.2 设计成果

本书的所有工作均在名为 os 的工程下完成。在学习时只需要在本书提供的工程模板中进行开发,完成代码编写、工程构建和调试等操作。当所有开发工作完成后,将得到操作系统和应用程序等文件,这些文件如图 1.3 所示。

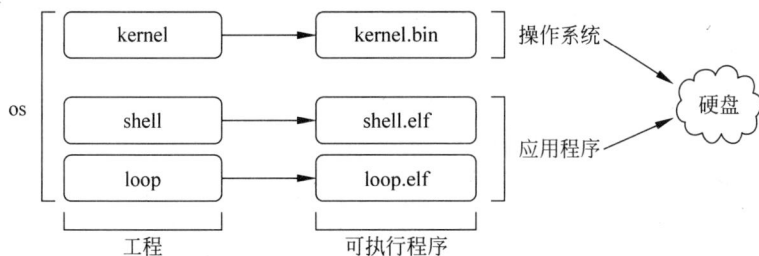

图 1.3 设计成果

在 os 工程下,包含 kernel、shell、loop 三个子工程。其中,kernel 用于实现操作系统,构建生成的可执行文件为 kernel.bin;shell 用于实现命令行解释器,构建生成的可执行文件为 shell.elf;loop 为普通的应用程序,构建生成的可执行文件为 loop.elf。

当调试工程时,这三个程序将被写入硬盘中。之后,kernel 首先运行;接下来,shell 被加载到内存中运行;最后,我们可以在 shell 中输入命令启动 loop 运行。

可以看到,kernel 和 shell 为整个系统的核心,这两者的实现为本书重点关注的内容。至于应用程序 loop,仅用于功能测试,其实现并非本书重点。不过,如果希望扩展整个系统的功能,可以自行创建更多的应用程序。

1.2.3 系统结构

让我们深入到这个操作系统的内部,查看其由哪些功能模块组成。该系统的内部结构如图 1.4 所示。可以看到,该系统主要由五大功能模块组成:进程管理、文件系统、设备管理、内存管理以及系统调用。

1. 进程管理

除了管理硬件资源外,操作系统还需要实现多进程的运行,即让计算机能够同时执行

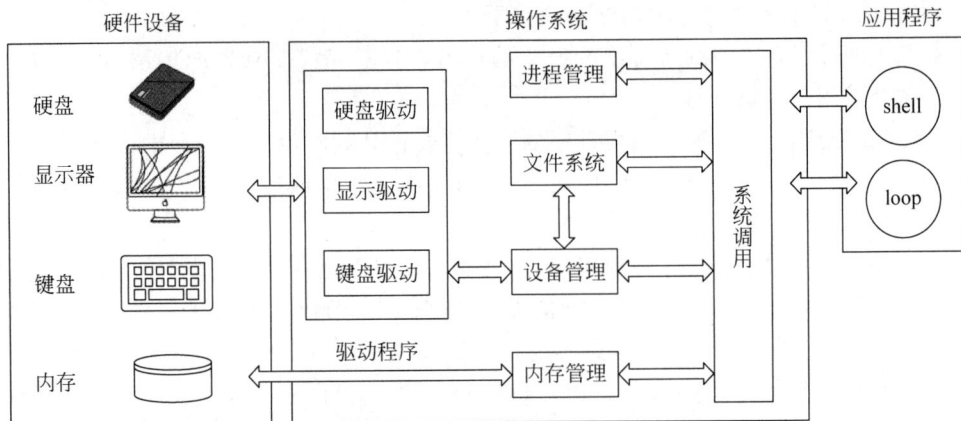

图 1.4 系统结构

多个任务,从而提升 CPU 的资源利用率。通过进程管理模块,可实现系统的多进程运行。应用程序也可以根据需要,创建多个进程来完成目标功能。

进程管理模块除了支持多进程运行外,还支持从硬盘中加载可执行程序到内存中执行。这就使得用户可以根据需要创建应用程序,扩展整个系统的功能。在本书中,主要创建了两个应用程序 shell 和 loop,操作系统在加载程序到内存之后,将创建相应的进程来执行程序中的指令。

2. 文件系统

文件系统模块用于实现对文件的访问,如文件读写等。这种文件主要指硬盘分区中的文件,如文本文件等。利用文件系统相关的打开、读写、目录遍历等接口,可以实现与文件相关的操作。

此外,文件系统模块还支持读写设备文件。也就是说,它可以将硬件设备抽象为文件,使得应用程序只需要通过文件访问接口就能完成对设备的访问。例如,当需要往计算机屏幕上输出信息时,只需要向 tty 设备文件进行写入即可。

3. 设备管理

计算机中包含了很多不同类型的硬件设备,如硬盘、显示器、键盘和内存等。这些硬件设备的功能、结构以及控制接口各不相同,对应用程序而言,它并不关心这些硬件具体是如何工作的,也不想了解如何控制这些硬件。操作系统应当向应用程序提供简单易用的接口用于硬件访问。

对于这些硬件的访问,操作系统通过设备管理模块来完成。通常情况下,针对每一种类型的硬件设备,需要实现相应的驱动程序,如硬盘驱动、显示驱动等。当应用程序需要访问硬件设备时,设备管理模块会将访问请求转换成对驱动程序的调用,从而完成对设备的控制。

4. 内存管理

应用程序在执行的过程中需要内存来存储其代码和数据,操作系统需要根据其需求分配内存,该功能由内存管理模块来完成。具体而言,内存管理模块包含两部分功能:管理物理内存的分配和释放、建立虚拟内存。

对于物理内存的分配,采用了一定的管理算法。它将物理内存划分为多个相同大小的页,并提供相应的接口用于页的分配和释放。而为了支持多进程运行,操作系统还启用了虚拟内存。它支持为进程创建独立的地址空间,使得不同进程之间彼此隔离、互不干扰。

5. 系统调用

为了避免应用程序恶意访问操作系统内部的数据或代码,操作系统实现了系统调用机制,从而向应用程序提供受限的访问接口。

系统调用实际上是一组接口,提供诸如文件的打开、读写、进程加载等功能。应用程序通过这些接口,可以向操作系统发起请求,请求操作系统完成某些自己无法完成的工作。

基于系统调用,shell 和 loop 等应用程序便可以读写硬盘上的文件、调用 printf()等函数。操作系统会将对系统调用接口的调用,转换成对设备管理模块、文件系统模块、进程管理模块、内存管理模块中相关功能的调用。

1.3 本章小结

本章主要介绍了本书所设计的操作系统的运行环境以及相关设计目标。

该操作系统运行在一个比较简单的计算机硬件上,具备典型操作系统应当具备的功能,如进程管理、文件系统等。系统自带命令行解释器,支持从硬盘上加载应用程序执行。该操作系统虽然功能不强;但是,其内部设计却简单且易于理解。

第2章

配置开发环境

如果在 Windows 等操作系统上开发应用程序,我们只需要下载并安装集成开发环境(IDE,如 Visual Studio)。之后,就可以在集成开发环境中完成工程创建、代码编写、工程构建、程序的调试和运行等工作。然而,如果需要开发的是一个操作系统;那么,由于操作系统的特殊性,我们需要做更多的准备工作。

本章主要介绍如何在 Windows 和 Linux 这两种环境中配置开发操作系统所需的各项工具。首先,分析选择开发工具时所必须考虑的一些因素;其次,介绍所使用的各种工具的名称、功能,以及这些工具之间如何相互配合;最后,针对 Windows 和 Linux 两种环境,介绍开发工具的安装及配置。

2.1 考虑因素

与应用程序开发相比,操作系统开发在工作流程上是相同的,都需要进行工程创建、源码编写、工程构建、代码调试等工作。不过,操作系统开发在某些方面有其特殊的地方,这就导致了选择的开发工具有所不同。具体而言,我们需要考虑以下因素。

- 选择合适的编程语言:由于操作系统是底层系统软件,很多时候需要直接操作硬件;因此,在选择编程语言时,应当选择能够直接操作硬件的语言。
- 所选编译工具链必须能够支持操作系统开发:市面上常见的编译工具链大多是用于应用程序开发。在构建应用程序时,这些工具会加入与应用程序相关的库或者某些特性配置。如果将其用于操作系统开发,则可能出现构建失败或者构建出来的操作系统无法运行。
- 是否有利于操作系统的运行和调试:由于操作系统自身的特殊性,它需要直接运行在计算机硬件上,不能依赖其他操作系统;因此,我们需要在 Windows/Linux 等系统上选择合适的工具来实现系统的运行和调试。

基于以上因素,我们不能直接选择开发应用程序时所使用的工具(如 Visual Studio等),而是应当选择针对操作系统开发的相关工具。

2.2　所需工具

目前,很难在市面上找到一套直接可用于操作系统开发的开发工具,我们需要自行寻找合适的工具进行配置。具体而言,本书用到各项工具如表 2.1 所示。

表 2.1　需要的开发工具

名　　称	作　　用
GCC 工具链	提供编译器、汇编器、链接器、反汇编器、elf 文件解析器等工具
QEMU	x86 模拟器,可在电脑上模拟出一台 x86 计算机
CMake	用于管理软件项目的构建过程
VSCode	功能强大且跨平台的轻量级代码编辑器,可用于完成代码的编辑和调试

上述各项工具功能强大,且均可以从网上免费下载。利用好这些工具,可以极大地提升操作系统的开发效率,使得整个开发过程与在集成开发环境中开发应用程序没有太大的差别。

在具体的开发过程中,这些工具需要相互配合使用,从而实现操作系统的开发流程。这些工具相互配合的方式如图 2.1 所示。

在图 2.1 的右侧区域中,展示了操作系统的构建流程。该构建流程由 CMake 控制,CMake 读取工程配置文件 CMakeLists.txt 中的配置,决定如何逐步完成该流程。大体而言,CMake 主要完成以下几项工作。

编译和汇编:操作系统的大部分功能使用 C 语言开发,代码保存在 C 文件中;少部分无法用 C 语言实现的功能采用汇编语言完成,代码保存在汇编文件中。这些源文件将分别被 GCC 编译器和 GCC 汇编器转换处理,生成目标文件。

链接:目标文件虽然包含机器码,但其缺乏地址定位等信息,无法直接执行。目标文件需要经由 GCC 的 ld 链接器进行链接处理,最终生成 ELF 格式的可执行文件。在链接过程中,ld 链接器通过读取链接脚本文件或链接参数来得知地址配置等信息,从而正确地完成链接过程。

格式转换:由于 ELF 文件格式较为特殊,无法被计算机直接加载读取;因此,通过格式转换,可以将其转换成二进制文件,二进制格式可以读取到内存中执行。

硬盘写入:这里并非指写入物理硬盘,而是将二进制文件写入到硬盘映像。硬盘映像是一种特殊格式的文件,该文件可以被 QEMU 模拟出来的 x86 计算机识别为虚拟的硬盘。

此外,操作系统的开发过程中不可能一帆风顺,而是经常需要进行调试。图 2.1 的左侧部分展示了如何进行调试。具体而言,主要包含两步操作。

启动 QEMU:QEMU 可以模拟出一台计算机,该计算机将硬盘映像识别为一块硬盘。QEMU 在启动时,会将该硬盘映像中的操作系统读取到内存并执行。

启动 GDB 调试:GDB 可以连接 QEMU,实现对操作系统的暂停、单步、设置断点、读取变量等调试操作。为了方便使用,GDB 还可与 VSCode 结合,从而在 VSCode 图形化窗口中进行调试。

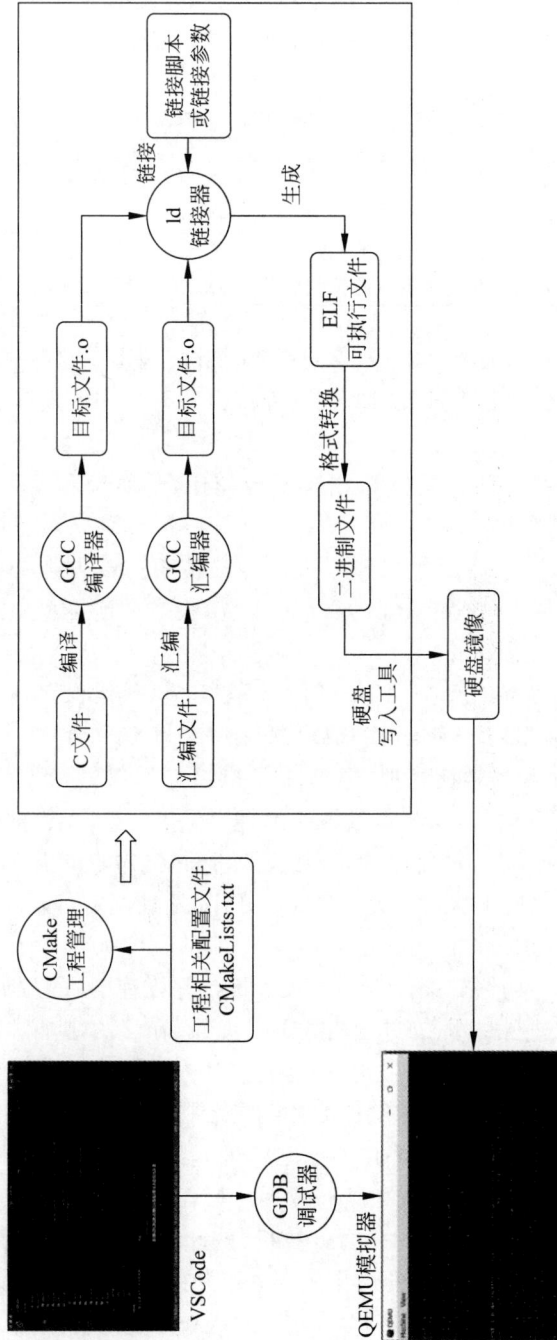

图 2.1　操作系统开发流程

2.3　安装开发工具

下面针对 Windows 和 Linux 这两种系统(不支持 Mac 系统),介绍如何在这些操作系统上安装相应的开发工具。

2.3.1　为 Windows 安装开发工具

本书使用的是 Windows 11 系统,所需工具大部分已放在本书配套的资源包中。为了避免工具版本兼容性等问题,建议如无特殊需求,直接使用本书提供的版本,不建议从互联网下载这些工具的最新版本。

1. 安装 GCC 工具链

GCC 编译器、汇编器、调试器等工具位于 x86_64-elf-tools-windows.zip(版本 7.1.0)压缩包中。解压该文件至 C:\x86_64-elf-tools-windows 目录,解压效果图 2.2 所示。

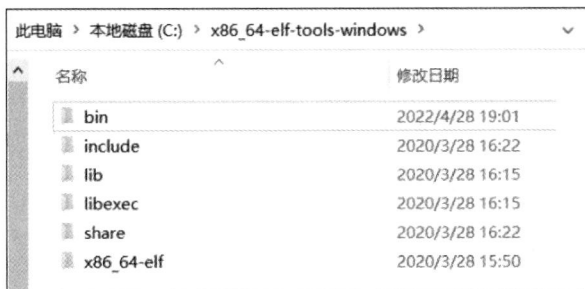

图 2.2　解压效果

解压完成后,修改 Path 环境变量,将这些工具所在的路径加入其中。在 Windows"开始"菜单上右击→选择"系统"→单击"高级系统设置"→单击"环境变量"→双击"Path"→单击"新建",将路径 C:\x86_64-elf-tools-windows\bin 添加到 Path 环境变量中,添加效果如图 2.3 所示。

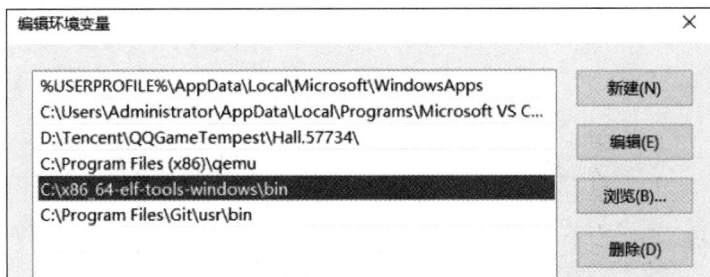

图 2.3　GCC 环境变量添加效果

为了验证是否安装成功,打开 Windows 命令行,输入命令 x86_64-elf-gcc。如果安装成功,则命令行中的显示效果应当如图 2.4 所示。

2. 安装 CMake

CMake(版本 3.23.1)安装过程较简单。双击安装包启动安装过程,按照软件界面的提示进行操作即可。注意,在安装过程中需要勾选"Add CMake to the system PATH for all

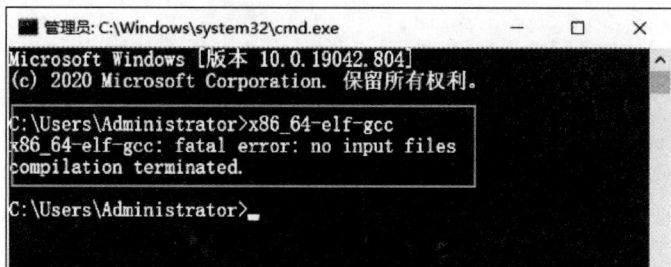

图 2.4　测试效果

users"的选项,勾选方式如图 2.5 所示。

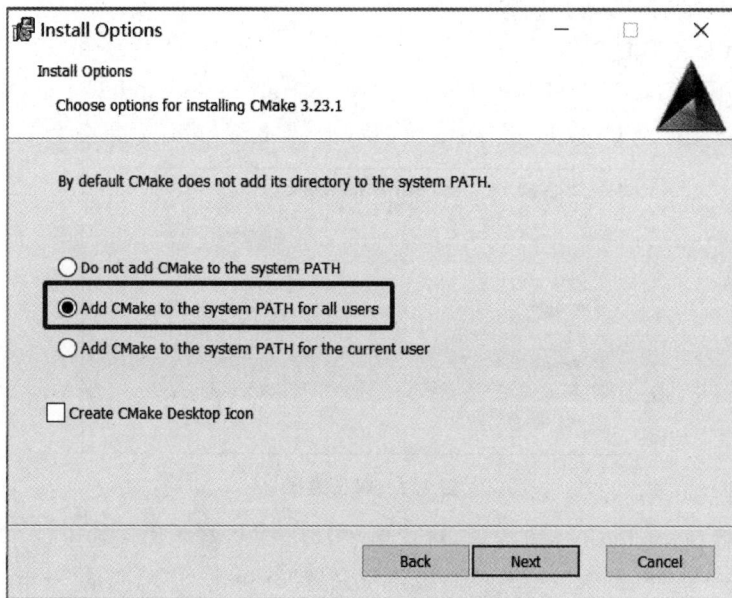

图 2.5　CMake 添加环境变量

3. 安装 QEMU

　　QEMU(版本 2.8.50)的安装过程也较简单。双击安装包启动安装过程,根据软件界面的提示操作即可。在安装过程中,注意记下 QEMU 的安装路径,以便将安装路径添加到 Path 环境变量中,添加效果如图 2.6 所示。

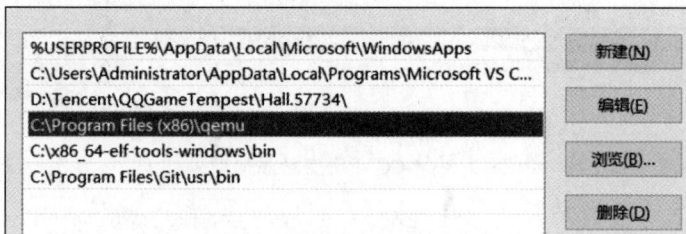

图 2.6　QEMU 添加环境变量

　　为验证 QEMU 是否安装成功,及环境变量是否配置正确,可启动命令行窗口,在其中输入 qemu-system-i386 命令。如果一切顺利,则弹出如图 2.7 所示的 QEMU 的运行界面。

在该软件界面中,黑色区域为模拟出来的计算机的显示器区域。

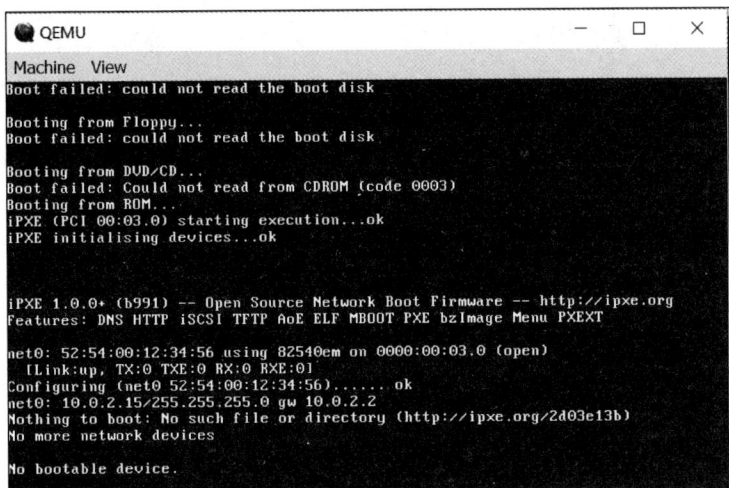

图 2.7　QEMU 运行效果

4. 安装 Git

Git 是一种源码版本管理工具。本书并未用到其版本管理功能,而是使用其附带的一些小工具,如 dd 命令。Git(版本 2.47.0)的安装过程较为简单,双击安装包启动安装过程,根据软件界面的提示操作即可。在安装过程中,注意记下 Git 的安装路径,以便将安装路径下的/usr/bin 添加到 Path 环境变量中,添加效果如图 2.8 所示。

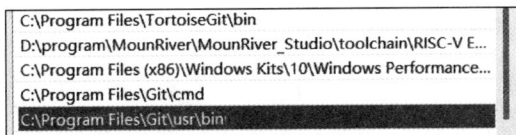

图 2.8　Git 添加环境变量

为验证 Git 是否安装成功及环境变量是否配置正确,可启动命令行窗口,在其中输入 dd --version 命令。如果一切顺利,则弹出如图 2.9 所示的运行效果。

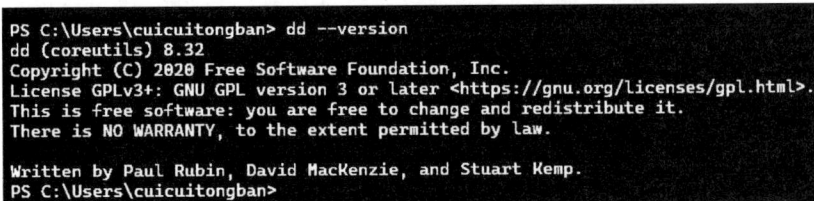

图 2.9　dd 命令运行效果

5. 安装 VSCode

VSCode(版本 1.91.0)版本变化较快,建议从微软官网下载最新的版本。下载完成后,双击安装包并按照安装程序的提示进行安装即可。安装完成后,启动 VSCode,程序主界面如图 2.10 所示。

安装完成之后,还需要对其进行配置。由于这部分配置与 Linux 系统上的配置相同;因此,具体配置方法请跳至 2.4 节。

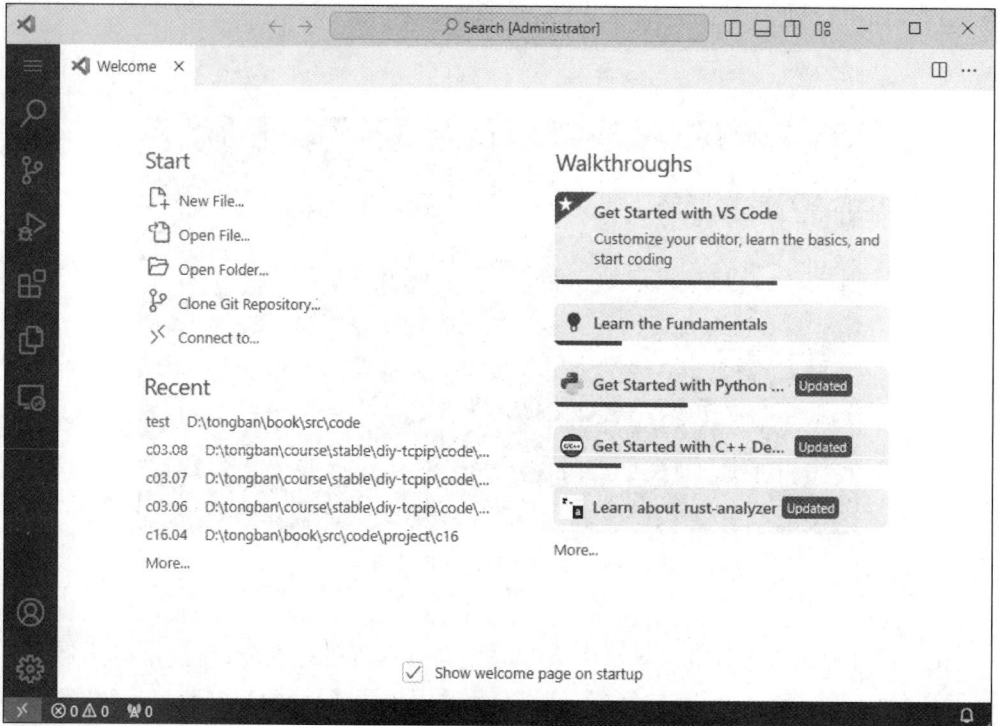

图 2.10　VSCode 程序主界面

2.3.2　为 Linux 安装开发工具

Linux 发行版本很多,不同发行版提供的软件包管理工具不同,本书无法覆盖所有
Linux 发行版的开发环境搭建方法,仅面向 Ubuntu 24.04.1 LTS。如果读者使用的是其他
版本,请参考下面的方法自行作出调整。

1. 安装 GCC/CMake/QEMU

在 ubuntu 中,可以使用系统提供的 apt 命令安装这些工具。安装方法较简单,只需要
打开命令行,依次输入安装命令即可,这些命令如程序清单 2.1 所示。之后,ubuntu 将会自
动完成下载及安装工作。

程序清单 2.1　ubuntu 安装开发工具命令

```
$ sudo apt - get install gcc - i686 - linux - gnu
$ sudo apt - get install gdb
$ sudo apt - get install cmake make
$ sudo apt - get install qemu - system - x86
```

2. 安装 VSCode

在 ubuntu 环境下,VSCode 的安装方法与 Windows 环境下的相同,请从官网下载并安
装。关于该过程,此处不再赘述。

3. 配置 sudoers

在所有开发工具正确安装之后,还需要修改 ubuntu 的系统配置。这是因为在开发过
程中,需要使用 sudo mount 等命令来挂载硬盘映像文件。这些操作需要较高的权限,进而

导致每次启动调试时，都需要输入系统登录密码进行验证，进而给调试带来了很大不便。为解决该问题，需要修改系统的 sudoers 配置文件。

可以使用 sudo vi /etc/sudoers 命令打开文件 sudoers 进行编辑。在 sudoers 文件的最后添加新配置行，该行的配置示例如程序清单 2.2 所示。

程序清单 2.2　sudoers 新增配置项

```
lishutong ALL = (ALL) NOPASSWD: /usr/bin/mount, /usr/bin/umount, /usr/bin/cp
```

该配置项的主要作用为：当用户 lishutong 执行 sudo mount、sudo umount 和 sudo cp 命令时，不需要输入密码（NOPASSWD）。注意，请根据自己所用系统的实际情况修改用户名。此外，如果 mount 等命令不在/usr/bin 目录下，还需将上述路径修改为其实际所在的路径。

配置项添加完成后，保存/etc/sudoers 文件，重启 ubuntu 系统，以使配置生效。之后，可以尝试在命令行中输入 sudo mount 命令进行验证。如果配置生效，则系统不会提示输入密码，而是直接执行该命令。该验证过程较简单，此处不再赘述。

2.4　配置 VSCode

下载安装后的 VSCode 仅能提供一些比较简单的功能。不过，VSCode 允许安装插件对其功能进行增强。为了能够用于操作系统开发，还需要安装一些插件，插件的安装方法如图 2.11 所示。在 VSCode 左侧工具栏中，单击 Extensions 按钮，在搜索栏中输入插件名称。当找到插件之后，在插件的详情页面中，单击 Install 按钮安装即可。

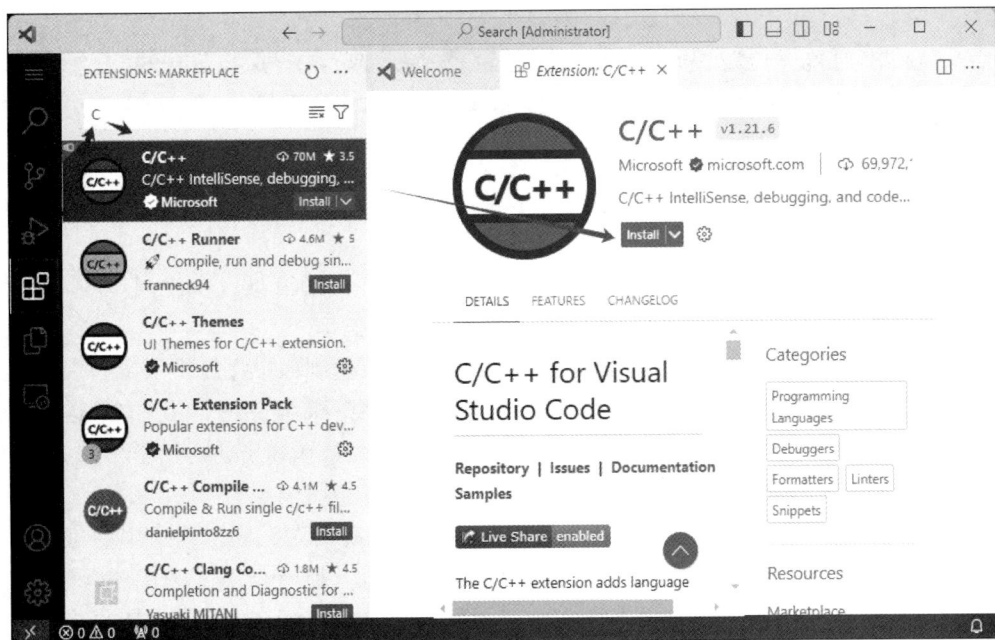

图 2.11　VSCode 插件安装方法

以下是本书需要安装的插件，当然，读者也可以根据需要自行安装其他插件。

- C/C++：C/C++开发的基本支持，版本 v1.22.11。

- C/C++ Extension Pack：C/C++ 开发的扩展支持包，版本 v1.3.0。
- hexEditor：支持查看二进制文件内容，版本 v1.11.1。

此外，VSCode 默认不支持在汇编源文件中设置断点，而操作系统中有部分代码需要用汇编实现。为了能够在这些汇编文件中设置断点以方便调试，可以开启在汇编文件中设置断点的功能，具体配置方法如图 2.12 所示。在 VSCode 中找到 Settings 菜单，在搜索框中输入 breakp 字符串，找到 Allow setting breakpoints in any file 配置项并勾选即可。

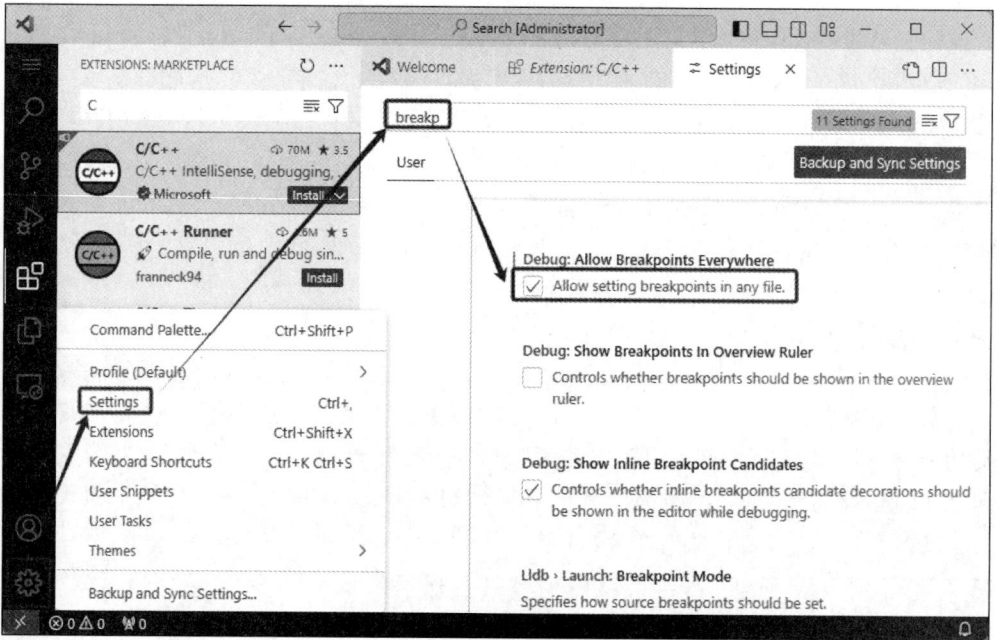

图 2.12　开启汇编断点的支持

2.5　整体测试

在上述所有工具安装完成后，便可以进行整体开发环境的测试。在该测试中，将执行工程的构建和调试等工作，以验证所有工具是否安装配置正确。

为了进行测试，请先将本书配套代码中的 code 目录复制到非中文目录下，如 C:\code。

接下来，启动 VSCode（**在 Windows 系统中，需要在 VSCode 程序图标上右击，选择以管理员身份运行**）。启动完成之后，选择 File 菜单→Open Folder，在弹出的对话框中选择 code\test 目录，打开结果如图 2.13 所示。

打开之后，可以对工程进行构建。不过，在构建之前，需要先配置工程所用的编译工具链，配置方法如图 2.14 所示。VSCode 会自动扫描计算机上所有已经安装的编译工具链，并以列表的方式显示出来。在这些列表中，应当显示出之前已经安装好的 GCC 工具链及其所在的路径。具体的名称及路径因所用操作系统不同、工具版本差异等因素而有所差异。

以 Windows 系统为例，其列表中的显示为可能为 GCC 7.1.0 x86_64-elf；而在 ubuntu 系统上，其显示名称可能为 x86_64-linux-gnu。

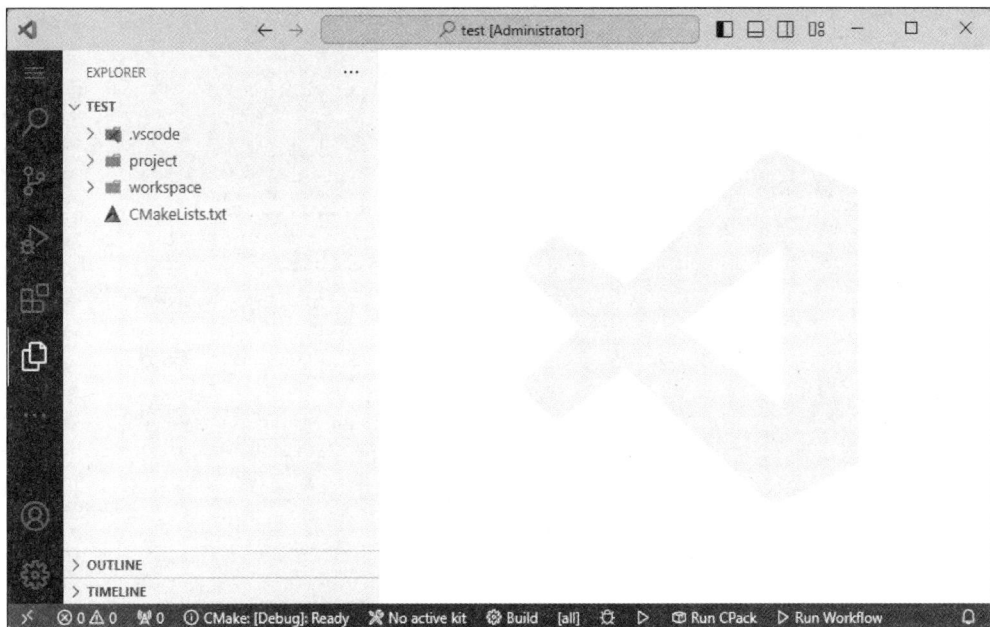

图 2.13 VSCode 打开测试工程

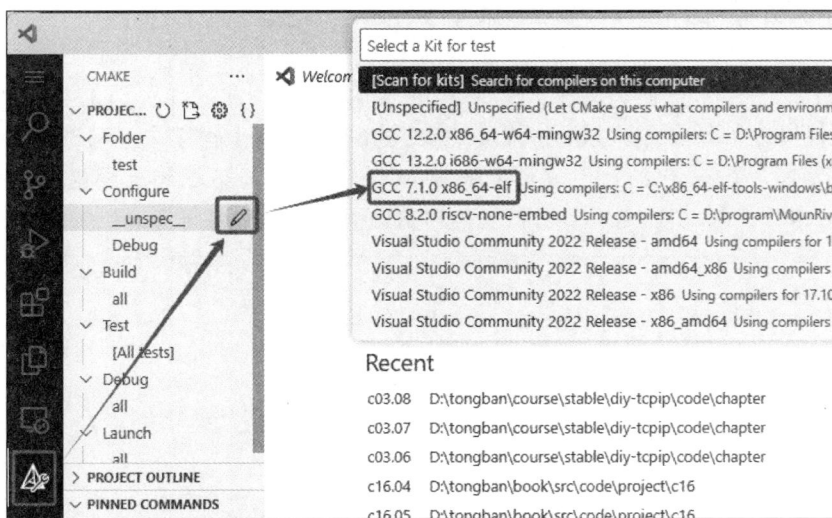

图 2.14 GCC 工具链选择

如果列表为空,可能是 VSCode 没有自动开启扫描过程。此时,可以单击"Scan for ktis"列表项从而手动启动该扫描过程。如果仍未出现有效的 GCC 工具列表项,则有可能是 GCC 工具链未安装正确,请参考前面的内容进行检查。

接下来,单击 VSCode 底部状态栏的 Build 按钮,开始进行工程的构建,如果一切顺利,在 VSCode 中的 Output 窗口中将显示 Build finished with exit Code 0 等信息。同时,在右侧的 workspace 目录中,可以看到工程构建时生成的可执行程序、反汇编文件等。编译成功后,VSCode 整体显示界面如图 2.15 所示。

如果发现构建出现问题,请仔细查看 Output 窗口中的所有日志。根据日志提示,分析

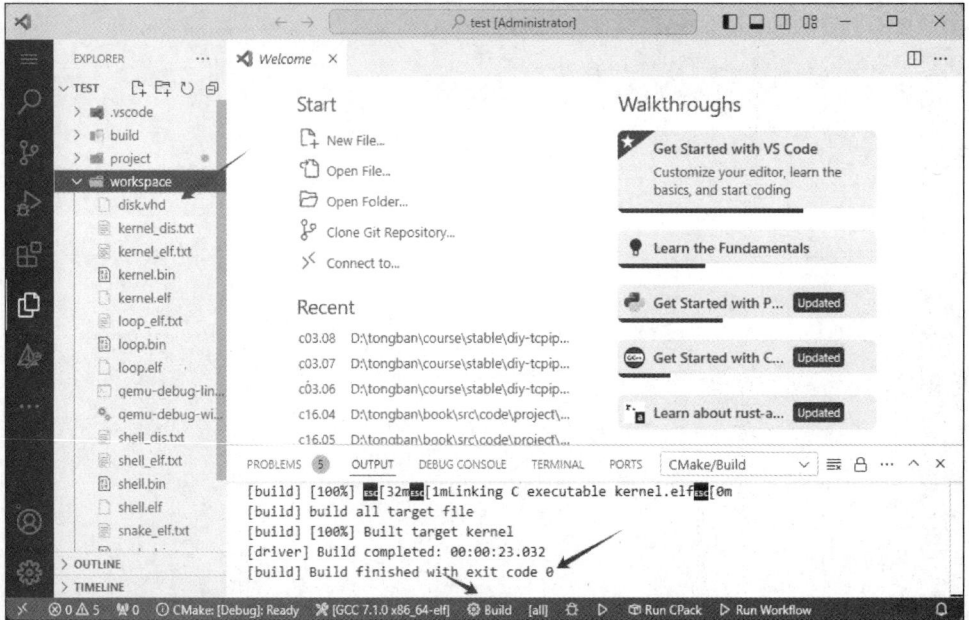

图 2.15　编译结果

出现的错误类型及可能的原因,有针对性地加以解决。

　　构建完成后,可以进行程序调试。在 VSCode 中,可以按 F5 快捷键快速启动调试;也可以参考图 2.16 所示方法,选择(gdb)启动配置项,单击该配置项旁边的小三角。之后,QEMU 模拟器开始运行,VSCode 将连接 QEMU 模拟器,整个程序进入调试运行状态。如果已经在 project/kernel/start.S 文件中的 mov \$0x7C00,%sp 语句上设置断点;那么,程序将自动停留在该断点处。这样一来,我们便可以对整个工程进行源码级调试。

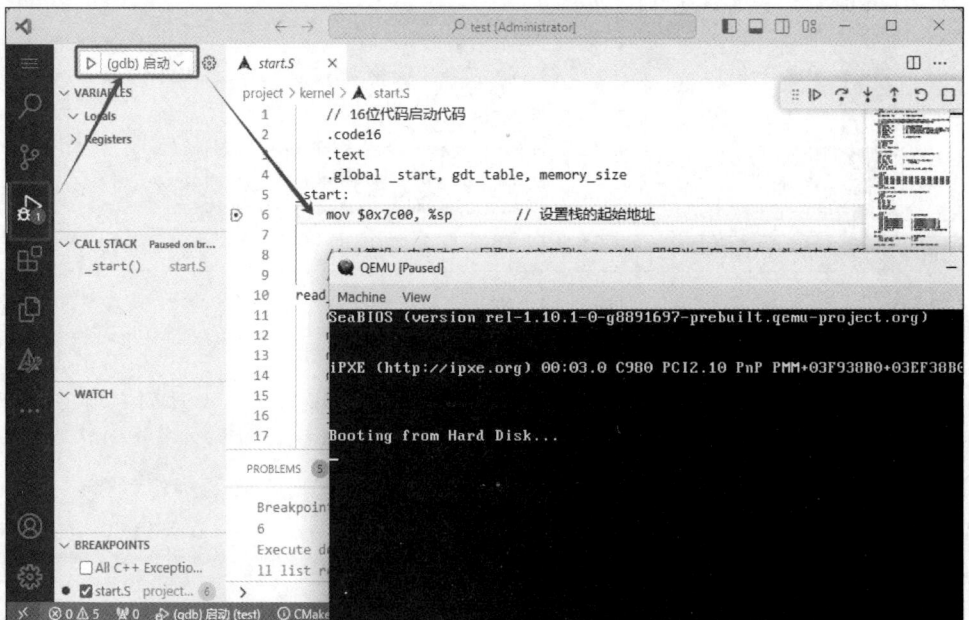

图 2.16　启动调试

进入调试状态后,可以在 VSCode 界面中的浮动工具栏中,单击"单步""全速""暂停"等按钮进行调试,也可以通过在源码行中双击设置断点。具体的操作方法与使用 Visual Studio 等开发环境时类似,此处不再赘述。

如果不进行调试,而是全速运行操作系统,那么,在 QEMU 中可以看到:操作系统开始运行并打印日志,并最终启动命令行解释器。命令行解释器等待用户输入命令,最终的运行效果如图 2.17 所示。

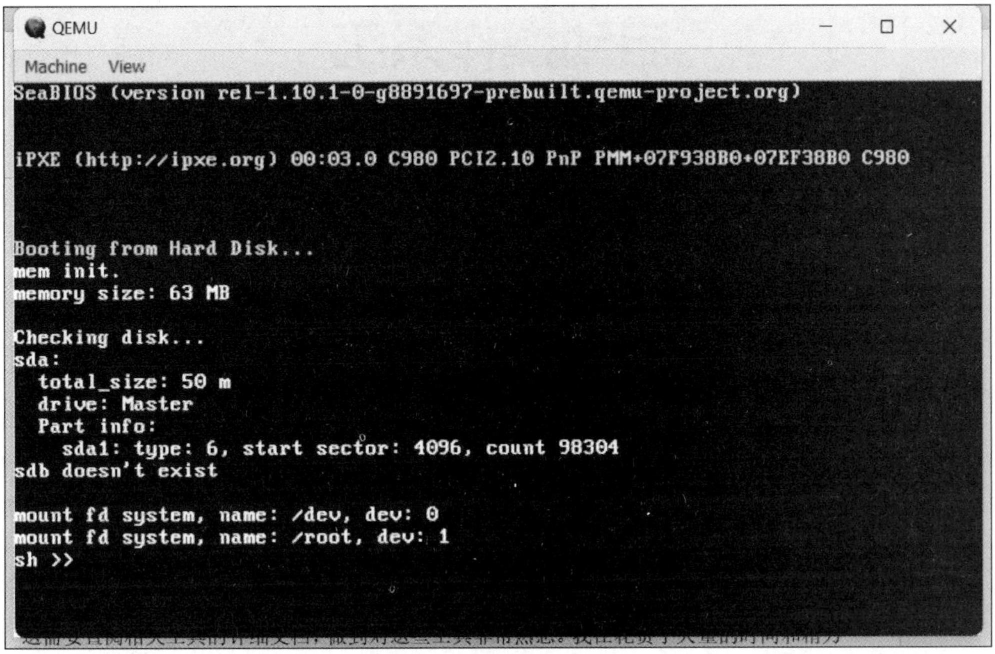

图 2.17 操作系统运行效果

注:可以在窗口中输入 help 命令,从而查看命令行解释器支持的内置命令列表。

2.6 本章小结

本章主要介绍开发操作系统时所需要的各种工具以及在 Windows 和 Linux 环境中这些工具的安装和配置方法。

相对于应用程序开发而言,操作系统开发需要使用的工具更多、使用也相对更复杂,这主要是因为操作系统本身的特殊性。因此,我们不得不将各种工具组合在一起,最终形成这样一套完整易用的开发环境。

第3章

启动操作系统

还记得第一次使用 C 语言编程时的情形吗? 我们写了一个 main() 函数,并在其中调用 printf()。当运行程序时,将打印 Hello,world!字符串。这样一个简单而有趣的小程序,能够帮助我们快速理解如何使用 C 语言进行开发。

同样地,本章将构建一个微小的操作系统,它的功能仅仅是在计算机显示器上打印 Hello、OS 字符串。通过实现该功能,你将能学习到计算机的启动流程、硬盘组织结构、CPU 保护模式等相关知识,并真实地观察到计算机从上电启动后到操作系统开始运行的完整过程。

具体而言,本章将首先介绍如何将操作系统加载到内存中运行;其次,介绍计算机硬件特性(如内存大小)的检测方法;之后,让程序从汇编环境进入到 C 环境中运行;最后,实现 Hello、OS 字符串的打印。

3.1 设计目标

让我们先看看最终的运行效果,该运行效果如图 3.1 所示。

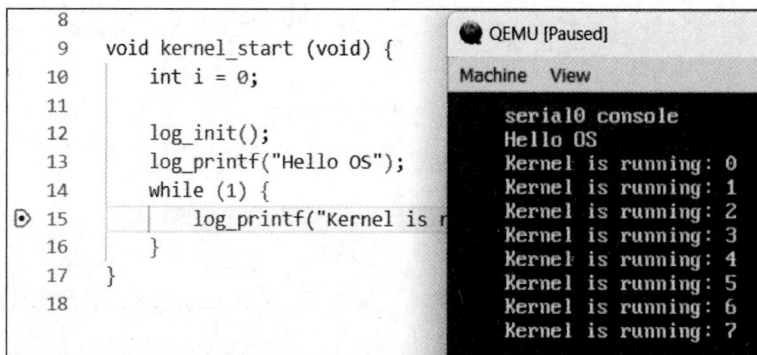

图 3.1   log_printf()输出效果

当 QEMU 启动之后,位于硬盘映像上的操作系统开始执行。操作系统在进行必要的初始化工作之后,进入到 kernel_start() 函数中执行。在该函数中,首先使用 log_printf()打印 Hello、OS 字符串；之后,持续不断地打印 Kernel is running:0 等字符串。

你可能疑问,在 C 语言标准库中,printf()函数能够提供信息打印的功能,为什么不能在操作系统中使用该函数? 这主要是因为:printf()仅可用于应用程序,它并不直接将字符串显示到计算机屏幕上,而是需要借助操作系统来完成该功能。而现在的情况是操作系统自己要打印输出,所有的工作都需要由操作系统自行完成。因此,通常情况下,C 语言标准库不能用于操作系统内部的实现。

于是,为了能够让操作系统打印信息,需要自行实现类似 printf()的打印函数。具体而言,需要依次完成以下工作:

将操作系统从硬盘映像上加载到内存中运行。

在操作系统初始化过程中,对计算机硬件进行必要的检测。

实现 log_printf()函数,提供类似 printf()函数的打印功能。

我们可以参考 printf()来实现 log_printf(),其函数原型如程序清单 3.1 所示。该函数包含一个用于指定进行如何格式化的参数 fmt 以及 0 个或多个可变参数。

程序清单 3.1　log_printf()函数原型

```
void log_printf(const char * fmt, ...);
```

3.2　加载操作系统到内存

CPU 在上电后,并不是立即运行操作系统,而是先执行其主板上的内置程序。我们需要了解 CPU 的工作特性及计算机的启动流程,从而想办法让计算机跳转到操作系统中运行。

3.2.1　实模式

为了兼容性,CPU 在上电以后,会运行在 16 位实模式下,以便让一些老旧的软件仍然能够正常运行。在这种工作模式下,CPU 工作特点如下:

- 最大 20 位寻址空间,最多可以访问 1MB 的物理内存。
- 主板提供 BIOS 程序,可以借助 BIOS 中断完成各种硬件操作。
- 采用分段寻址,地址由 16 位段基地址和 16 位偏移地址组成。
- 缺乏内存保护机制,无特权级别支持,任何代码都可以访问所有内存区域。
- 缺乏分页机制,没有现代操作系统中的实时多任务功能,程序运行较为简单直接。

1. 内核寄存器

在实模式下,程序可使用的 CPU 内核寄存器如图 3.2 所示,主要包含以下几大类。

- 通用寄存器:包含 EAX、EBX、ECX、EDX、EBP、ESI、EDI、ESP 等,主要用于算术运算、逻辑运算、I/O 访问、字符串操作、栈操作等功能。虽然这些寄存器为 32 位,但是,在实模式下仅可使用低 16 位,如 AX、BX 等。其中,低 16 位可进一步按高 8 位和低 8 位访问。例如,对于 AX 寄存器,可使用 AL 访问其[7:0]位、使用 AH 访问[15:8]位。
- 段寄存器:包含 CS、DS、SS、ES、FS、GS 等寄存器,用于访问代码段、数据段等。

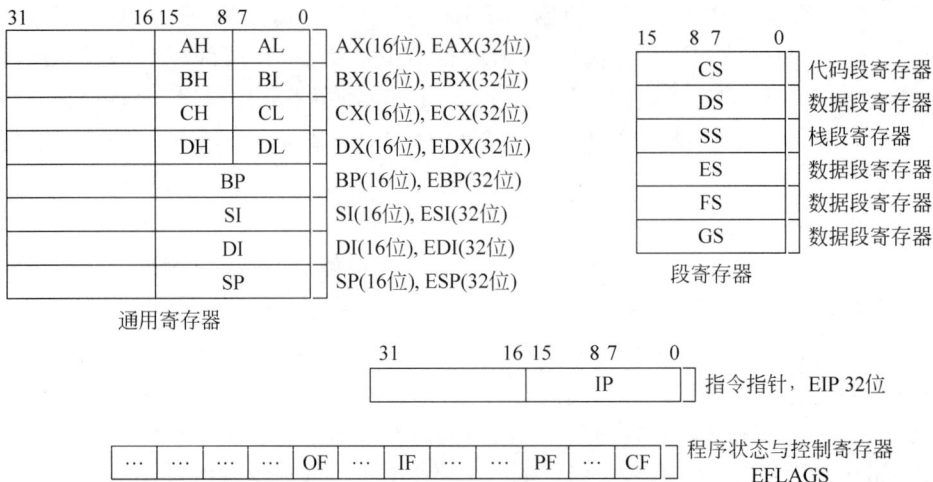

图 3.2　实模式下的内核寄存器

- 指令指针：EIP，即程序计数器（Program Counter），存放 CPU 当前执行的指令地址。在实模式下，仅低 16 位有效。
- 程序状态与控制寄存器：EFLAGS，包含程序指令执行的状态，如进位、溢出等，也包含中断开关 IF 等控制位。

2. 地址模型

在实模式下，CPU 使用两种类型的地址进行存储访问：逻辑地址与线性地址。

线性地址共 20 位，等同于物理地址。物理地址是 CPU 访问物理内存时最终采用的地址。逻辑地址为程序运行时所用的地址，采用 16 位段寄存器值加 16 位段偏移的形式来表示。

当程序需要访问内存时，CPU 利用分段机制将逻辑地址转换为线性地址，再访问物理内存。具体的转换方法为：线性地址＝16 位段寄存器值≪4＋16 位段偏移。通常情况下，当程序开始运行时，段寄存器会被设置为某个固定的值，之后便很少发生变化。由此可见，分段机制将内存划分成了很多个段，段寄存器指定了一个内存段的起始地址，该起始地址等于 16 位段寄存器值≪4，段大小最大为 64KB（2^{16} 次方）。在进行内存访问时，CPU 使用段偏移访问该内存段内指定偏移处的内容。

为了更好地理解上述内容，这里给出一个内存访问的示例，该示例如图 3.3 所示。假设有两个不同的程序，都使用指针读取地址 0x32 中的数据。在生成的指令中，可能会将 DS 段寄存器中的值作为段基地址，AX 寄存器的值作为段偏移。这将导致二者最终访问的物理内存位置实际是不同的。

在访问内存时，地址 0x32 实际仅作为逻辑地址中的段偏移，CPU 还需要将段基地址计算进去。由于两个程序使用的段基地址不同（分别为 0x7C0 和 0x0），导致计算得到的线性地址也不同（分别为 0x7C32 和 0x32），最终访问物理内存的不同位置。

由此可见，所谓的分段机制，实际上是将内存划分成多个内存段。每种段可用于不同的用途，如代码段用于放置代码、数据段用于放置变量等。不同类型的段需要使用相应类型的段寄存器来指向其起始位置，如代码段使用 CS、数据段使用 DS 等。当需要访问段内

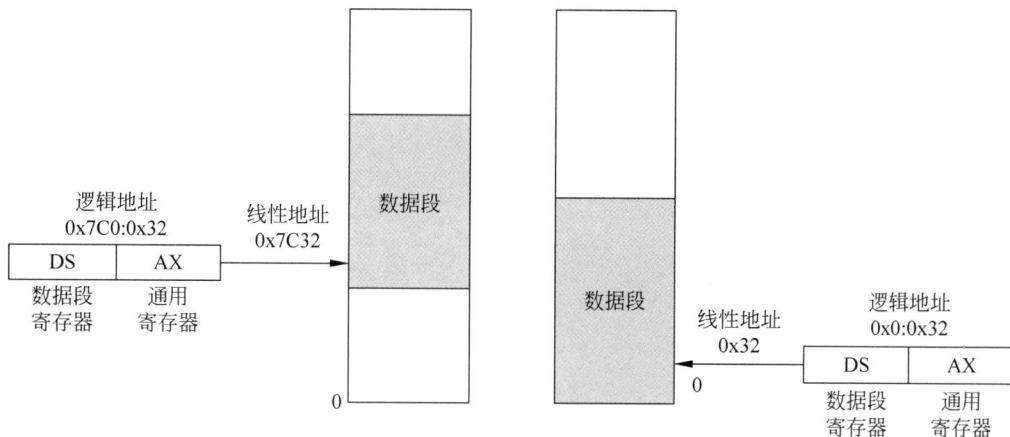

图 3.3 实模式内存访问示例

的内容时,CPU 使用保存在段寄存器中的段基地址,加上段偏移量,计算得到线性地址后访问。

这种分段机制可以为程序的运行带来一定的灵活性,但同时也会使得设计和调试工作变得更为复杂。例如,当我们需要在 VSCode 窗口中观察程序的变量值时,GDB 调试工具仅使用该变量逻辑地址的段偏移直接访问物理内存,段基地址部分被忽略,这将导致观察得到的值和实际值不同。

为了避免出现该问题,可以将段基地址设置成 0。这样一来,线性地址＝0≪4＋16 位段偏移＝16 位段偏移。也就是说,程序中的指针值就等于线性地址,在调试时可以直接用该地址进行观察。因此,本书将所有段基地址设置为 0,即在实模式下,程序运行在从 0 地址开始的段内。此时,程序最大仅能访问物理内存的前 64KB。在后续小节中,我们将配置程序进入保护模式,从而获得更大的寻址范围。

3.2.2 启动流程

CPU 在进入实模式后,开始执行程序。不过,它执行的是固化在主板上的 BIOS(Basic Input Output System,基本输入输出系统)。BIOS 在完成主板的初始化、硬件自检等基本工作之后,将硬盘的第 1 个扇区读取到内存中,并检查该扇区数据中是否有引导标志。当发现存在引导标志时,BIOS 就会跳转到该扇区中执行。

注:使用 BIOS 启动是一种比较老的方式,现代计算机更多使用 UEFI 等方式。本书之所以使用 BIOS,主要原因在于其简单、易于理解。关于 UEFI 等更多信息,请自行查找相关资料。

BIOS 检查引导标志的方式如图 3.4 所示。硬盘是由很多大小相同的存储块构成,每个存储块也叫作扇区,扇区的大小一般为 512 字节。在对硬盘进行读写时,必须以扇区为单位。也就是说,每次读写硬盘的数据字节量必须是 512 字节的整数倍。

BIOS 首先将硬盘的第 1 个扇区读取到内存的 0x7C00 地址处。之后,检查该扇区的第 510 和 511 字节值是否是两个特殊的引导标志值 0x55 和 0xAA。如果存在这两个值,那么,BIOS 认为该扇区存放了有效的程序。于是,BIOS 跳转到 0x7C00 地址处开始运行。如果不存在,BIOS 就会在屏幕上提示 No bootable device 等信息。

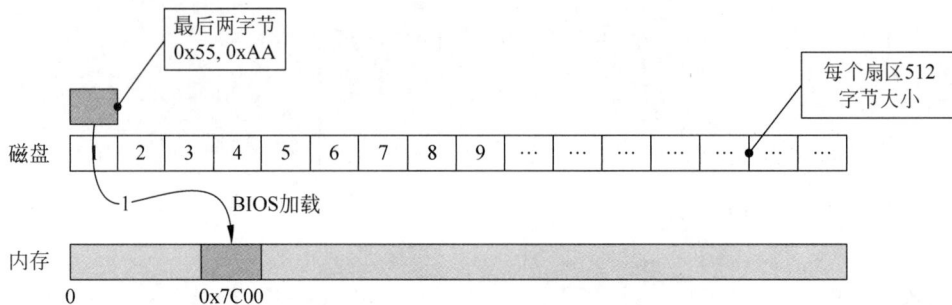

图 3.4　BIOS 检查硬盘引导标志

综上所述,为了能够让计算机运行我们开发的操作系统,需要做以下工作。

- 将操作系统从硬盘的第 1 个扇区开始写入,同时设置好引导标志。
- 由于 BIOS 仅读取第 1 扇区,我们还需要想办法把操作系统的其余部分调入到内存中。

这样一来,BIOS 执行时负责读取操作系统的前 512 字节,而操作系统自行读取其余部分。最终,所有的操作系统代码都位于内存,可以正常地继续执行。整个过程的处理流程如图 3.5 所示。

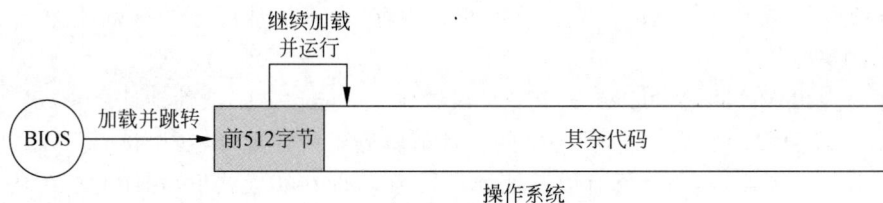

图 3.5　启动流程

3.2.3　最小的操作系统

在本书的配套代码中,包含了用于开发操作系统的工程模板,其位于 code\start 目录。启动 VSCode(注意,Windows 系统中需要以管理员方式启动),打开该目录,可以看到整个目录结构图如图 3.6 所示。

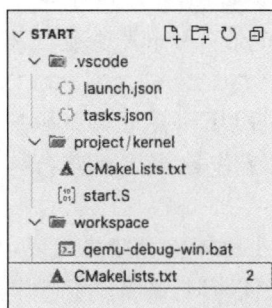

该项目包含的文件不多,主要有工程配置文件 CMakeLists.txt、汇编源文件 start.S、给 VSCode 使用的 .json 配置文件。此外,在 workspace 目录下,还包含用于 QEMU 运行的相关脚本文件。

注:关于如何创建该工程以及工程中各种配置项的含义,请参考本书配套资源中的相关文档。

接下来,我们可以在此项目基础之上,编写操作系统的代码。

图 3.6　start 项目结构

1. start.S 文件

start.S 用于存放操作系统的启动代码,其内容如程序清单 3.2 所示。由于本书使用 GCC 汇编器;因此,这段汇编代码采用的是 GCC 汇编器支持的 AT&T 语法风格。

程序清单 3.2   start\project\kernel\start.S

```
 2:      .code16
 3:      .text
 4:      .global _start
 5: _start:
 6:     jmp  .                     // 原地跳转
 7:
 8:      .org 446
 9: part_table:
10: .byte 0x80, 0x41, 0x02, 0x00, 0x06, 0x5F, 0x19, 0x06, 0x00, 0x10, 0x00, 0x00, 0x00, 0x80,
     0x01, 0x00
11: .byte 0x00, 0x00, 0x00, 0x00, 0x00, 0x00, 0x00, 0x00, 0x00, 0x00, 0x00, 0x00, 0x00, 0x00,
     0x00, 0x00
12: .byte 0x00, 0x00, 0x00, 0x00, 0x00, 0x00, 0x00, 0x00, 0x00, 0x00, 0x00, 0x00, 0x00, 0x00,
     0x00, 0x00
13: .byte 0x00, 0x00, 0x00, 0x00, 0x00, 0x00, 0x00, 0x00, 0x00, 0x00, 0x00, 0x00, 0x00, 0x00,
     0x00, 0x00
14: boot_flags:
15: .byte 0x55, 0xAA
```

.code16 指明了接下来的代码按照 16 位方式进行处理。由于 CPU 在上电后运行在 16 位实模式；因此，这段启动代码需要按照 16 位生成相应的机器指令。

.text 表明接下来定义一个代码段。代码段可用来放置汇编指令。目前，操作系统什么都不做，仅仅使用了 jmp. 指令，进行原地跳转（相当于 while(1){}）。后续我们将会在此加入更多的代码。

在链接过程中，GCC 默认的程序入口为 _start；因此，需要使用 _start 标签，并且用 .global _start 将其设置成了外部可见。

最后，使用 .org 446 将代码生成的位置调整到相对于程序开头偏移 446 字节处。从这个位置开始，连续放置两个关键的表：分区表 part_table 和引导标志表 boot_flags（注意，不要对这两个表做任何修改）。part_table 为硬盘分区表，共 64 字节，表中各值含义将在后续章节中介绍。引导标志表 boot_flags 用于存放引导标志，其存储位置为相对于程序开头 446+64=510 字节处。

注：如果你对 GCC 的 AT & T 汇编风格不熟悉，请参考本书配套资源中的相关文档学习。

2. 构建工程

构建工程，将在 workspace 目录下生成了一些新文件，这些文件如图 3.7 所示。其中，kernel_dis. txt 为反汇编文件、kernel_elf. txt 为对 ELF 文件进行解析的结果文件、kernel. bin 为二进制程序、kernel. elf 为 ELF 格式的可执行程序（本书未用）。如果在操作系统运行过程中出现问题，可以借助 kernel_dis. txt 和 kernel_elf. txt 这两个文件，辅助分析问题的原因。

使用二进制编辑器打开 kernel. bin（可直接用 VSCode 打开），可以看到其文件内容如图 3.8 所示。目前，由于操作系统的汇编代码非常少，所以，生成的

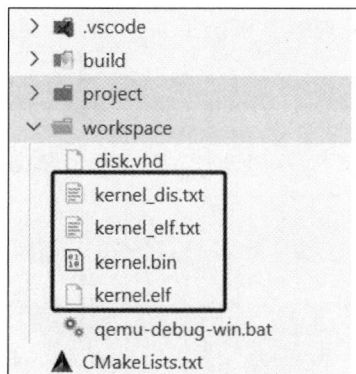

> 📁 .vscode
> 📁 build
> 📁 project
> 📂 workspace
>   📄 disk.vhd
>   📄 kernel_dis.txt
>   📄 kernel_elf.txt
>   📄 kernel.bin
>   📄 kernel.elf
>   ⚙ qemu-debug-win.bat
>   ⚠ CMakeLists.txt

图 3.7   工程构建结果

kernel. bin 很小,大小仅为 512 字节,正好是一个硬盘扇区的大小。该文件内容开始的两个字节 0xEB、0xFE 实际上是 start. S 中的 jmp. 的机器码。文件后半部分存放了分区表和引导标志,其中引导标志 0x55、0xAA 分别位于第 510 和 511 字节偏移处。

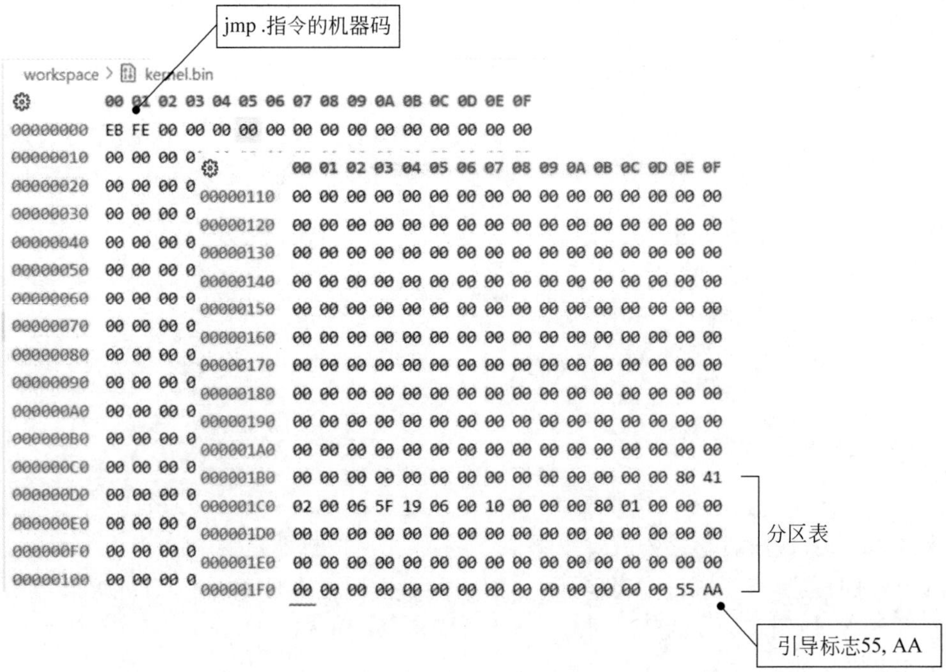

图 3.8　kernerl. bin 文件内容

3. 运行工程

构建完成后,启动调试。在该过程中,workspace 目录下的 qemu-debug-win. bat 等配置脚本会自动将 kernel. bin 整体写入到硬盘映像 disk. vhd(Linux 上为 disk. img)。也就是说,从硬盘映像的第 1 个扇区开始,存储了 kernel. bin 中的内容。

QEMU 会自动将硬盘映像 disk. vhd 识别为启动硬盘。BIOS 在进行必要的硬件初始化及检查后,将硬盘映像的第 1 个扇区加载到内存 0x7C00 地址处。由于该扇区存在着有效的引导标志;因此,BIOS 跳转到 0x7C00 地址处运行。此时,该地址存放的实际是 jmp. 的机器码。也就是说,CPU 进入到_start 处开始运行并在 jmp. 处原地跳转,最终的运行效果如图 3.9 所示。

```
project > kernel > start.S
   1    // 16位代码启动代码
   2    .code16
   3    .text
   4    .global _start
   5   _start:
   6    jmp .            // 原地跳转
   7
   8    .org 446
   9   part_table:
  10    .byte 0x80, 0x41, 0x02, 0x00, 0x06, 0x5F, 0x19,
  11    .byte 0x00, 0x00, 0x00, 0x00, 0x00, 0x00, 0x00,
  12    .byte 0x00, 0x00, 0x00, 0x00, 0x00, 0x00, 0x00,
  13    .byte 0x00, 0x00, 0x00, 0x00, 0x00, 0x00, 0x00,
  14   boot_flags:
  15    .byte 0x55, 0xAA
```

图 3.9　kernel 开始运行

此时,可以在 VSCode 中观察 CPU 的段寄存器值。可以看到,所有段寄存器的值为 0,其值列表如图 3.10 所示。这种效果恰恰就是我们想要的,可使得线性地址＝段偏移。因此,无须在代码中对段寄存器的值做任何修改。

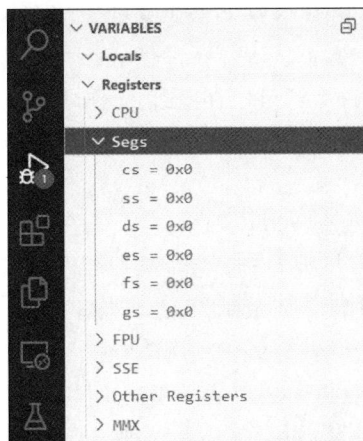

图 3.10 实模式段寄存器的初始值

3.2.4 加载操作系统的其余部分

目前,kernel.bin 仅为 512 字节。不过,随着代码的增多,其体积将远超 512 字节。而 BIOS 仅加载了 kernel.bin 的前 512 字节;因此,我们让操作系统能够自行将其余部分加载到内存中。为实现该功能,我们需要先了解硬盘的结构以及操作方法。

1. 硬盘结构

硬盘是一种存储设备,具有多种不同的类型,如机械硬盘、固态硬盘等。这里仅以机械硬盘为例,介绍其结构及相关操作方法。

机械硬盘由电机和盘片结构组成,其结构如图 3.11 所示。每个盘片是一个圆形的、薄的磁性盘,数据以磁性方式存储在盘片的表面上。每个盘片通常都有两个可用于数据存储的表面,顶部和底部。盘面包含多个磁道,磁道是位于盘片表面上的一个圆形轨道,其位置

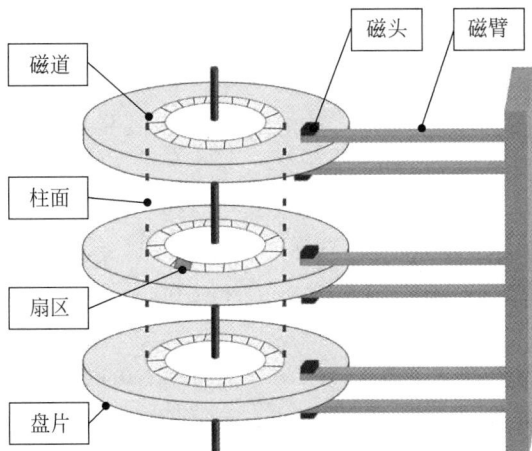

图 3.11 机械硬盘结构

距离盘片的中心相等。磁道内部又划分为多个扇区,扇区是硬盘上的最小数据存储单元,典型的扇区大小为 512 字节。柱面是硬盘上的多个磁道的集合,一个柱面包括盘片的相同位置上的所有磁道集合,无论是在顶部盘片表面还是底部盘片表面。在机械硬盘中,数据的存储和检索是通过磁道、柱面和扇区这些概念来管理的。

盘片的顶部和底部有磁头,磁头负责在盘片的表面上生成磁场,以写入数据,并检测盘片上的磁场变化以读取数据。磁头臂可以在盘片的不同磁道之间移动,以定位磁头在正确的磁道上。盘片通常以高速围绕转轴旋转,以确保数据快速访问。

2. 读取 kernel. bin

当计算机需要读取或写入硬盘时,控制电路会发送指令到硬盘驱动器,控制磁头臂定位到适当的磁道上。之后,盘片开始旋转,使得磁头可以在磁道上的特定位置进行读取或写入操作。数据传输完成后,硬盘会回报结果,并等待下一个命令。

如果需要读取数据,可采用两种方式:发送 I/O 命令或 BIOS 中断。发送 I/O 命令的方式将在后面的章节中介绍。这里采用更为简单的 BIOS 中断来实现,即 int 0x13 中断。

BIOS 中断是一种特殊的机制,用于向外界提供一些封装好的功能接口。利用 BIOS 中断,我们可以在不了解底层硬件细节的情况下,实现一些硬件相关的操作,如读取硬盘。而利用 BIOS 提供的 int 0x13 中断,可以将 kernel. bin 的其余部分读取到内存中。int 0x13 中断的具体使用方法如下。

- 入口参数:预先将相关参数填入寄存器中。
  - AH=功能号,如果为 2,表明要进行读取操作。
  - AL=读取的扇区数量。
  - CH=柱面。
  - CL=从哪个扇区开始读取。
  - DH=磁头号。
  - DL=驱动器,即从哪个驱动器读取,80H~0FFH:硬盘。
  - ES:BX=数据读取存储的逻辑地址。
- 执行 int 0x13 指令。
- 出口参数:如果 EFLAGS. CF=0,则读取成功;否则,读取失败。

在执行 int 0x13 指令前,需要往 AH 等寄存器中填入诸如柱面、磁道等硬盘结构等参数信息。由于本书开发的操作系统较简单,所以,kernel. bin 文件不大,完全可以放在第 0 柱面、第 0 磁道内。因此,在使用 int 0x13 中断时,只需要指定读取的起始扇区号、扇区数量,其余结构参数值填 0 即可。

目前,硬盘的第 1 个扇区已经被 BIOS 读取到内存中,因此,我们需要从第 2 个扇区开始读取,并指定读取较大的数据量(如 64KB),以便在不清楚 kernel. bin 大小的情况下,保证将其全部读到内存中(注意,请不定期检查 kernel. bin 是否超过 64KB,以便对读取大小进行及时调整)。详细的读取实现如程序清单 3.3 所示。

程序清单 3.3　c01. 01\project\kernel\start. S

```
 8:     mov $ 0x7c00, % sp      // 设置栈的起始地址
10: read_self_all:
11:     mov $ 0x7E00, % bx      // 读取到的内存地址
```

```
12:     mov $ 0x2, % cx        // ch: 磁道号,cl 起始扇区号,从第 2 个扇区开始读取
13:     mov $ 0x0280, % ax     // ah: 0x2 读硬盘命令,al = 0x80 128 个扇区,多读一些,64KB
14:     mov $ 0x80, % dx       // dh: 磁头号,dl 驱动器号 0x80(硬盘 1)
15:     int $ 0x13
16:     jc read_self_all       // 读取失败,则重复
```

上述代码中,首先设置了栈顶指针 sp 寄存器。CPU 的栈增长方向是从高往低地址增长,即每次压入一个栈单元数据后,sp 寄存器值减 2(在实模式下,栈单元大小为 16 位)。通过将 sp 寄存器的值设置为 0x7C00,实际上是将 0～0x7C00 这段空间作为操作系统的栈。

接下来,利用 int 0x13 从硬盘的第 2 扇区开始读取,共读 128 个扇区(每扇区 512 字节,即 64KB)到内存 0x7E00 地址处。之所以读取到 0x7E00 地址,这是因为 BIOS 已经读取了 512 字节到 0x7C00,后续存放的位置就应当是 0x7C00+512=0x7E00。此外,由于 ES 段寄存器已经是 0,所以无须设置。

在执行完 int $0x13 指令后,利用 jc read_loader 判断 EFLAGS 寄存器中的 CF 标志位是否置 1。如果 CF=1,表明读取失败,再次跳转到 read_self_all 重试读取;反之,表明读取成功,程序继续往下执行。

3. 检查读取结果

我们可以在程序中添加一个表 data_7e00。之后,构建工程并启动调试过程,在 int $0x13 执行完毕之后,检查读取效果,即检查内存 0x7E00 处是否存放了表 data_7e00 的数据。该检查方法如图 3.12 所示。

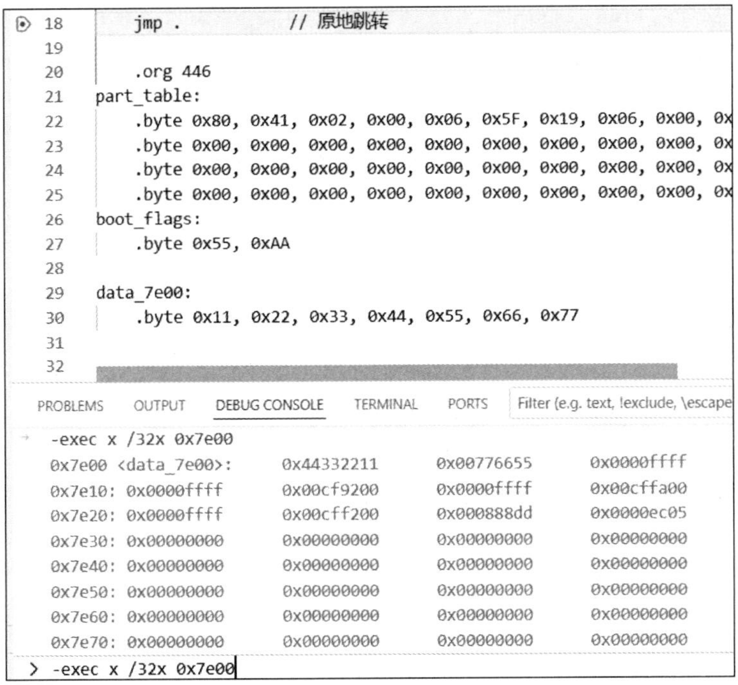

图 3.12 读取结果检查

启动调试,打开 DEBUG CONSOLE 窗口,输入 GDB 的存储观察命令：-exec x /32x 0x7E00。如果读取成功,则可以看到该窗口将内存 0x7E00 处的数据显示出来,且其内容与

表 data_7e00 中内容完全相同。

3.3 检查系统内存大小

利用 BIOS 中断,不仅仅可以读取硬盘,还可以检测物理内存的大小。操作系统需要知道物理内存大小,以便于合理利用这些内存,为系统中应用程序的运行分配内存空间。

如果要获取物理内存空间大小,可以使用 BIOS 提供的 int ＄0x15 中断,其执行流程如下所示:

- 入口参数:AH＝0x88,表明要检测内存大小。
- 执行 int 0x15 指令。
- 出口参数:AX＝内存大小,以 KB 为单位。

注意,该方法仅支持不超过 64MB 大小的物理内存检测。如果希望检测更大的物理内存,可以使用 int ＄0x15,EAX ＝ 0xE820。不过,该方法使用起来较为复杂,本书不采用此方法。内存大小检测的实现代码如程序清单 3.4 所示。

程序清单 3.4 c01.02\project\kernel\start. S

```
19:        mov $ 0x88, % ah
20:        int $ 0x15
21:        mov % ax, memory_size
22:
37: memory_size: .long 0          // 放置内存大小,以 KB 为单位
```

上述代码比较简单,首先设置 AH＝0x88;之后,执行 int ＄0x15;最后,将检测到的值保存到 memory_size 备用。

注:在本书中,为 QEMU 模拟出来的计算机配置的内存大小为 64MB。

3.4 进入保护模式

目前,所有的功能均用汇编实现,非常无趣和枯燥。试想一下,如果操作系统的全部代码都用汇编来写,将是一件多么无聊且痛苦的事情! 此外,在实模式下,最大只能访问物理内存的前 64KB,这点内存空间完全不够用。

因此,接下来将完成两项非常重要的工作:进入 32 位保护模式、切换到 C 语言环境中运行。在完成这些工作之后,将能解决上述问题。

3.4.1 保护模式

由于实模式存在的一些问题,CPU 制造商新增了保护模式。保护模式可提供更强大的内存管理和多任务支持等功能,其主要特点如下:

- 最大可访问 4GB 的物理内存。
- 支持内存分页和保护机制。
- 对多任务运行提供硬件级别支持。
- 支持分段机制,通过分段描述符提供更大范围内的内存寻址。

- 寄存器宽度扩展到 32 位。
- 在保护模式下,BIOS 中断无法再使用。

虽然保护模式提供的特性更多,但是,也给操作系统的开发带来了更多复杂性。为便于理解,此处仅介绍有关保护模式的部分内容,其余内容将在后续章节中展开介绍。

3.4.2 分段机制

在保护模式下,分段机制仍然有效,程序执行时仍然使用逻辑地址。不过,由于分页机制的引入,线性地址并不等于物理地址,而是要经分页机制转换得到物理地址。缺省情况下,分页机制是关闭的。目前,我们并不需要使用分页机制;因此,暂不考虑线性地址到物理地址的转换,认为线性地址仍然等于物理地址。

保护模式下的分段机制与实模式下的有所区别。整个 4GB 的线性地址空间可根据实际需求划分为多个不同的段,不同段可用于不同用途,具体示例如图 3.13 所示。在图 3.13 中,共包含两个段:用于存储代码的段 1 和用于存储数据的段 2。这两个段的起始地址、界限(大小)以及相关属性位等信息,存储在内存中的两个段描述符中。

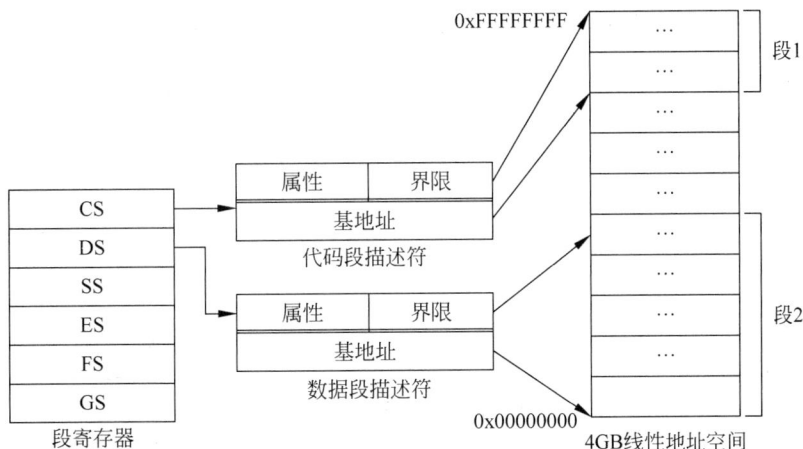

图 3.13 保护模式下的分段模型

在保护模式下,逻辑地址到线性地址的转换方式与实模式的相比有所区别。由于需要支持 4GB 空间的寻址,段的起始地址为 32 位,该地址值无法保存在 16 位的段寄存器中;因此,这些值被存储在段描述符中,段寄存器中的值则用于查找段描述符的位置。

当需要访问内存时,首先使用段寄存器的值查找段描述符;之后,在段描述符中找到段基地址;最后,将该地址加上段偏移,形成要访问的线性地址。这个转换过程如图 3.14 所示。

注:本章中关于保护模式下分段机制的介绍,均来自 Intel® 64 and IA-32 Architectures Software Developer's Manual 第 3 卷第 3 章和第 5 章。请在学习过程中,参考该章节。

在图 3.14 中,逻辑地址由 16 位段选择子(段寄存器中的值)和 32 位段偏移(程序中的指针等)组成。在访问内存前,CPU 会自动利用段选择子在段描述符表找到相应的段描述符,并从段描述符中取出基地址。最后,将基地址与段偏移相加,形成线性地址。

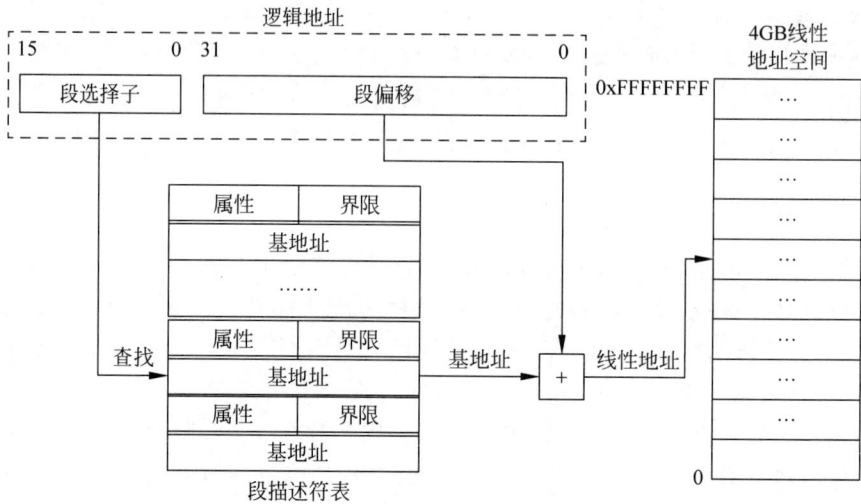

图 3.14　从逻辑地址到线性地址

3.4.3　段描述符

要实现逻辑地址到线性地址的转换,关键在于配置好段描述符表。段描述符表由很多个不同类型的段描述符组成,可用于存储代码段和数据段等信息。段描述符结构如图 3.15所示。

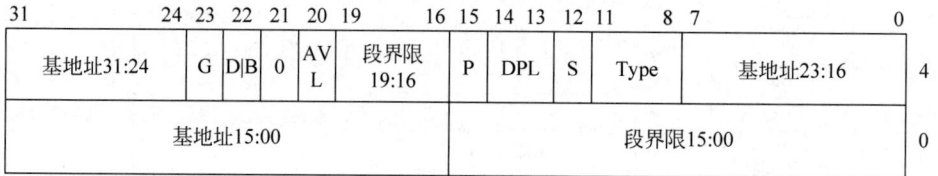

图 3.15　段描述符结构

每个段描述符占 64 位空间,用于存储 32 位段基地址、20 位界限长和 12 位段属性等信息。其中,段属性较为复杂,其详细说明如下。

1. P(存在位)

P 表示当前段描述符指向的段是否有效。如果 P=1,表示该描述符有效,可以访问该描述符对应的内存段;反之,P=0 表示该描述符无效,尝试访问该段将导致♯NP 异常。

2. AVL(保留位)

AVL 为处理器开放出来供操作系统自定义使用的位。具体如何使用由操作系统自行决定,本书并未使用该位。

3. G(粒度位)

G 位用于控制段界限字段的单位。由于描述符中段界限的位数只有 20 位,无法描述整个 4GB 的空间大小。因此,当需要使用超过 20 位的段界限大小时,可以将 G 设置为 1。此时,段界限的粒度为 4KB。

4. S(描述符类型)

S 位用于表示段描述符的类型。如果 S=0 时,表明该段描述符是系统段描述符,如

TSS、调用门等；如果 S＝1 时，表明该段描述符是非系统段描述符，如数据段、代码段等。具体是哪种类型的描述符，还需要结合 TYPE 域来进一步确定。

5. Type(类型)

Type 用于存储段的具体类型信息，其含义会随着 S 的不同而有所区别。当 S＝1 时，Type 用于表示非系统段(代码段或数据段)描述符的相关属性，具体取值及其说明见表 3.1。

表 3.1　非系统段描述符类型(S＝1)

Type				描述符类型	说　明
11	**10(E)**	**9(W)**	**8(A)**		
0	0	0	0	数据段	只读
0	0	0	1		只读，已访问
0	0	1	0		读写
0	0	1	1		读写，已访问
0	1	0	0		只读，向下扩展
0	1	0	1		只读，向下扩展，已访问
0	1	1	0		读写，向下扩展
0	1	1	1		读写，向下扩展，已访问
11	**10(C)**	**9(R)**	**8(A)**	**描述符类型**	**说　明**
1	0	0	0	代码段	仅执行
1	0	0	1		仅执行，已访问
1	0	1	0		执行，可读
1	0	1	1		执行，可读，已访问
1	1	0	0		仅执行，一致代码段
1	1	0	1		仅执行，一致代码段，已访问
1	1	1	0		执行，可读，一致代码段
1	1	1	1		执行，可读，一致代码段，已访问

对于数据段，Type 的三个最低位(位 8、9 和 10)分别表示该描述表是否已经被 CPU 访问过(A)、写使能(W)和扩展方向(E)。对于代码段，Type 的三个最低位分别表示已访问(A)、可读(R)和一致性(C)。

而当 S＝0 时，Type 用于表示系统段描述符的相关属性。这些系统段描述符类型有：局部描述符表(LDT)段描述符、任务状态段(TSS)描述符、调用门描述符、中断门描述符、陷阱门描述符、任务门描述符等。Type 的取值及其含义见表 3.2。

表 3.2　系统段描述符类型(S＝0)

Type				描述符类型
11	**10**	**9**	**8**	
0	0	0	0	保留
0	0	0	1	16 位 TSS(可用)
0	0	1	0	LDT
0	0	1	1	16 位 TSS(忙)
0	1	0	0	16 位调用门
0	1	0	1	任务门

Type				描述符类型
11	**10**	**9**	**8**	
0	1	1	0	16 位中断门
0	1	1	1	16 位陷阱门
1	0	0	0	保留
1	0	0	1	32 位 TSS(可用)
1	0	1	0	保留
1	0	1	1	32 位 TSS(忙)
1	1	0	0	32 位调用门
1	1	0	1	保留
1	1	1	0	32 位中断门
1	1	1	1	32 位陷阱门

从以上内容可以看出,Type 的含义较为复杂。在实际使用时,我们仅使用了其中的某几种值。至于其他值,不必关心。具体使用方法,将在后续章节中介绍。

6. D/B(默认操作数大小/默认栈指针大小和/或上限)

根据当前段描述符是可执行代码段、向下扩展的数据段还是栈段,D/B 位具有不同的含义。

- 代码段:该标志被称为 D 标志,它指示段中指令引用的有效地址和操作数的默认长度。当 D=1 时,表示指令使用 32 位地址及 32 位或 8 位操作数;当 D=0 时,则使用 16 位地址和 16 位或 8 位操作数。
- 栈段:该标志被称为 B(big)标志,它指定用于隐式栈操作(如 push、pop 和 call)的栈指针的大小。当 B=1 时,则使用 32 位栈指针,即 32 位的 ESP 寄存器;当 B=0 时,则使用 16 位栈指针,即 16 位的 SP 寄存器。如果栈段被设置为向下扩展的数据段,B 标志还指定了栈段的上限。
- 向下扩展的数据段:该标志被称为 B 标志,它指定了段的上限。当 B=1 时,上限是 FFFFFFFFH(4 GB);当 B=0 时,上限是 FFFFH(64 KB)。

7. DPL(描述符权限等级)

在保护模式下,CPU 支持在内存访问时进行权限检查。为了方便管理,CPU 将权限划分为 4 个特权级,具体划分方法如图 3.16 所示。这 4 个特权级别取值为 0、1、2、3。数字越大,权限越低。特权级 0 权限最高,用于运行操作系统;特权级 3 权限最低,用于运行用户程序;而特权级 1 和 2 权限中等,常用于运行内核服务。本书仅使用特权级 0 和特权级 3。

在访问内存段时,DPL 指定了访问该内存段时所需的特权级。至于具体应当使用哪种特权级,将在后续的章节中介绍。

3.4.4 段描述符表

CPU 支持两种类型的段描述符表:GDT(全局描述符表)和 LDT(局部描述符表)。这两种描述符表结构如图 3.17 所示。LDT 主要用于为应用程序配置私有的描述符表,本书并未使用。GDT 是被所有应用程序共享使用的描述符表,由最多 8192 个连续的段描述符

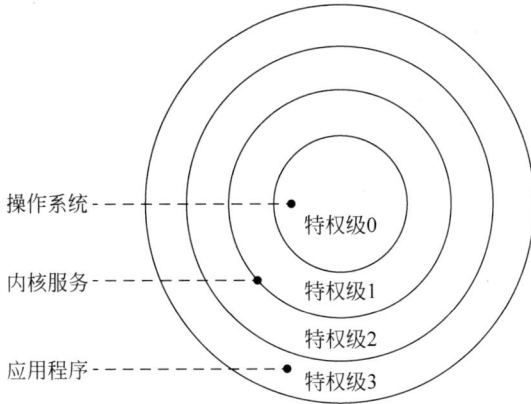

图 3.16　DPL 特权级划分

组成,可以将其看作是由很多个段描述符组成的数组。GDT 的起始地址和界限,保存在 CPU 内部的 GDTR 寄存器中。

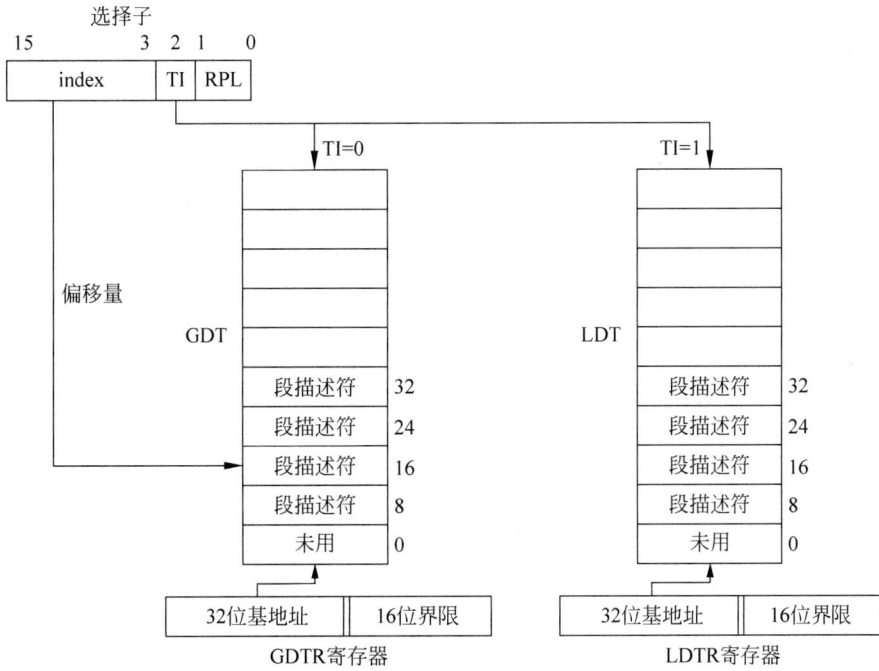

图 3.17　GDT 与 LDT 结构

段寄存器的值被称为选择子。选择子中的 RPL(或者 CPL)位用于指定访问内存时采用的特权级。具体选择何种值,这里暂不做介绍。TI 位用于决定访问哪种描述符表,如果 TI=0 时,表示访问 GDT;如果 TI=1 时,表示访问 LDT。index 存储段描述符在描述符表中的索引,有效值从 1 开始。

也就是说,当需要访问内存时,CPU 首先根据 TI 位来决定访问的是 GDT 还是 LDT;之后,使用 index 在表中找到相应的段描述符;最后,从段描述符中取出段基地址。

3.4.5　进入保护模式

接下来,我们可以着手编写代码,控制 CPU 从实模式跳转到保护模式运行。具体而言,需要完成以下几项工作:

- 准备 GDT,在 GDT 中配置好所需的段描述符。
- 将 GDT 的基地址和界限加载到 GDTR 寄存器。
- 打开保护模式使能位,从实模式切换到保护模式。
- 配置各段寄存器,使其指向 GDT 中有效的段描述符。

1. 实现代码

在进入保护模式的过程中,需要使用 CPU 的某些特殊的系统指令以及写段寄存器,这些都需要使用汇编来完成。具体的实现代码如程序清单 3.5 所示。

程序清单 3.5　c01.03\project\kernel\start.S

```
24:     cli                          // 关中断,避免中断发生打断这个过程
25:     lgdt gdt_desc
26:     mov $ 1, % eax
27:     mov % eax, % cr0             // 设置 CR0.PE 位,进入保护模式
28:     inb $ 0x92, % al             // 开启 A20 地址线
29:     or $ 2, % al
30:     outb % al, $ 0x92
31:     jmp $ 8, $ _start_32         // 刷新流水线,跳转到 32 位代码
        ……………… 略 ………………
42:     // 以下是 32 位的启动代码,比较简单,直接跳到 C 程序中
43:     .code32
44:     .global _start_32
45: _start_32:
46:     mov $ 16, % ax
47:     mov % ax, % ds
48:     mov % ax, % ss
49:     mov $ 0x7c00, % esp
50:     jmp kernel_start
51:
52:     .align 8
53: gdt_table:                       // GDT 描述符及表
54:     .quad 0x0
55:     .quad 0x00CF9A000000FFFF     // 特权级 0 代码段,选择子为 8
56:     .quad 0x00CF92000000FFFF     // 特权级 0 数据段,选择子为 16
57:     .quad 0x00CFFA000000FFFF     // 特权级 3 代码段,选择子为 24
58:     .quad 0x00CFF2000000FFFF     // 特权级 3 数据段,选择子为 32
59:
60:     .fill 251, 8, 0              // 其余 251 个空白的, 每个描述符 8 字节
61: end_gdt:
62:
63: gdt_desc:                        // GDT 表描述符
64:     .word (end_gdt − gdt_table) − 1    // 界限,16 位
65:     .long gdt_table              // 起始,32 位
```

首先,在进入保护模式之前,需要使用关中断指令 cli 关闭中断响应,这是因为:从实模式切换到保护模式之后,内存访问的寻址方式发生了变化;如果此时发生中断,将导致中断

处理程序无法正常执行。因此,为简单起见,暂时关掉所有的中断响应。

接下来,使用 lgdt 指令从 gdt_desc 结构中读取 GDT 的基地址和界限,将其写入到 GDTR 寄存器。

之后,通过 mov 指令将数值 1 写到 CR0 寄存器,即置位 CR0.PE 以使能保护模式。除此之外,还需要开启 A20 地址线,以允许 CPU 能够访问 1MB 以上内存空间。

在开启保护模式之后,段寄存器中的值就需要重新配置。对于代码段寄存器 CS,只能使用远跳转指令来设置;因此,使用 jmp $ 8,_start 将选择子 8 加载到 CS 寄存器中,同时跳转 _start_32 处开始运行。此时,CPU 工作在 32 位保护模式下,运行的指令也应当为 32 位指令;因此,对于 _start_32 之后的代码,需要使用 .code32 指示符,通知汇编器将其转换生成 32 位指令。

而对于数据段寄存器 DS 和栈段寄存器 SS,使用 mov 指令将全部设置成选择子 16。其余段寄存器,如 ES 等本书未用,不作设置。

最后,使用 jmp kernel_start 指令,跳转到 kernel_start 执行。kernel_start 是用 C 语言编写的函数,这意味着操作系统正式进入到了 C 语言环境中。我们可以方便地使用 C 语言进行操作系统的开发。

虽然上述代码行数不多;但是,其中涉及几个硬件的细节,需要展开详细说明。

2. A20 地址线

由于历史原因,CPU 存在着 A20 地址线的问题。在早期的 Intel 8086/8088 处理器中,只有 20 根地址线,可访问的地址空间仅为 1MB 大小。当超过 1MB 时,由于地址线不足,系统会按照对 1MB 求模的方式进行寻址,即当给出超过 1MB 地址时,系统将地址自动从 0 开始计算,这种技术被称为 wrap-around。

到了 80286 及以后的处理器,地址总线变得更多,能够访问更大的内存空间。为了保持兼容性,CPU 制造商在第 21 根地址线(A20)上设置了一个门(A20 gate)。即如果 A20 gate 被禁止,那么即使是 80286 或更高版本的处理器,在访问超过 1MB 的地址时,仍然会进行回绕。

A20 gate 默认是被禁止的,这不符合我们的需求。该功能需要被打开,使得操作系统能够访问所有内存。在上述代码中,使用了第 28~30 行代码完成打开工作,打开方法为:将端口 0x92 的第 1 位设置成 1。

注:关于 A20 地址线的更多信息以及打开方法的工作原理,请自行在网上搜索相关资料。

3. CR0 寄存器

CR0 寄存器是 32 位的系统寄存器,用于控制处理器的工作模式和特性。该寄存器的结构如图 3.18 所示,本书中仅使用 PE 和 PG。

	31 30 29		18	16		5 4 3 2 1 0
CR0寄存器	P C N G D W		A M	W P		N E T E M P E T S M P E

图 3.18　CR0 寄存器结构图

PG 位和 PE 位的作用介绍如下。

- PG(Paging):第 31 位,分页允许位。当该位为 1 时,启用分页机制;当该位为 0 时,禁用分页机制。

- PE(Protection Enable)：第 0 位，保护使能位。当该位为 1 时，启用保护模式；当该位为 0 时，禁用保护模式。

本章只需要设置 PE 位，从而开启保护模式。至于 PG 位的设置，将在后面章节中实现。

4. 段描述符表

gdt_table 为 CPU 所使用的 GDT。虽然 CPU 最大可支持 8192 个表项；不过，这里仅配置了 256 个，以减少内存的占用。按照 CPU 的要求，第 0 个描述符需要设置成空，其余表项可根据需要自行设置。

在前面的代码中，一共给出了 4 个描述符配置。其中，第 1 和第 2 项描述符表示供内核使用的代码段描述符和数据段描述符，第 3 和第 4 项描述符表示供应用程序使用的代码段描述符和数据段描述符。这些描述符的结构如图 3.19 所示。

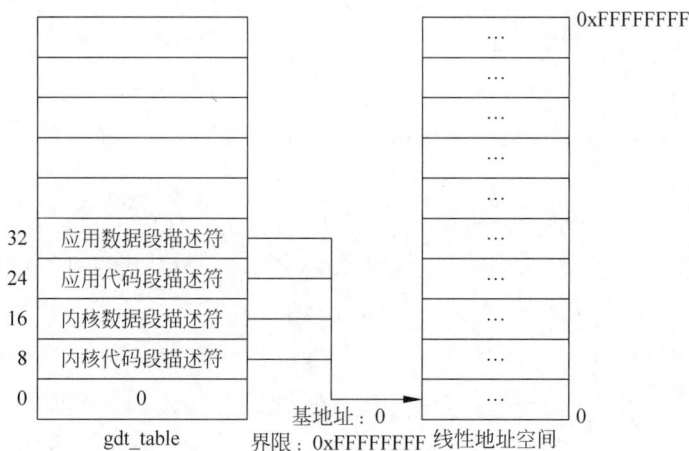

图 3.19 gdt_table 结构

本章主要关注第 1 和第 2 项段描述符。虽然第 3 和第 4 项目前未用到，但是，由于其与第 1 和第 2 项类似，这里一并介绍。

- 第 1 项为 0x00CF9A000000FFFF：表示段基地址为 0、界限为 0xFFFFFFFF、32 位代码段、特权级 0、执行/读。
- 第 2 项为 0x00CF92000000FFFF：表示段基地址为 0、界限为 0xFFFFFFFF、数据段、读写。
- 第 3 项与第 1 项基本相同，不同之处在于特权级为 3。
- 第 4 项与第 2 项基本相同，不同之处在于特权级为 3。

为什么需要这些段描述符？这是因为，操作系统在运行时，需要执行代码并访问数据。根据分段机制，CPU 使用段寄存器中的选择子找到段描述符中的段基地址。因此，我们需要提前在 gdt_table 中配置好代码段描述符（第 1 项）和数据段描述符（第 2 项），并在进入保护模式后，将其对应的选择子分别加载到 CS、DS 及 SS 等段寄存器。至于选择子的具体值，我们暂不考虑 RPL/CPL 位，且由于 TI 位为 0；因此，第 1 项和第 2 项的选择子值分别为 8 和 16。

此外,这些段描述符中的段基地址均被设置成 0,界限为 0xFFFFFFFF。这种设置方式与在实模式下将段寄存器的值设置成 0 的效果类似。当 CPU 访问内存时,由于段基地址为 0,使得计算得到的线性地址等于段偏移。这样一来,程序中的指针值仍然等于线性地址,有助于简化代码设计和程序调试。

这种将段基地址设置成 0,界限设置成 0xFFFFFFFF 的方式,称为平坦模型(Flat Model)。虽然 CPU 支持更为复杂的模型,如多段模型(Multi-Segment Model);不过,由于其使用起来较为复杂,本书并未采用。

3.5 让内核打印启动信息

现在,CPU 已经进入保护模式下运行,可访问整个 4GB 地址空间,操作系统进入到 C 环境中运行,这是一件激动人心的事情!接下来,我们可以继续修改操作系统代码,让其在运行起来后,打印 Hello, OS!字符串。

参考 C 语言标准库中 printf()函数的功能,可以实现一个名为 log_printf()函数,其函数原型为:void log_printf(const char * fmt,…)。该函数不仅打印现成的字符串,也能够打印带可变参数的字符串。log_printf()的实现原理并不复杂,需要解决三个问题:解析可变参数、格式化生成字符串、打印输出。

3.5.1 解析可变参数

为了解析可变参数,可以借助 GCC 工具链提供的三个宏 va_start()、va_arg()和 va_end()(位于< stdarg. h >文件中)。这些宏的使用示例如程序清单 3.6 所示。

程序清单 3.6 可变参数解析示例

```
# include < stdarg. h >

int sum( int num, …) {
    int val = num;
    va_list ap;

    va_start(ap, num);

    int arg;
    while ((arg = va_arg(ap, int)) != 0) {
        val += arg;
    }

    va_end(ap);
    return val;
}

int main() {
    int result = sum(3, 10, 20, 30, 0);
    printf("Sum: % d\n", result);
    return 0;
}
```

上述代码中,sum()函数用于对整数列表进行求和。该函数接受可变参数,参数 num 为第一个要求和的数字,后面可再接 0 个或多个参数。例如,sum(3,10,20,30,0)可对 3、10、20、30 进行求和,末尾的参数 0 表示列表结束。

在 sum()中,为了解析可变参数,需要先使用 va_start(ap,num)宏进行参数解析的初始化。va_start()的作用是初始化 va_list 类型的对象 ap,并指出可变参数们位于 num 之后。初始化之后,就可以在循环中不断借助 va_arg(ap,int),从 ap 对象中依次取出所有的 int 类型参数。由于 va_arg()并未提供任何机制来帮助判断是否取出所有参数;因此,在 sum(3,10,20,30,0)调用中,当发现参数值为 0 时,表示解析结束。最后,还需要使用 va_end(ap)清理 ap 对象。

在实现 log_printf()时,同样需要用到这三个宏。log_printf()的实现见程序清单 3.7。

程序清单 3.7　c01.04\project\kernel\tools\log.c

```
43: void log_printf(const char * fmt, ...) {
44:     char str_buf[128];
45:     va_list args;
46:
47:     kernel_memset(str_buf, '\0', sizeof(str_buf));
48:
49:     va_start(args, fmt);
50:     kernel_vsprintf(str_buf, fmt, args);
51:     va_end(args);
52:
53:     print_str(str_buf);
54: }
```

在上述代码中,str_buf 用于缓存格式化生成的字符。首先,使用 kernel_memset()将整个缓存清空;之后,使用 kernel_vsprintf()进行可变参数的解析及字符串的格式化;最后,使用 print_str()将字符串输出显示。

3.5.2　格式化生成字符串

kernel_vsprintf()的功能与 C 语言标准库中的 vsprintf()的功能类似,用于完成可变参数的解析及字符串的格式化。不过,由于 kernel_vsprintf()仅供内核使用,故而其功能较为简单,只需支持几种简单的格式化方式,具体支持列表见表 3.3。

表 3.3　kernel_vsprintf()支持的格式

格式化说明符	输 出 类 型	数 据 类 型
%d	十进制输出	int
%x	十六进制输出	int
%c	字符输出	char
%s	字符串输出	char *

注:你也可以进行功能扩展,让 kernel_vsprintf()支持更多不同格式的输出。

kernel_vsprintf()的实现代码见程序清单 3.8。在该函数内部,使用 while 循环遍历字符串 fmt 中的各项字符。当发现格式化指示符%时,继续取出其后的类型指示符(如 d、x 等);再使用 va_arg()按指定的类型(如整数、字符串等)取出对应的参数,将其转换生成字符串；最终，写入缓存 buffer。

程序清单 3.8　c01.04\project\kernel\tools\klib.c

```
81: void kernel_vsprintf(char * buffer, const char * fmt, va_list args) {
82:     enum {NORMAL, READ_FMT} state = NORMAL;
83:     char ch;
84:     char * curr = buffer;
85:     while ((ch = * fmt++)) {
86:         switch (state) {
87:             // 普通字符
88:             case NORMAL:
89:                 if (ch == '%') {
90:                     state = READ_FMT;
91:                 } else {
92:                     * curr++ = ch;
93:                 }
94:                 break;
95:             // 格式化控制字符,只支持部分
96:             case READ_FMT:
97:                 if (ch == 'd') {
98:                     int num = va_arg(args, int);
99:                     kernel_itoa(curr, num, 10);
100:                    curr += kernel_strlen(curr);
101:                } else if (ch == 'x') {
102:                    int num = va_arg(args, int);
103:                    kernel_itoa(curr, num, 16);
104:                    curr += kernel_strlen(curr);
105:                } else if (ch == 'c') {
106:                    char c = va_arg(args, int);
107:                    * curr++ = c;
108:                } else if (ch == 's') {
109:                    const char * str = va_arg(args, char * );
110:                    int len = kernel_strlen(str);
111:                    while (len -- ) {
112:                        * curr++ = * str++;
113:                    }
114:                }
115:                state = NORMAL;
116:                break;
117:        }
118:    }
119: }
```

此外，还需要实现两个辅助函数：kernel_strlen()，用于计算字符串长度；kernel_itoa()，用于将整数转成字符串。kernel_strlen()的实现较为简单，请查看本书配套源码，这里不做详细介绍。

下面主要介绍 kernel_itoa()的实现，其代码如程序清单 3.9 所示。该函数共接收三个参数：buffer 用于存放生成的字符串，num 为待转换的数字，base 为转换的进制（如十进制、十六进制）。

程序清单 3.9　c01.04/project/kernel/tools/klib.c

```c
37: void kernel_itoa(char * buf, int num, int base) {
38:     // 转换字符索引[-15, -14, ...-1, 0, 1, ...., 14, 15]
39:     static const char * num2ch = {"FEDCBA9876543210123456789ABCDEF"};
40:     char * p = buf;
41:     int old_num = num;
42:
43:     // 仅支持部分进制
44:     if ((base != 2) && (base != 8) && (base != 10) && (base != 16)) {
45:         *p = '\0';
46:         return;
47:     }
48:
49:     // 只支持十进制负数
50:     int signed_num = 0;
51:     if ((num < 0) && (base == 10)) {
52:         *p++ = '-';
53:         signed_num = 1;
54:     }
55:
56:     if (signed_num) {
57:         do {
58:             char ch = num2ch[num % base + 15];
59:             *p++ = ch;
60:             num /= base;
61:         } while (num);
62:     } else {
63:         uint32_t u_num = (uint32_t)num;
64:         do {
65:             char ch = num2ch[u_num % base + 15];
66:             *p++ = ch;
67:             u_num /= base;
68:         } while (u_num);
69:     }
70:     *p-- = '\0';
71:
72:     // 将转换结果逆序,生成最终的结果
73:     char * start = (!signed_num) ? buf : buf + 1;
74:     while (start < p) {
75:         char ch = *start;
76:         *start = *p;
77:         *p-- = ch;
78:         start++;
79:     }
80: }
```

在函数的最开始,检查了 base 的值是否为支持的进制数值,同时也检查了是否为十进制负数。之后,根据正数和负数两种情况,分别将 num 中的每个数字转换成相应的字符并存储到 buf 中。在转换过程中,使用查表算法,将正数或负数值在 num2ch 数组中查找得到的相应字符。在完成转换之后,还需要对 buf 中的字符串进行逆序处理,从而得到最终的结果。

3.5.3 打印输出

kernel_vsprintf()生成的字符串需要输出显示,该项工作由 print_str()完成。不过,考虑到在计算机屏幕上显示信息是一件较复杂的事情,因此,这里暂时采取一种简单的方式。

在早期的计算机主板上,有一种名为 RS232 的串行通信接口(简称串口)。两台计算机之间通过 RS232 通信电缆连接之后,可以相互进行数据通信。QEMU 支持串口的模拟,并提供了图形化界面用于显示发送的字符数据。

我们可以将 log_printf()的输出暂时交由 RS232 来显示,其工作原理如图 3.20 所示。log_printf()通过 RS232 接口向外发送字符,这些字符串会被 QEMU 自动显示在 Serial 窗口中。

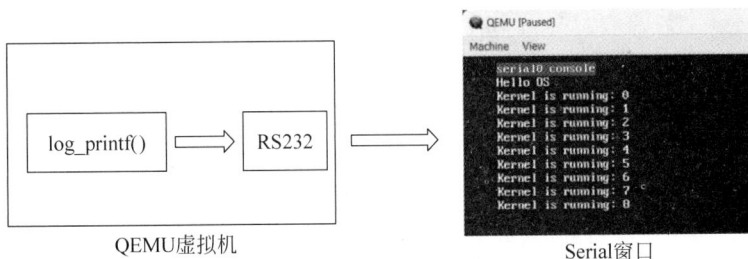

图 3.20 串口打印输出

于是,print_str()的实现如程序清单 3.10 所示。该函数不断地从 str 中取出各个字符,并调用 print_c()输出。如果发现取出的字符是\n 字符,还需要转换成\r\n 输出,以便能够在 Serial 窗口中正确地显示换行。此外,在完成整个字符串输出后,再次输出\r\n,这样就可以让 log_printf()自动在末尾换行。

程序清单 3.10 c01\c01.04\project\kernel\tools\log.c

```
21: static void print_c (char c) {
22:     // 临时性解决方法,不需要了解下面的含义
23:     while ((inb(COM1_PORT + 5) & (1 << 6)) == 0);
24:     outb(COM1_PORT, c);
25: }
26:
27: static void print_str (char * str) {
28:     const char * p = str;
29:     while ( * p != '\0') {
30:         if ( * p == '\n') {
31:             print_c('\r');
32:         }
33:
34:         print_c( * p++);
35:     }
36:     print_c('\r');
37:     print_c('\n');
38: }
```

在 print_c()中,需要使用 inb 和 outb 指令来读写串口相关的端口。不过,这里并没有直接使用这两条汇编指令,而是使用 inb()和 outb()函数。这两个函数分别封装了这两条指令,封装方法如程序清单 3.11 所示。

程序清单 3.11　c01.04/project/kernel/include/cpu/cpu_instr.h

```
12: static inline uint8_t inb(uint16_t  port) {
13:     uint8_t rv;
14:     __asm__ __volatile__("inb %[p], %[v]" : [v]" = a" (rv) : [p]"d"(port));
15:     return rv;
16: }
23:
24: static inline void outb(uint16_t port, uint8_t data) {
25:     __asm__ __volatile__("outb %[v], %[p]" : : [p]"d" (port), [v]"a" (data));
26: }
```

注：除了 inb 和 outb 之外，CPU 的其他一些指令也会被封装成 C 函数。这些函数的实现以及封装方法，请参考本书配套的源码和文档。

至于 print_c() 对哪些端口进行了写入，写入值的含义是什么，我们不必了解。主要原因在于：这些代码仅为临时使用，后续将被替换成其他代码。

在完成所有代码的编写之后，可以进行测试。在 kernel_start() 中，添加对 log_printf() 的调用，让其输出 Hello OS。构建工程并启动调试，当程序运行起来之后，可以在 QEMU 的 View 菜单中找到 Serial0 菜单项，从而打开 Serial 窗口，并在该窗口中可以看到显示输出。窗口的打开方法及显示效果如图 3.21 所示。

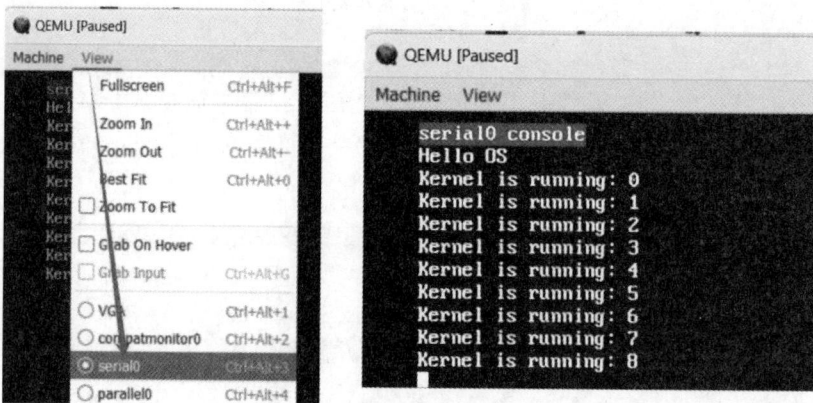

图 3.21　运行效果

3.6　本章小结

本章的主要目标是启动操作系统，实现 log_printf() 函数并打印 Hello, OS。

由于 CPU 的硬件特性较为复杂，本章花了大量篇幅介绍相关内容，如实模式、分段机制、保护模式等。操作系统依赖这些硬件特性，从而实现多进程运行等功能。

在具体的代码编写上，主要完成三项工作：加载操作系统的其余部分、进入保护模式、实现 log_printf()。其中，前两者与 CPU 硬件密切相关。通过这两项工作，操作系统能够访问整个 4GB 地址空间，同时进入到 C 环境运行。C 语言带来的便利性，使得我们可以比较容易地实现 log_printf()。在后续的开发过程中，log_printf() 将被用于打印操作系统的运行信息，从而方便我们观察系统的运行状态、发现并排查其中的问题。

第4章

内存管理

在进入保护模式后,操作系统可以访问 1MB 地址以上的所有内存。这些内存需要采用某种方式统一管理,以便在操作系统或应用程序运行时按需分配内存。此外,为了支持多个应用程序同时运行,还需要开启分页机制,从而使用虚拟内存。

所有这些工作,由操作系统的内存管理模块来完成。本章主要关注如何对物理内存进行管理以及如何开启分页机制。至于如何利用虚拟内存来实现多进程的运行,将在后续章节中介绍。

4.1 管理物理内存

在应用程序中,可以使用 C 语言标准库的 malloc( )和 free( )函数在堆中分配和释放内存。然而,由于没有 C 语言标准库的支持,操作系统需要自行实现内存分配和释放的功能。在实现这些功能时,需要考虑两个问题:哪些区域的内存可用于分配、采用何种数据结构来管理。

4.1.1 选择内存区域

目前,整个计算机可用的内存大小为 64MB。其中,部分区域已经使用,例如 0x7C00 处存放了操作系统,0x7C00 以下被用作栈。除此之外,1MB 以下的其他区域也有特殊的用途。

1MB 以下区域的内存使用情况如图 4.1 所示。可以看到,部分区域有专门的用途。

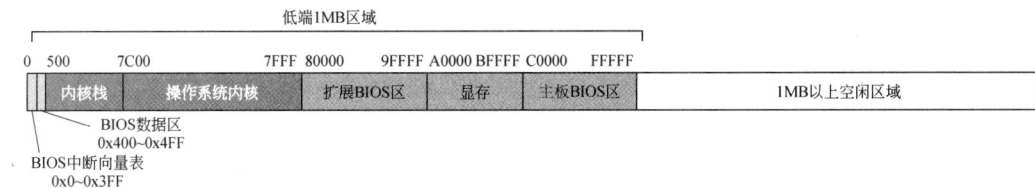

图 4.1 内存映射图

- BIOS 中断向量表和数据区:仅在 BIOS 运行时使用。CPU 进入保护模式之后,此区域可以用作其他用途。

- 扩展 BIOS 区：用于存储 BIOS 的扩展数据。不同的 BIOS 实现可能会在此处存储不同的数据。进入保护模式后，此区域可以用作其他用途。
- 显存：映射到显卡内的显存。往该区域写数据，可在屏幕上显示字符。
- 主板 BIOS 区：系统启动时，BIOS 代码会被映射到该块区域。

在图 4.1 中可以看到，0x7C00～0x7FFFF(大约 600KB)可用于存放操作系统代码及数据。对于动态内存分配，我们只能使用 1MB 以上的空闲区域。

4.1.2 定义位图结构

为了管理 1MB 以上的内存，我们可以采用一种简单的数据结构：位图。

与应用程序不同，操作系统请求分配内存时，大多需要分配固定大小的内存块(称之为页)。页大小一般固定，如 4096 字节。也就是说，我们需要将 1MB 以上的所有物理内存，分割成多个相同大小的页，即物理页。每个物理页的大小为 4096 字节(4KB)。这种对内存的处理方法如图 4.2 所示。

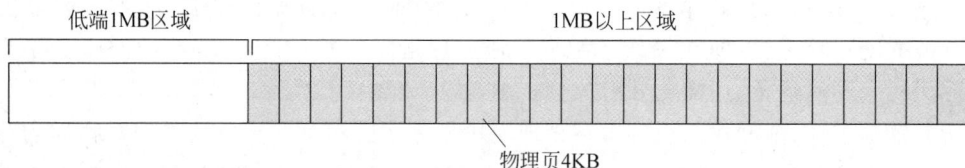

图 4.2 物理页列表

当需要内存分配时，可以从所有的物理页中，找出空闲未分配出去的物理页。那么，如何判断某个物理页是否已经分配出去？本书使用位图来实现该功能。

位图是一种简单的、用于标识状态的数据结构，它由很多个连续的位组成的。每个位只有 0 和 1 两种值，可以用于标识物理页是否已经分配出去。例如，当值为 1 时，表明该物理页已经分配出去；当值为 0 时，表示该物理页处于空闲状态。

为了展示位图的使用方法，图 4.3 给出了应用示例。在位图中，每个物理页都有一个唯一的位与之对应，用于表示该页是否已经分配出去。为方便管理，每 8 个页为一组，用一个字节来存储各个位的值。

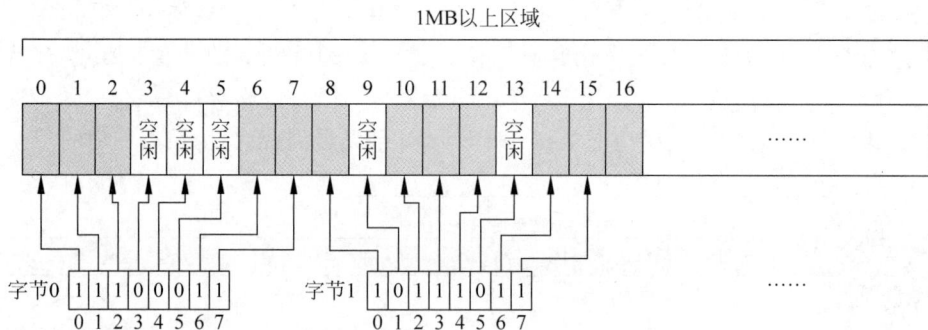

图 4.3 位图结构应用示例

在最坏情况下，最大可用的物理内存大小约为 4GB，此时用于存储位值所需的字节量为：$4 \times 1024 \times 1024 \times 1024(4GB)/(4 \times 1024)/8 = 128KB$。

因此,我们可以定义物理内存管理结构 pmem_t,该结构用于管理 1MB 以上物理页的分配和释放。该结构的定义见程序清单 4.1。其中,page_count 保存物理页的总数,bits 数组存储所有位值。该结构可管理的最大物理内存由 MEM_FREE_MAX(该值可自行调整)决定。

程序清单 4.1   c02. 01\project\kernel\include\core\pmem. h.

```
 6: # define MEM_PAGE_SIZE               4096               // 和页表大小一致
 7: # define MEM_FREE_MAX               (128 * 1024 * 1024)  // 最大支持的空闲内存大小
 8:
12: typedef struct _pmem_t {
13:     uint32_t page_count;                                // 总的页数量
14:     uint8_t  bits[MEM_FREE_MAX / MEM_PAGE_SIZE / 8];     // 位空间
15: }pmem_t;
```

4.1.3 实现相关接口

利用 pmem_t 结构,可以实例化全局变量 pmem,用于管理所有的物理内存页。不仅如此,还可增加初始化、分配以及释放三种接口,这些接口的实现如程序清单 4.2 所示。

程序清单 4.2   c02. 01\project\kernel\core\pmem. c.

```
13: static pmem_t pmem;                    // 物理地址分配结构
14:
18: void pmem_init (uint32_t mem_size) {
19:     pmem.page_count = mem_size / MEM_PAGE_SIZE;
20:
21:     // 将 1MB 以内的区域全部设置为 1,标记为占用状态
22:     int used_page_cnt = MEM_FREE_START / MEM_PAGE_SIZE;
23:     kernel_memset(pmem.bits, 0xFF, used_page_cnt / 8);
24:
25:     // 其余空间全部清 0,注意向上对齐到 8 的倍数
26:     int free_bytes = (pmem.page_count - used_page_cnt + 8 - 1) / 8;
27:     kernel_memset(pmem.bits + used_page_cnt / 8, 0, free_bytes);
28: }
29:
35: uint32_t pmem_alloc (void) {
36:     irq_state_t state = irq_enter_protection();
37:
38:     int search_idx = 0;
39:     int ok_idx = -1;
40:
41:     for (int i = 0; i < pmem.page_count; i++) {
42:         // 找到值为 0 的位
43:         int byte_idx = i / 8;
44:         int bit_mask = 1 << (i % 8);
45:         if ((pmem.bits[byte_idx] & bit_mask) == 0) {
46:             pmem.bits[byte_idx] |= bit_mask;
47:
48:             irq_leave_protection(state);
49:             return MEM_PAGE_SIZE * i;
50:         }
51:     }
52:
53:     irq_leave_protection(state);
54:     return 0;
```

```
55: }
56:
60: void pmem_free (uint32_t addr) {
61:     irq_state_t state = irq_enter_protection();
62:
63:     int page_idx = addr / MEM_PAGE_SIZE;
64:     pmem.bits[page_idx / 8] &= ~(1 << (page_idx % 8));
65:
66:     irq_leave_protection(state);
67: }
```

pmem_init()用于 pmem 变量的初始化。其中,1MB 以下的物理内存也被纳入管理之中,只不过这些区域的物理页已经被占用;因此,利用 kernel_memset()将这些物理页对应的位全部设置成 1(已分配)。而对于 1MB 以上的物理页,将其全部设置为 0(空闲)。

pmem_alloc()用于分配一个空闲的物理页,其实现分配算法较简单:从位图的开始进行遍历,直到找到一个空闲的物理页;将其设置为已分配状态;最后,将页的首地址返回。

pmem_free()用于释放指定的物理页,该函数接收物理页的起始地址作为参数。在函数的内部,通过设置位图中的相应位为 0,使其处于空闲状态。

虽然使用位图可以方便地管理物理页,但是,仔细分析 pmem_alloc()的实现会发现:在有些情况下,搜索空闲页的过程比较耗时。试想一下,如果前面已经有 10 000 个物理页分配出去,当再次分配物理页时,由于仍然从位图起始位置开始搜索,就不得不先扫描这 10 000 个物理页,这就导致时间浪费。本书出于简化实现的目的,采用了该算法;如果你有更好的算法,可以自行尝试实现。

4.1.4 开关中断保护

在 pmem_alloc()中,使用了 irq_enter_protection()和 irq_leave_protection()两个函数。为什么要使用这两个函数?这与操作系统环境下的多任务运行机制有关。

在单 CPU 环境中,CPU 在任意时刻只能执行一个任务(进程)的代码。操作系统通过所谓的任务切换(进程切换)机制,让 CPU 轮流在不同任务之间执行,从而使得每个任务都有执行的机会。这种切换过程如图 4.4 所示。

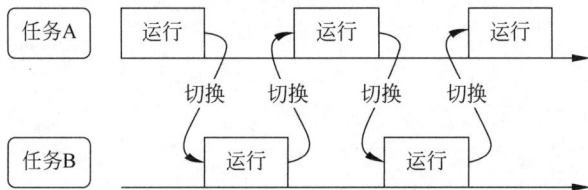

图 4.4 多任务运行示意图

注:由于 x86 使用任务来实现进程,因此,本书将任务视作进程,不对二者进行区分。

可以看到,虽然发生了任务切换,导致每个任务在断断续续地执行,但是,只要 CPU 的执行速度和任务切换速度都足够快,那么,我们感受到的是每个任务在高速且连续地执行。

通过任务切换机制,整个系统可以完成更多的功能,系统运行效率得到提升。对用户来说,最直观的感受便是:计算机可以同时做更多的事情,如同时浏览网页和微信聊天。不过,这种模式也会带来新的问题:如果多个任务同时对共享资源进行读写,可能会造成资源读写的冲突。

　　为了分析该问题,图 4.5 给出了冲突的示例。首先,任务 A 读取变量的值,此时,可能由于某些原因(如产生中断)导致 CPU 切换到任务 B 运行。之后,任务 B 也读取该变量的值,利用该值进行计算,再将计算结果回写到变量。接下来,CPU 切换回任务 A,此时,任务 A 继续从先前被打断的地方处执行。此时任务 A 拿到的值不再是最新的,而是之前读取的,如果利用该旧值进行计算并将结果回写到变量,就会导致任务 B 写入的值被覆盖,相当于任务 B 对变量的操作没有发生过一样。

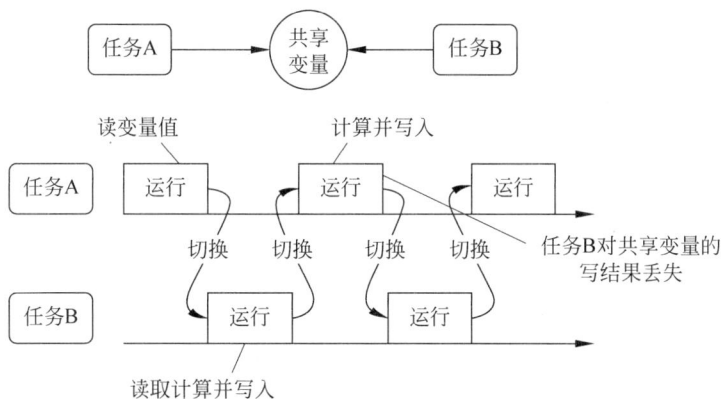

图 4.5　多任务同时读写资源问题

　　为了解决该问题,可以使用操作系统提供的互斥锁等机制来实现对共享资源的访问保护。然而,我们正在开发操作系统的实现代码,没有任何现成的保护机制可用;因此,需要采用其他机制来解决这个问题。

　　分析上述问题可知,问题的关键在于任务访问共享资源时发生了任务切换。如果能够避免任务切换,就能解决此问题。在单核 CPU 中,任务切换发生的原因主要有两种:任务主动切换、任务被动切换。

- 任务主动切换指的是任务在执行过程中,自行调用了操作系统提供的某些接口(如睡眠等)触发的切换。此时,操作系统控制 CPU 运行其他任务。显然,如果要禁止这种切换,只需要在任务中不包含对这些接口的调用即可。
- 任务被动切换指的是由于中断发生等原因而导致的任务被迫放弃 CPU。中断是一种硬件机制,由外部设备触发,如硬件定时器计时溢出。当中断发生时,CPU 将打断当前正在执行的程序,强制跳转到中断处理程序执行。在中断处理程序执行时,可能会触发操作系统进行任务切换。如果要禁止此现象的发生,只需要关掉中断响应即可。

　　综上所述,由于程序中不包含任何触发任务主动切换的代码;因此,只需要避免被动切换的发生,可以采用关中断来实现。使用关中断解决此问题的示例如图 4.6 所示。

　　当任务 A 需要访问变量时,先关掉中断,以避免在执行过程中由于中断发生而导致切换至任务 B。当完成访问之后,再开启中断。同样地,在任务 B 访问变量的过程中,也使用关中断保护。这样一来,无论是任务 A 还是任务 B,在对共享变量访问期间,都不会被干扰打断,完全解决掉访问冲突的问题。

　　全局变量 pmem 可被视作一种共享资源,它会被多个任务同时访问,如多个应用程序

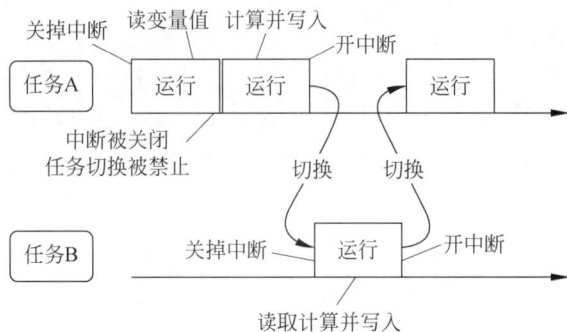

图 4.6 关中断保护资源

在运行时，都需要分配或释放物理内存页。也就是说，无论是 pmem_alloc() 还是 pmem_free()，都可能同时被多个任务调用，进而同时读写 pmem.bits 缓存。为了避免多任务同时读写 pmem.bits 缓存时的冲突问题，需要使用关中断进行保护。

关中断的实现代码如程序清单 4.3 所示。irq_enter_protection() 用于关中断，使用内联汇编实现。在函数内部，首先利用 pushf 指令将 EFLAGS 寄存器值压栈；之后，利用 popl 指令将保存到栈里的 EFLAGS 值出栈到 eax，从而将该值保存到 state 变量中；最后，执行关中断指令 cli。irq_leave_protection() 用于退出关中断状态，该函数将 state 的值写入到 EFLAGS 寄存器。

程序清单 4.3　c02.01\project\kernel\cpu\irq.c.

```
12: irq_state_t irq_enter_protection (void) {
13:     irq_state_t state;
14:     __asm__ __volatile__("pushfl\n\tpopl % % eax\n\tcli":" = a"(state));
15:     return state;
16: }
17:
21: void irq_leave_protection (irq_state_t state) {
22:     __asm__ __volatile__("pushl % % eax\n\tpopfl"::"a"(state));
23: }
```

注意到，在 irq_enter_protection() 中，需要读取 EFLAGS 寄存器的值并返回；而在 irq_leave_protection() 中，并没有开中断，而将 state 值写入到 EFLAGS。之所以这么做，是考虑在某些情况下，出现嵌套调用的问题，该问题如图 4.7 所示。

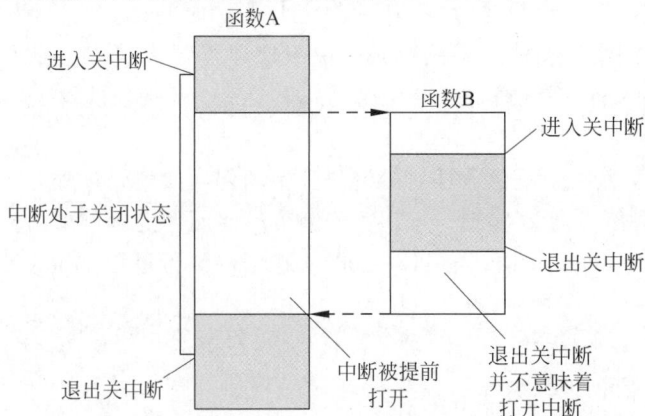

图 4.7 嵌套调用时情况

假设函数 A 在关中断之后调用了函数 B,函数 B 同样进行了关中断。当函数 B 退出关中断状态时,中断应当保持为关闭状态;否则,当返回到函数 A 时,中断已经被提前打开。

因此,为了解决这个问题,可以在关中断时,将当前中断的开关状态保存下来(保存到 state 变量)。在退出关中断时,使用该状态进行恢复,而不是直接开启中断。这样一来,当返回到任务 A 时,中断继续保持为关闭状态,而不是被提前打开。

中断的开关控制,由 EFLAGS 寄存器中的 IF 位(Interrupt Enable Flag)决定。该寄存器的格式如图 4.8 所示。其中,IF 位于第 9 位。当 IF=0 时,禁止中断响应;当 IF=1 时,允许中断响应。至于其余位,本书并未用到,不需要关心。

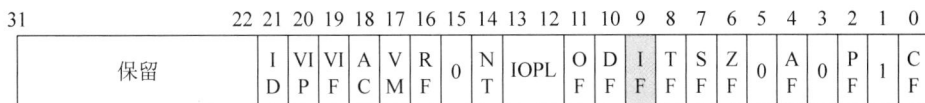

31		22	21	20	19	18	17	16	15	14	13 12	11	10	9	8	7	6	5	4	3	2	1	0
保留			ID	VIP	VIF	AC	VM	RF	0	NT	IOPL	OF	DF	IF	TF	SF	ZF	0	AF	0	PF	1	CF

图 4.8 FLAGS 寄存器结构

CPU 并未提供任何指令用于直接读写该寄存器,但可使用 pushf 指令将其值压入栈中,或者使用 popf 指令将栈中的值弹出到该寄存器。

因此,在 irq_enter_protection()内部,通过 pushf 和 popf 指令的配合,将 EFLAGS 的值读取出来并保存到 state 变量中,即实现了 IF 位的保存。而在 irq_leave_protection()内部,通过将 state 回写到 EFLAGS 寄存器,实现了 IF 位的恢复。

4.1.5 初始化内存管理

在完成上述代码之后,可以实现内存管理初始化函数 memory_init()。该函数负责初始化整个内存管理模块,其实现如程序清单 4.4 所示。在函数内部,主要进行了物理页管理的初始化,即将 BIOS 中断检测到的内存容量传入 pmem_init(),以便根据实际可用的内存容量进行物理页分配的管理。

程序清单 4.4 c02.01\project\kernel\core\memory. c.

```
23: void memory_init (void) {
24:     log_printf("mem init.");
25:     log_printf("memory size: % d MB\n", memory_size / 1024);
26:     pmem_init(memory_size * 1024);
27: }
```

4.2 开启分页机制

在内存管理模块中,除了要管理物理页,还需要开启分页机制,使得操作系统能够支持多进程的运行。不过,分页机制较复杂,涉及的知识细节较多。本章仅做一小部分工作,以便初步理解分页机制的工作原理。

4.2.1 工作原理

1. 分页机制的功能

CPU 对于内存的管理提供了两种机制:分段机制和分页机制。图 4.9 展示了这两种机制如何共同作用,从而影响程序对内存的访问。

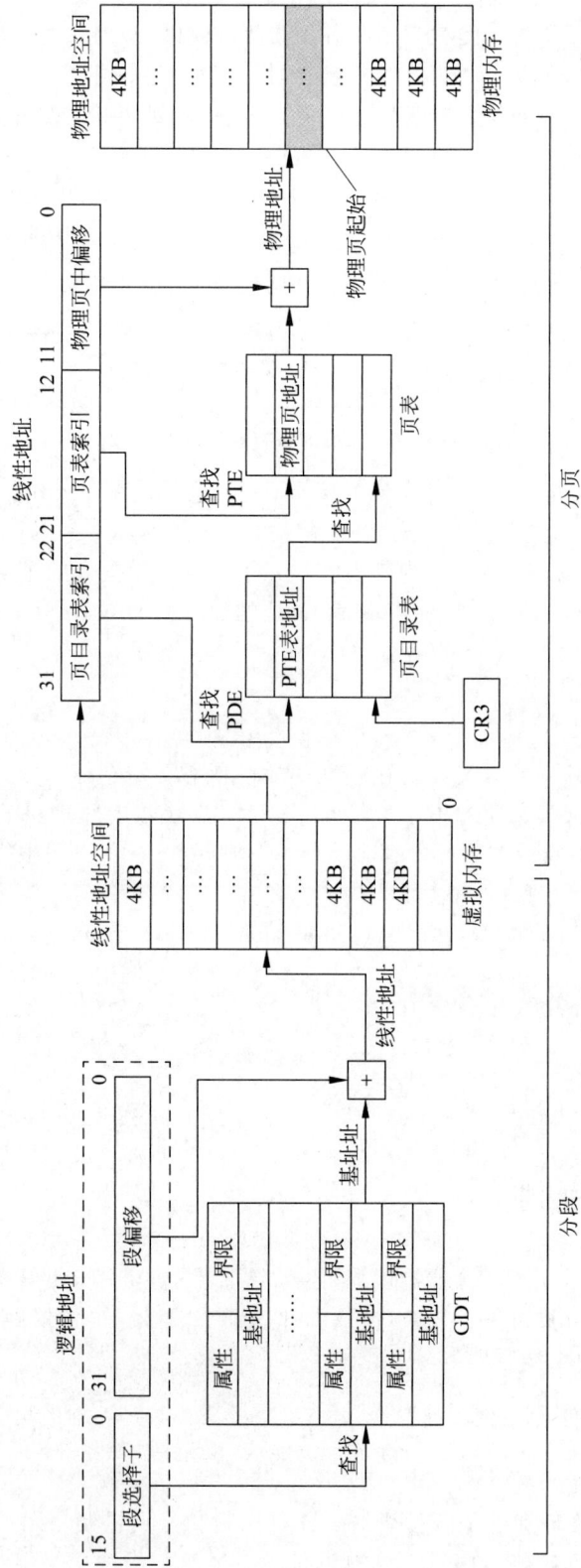

图 4.9 系统内存管理结构图

首先,应用运行时使用逻辑地址进行内存访问。在分段机制的作用下,CPU 从逻辑地址中取出选择子,并使用选择子在 GDT 中找到段基地址,段基地址与段偏移相加形成线性地址。

接下来,线性地址需要被转换成物理地址。当分页机制关闭时,线性地址等同于物理地址。而当分页机制开启时,线性地址经过转换,得到物理地址。在这种转换机制中,线性地址被分解为 3 部分:页目录表索引、页表索引、物理页中偏移。在转换时,使用两种索引依次从页目录表和页表中查找得到物理页起始地址,再将其与物理页中偏移相加,形成物理地址。

可以看到,整个过程中经历了两次地址转换:逻辑地址转换成线性地址,线性地址转换成物理地址。

这种复杂的转换过程会给程序带来一些问题。例如,对于 $*(int *)0x1000=1$ 这段代码,该代码的功能是向物理内存 0x1000 地址处写入 1 吗? 答案是:不一定。虽然操作系统使用了平坦模型,所有段描述符中的段基地址全都为 0,使得其线性地址为 0x1000;但是,由于分页机制的存在,物理地址不一定是 0x1000。具体是哪个地址,由页目录表和页表中的配置决定。

可以看到,CPU 并不直接使用线性地址访问物理内存,而是经过了一层转换。我们可以认为 CPU 使用线性地址在对 4GB 大小的内存区域进行访问。只不过,这块内存区域并不真实存在,我们可以称之为虚拟内存。CPU 对于虚拟内存的访问,由分页机制转换为对物理内存的访问。由于使用了线性地址访问该虚拟内存,因此,线性地址也可称之为虚拟地址。

那么,引入这种复杂的分页机制,究竟有什么好处? 具体而言,有以下几点。

- 实现虚拟内存:当系统中物理内存较小时,通过分页机制的作用,程序的访问地址将不受物理内存大小的限制。例如,在物理内存仅为 64MB 的情况下,应用程序可以运行在内存 2GB 以上。
- 支持非连续的内存分配:应用程序所使用的内存不需要在物理内存中连续存储,可提高内存的利用率。
- 提供内存保护和安全性:可以为每个页面设置不同的访问权限(如只读等),从而实现对不同应用程序的内存空间的隔离和保护。
- 共享内存:多个应用程序可以共享相同的页面,例如共享代码段,从而减少内存的重复使用。

2. 线性地址到物理地址的转换

那么,分页机制是如何将线性地址转换成物理地址的?

在开启分页机制后,虚拟内存和物理内存均被划分为大小相同的页。CPU 支持多种不同大小的页,本书仅使用 4KB 页。分页机制提供的地址转换功能,实际上是将虚拟内存中某个虚拟页映射到物理内存中的某个物理页。

为了理解该机制,这里给出一个映射的示例,该示例如图 4.10 所示。通过分页机制的转换作用,虚拟页到物理页之间的映射可以非常灵活。例如,地址为 0x3000 的虚拟机页被映射到地址为 0x1000 的物理页。这样一来,对于该页中 0x3000~0x3FFF 地址的访问,会被转化成对物理页 0x1000~0x1FFF 地址的访问,如读取虚拟地址 0x3010,实际上是读取物理地址 0x1010。

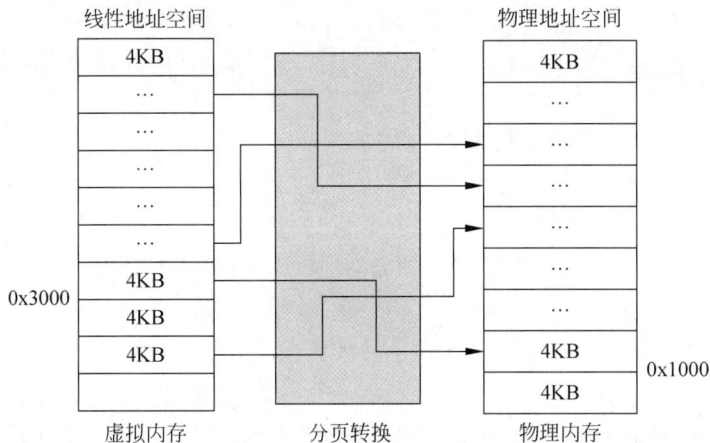

图 4.10　虚拟内存到物理内存的转换

　　具体而言,当 CPU 拿到虚拟地址之后,需要经过比较复杂的过程,才能将其转换成物理地址。为实现该转换过程,需要配置好页目录表和页表。在这两种类型的表中,保存了虚拟地址到物理地址之间的映射关系、访问权限等相关信息。一旦配置好这些表格,后续所有的转换操作由 CPU 自动完成,操作系统无须任何干预。

　　分页机制的地址转换原理和过程如图 4.11 所示。其中,页目录表(Page Directory)由共 1024 个 4 字节大小的 PDE(Page Directory Entries)构成。每一个 PDE 可以指向一个页表(Page Table),每个页表由 1024 个 4 字节大小的 PTE(Page Table Entries)构成,而每一个 PTE 可以指向一个物理页。

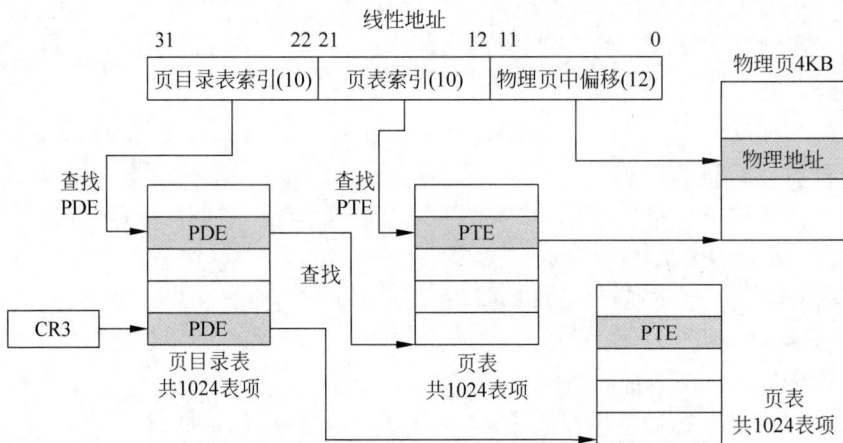

图 4.11　分页机制的地址转换原理和过程

　　当需要进行地址转换时,CPU 首先从 CR3 寄存器中找到页目录表的起始地址。之后,取出虚拟地址的高 10 位($2^{10}=1024$),用作页目录表的索引,找到相应的 PDE。接下来,从 PDE 中取出页表的地址,再用虚拟地址的中间 10 位作为索引,找到相应的 PTE。然后,从 PTE 中取出物理页的起始地址。最后,将虚拟地址的低 12 位($2^{12}=4096$)用于该物理页中内存访问时的偏移,即与物理页起始地址相加,形成最终的物理地址。

　　通过上述分析可知:为开启分页机制,必须配置一个页目录表,该表共 1024 个单元,占用4KB大小。页表根据需要进行配置,数量最少1个、最多1024个。由于每个PTE控制一个物理页的映射;因此,一个页表(或PDE)最多控制1024×4KB＝4MB大小的映射,整个页目录表控制4MB×1024＝4GB大小的映射。

3. 寄存器与表项结构

CR3、PDE以及PTE的结构如图4.12所示。注意,图4.12中的地址均为物理地址。在实际使用时,由于CPU要求地址必须4KB对齐,即地址的低12位为0;因此,低12位被用于存储属性和控制信息。在进行地址转换时,如果CPU从这些寄存器或表项中取出地址,低12位会自动被设置为0。

CR3寄存器是系统控制寄存器,用于存储页目录表的地址。该寄存器的位含义如下。

- PWT:页级写通(Page-level Write-Through)标志。
- PCD:页级缓存禁用(Page-level Cache Disable)标志。
- 页目录表地址:存储页目录表的物理地址的高20位。

PDE各位具体含义如下。

- P:如果该位为1,表示可访问对应的页表;为0,表示页表不存在,访问页表可能会导致错误。
- R/W:如果为0,表示不允许对该4MB区域进行写操作。
- U/S:如果为0,则不允许用户模式(应用程序)访问该4MB区域;如果为1,表示允许访问。
- PWT:页级写通(Page-level Write-Through)位。
- PCD:页级缓存禁用(Page-level Cache Disable)位。
- A:访问(Accessed)位,指示该条目是否已用于线性地址转换。
- 页表地址:存放页表的物理地址的高20位。

PTE各位具体含义如下。

- P:存在(Present)位。如果该位为1,表示对应的物理页存在;为0,表示物理页不存在,试图访问可能会导致错误。
- R/W:读/写(Read/Write)位。如果为0,表示不允许对该页进行写操作。
- U/S:表示用户/管理(User/Supervisor)模式。如果为0,表示不允许用户模式(应用程序)访问该4KB页面;如果为1,则允许访问。
- PWT:页级写通(Page-level Write-Through)位。
- PCD:页级缓存禁用(Page-level Cache Disable)位。
- A:访问(Accessed)位,指示该条目是否已用于线性地址转换。
- D:Dirty(脏位)。表示软件是否已写入过该4KB页面。
- PAT:如果支持PAT,则间接确定用于访问该4KB页面的内存类型;否则,保留(必须为0)。
- G:Global(全局位)。如果CR4.PGE＝1,该位用于确定转换是否为全局的;否则,该位被忽略。
- 物理页地址:存储物理页地址的高20位。

结合上述寄存器及表项的结构可知,对于一个给定的虚拟地址VA,其转换过程如下。

① 计算页目录表地址:PD＝CR3 & 0xFFFFF000(低12位清0)。

31 30 29 28 27 26 25 24 23 22 21 20 19 18 17 16 15 14 13 12	11 10 9 8	7	6	5	4	3	2 1	0	
页目录表地址	忽略				P C W D T		忽略		CR3
页表地址	忽略	0	忽略	A	P C D	P W T	U / S	R / W	P	PDE 4KB页
物理页地址	忽略	G	P A T	D	A	P C D	P W T	U / S	R / W	P	PTE 4KB页

图 4.12　CR3、PDE、PTE 结构

② 计算页表地址：PG＝PD[VA≫22] & 0xFFFFF000(低 12 位清 0)。

③ 计算物理页地址：PA＝PG[(VA ≫ 12) & 0x3FF] & 0xFFFFF000(低 12 位清 0)。

④ 计算物理地址：ADDR＝PA+(VA & 0x3FF)。

虽然上述转换过程比较复杂,但是,只要配置好页目录表和页表,该过程由 CPU 自动完成。

4.2.2 创建页表并启用

接下来,我们可以尝试开启分页机制。为简单起见,这里仅仅是打开分页机制,不做复杂的地址映射。结合前面的内容可知,需要完成以下几项工作。

① 配置好页目录表和页表。

② 写 CR3 寄存器：将页目录表的地址写入到该寄存器。

③ 打开分页机制使能位：将 CR0.PG 位设置成 1,即可开启分页机制。

其中,第②和第③项比较简单,难点在于第①项。而其中又涉及一些相关的问题,如选择哪些虚拟页和物理页进行映射、页目录表和页表应该配置多少个。由于目前并没有非常明确的需求,因此,让我们思考下,当开启分页机制后,会发生什么?

1. 恒等映射

当开启分页机制后,程序中的所有内存访问(如读写变量、指令执行)均使用虚拟地址访问虚拟内存。一旦地址映射出现问题,将导致程序运行出现异常。

这里给出一个简单的示例,该示例如图 4.13 所示,在图中,操作系统代码及数据、栈均位于 1MB 以下的物理内存中。当开启分页机制之后,CPU 使用虚拟地址从虚拟内存中取指令执行和读写数据。

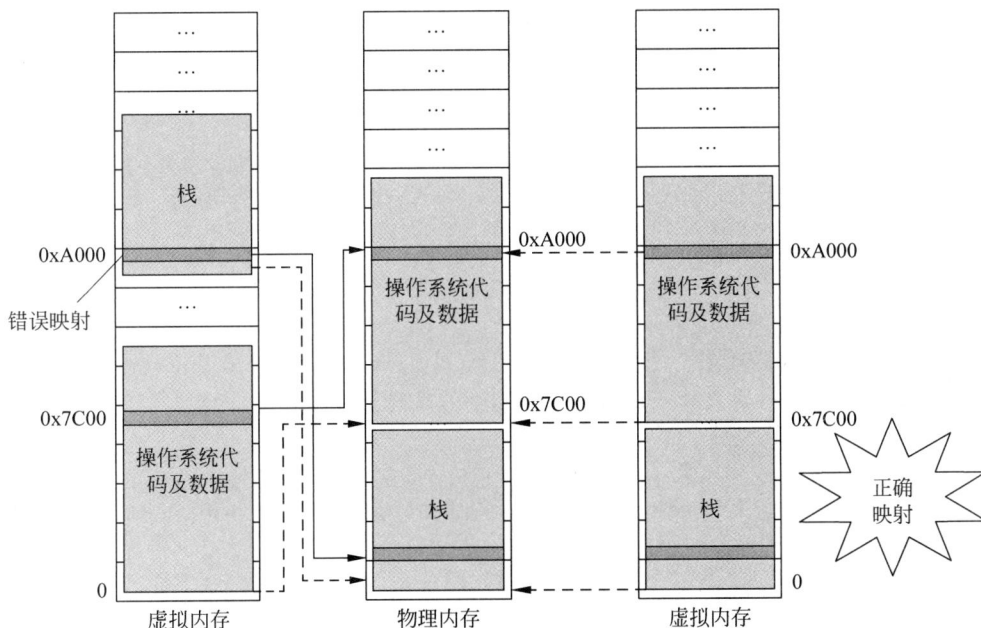

图 4.13　内核运行所需的映射

如图 4.13 左半部分所示,假设 CPU 运行到地址 0xA000 时刚好打开分页机制,此时,由于地址映射错误,使得虚拟地址 0xA000 映射到物理内存 0x7C00 以下的栈空间。显然,此时从栈中取指,取出的指令是无效的,操作系统运行出现异常。同样地,当CPU进行压栈操作时,由于虚拟地址0x7C00以下的空间被映射到了物理内存中的操作系统代码和数据区,压栈时将破坏操作系统的代码及数据。

为了解决这个问题,我们需要采用图4.13中右半部分所示的方法。在打开分页机制时,操作系统的代码和数据、栈在虚拟内存中的位置,应当与其在物理内存中的位置完全相同,即虚拟地址与物理地址相等。也就是说,CPU在虚拟内存0xA000处取指,等同于在物理内存0xA000处取指。这样一来,才可以保证CPU正确取指,栈操作时不会破坏其他地方的内容。

综上所述,仅就目前而言,我们需要做的,就是将操作系统所占用的空间,做虚拟地址与物理地址的恒等映射。为了简单起见,索性直接将整个物理内存的物理地址与虚拟地址进行恒等映射。这种处理方式,也有助于后面章节中某些功能的实现,具体细节将在以后介绍。

2. 创建页目录表和页表

由于恒等映射的实现,需要配置页目录表和页表;因此,首要的工作是创建这些表。对于这两种表中的表项,可以定义相应的结构体来描述,其实现如程序清单4.5所示。

程序清单 4.5　c02.02\project\kernel\include\cpu\mmu.h

```
21: #pragma pack(1)
25: typedef union _pde_t {
26:     uint32_t v;
27:     struct {
28:         uint32_t present : 1;       // 0 (P) Present; must be 1 to map a 4 - KByte page
29:         uint32_t write_disable : 1; // 1 (R/W) Read/write, if 0, writes may not be allowe
30:         uint32_t user_mode_acc : 1; // 2 (U/S) if 0, user - mode accesses are not allowed t
31:         uint32_t write_through : 1; // 3 (PWT) Page - level write - through
32:         uint32_t cache_disable : 1; // 4 (PCD) Page - level cache disable
33:         uint32_t accessed : 1;      // 5 (A) Accessed
34:         uint32_t : 1;               // 6 Ignored;
35:         uint32_t ps : 1;            // 7 (PS)
36:         uint32_t : 4;               // 11:8 Ignored
37:         uint32_t phy_pt_addr : 20;  // 高 20 位 page table 物理地址
38:     };
39: }pde_t;
40:
44: typedef union _pte_t {
45:     uint32_t v;
46:     struct {
47:         uint32_t present : 1;       // 0 (P) Present; must be 1 to map a 4 - KByte page
48:         uint32_t write_disable : 1; // 1 (R/W) Read/write, if 0, writes may not be allowe
49:         uint32_t user_mode_acc : 1; // 2 (U/S) if 0, user - mode accesses are not allowed t
50:         uint32_t write_through : 1; // 3 (PWT) Page - level write - through
51:         uint32_t cache_disable : 1; // 4 (PCD) Page - level cache disable
52:         uint32_t accessed : 1;      // 5 (A) Accessed;
53:         uint32_t dirty : 1;         // 6 (D) Dirty
54:         uint32_t pat : 1;           // 7 PAT
55:         uint32_t global : 1;        // 8 (G) Global
56:         uint32_t : 3;               // Ignored
57:         uint32_t phy_page_addr : 20;    // 高 20 位物理地址
58:     };
59: }pte_t;
```

    pde_t 和 pte_t 结构均采用了联合体进行定义,这样的好处在于:既可以使用联合体中的 v 一次性取出整个表项的值,也可以单独取出某个字段的值。此外,在联合体定义的前后,分别使用了 ♯pragma pack(1) 和 ♯pragma pack() 编译指示语句,用于告诉编译器严格按照结构体中各个字段的位序排列,无须自作主张插入额外的填充字节,以便将这些字段在内存中的排列严格按照 PDE 和 PTE 结构的要求进行。关于这两条语句的具体功能,请自行查找相关资料。

    开启分页机制时所需的页目录表和页表由 memory_create_pgdir() 函数创建,其实现如程序清单 4.6 所示。在该函数中,首先利用 pmem_alloc() 分配了一个物理页用作页目录表;之后,将所有表项初始化为 0,即设置成无效状态;最后,利用 memory_create_map() 创建恒等映射。

程序清单 4.6   c02.02\project\kernel\core\memory. c.

```
79: uint32_t memory_create_pgdir (void) {
80:     pde_t * pgdir = (pde_t *)pmem_alloc();
81:     if (pgdir == 0) {
82:         return 0;
83:     }
84:     kernel_memset((void *)pgdir, 0, MEM_PAGE_SIZE);
85:
86:     // 将物理内存区域建立虚拟地址和物理地址恒等映射
87:     int err = memory_create_map(pgdir, 0, 0, memory_size * 1024 / MEM_PAGE_SIZE, PTE_W);
88:     ASSERT(err == 0);
90:     return (uint32_t)pgdir;
91: }
```

    memory_create_map() 的实现如程序清单 4.7 所示,其主要功能是将从虚拟地址 vaddr 开始、大小为 count 个页的虚拟内存区域,映射到起始物理地址为 paddr 的多个页中。在映射过程中,还可以设置虚拟页的访问权限 perm。在该函数内部,通过循环将每个虚拟页地址传入到 find_pte() 函数,由 find_pte() 创建 PTE。当 PTE 创建成功后,向 PTE 中写入物理地址和相关属性,从而建立起映射关系。

程序清单 4.7   c02.02\project\kernel\core\memory. c.

```
51: int memory_create_map (pde_t * pgdir, uint32_t vaddr, uint32_t paddr, int count, uint32_t
    perm) {
52:     for (int i = 0; i < count; i++) {
53:         // log_printf("create map: v-0x%x p-0x%x, perm: 0x%x", vaddr, paddr, perm);
54:
55:         pte_t * pte = find_pte(pgdir, vaddr, 1);
56:         if (pte == (pte_t *)0) {
57:             log_printf("create pte failed. pte == 0");
58:             return -1;
59:         }
60:
61:         // 创建映射的时候,这条 pte 应当是不存在的。
62:         // 如果存在,说明可能有问题
63:         // log_printf("\tpte addr: 0x%x", (uint32_t)pte);
64:         ASSERT(pte->present == 0);
```

```
65:
66:            pte->v = paddr | perm | PTE_P;
67:
68:            vaddr += MEM_PAGE_SIZE;
69:            paddr += MEM_PAGE_SIZE;
70:        }
71:
72:    return 0;
73: }
```

find_pte()函数用于获取指定虚拟地址对应的 PTE,其实现如程序清单 4.8 所示。如果 PTE 不存在,可以通过 alloc 来指定是否创建页表。在创建页表时,同样利用了 pmem_alloc()分配一个物理页用于存放页表。分配成功后,需要注意将整个页表清 0,将页表地址和控制标志(存在、可写、用户模式可访问)写入页目录表中对应的 PDE,从而建立起页目录表和页表之间的关联。

程序清单 4.8　c02.02\project\kernel\core\memory.c.

```
18: pte_t * find_pte (pde_t * pgdir, uint32_t vaddr, int alloc) {
19:     pte_t * page_table;
20:
21:     pde_t * pde = pgdir + pde_index(vaddr);
22:     if (pde->present) {
23:         page_table = (pte_t *)pde_paddr(pde);
24:     } else {
25:         // 如果不存在,则考虑分配一个
26:         if (alloc == 0) {
27:             return (pte_t *)0;
28:         }
29:
30:         // 分配一个物理页表
31:         uint32_t pg_paddr = pmem_alloc();
32:         if (pg_paddr == 0) {
33:             return (pte_t *)0;
34:         }
35:
36:         // 设置为用户可读写,将被 pte 中设置所覆盖
37:         pde->v = pg_paddr | PTE_P | PTE_W | PDE_U;
38:
39:         // 清空页表,防止出现异常
40:         // 这里虚拟地址和物理地址一一映射,所以直接写入
41:         page_table = (pte_t *)(pg_paddr);
42:         kernel_memset(page_table, 0, MEM_PAGE_SIZE);
43:     }
44:
45:     return page_table + pte_index(vaddr);
46: }
47:
```

细心的读者可能会发现:无论是 memory_create_map()还是 find_pte(),均使用了 pmem_alloc()分配物理页并使用 kernel_memset()清 0。试想一下,假设这些函数执行时,分页机制已经开启,此时,kernel_memset()实际上使用的是虚拟地址进行清 0。

所以,这就引发这样一个问题:传入 kernel_memset() 的地址为物理地址,CPU 却将该地址当作虚拟地址,如何保证 kernel_memset() 正确地对该物理页清 0? 为了解决这个问题,就需要分配一个虚拟页地址与该物理页地址建立映射;但是,这个建立映射的过程又需要调用 find_pte() 等函数。这样一来,该问题就变得无解。

幸好,在分页机制开启前,需要调用 memory_create_pgdir()。在该函数中,物理内存的页与虚拟页建立了地址恒等映射。在恒等映射的作用下,kernel_memset() 得到地址实际上是与物理页地址值相同的虚拟地址。这就使得我们可以直接使用 kernel_memset() 清 0。

可以看到,通过恒等映射,大大简化了某些操作。在后续章节中,我们还可以见到类似的作用。

3. 激活页表并开启分页机制

在页目录和页表创建完成之后,就可以开启分页机制。该过程的实现如程序清单 4.9 所示。分页机制的开启方法比较简单,在 memory_active_pgdir() 函数中,将页目录表写到 CR3 寄存器,再将 CR0.PG 设置为 1。

程序清单 4.9   c02.02\project\kernel\core\memory.c.

```
 96: void memory_active_pgdir (uint32_t pgdir) {
 97:     __asm__ __volatile__("mov %[v], % % cr3"::[v]"r"(pgdir));
 98:
 99:     // 打开分页机制允许位
100:     write_cr0(read_cr0() | (1 << 31));
101: }
```

4.3   页的分配与释放

4.3.1   开启效果

在分页机制开启后,我们就可以在操作系统中实现更为灵活的内存管理方案。例如,可以在物理内存只有 64MB 的前提下,让程序能够对地址 0x80000000(2GB)以上的空间进行读写。也就是说,程序可访问的地址区间,不受物理内存大小的限制。

为什么能够实现这点? 主要原理在于:当分页机制开启后,程序使用的是虚拟地址,通过配置页目录表和页表,可以将虚拟地址 0x80000000 以上的区域映射到有效的物理页,从而使得访问可以正常进行。这种访问示例如图 4.14 所示。

在图 4.14 中可以看到,从 0x80000000 开始的两个虚拟页分别被映射到物理页 0x100000 和 0x102000 中。当程序对 0x80000000~0x80000FFF 进行访问时,虽然该区域的地址已经远远超过了物理内存的有效地址范围,但是,通过分页机制,该访问被转换成对物理地址 0x100000~0x100FFF 的访问。同样地,对虚拟内存区域 0x80001000~0x80001FFF 的访问将被转换成对物理地址 0x102000~0x102FFF 的访问。

通过这个示例,我们可以理解分页机制的两大作用:突破物理内存大小的限制,将不连续的物理页利用起来,映射成地址连续的虚拟页。

下面,我们将通过代码实现图 4.14 中给出的例子,从而更好地理解分页机制是如何发

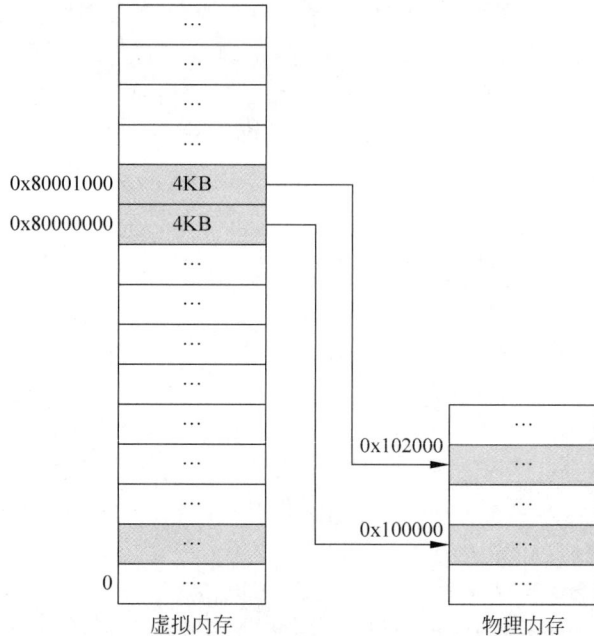

图 4.14 高地址的映射示例

挥作用的。

4.3.2 分配虚拟页

在分页机制开启后,仅仅实现了恒等映射,程序最大可访问的虚拟地址范围仍然需要在物理内存大小的范围内。而现在需要让程序能够访问虚拟地址 0x80000000 开始的 8KB 区域;因此,可以增加一个接口,该接口可用于为该区域分配物理页,并建立虚拟页到物理页之间的映射关系。该功能由 memory_alloc_for()完成,其实现如程序清单 4.10 所示。

程序清单 4.10   c02.03\project\kernel\core\memory.c

```
117: int memory_alloc_for (uint32_t pgdir, uint32_t vaddr, uint32_t size, int perm) {
118:     uint32_t curr_vaddr = vaddr;
119:     int page_count = up2(size, MEM_PAGE_SIZE) / MEM_PAGE_SIZE;
120:     vaddr = down2(vaddr, MEM_PAGE_SIZE);
121:
122:     // 逐页分配内存,然后建立映射关系
123:     for (int i = 0; i < page_count; i++) {
124:         // 分配需要的内存
125:         uint32_t paddr = pmem_alloc();
126:         if (paddr == 0) {
127:             log_printf("mem alloc failed. no memory");
128:             return -1;
129:         }
130:
131:         // 建立分配的内存与指定地址的关联
132:         int err = memory_create_map((pde_t * )pgdir, curr_vaddr, paddr, 1, perm);
133:         if (err < 0) {
134:             log_printf("create memory map failed. err = % d", err);
```

```
135:            return -1;
136:        }
137:
138:        curr_vaddr += MEM_PAGE_SIZE;
139:    }
140:
141:    return 0;
142: }
```

memory_alloc_for()用于为虚拟内存中起始地址为 vaddr、大小为 size 字节的区域分配空间。在函数内部,首先将起始地址和大小对齐到 4KB 页边界,并计算需要分配的页数量。之后,在循环中,逐个分配物理页,并调用 memory_create_map()在物理页和虚拟页之间建立映射。

分析上述代码可以发现:各个虚拟页的地址是连续的,但物理页地址却并不一定。实际上,物理页地址是否连续,对最终的分配效果而言,没有任何影响;因为程序访问时使用的是虚拟地址。

在某些情况下,可能希望动态分配一页虚拟内存。至于虚拟地址的值,并不关心。该需求可以通过 memory_alloc_page()来满足,其实现如程序清单 4.11 所示。该函数的实现非常简单,直接调用 pmem_alloc()来分配一页物理内存。由于恒等映射,分配得到的物理页地址,可以直接作为虚拟地址返回。

程序清单 4.11   c02.03\project\kernel\core\memory.c

```
148: uint32_t memory_alloc_page (uint32_t pgdir) {   // pgdir 未用
149:    // 内核空间虚拟地址与物理地址相同
150:    return pmem_alloc();
151: }
```

4.3.3 释放虚拟页

当不再需要使用某个虚拟页时,可以将其释放。为释放虚拟页,需要完成两项工作:释放物理页、解除映射关系。虚拟页的释放由 memory_free_page()完成,其实现如程序清单 4.12 所示。

程序清单 4.12   c02.03\project\kernel\core\memory.c

```
156: void memory_free_page (uint32_t pgdir, uint32_t addr) {
157:    pte_t * pte = find_pte((pde_t *)pgdir, addr, 0);
158:    ASSERT((pte == (pte_t *)0) && pte->present);
159:
160:    // 释放内存页
161:    pmem_free(pte_paddr(pte));
162:
163:    // 释放页表
164:    pte->v = 0;
165: }
```

在该函数中,首先根据地址 addr 找到存储映射关系的 PTE;之后,调用 pmem_free()释放物理页;最后,将 PTE 清 0,以解除映射关系。

4.4 测试效果

我们可以编写一些测试代码,对上述函数进行测试,测试代码如程序清单 4.13 所示。在这些代码中,首先为虚拟地址 0x80000000 开始的 8KB 区域分配可写的内存;之后,进行读写测试。

程序清单 4.13 c02.03\project\kernel\init.c

```
10: void kernel_start (void) {
13:     ...... 略 .....
14:     // 开启分页机制
15:     uint32_t pgdir = memory_create_pgdir();
16:     memory_active_pgdir(pgdir);
17:
18:     // 分配内核页,分配虚拟页
19:     uint32_t page_addr = memory_alloc_page(pgdir);
20:     int err = memory_alloc_for(pgdir, 0x80000000, 8192, PTE_W);
21:
22:     // 写入再读取
23:     * (int *)0x80000000 = 12345678;
24:     int a = * (int *)0x80000000;
25:     ...... 略 .....
29: }
```

如果一切正常,那么,程序运行将不会出现异常,且变量 a 的最终值应当是 12345678。

4.4.1 内存映射分析

为加强对分页机制的理解,我们可以进一步分析测试代码的内存映射情况,该映射如图 4.15 所示。

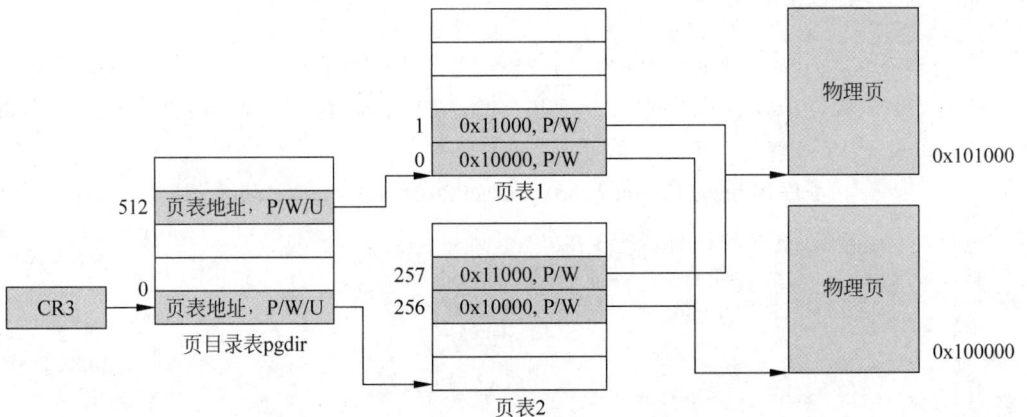

图 4.15 内存映射分析

首先,CR3 寄存器保存了 pgdir 值,即页目录表地址。在为 0x80000000 开始的 8KB 分配虚拟内存时,需要分配页表1,并在页目录表的第 512 项(512=0x80000000 的高 10 位)创建 PDE,将其指向页表 1。与此同时,还需要分配两个物理页,并将页表 1 中的第 0 和第 1

项指向这两个物理页（对应 0x80000000 和 0x80001000 地址）。物理页的地址值取决于实际运行时的结果，这里假设其分别为 0x100000 和 0x101000。

除了页表 1 中的映射之外，如果考虑恒等映射的存在，还会发现：在页目录表第 0 项 PDE 指向的页表 2 中，还存在两个 PTE 指向这些物理页。以虚拟地址 0x100000 为例，页表 2 中的第 256（0x100000 的中间 10 位）项 PTE 指向地址为 0x100000 的物理页。

由此可见，当使用 memory_alloc_for() 分配虚拟页后，由于恒等映射的存在，该虚拟页实际还有另一个虚拟地址，该地址等于物理地址。注意，这一点非常重要，在后面的章节中将会利用到该特性。

4.4.2　权限分析

在建立地址映射的过程中，还需要考虑权限设置问题。不恰当的权限设置，将会引发 CPU 权限检查的异常。虽然操作系统的实现代码暂未进行特权级的处理；不过，在 find_pte() 和 memory_create_map() 函数中，提前对 PDE 和 PTE 做了权限处理，以避免在后续章节中再对此部分函数做修改。

其中，PDE 中设置的访问权限为：P（存在）、W（可写）、U（用户模式可访问）；而 PTE 中设置的权限为：P（存在）、W（可写），没有 U 标志。U 标志位主要用于控制是否允许应用程序访问该虚拟页。那么，对于应用程序而言，其究竟是否能够访问物理页 0x100000？

答案是不允许。PDE.U 标志相当于一个全局性的控制位，可以控制 PDE 指向的页表中所有页的访问权限；而 PTE.U 则只能控制单个页的访问权限。也就说，只要 PDE.U＝0 时，无论 PTE.U 的值如何，应用程序都不能访问；而 PDE.U＝1 时，能否访问则取决于 PTE.U 的值。因此，为简化起见，本书将 PDE.U 固定写为 1，使得对页的访问仅由 PTE.U 来控制。

对于更高特权级的操作系统而言，不受上述访问权限的限制。关于不同特权级下内存访问权限的处理，将在本书其他章节中详细介绍。

4.5　本章小结

本章主要介绍内存管理模块的初始化及相关功能函数的实现。

首先，介绍了如何对物理内存进行管理。对于物理内存，采用了位图数据结构进行管理。整个物理内存被划分为固定大小的页，位图中的各个位被用来标识物理页是否空闲。为了避免读写冲突问题，引入了关中断机制。

其次，介绍了分页机制的工作原理及开启方法。分页机制用于将线性地址转换成物理地址，其核心在于页目录表和页表中各表项的配置。一旦配置完成，CPU 就会自动执行地址转换。通过分页机制，程序可寻址的范围将不再受限于物理内存的大小。

最后，实现了若干功能函数：memory_alloc_for() 用于为指定的虚拟页分配内存；memory_alloc_page() 也用于分配内存，常用于需要动态分配的场合；memory_free_page() 用于释放虚拟内存。

第5章

异 常 管 理

应用程序运行时,并不一定非常顺利。在某些情况下,由于程序本身代码逻辑的问题,可能会出现一些错误,如在计算除法时,出现除数为 0 的情况。CPU 并不能处理除 0 的问题;因此,会向操作系统报告该错误,由操作系统决定如何采取应对措施。

在 Windows 的 Visual Studio 环境中,当应用程序包含除 0 的代码时,程序运行将出现异常,该异常效果如图 5.1 所示。从图 5.1 中可以看出,当遇到除 0 问题,程序运行被暂停,操作系统报告出现了异常。而如果是在 Linux 的命令行中,运行同样代码的应用程序,该应用程序会被强制终止。除了除数为 0 的问题外,程序运行中还可能出现内存访问错误等各种问题,这些问题都需要被操作系统及时捕获并进行处理。

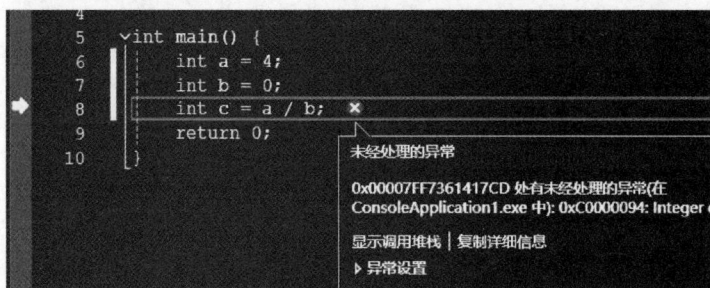

图 5.1 除 0 异常

操作系统开发是一个烦琐且复杂的过程,有时会出现难以预测的问题。如果我们能够编写代码,让操作系统捕获自身运行过程中出现的问题,那么将有助于及时发现问题并加以解决。

因此,本章的主要目标是捕获这些问题。具体而言,首先介绍异常的概念及常见的异常类型;然后介绍当异常发生时,CPU 如何进行响应;接下来,编写代码配置异常管理系统,使得操作系统能够捕获异常;最后,解析异常发生时栈中的信息,以便得知异常发生时程序的运行状态。

5.1 异常简介

5.1.1 什么是异常

在 CPU 执行机器指令的过程中,常常会发生各种类型的事件。其中,有些事件的发生源于指令执行的问题,如除数为 0、写非法的内存地址等。这种在指令执行时,由指令本身导致的问题事件,称之为异常。除此之外,还有一类事件,需要与异常进行区分,即中断。中断是指由外部硬件触发的事件,如硬盘读完成、硬件定时器计时到达等。

异常与中断有以下不同之处:

- 异常发生与指令的执行有关;中断发生与外部硬件有关。
- 异常发生的位置往往是固定的,也就是说,可以找到究竟是哪条指令引发的异常;中断发生是随机的,中断发生时,无法确定 CPU 当前正在执行哪条指令。

5.1.2 处理流程

无论是中断还是异常,不同类型 CPU 的处理流程基本类似,该流程如图 5.2 所示。

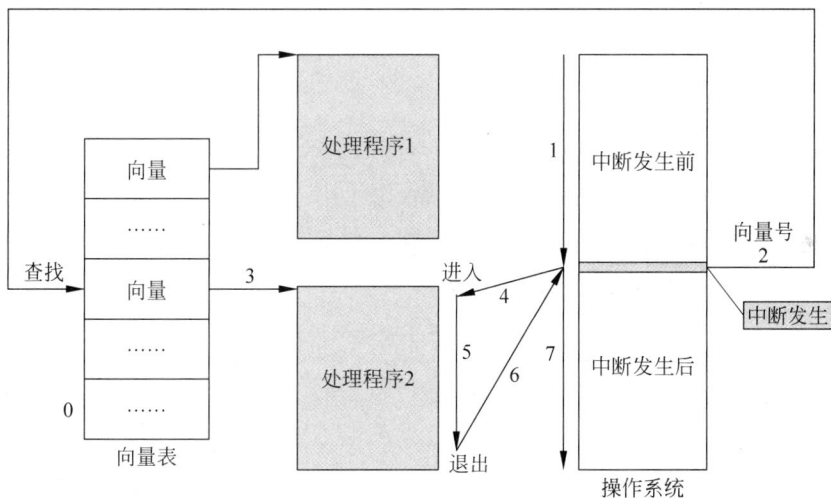

图 5.2　中断与异常处理流程

一般情况下,在操作系统初始化时,会按照 CPU 的要求配置向量表。向量表是一种特殊的表格,存储了中断或异常的相应处理程序的入口地址及相关属性信息。对中断或异常事件进行处理的程序,称为中断/异常处理程序(简称处理程序)。处理程序大多是一段特殊的函数。在处理函数中,可根据事件类型做不同的处理,如结束应用程序、系统死机等。

以中断处理为例,CPU 的一般性处理流程如下:

① 中断发生前,CPU 正常执行代码。

② 中断发生时,CPU 暂停执行当前代码,识别当前中断类型,产生标识该中断的编号,即向量号。

③ CPU 利用向量号在向量表中查找处理程序的入口地址。

④ CPU 跳转到处理程序入口开始执行。

⑤ 执行处理程序中的代码,对中断进行处理。

⑥ 处理程序执行完毕后,返回到原来暂停运行的位置。

⑦ CPU 继续往下执行。

由此可见,当中断或异常发生时,虽然 CPU 会暂停执行当前程序,转而执行处理程序,但是当退出处理程序时,CPU 将从原来暂停执行的位置继续往下运行,这就使得原有程序的执行不受影响。

不过,如果是应用程序在执行过程中出现异常且该异常无法处理,那么,操作系统将会强制终止该应用程序,使其无法继续执行第⑥步和第⑦步。

5.2 捕获除 0 异常

在 x86 类型的 CPU 中,对于异常的类型有较为详细的划分。而对于中断,由于取决于具体的计算机硬件配置;因此,CPU 并没有给出详细的划分。不过,无论是中断还是异常,CPU 对其处理流程是完全相同的。为简单起见,以下仅用异常来描述相关内容,不再区分中断或异常。接下来,以除 0 异常为例,介绍如何在操作系统中对异常进行配置。

5.2.1 异常类型

x86 的完整异常类型列表如表 5.1 所示。每种类型的异常都有唯一的向量号,取值范围为 0～255。其中,0～31 用于异常;32～255 用于中断。每种类型的异常有相应的助记符来表示,例如,除 0 异常的助记符为 ♯DE。在某些异常发生时,还会生成相应的错误码,这些错误码可用于分析异常发生的具体原因。

表 5.1 保护模式下中断和异常类型

向 量 号	助记符	说 明	错 误 码	来 源
0	♯DE	除法错误	无	DIV 和 IDIV 指令
1	♯DB	调试异常	无	指令、数据和 I/O 断点;单步等
2	—	NMI 中断	无	不可屏蔽的外部中断
3	♯BP	断点	无	INT3 指令
4	♯OF	溢出	无	INTO 指令
5	♯BR	BOUND 范围超出	无	BOUND 指令
6	♯UD	无效操作码	无	UD 指令或保留操作码
7	♯NM	设备不可用	无	浮点或 WAIT/FWAIT 指令
8	♯DF	双重故障	有(零)	任何能产生异常、NMI 或 INTR 指令
9		协处理器段溢出	无	浮点指令
10	♯TS	无效 TSS	有	任务切换或 TSS 访问
11	♯NP	段不存在	有	加载段寄存器或访问系统段
12	♯SS	栈段错误	有	栈操作和 SS 寄存器加载
13	♯GP	通用保护	有	任何内存引用和其他保护检查
14	♯PF	页面错误	有	任何内存引用

续表

向 量 号	助记符	说　　明	错 误 码	来　　源
16	♯MF	FPU 浮点错误	无	x87 FPU 浮点或 WAIT/FWAIT 指令
17	♯AC	对齐检查	有(零)	任何内存中的数据引用
18	♯MC	机器检查	无	错误代码(如果有)和来源取决于模型
19	♯XF	SIMD 浮点异常	无	SSE/SSE2/SSE3 浮点指令
20	♯VE	虚拟化异常	无	EPT 违规
21	♯CP	控制保护异常	有	RET、IRET、RSTORSSP 和 SETSSBSY 指令可能产生此异常等
32~255	—	用户定义中断	无	外部中断或 INT n 指令

我们可以将表 5.1 中的向量号用宏预先定义出来,以便在接下的设计工作中使用。这些向量号的具体定义如程序清单 5.1 所示。

程序清单 5.1　c03.01\project\kernel\include\cpu\irq.h

```
13: ♯define VECTOR0_DE                    0
14: ♯define VECTOR1_DB                    1
15: ♯define VECTOR2_NMI                   2
16: ... 其余略...
31: ♯define VECTOR20_VE                  20
```

5.2.2　初始化异常系统

1. IDT(向量表)

IDT(Interrupt Descriptor Table)是 x86 架构中采用的向量表。IDT 与 GDT 有些类似,在整个系统中只需要存一份该表。在表中,每个表项描述了异常处理程序的入口地址及相关属性等信息。IDT 的结构及其使用示例如图 5.3 所示。

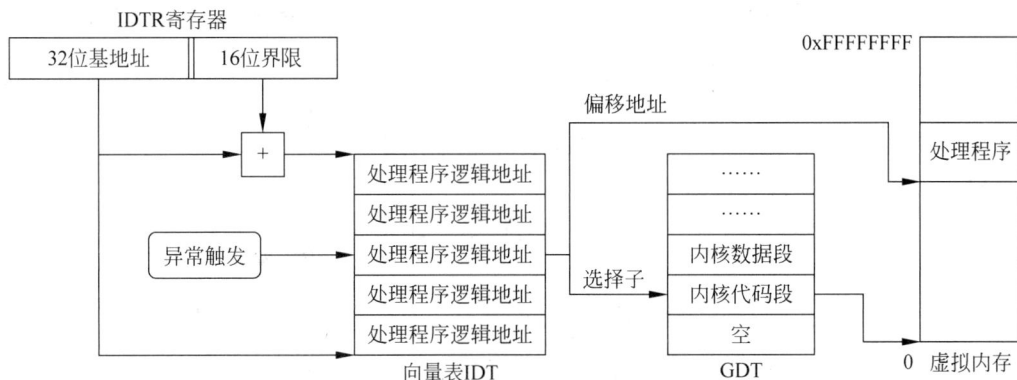

图 5.3　IDT 的结构及其使用示例

在操作系统初始化时,需要将 IDT 的 32 位基地址(物理地址)和 16 位界限写入到 IDTR(Interrupt Descriptor Table Register)中。当发生除 0 异常时,CPU 从 IDTR 寄存器中找到 IDT 的起始地址,再使用除 0 异常的向量号 0 从 IDT 中找第 0 个表项,从中取出异常处理程序的入口地址。之后,CPU 跳转到该地址处开始执行。

需要注意的是,IDT 中存储的是逻辑地址。该逻辑地址还需要通过分段机制和分页机制转换得到最终的物理地址,才能让 CPU 跳转到相应的物理地址处执行处理程序。

2. 中断门描述符

IDT 由多个描述符组成,这些描述符包括三种类型:任务门描述符(Task-gate Descriptor)、中断门描述符(Interrupt-gate Descriptor)、陷阱门描述符(Trap-gate Descriptor)。本书仅采用中断门描述符,其余类型的描述符不作介绍。

中断门描述符结构如图 5.4 所示,各个字段定义如下。

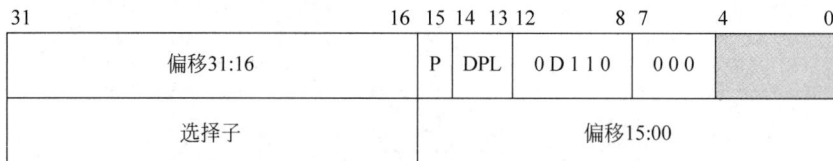

31	16	15	14 13	12	8 7	4	0
偏移31:16		P	DPL	0 D 1 1 0	0 0 0		
选择子				偏移15:00			

图 5.4 中断门描述符结构

- 逻辑地址:包含 16 位选择子和 32 位偏移。
- P 位:表示该描述符指向的处理程序是否有效。P=1 表示有效;P=0 表示无效。
- DPL:访问该描述符所需的特权级。
- D:D=0 表示 16 位中断门;D=1 表示 32 位中断门。

实际上,中断门描述符是 S=0,Type =D110 的系统段描述符。对于 32 位中断门描述符,可以定义结构体 gate_desc_t 进行描述,其实现如程序清单 5.2 所示。

程序清单 5.2　c03.01\project\kernel\include\cpu\cpu. h

```
19: #pragma pack(1)
24: typedef struct _gate_desc_t {
25:     uint16_t offset15_0;
26:     uint16_t selector;
27:     uint16_t attr;
28:     uint16_t offset31_16;
29: }gate_desc_t;
31: #pragma pack()
```

与此同时,增加 gate_desc_set()函数,用于对该结构体进行设置。该接口的实现如程序清单 5.3 所示。

程序清单 5.3　c03.01\project\kernel\cpu\cpu. c

```
14: void gate_desc_set(gate_desc_t * desc, uint16_t selector, uint32_t offset, uint16_t attr) {
15:     desc->offset15_0 = offset & 0xffff;
16:     desc->selector = selector;
17:     desc->attr = attr;
18:     desc->offset31_16 = (offset >> 16) & 0xffff;
19: }
```

3. 配置向量表

向量表的配置代码如程序清单 5.4 所示。在整个系统中,只需要一份 IDT;因此,定义了全局数组 idt_table。虽然 CPU 最多支持 256 个表项,但实际并不需要这么多,128 个完全可以满足需求。

程序清单 5.4 c03.01\project\kernel\cpu\irq.c

```
12: #define IDT_TABLE_NR            128                    // IDT 表项数量
13:
14: static gate_desc_t idt_table[IDT_TABLE_NR];            // 中断描述表
36: void irq_init(void) {
37:     for (int i = 0; i < IDT_TABLE_NR; i++) {
38:         irq_install(i, exception_handler_unknown);
39:     }
40:
41:     // 设置异常处理接口
42:     irq_install(VECTOR0_DE, exception_handler_divider);
43:
44:     lidt((uint32_t)idt_table, sizeof(idt_table));
45: }
46:
50: void irq_install(int irq_num, irq_handler_t handler) {
51:     if (irq_num < IDT_TABLE_NR) {
52:         gate_desc_set(idt_table + irq_num, KERNEL_SELECTOR_CS, (uint32_t) handler,
53:                     GATE_P_PRESENT | GATE_DPL0 | GATE_TYPE_IDT);
54:     }
55: }
```

在上述代码中,irq_install()用于为指定的异常安装对应的处理程序。在该函数中,使用 gate_desc_set()对指定向量号对应的描述符进行设置。具体而言,主要完成逻辑地址以及相关属性的写入。其中,属性部分中的 DPL 字段设置为 0(暂不考虑特权级问题,全部填最高)。而对于逻辑地址,由于处理程序位于操作系统内部;因此,逻辑地址为 KERNEL_SELECTOR_CS(gdt_table 中的第 1 个描述符,用于内核代码段)和函数指针 handler。

irq_init()用于对整个中断系统进行初始化。该函数首先为所有的异常安装缺省的异常处理程序 exception_handler_unknown();然后为特定的异常安装相应的处理程序,如为除 0 异常安装 exception_handler_divider();最后,使用 lidt 指令将 idt_table 的起始地址和界限写入 IDTR 寄存器。

4. 编写处理程序

当异常发生时,CPU 会打断当前程序的运行;而在处理完毕后,需要返回到原来被打断的地方继续执行。在返回时,CPU 要求使用中断返回指令 iret;而编译器对 C 函数的返回使用的是 ret 指令。这就导致我们无法使用 C 函数来实现处理程序,必须使用汇编代码。

因此,exception_handler_unknown()和 exception_handler_divider()的汇编实现代码如程序清单 5.5 所示。

程序清单 5.5 c03.01\project\kernel\start.S

```
70: .macro exception_handler name
71:             .global exception_handler_\name
72:     exception_handler_\name:
73:             ..... 这部分略,后面小节会介绍....
79:             call do_handler_\name // 调用 C 中断处理函数
73:             ..... 这部分略,后面小节会介绍....
87:             iret
```

```
88: .endm
89:
90: exception_handler unknown
91: exception_handler divider
```

在上述代码中,使用了宏(.macro)来简化汇编代码的编写。与 C 语言中的 ♯define 宏类似,.macro exception_handler name 定义了一个名为 exception_handler 的宏,该宏接收名为 name 的参数。位于.macro 和.endm 之间的代码,为宏的内容体。如果要在其中使用参数,则需要在参数名前加符号"\",如 exception_handler_\name。

当分别使用 exception_handler unknown 和 exception_handler divider 进行宏的实例化时,由于参数不同,汇编器将转换生成两份不同代码。以 exception_handler divider 为例,其生成的代码如程序清单 5.6 所示。

程序清单 5.6　exception_handler divider 代码

```
        .global exception_handler_divider
exception_handler_divider:
        ..... 这部分略,后面小节会介绍....
        call do_handler_divider              // 调用 C 中断处理函数
        ..... 这部分略,后面小节会介绍....
        iret
```

可以看到,参数 divider 替换掉了宏中的\name,这样便生成了针对除 0 异常的处理程序。此外,在处理程序中,还使用了 call 指令调用 C 处理函数 do_handler_divider()。这样一来,我们就可以方便地将一些代码用 C 语言实现,而不是全部都用汇编。

由于目前并不知道如何对异常进行处理;因此,在 C 处理函数中,仅仅是打印一些日志信息,以提示发生了异常。打印完之后,使用 hlt 指令让 CPU 处于停机状态。这些功能的实现如程序清单 5.7 所示。

程序清单 5.7　c03.01\project\kernel\cpu\irq.c

```
16: static void do_default_handler (const char * message) {
17:     log_printf(" ------------------------------ ");
18:     log_printf("VECTOR/Exception happend: % s.", message);
19:     log_printf(" ------------------------------ ");
20:     for (;;) {
21:         hlt();
22:     }
23: }
28:
29: void do_handler_divider(void) {
30:     do_default_handler("Divider Error.");
31: }
```

5.3　解析异常栈帧信息

在某些情况下,除了需要知道产生了什么类型的异常,还希望知道具体是哪条指令执行时触发的异常以及执行该指令时内核寄存器(如 EAX、EBX 等)的值,从而帮助分析异常产生的原因。此外,在某些异常发生时,CPU 还会自动将错误码等压入栈中。如果能从栈中解析错误码,则会有助于分析问题发生的原因。

5.3.1 压栈过程

在 x86 处理器中,栈增长的方向是从高地址向低地址扩展,即每压入一个栈单元的数据,栈顶指针 esp 寄存器的值自动减 4。当发生异常时,处理器会自动将部分寄存器的值以及错误码压入栈中。具体压入哪些寄存器的值以及按何种顺序压栈,受发生异常时当前特权级的影响。

目前,我们并没有对特权级做任何处理。当 CPU 上电之后,程序默认工作在最高特权级 0。也就是说,在 kernel_start() 函数中的所有代码都具有非常高的权限,可以直接执行 lgdt 和 ldit 等系统指令。

如果是运行在特权级 0 模式下的代码触发了异常;那么,处理器会自动将 EFLAGS、CS、EIP 和错误码(如果有的话)压入当前栈中,该过程如图 5.5 中的左半部分所示。通过解析栈中的 CS 和 EIP 可知发生异常时的指令地址(逻辑地址);通过 EFLAGS 值可知该指令执行时的某些状态位(如溢出等)信息;而通过错误码则可以进一步分析异常产生的原因。

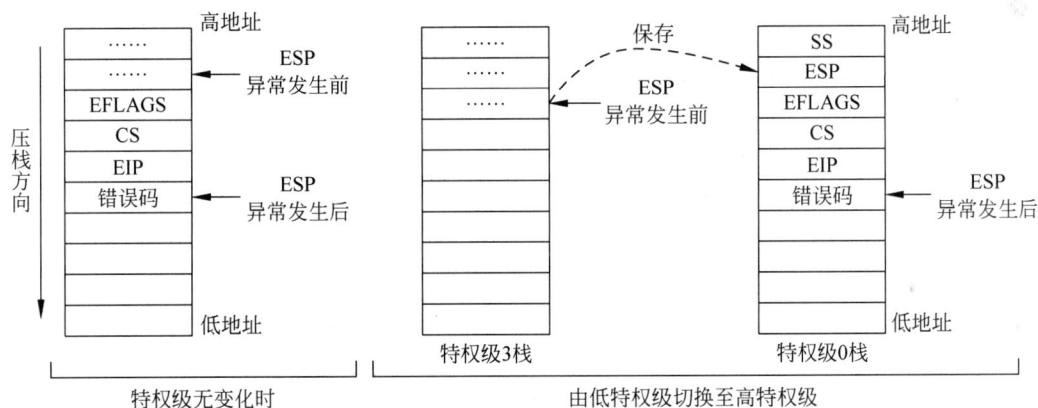

图 5.5 异常发生时压栈变化

对于应用程序,其运行在较低的特权级 3,操作系统此时会为其额外配置一块栈空间。在某些情况下,应用程序需要调用操作系统的系统调用接口,在执行过程中可能产生中断;这些因素都会导致 CPU 从特权级 3 切换至特权级 0。为了避免某些恶意程序利用栈破坏操作系统的运行,通常会为应用程序配置两个栈:特权级 3 栈和特权级 0 栈。特权级 3 栈用于运行应用程序自身代码;特权级 0 栈用于执行系统调用等功能。

也就是说,在 CPU 执行过程中,如果特权级发生变化,当前所用的栈也会发生变化。

例如,当应用程序正常运行时,CPU 的 ESP 寄存器指向特权级 3 栈,并在该栈中放置局部变量、函数返回地址等数据。而当执行系统调用或发生异常时,CPU 将切换至特权级 0 栈,将 ESP 寄存器指向该栈,并在该栈中压入 EFLAGS、CS、EIP 寄存器及异常错误码。此外,还会压入之前使用特权级 3 栈时的栈指针逻辑地址(SS:ESP)。

当系统调用或者异常处理程序执行完毕时,CPU 自动按相反的方向出栈,并且 ESP 寄存器将恢复指向为特权级 3 中的原位置。

5.3.2 手动压栈

除了 CPU 自动压栈的值之外,我们还希望能够获得其他寄存器的值。为实现该操作,就需要手动对这些寄存器的值进行压栈,以便后续处理。因此可以对 exception_handler 宏进行修改,增加压栈操作,具体代码实现见程序清单 5.8。

程序清单 5.8　c03.02\project\kernel\start.S

```
70: .macro exception_handler name num with_error_code
71:            .global exception_handler_\name
72:    exception_handler_\name:
73:            .if \with_error_code == 0
74:                    push $ 0            // 如果没有错误码,压入一个缺省值
75:            .endif
76:
77:            push $ \num
78:            pushal
79:            push % ds
80:            push % es
81:            push % fs
82:            push % gs
83:
84:            push % esp
85:            call do_handler_\name        // 调用中断处理函数
86:            pop % esp
87:
88:            pop % gs
89:            pop % fs
90:            pop % es
91:            pop % ds
92:            popal
93:
94:            add $ (2 * 4), % esp         // 跳过压入的异常号和错误码
95:            iret
96: .endm
97:
98: exception_handler unknown, - 1, 0
99: exception_handler divider, 0, 0
```

exception_handler 宏共支持三个参数:name、num、with_error_code。其中,num 为向量号、with_error_code 表示该异常是否有错误码。

在宏的内部,首先根据 with_error_code 判断异常发生时,CPU 是否会自动压栈错误码,如果未自动压栈,则手动压入一个缺省的 0 值;其次,将向量号压栈;再利用 pushal 指令将 EAX、ECX、EDX、EBX、ESP、EBP、ESI 和 EDI 等通用寄存器压栈,利用 push %ds 等指令将 DS、ES、FS、GS 等寄存器压栈;最后,再次将 ESP 寄存器栈入(5.3.3 节解释压栈原因),以便于向 do_handler_xxx() 传递参数信息。

压栈完成之后,调用相应的 C 处理函数 do_handler_xxx()。

当 C 处理函数执行完毕之后,执行相反的出栈操作,使用 iret 指令从异常返回。

5.3.3 解析压栈内容

现在,栈中已经包含了发生异常时所有寄存器的值、错误码等信息。对于这些值,我们

应当想办法将其传入到 C 处理函数 do_handler_xxx()中,让该函数进行处理。那么,如何将这些值传入该函数? 这就是接下来要解决的问题。

1. 压栈结果

首先,我们需要分析在压栈之后,栈中各值的分布,这些值的分布如图 5.6 所示。

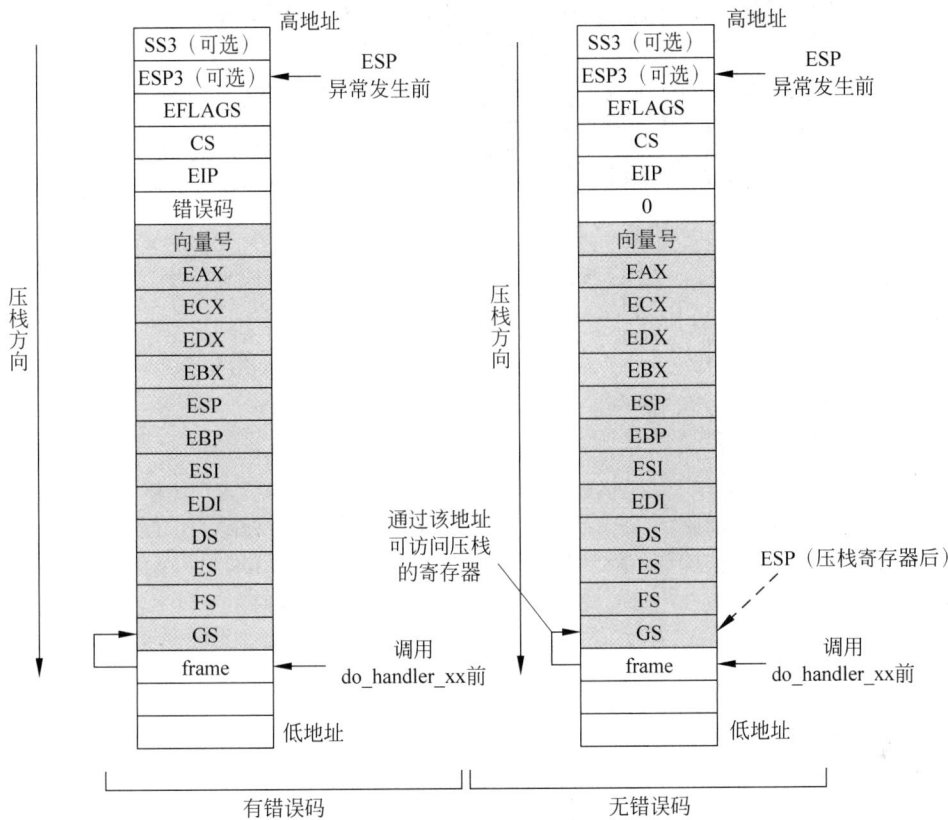

图 5.6 存储了所有内核寄存器的栈内容

图 5.6 左半部分展示了有错误码时的压栈结果,右半部分展示了没有错误码时的压栈结果。通过左右两部分对比可知,通过压入 0 值,可使得有错误码的异常和无错误码的异常的压栈效果一致,这样有助于统一处理。

此外,如果程序运行在特权级 3 的模式下,则还会将 SS 和 ESP 寄存器的值压入栈中(即 SS3 和 ESP3)。

在压入完所有内核寄存器的值之后,最终 ESP 寄存器指向 GS 所在的位置,并且该位置地址被压入到栈中 frame 处。这样一来,当执行 C 处理函数 do_handler_xxx()时,如果能得到 frame 值,也就得到了所有已压栈内容所在的起始地址。

2. C 参数与返回值传递

do_handler_xxx()如何取得 frame 值? 为此,我们需要了解 C 函数的参数传递原理。

这里以 log_printf("mem alloc failed. no memory")函数调用为例,介绍参数传递原理。该函数调用的反汇编结果如图 5.7 所示。可以看到,在使用 call log_printf 指令调用 log_printf()之前,使用了 push $0x941a 指令压栈。实际上,$0x941a 是字符串 mem alloc failed. no memory 的首地址。也就是说,push $0x941a 指令将字符串地址参数压入栈中,供 log_printf()使用。

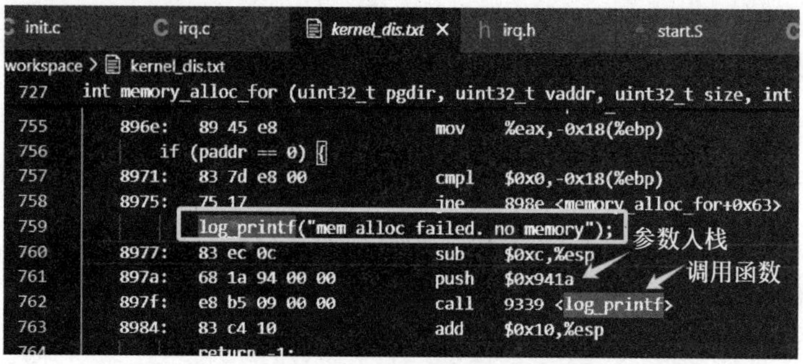

图 5.7　log_printf()调用反汇编结果

通过这个例子可知:函数调用的参数通过栈来传递。关于这方面更详细的介绍,可见本书配套的文档 SYSTEM V APPLICATION BINARY INTERFACE Intel386™ Architecture Processor Supplement。以下仅针对操作系统的设计需要,简要介绍相关内容。

1) 参数传递

在 C 函数调用中,参数通过栈来传递。在函数调用前,需要将参数按照参数列表中从右向左的顺序依次用 push 指令压栈。也就是说,参数列表的最后一个参数先入栈,然后是倒数第二个参数,以此类推。例如,对于函数调用 func(a,b,c),入栈顺序依次是 c、b、a。

由于 push 指令总是压入 32 位的数据;因此,如果参数大小不足 32 位(如 char 型参数),则会自动扩充成 32 位。

在某些情况下,如果使用特定的编译指示或约定,也可能会使用寄存器来传递部分参数。不过,这并非默认的参数传递方式,本书并未采用此种方式。

2) 返回值

函数的返回值一般保存在 eax 寄存器中。在返回前,需要将返回值写入 eax 寄存器;在返回后,调用者可以读取 eax 寄存器从而获得返回值。如果返回值的大小超过 4 字节,可使用其他方式来处理,本书并不涉及相关内容。

3) 示例

为了更加深入地理解上述代码,这里给出一个完整的参数与返回值传递的示例,该示例函数反汇编代码如图 5.8 所示。在函数 test_sum()中,使用了 int c=sum(1,2)。通过分析反汇编可知,在调用 sum()前,使用了 push 指令按参数列表的顺序从右往左依次入栈参数值 2、1。而在 sum()函数中,使用 mov 指令从栈中读取压栈的参数再使用 add 指令求和,计算结果保存在 eax 寄存器。当从函数返回后,test_sum()使用 mov 指令将 eax 中的返回值保存到变量 c 中。

由此可见,如果要将异常处理程序中 GS 所在的地址作为参数传入 do_handler_xxx()中,只需要在调用 do_handler_xxx()前,将该地址压栈。这正是为什么在程序清单 5.8 使用了 push %esp 进行压栈,其目的正是向 do_handler_xxx()传入参数。

3. 解析参数

由于向栈中压入的是地址;因此对 do_handler_xxx()而言,其接收的是一个指针参数。对于该指针,既可以定义为一个普通的 32 位整型指针,也可以定义为一个结构体指针。相对而言,定义为结构体指针更为方便,该结构体的定义如程序清单 5.9 所示。

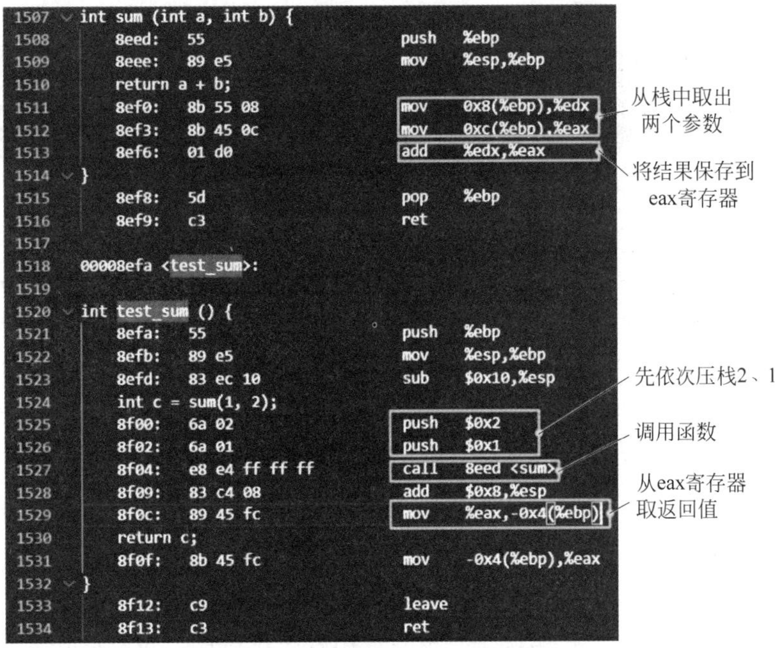

图5.8 参数传递及返回值传递示例

程序清单 5.9 c03.02\project\kernel\include\cpu\irq.h

```
36: typedef struct _exception_frame_t {
38:     int gs, fs, es, ds;
39:     int edi, esi, ebp, esp, ebx, edx, ecx, eax;
40:     int num;
41:     int error_code;
42:     int eip, cs, eflags;
43:     int esp3, ss3;                  // 特权级 3 时的栈配置
44: }exception_frame_t;
```

注意,该结构中的各字段顺序必须与图5.6中所给出的顺序完全一致,以便于通过该结构体正确地访问栈中相应的位置。

有了该结构体之后,便可以修改异常处理函数的原型,增加参数(exception_frame_t * frame)。在处理函数中,可以使用 dump_core_regs()函数,打印发生异常时所有寄存器的值。相关实现代码如程序清单5.10所示。

程序清单 5.10 c03.02\project\kernel\cpu\irq.c

```
16: static void ump_core_regs (exception_frame_t * frame) {
17:     uint32_t esp, ss;
18:     if (frame->cs == KERNEL_SELECTOR_CS) {
19:         ss = frame->ss;
20:         esp = frame->esp;
21:     } else {
22:         ss = frame->ss3;
23:         esp = frame->esp3;
24:     }
25:     log_printf("VECTOR: %d, error code: %d", frame->num, frame->error_code);
```

```
26:        log_printf("CS:% d\nDS:% d\nES:% d\nSS:% d\nFS:% d\nGS:% d",
27:                  frame->cs, frame->ds, frame->es, ss, frame->fs, frame->gs);
28:        log_printf("EAX:0x% x\n""EBX:0x% x\n""ECX:0x% x\n""EDX:0x% x\n""EDI:0x% x\n"
29:                   "ESI:0x% x\n""EBP:0x% x\n""ESP:0x% x\n""EIP:0x% x\n""EFLAGS:0x% x",
30:                  frame->eax, frame->ebx, frame->ecx, frame->edx, frame->edi,
31:                  frame->esi, frame->ebp, esp, frame->eip, frame->eflags);
32: }
33:
34: static void do_default_handler (exception_frame_t * frame, const char * message) {
35:        .........略........
39:        dump_core_regs(frame);
40:        .........略........
42: }
44: .........略........
48: void do_handler_divider(exception_frame_t * frame) {
49:        do_default_handler(frame, "Divider Error.");
50: }
```

在上述代码中,首先根据不同的特权级,从栈中不同位置取出程序原使用的栈指针逻辑地址。

在异常发生前,可能是操作系统也可能是应用程序在运行。如果是应用程序,则 CPU 切换到特权级 0 栈,将 SS 和 ESP 寄存器指向该栈,原来的 SS 和 ESP 寄存器值被保存在栈中的 SS3 和 ESP3 位置。在这种情况下,dump_core_regs()应当使用 SS3 和 ESP3;而如果是操作系统,则应当使用 SS 和 ESP。因此,在该代码中,通过检查原 CS 的值是否为内核代码段选择子来判断异常发生时是否是操作系统正在运行。如果是,则使用 frame-> ss 和 frame-> esp 值;否则,使用 frame-> ss3 和 frame-> esp3。

最后,用 log_printf()将所有寄存器的值打印出来。

4. 运行效果

在完成上述所有工作之后,可以进行简单的测试。在 kernel_start()中添加 int a＝3/0 语句,当程序执行时,CPU 将会产生除 0 异常。此时,程序进入到除 0 异常处理程序中执行,并打印出 CPU 各寄存器的值。发生除 0 异常时,程序运行效果如图 5.9 所示。

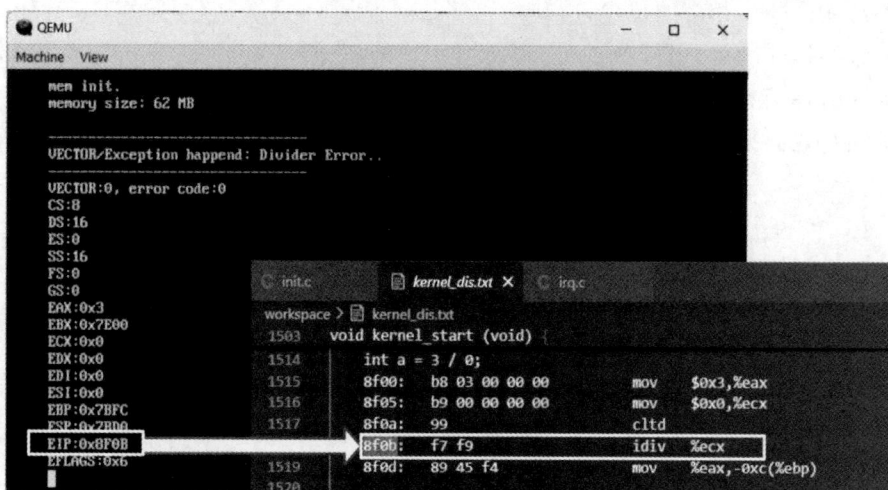

图 5.9　除 0 异常运行效果

从打印结果可以看出：发生异常时，EIP 的值为 0x8F0B。如果使用该地址在反汇编文件 workspace/kernel_dis. txt 中查找，可以找到触发异常的指令 idiv %ecx，从而定位程序中出现问题的位置及原因。

5.4 解析错误码

对于其他类型的异常，可以采用类似的方式添加异常处理程序。此处不再详细说明，仅给出在 start. S 中添加异常处理程序的方法，具体代码如程序清单 5.11 所示。

程序清单 5.11 c03.03\project\kernel\start. S

```
 98: exception_handler unknown, -1, 0
 99: exception_handler divider, 0, 0
100: exception_handler Debug, 1, 0
101: ......略.....
117: exception_handler virtual_exception, 20, 0
```

其中，对于某些类型的异常，异常发生时自动压栈的错误码也有助于进一步分析问题。错误码的含义随异常的类型不同而不同，这里主要介绍如下两种。

5.4.1 选择子相关错误码

当异常发生时，如果原因与某个选择子相关或者与中断描述符表中的向量相关；那么，处理器将会产生一个错误码并压栈。该错误码的格式如图 5.10 所示。

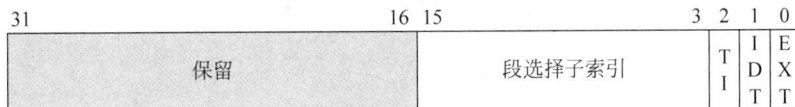

31	16	15			3	2	1	0
保留		段选择子索引				T I	I D T	E X T

图 5.10 选择子或者 IDT 相关的错误码

从图 5.10 中可以看出，该错误码主要包含四部分：

- 段选择子索引：触发异常的选择子索引或向量号。
- EXT(外部事件)：当 EXT=1 时，表示异常发生在程序外部事件的传递过程中，例如中断或更早的异常；当 EXT=0 时，表示异常发生在软件中断(INT n、INT3 或 INTO)的传递过程中。
- IDT(描述符位置)：当 IDT=1 时，表明错误码的索引部分指向 IDT 中的门描述符；当 IDT=0 时，表示索引指向 GDT 或 LDT 中的描述符。
- TI(GDT/LDT)：仅在 IDT 标志为 0 时使用。当 TI=1 时，表示错误码的索引部分指向 LDT 中的段或门描述符；当 TI=0 时，表示索引指向 GDT 中的描述符。

从上述内容可知，通过该错误码可以找到触发异常时所用选择子对应的表(如 IDT)以及相应的表项。以 ♯GP 异常为例，可以在其异常处理程序中加入对错误码的解析处理过程，具体实现如程序清单 5.12 所示。

程序清单 5.12 c03.03\project\kernel\cpu\irq. c

```
96: void do_handler_general_protection(exception_frame_t * frame) {
97:     ......略.....
99:     if (frame -> error_code & ERR_EXT) {
```

```
100:            log_printf("the exception occurred during delivery of an "
101:                        "event external to the program, such as an interrupt or an earlier
                            exception.");
103:        } else {
104:            log_printf("the exception occurred during delivery of a"
105:                        "software interrupt (INT n, INT3, or INTO).");
106:        }
107:
108:        if (frame->error_code & ERR_IDT) {
109:            log_printf("the index portion of the error code refers to a gate descriptor in
                the IDT");
111:        } else {
112:            log_printf("the index refers to a descriptor in the GDT");
113:        }
114:
115:        log_printf("segment index: %d", frame->error_code & 0xFFF8);
116:        ......略.....
121: }
```

5.4.2　页异常错误码

在开启分页机制后,如果访问某个无效的页或者对只读的页进行写入操作时,将产生页异常错误码。该错误码的格式如图 5.11 所示。

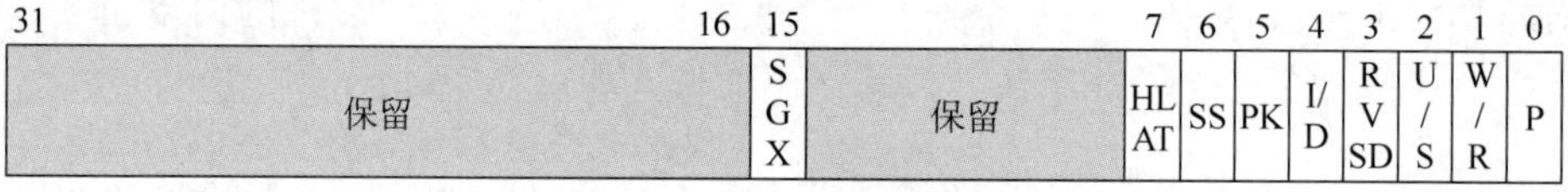

图 5.11　页异常错误码

这里仅介绍本书所用的相关位的含义,其余位的含义请自行查阅资料。这些位的含义如下:

- P:当值为 0 时,表示页不存在,发生了缺页,即没有物理页与该虚拟页建立映射关系;当值为 1 时,则表示违反了访问保护机制,如写只读页面、特权级不够。
- W/R:当值为 1 时,表示由写入触发的异常;当值为 0 时,表示由读取触发的异常。
- U/S:当值为 1 时,表示在用户模式下访问该页导致的异常;当值为 0 时,表示由管理模式导致的异常。

此外,还可以读取系统寄存器 CR2 来得知触发异常的虚拟地址,CR2 寄存器的格式如图 5.12 所示。

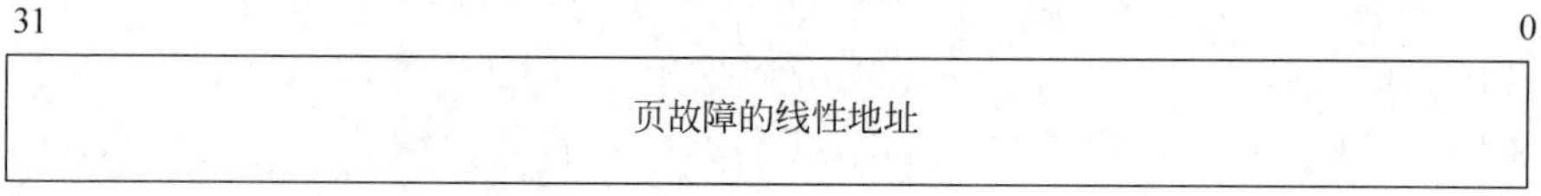

图 5.12　CR2 寄存器

因此,可以修改页异常处理函数,在其中加入对错误码的解析,修改结果如程序清单 5.13 所示。

程序清单 5.13　c03.03\project\kernel\cpu\irq.c

```
123: void do_handler_page_fault(exception_frame_t * frame) {
124:     ......略....
```

```
126:        if (frame -> error_code & ERR_PAGE_P) {
127:            log_printf("\tpage - level protection violation: 0x%x.", read_cr2());
128:        } else {
129:            log_printf("\tPage doesn't present 0x%x", read_cr2());
130:        }
131:
132:        if (frame -> error_code & ERR_PAGE_WR) {
133:            log_printf("\tThe access causing the fault was a write.");
134:        } else {
135:            log_printf("\tThe access causing the fault was a read.");
136:        }
137:
138:        if (frame -> error_code & ERR_PAGE_US) {
139:            log_printf("\tA supervisor - mode access caused the fault.");
140:        } else {
141:            log_printf("\tA user - mode access caused the fault.");
142:        }
143:        ……略……
148: }
```

5.4.3 运行效果

为了测试上述代码,我们可以在 kernel_start()添加向 0x80000000 写入 0x1234 的语句,该代码如图 5.13 所示。

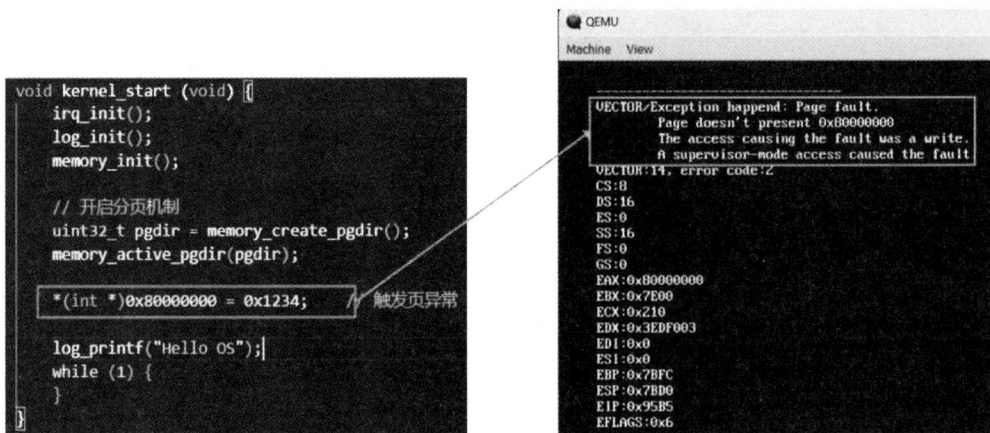

图 5.13 页访问异常效果

当试图向 0x80000000 写入 0x1234 时,由于该地址没有与物理页建立映射,即发生了缺页。此时,CPU 触发缺页异常。在 QEMU 的 Serial 窗口中,将显示了触发异常的具体原因:缺页、地址为 0x80000000、对页进行写入、管理模式下触发。

5.5 本章小结

本章主要介绍了 CPU 的异常机制以及如何对异常进行管理。

异常指的是 CPU 在执行指令过程中,由于指令自身执行时的某些问题,触发 CPU 对该问题进行处理的机制。另一种事件处理机制是中断,其由外部硬件触发。无论是中断还是异常,其处理流程上大体类似:CPU 暂停当前程序执行,跳转到异常处理程序;处理完毕后,再返回原来被打断的地方继续往下执行。

x86 处理器对于异常有着详细的分类和管理方法。通过在 IDT 中安装处理程序、让 IDTR 指向 IDT,便完成了指定异常处理程序的安装。而在异常处理函数中,为了便于分析异常产生的原因,可以在处理函数中解析栈中寄存器值并打印。此外,对错误码进行解析,可以获取更多有价值的信息。

第6章

实现多进程运行

到目前为止,整个操作系统的功能非常简单,仅完成了少量初始化的工作。本章将进一步增强其功能,使其初步具备同时运行多个进程的能力。

具体来说,首先构造内核链表,以便对多个进程进行管理;接下来,实现进程创建的相关接口;其次,考虑到进程在运行过程中有可能需要睡眠,还需要增加睡眠接口;最后,当进程数量较多时,还需要为操作系统实现进程调度算法,从而决定当前安排哪个进程占用CPU运行。

6.1 实现内核链表

在操作系统内部,需要对各种数据块进行管理。例如,当多个进程同时读取同一块硬盘时,操作系统需要将这些进程按顺序排队处理。为实现这种排队机制,可以借助链表来完成。链表的形式有多种多样,如单链表、双向链表等。本书采用的是双向链表,其结构大致如图 6.1 所示。

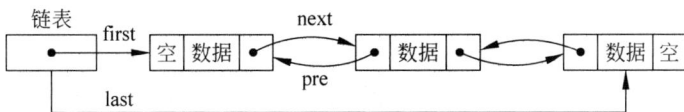

图 6.1 简单的链表结构

在该链表中,first 和 last 指针分别指向链表的首结点和尾结点。换言之,通过 first 和 last,可以快速定位到链表的首部或尾部,以便进行首尾的插入或移除操作。链表中的每个结点均包含了 pre 和 next 指针。当需要移除某个结点时,通过这两个指针便可找到其前后结点,从而快速地实现移除操作。

不过,在结点结构的实现上,本书并未完全遵循图 6.1 中的图示,而是略有不同,主要原因在于:在操作系统内部,链表会用在多种不同的场合,每种场合下的数据域类型不同。如果完全按照图中所示定义结点结构,则会由于数据域类型不同,定义出不同的结点类型,进而创建出不同的链表类型。而链表类型的不同,又会导致与链表相关的操作代码(如插入结点)不同。而实际上,这些操作代码几乎是相同的,唯一的区别在于数据域类型不同,偏偏数据域本身又不参与到链表的各种操作中(如移除结点时,不需要考虑数据域类型)。相同的操作代码重复实现很多遍,这是不可取的;因此,我们需要实现一种与数据域类型无关的链表。

6.1.1 定义结点

既然是由于数据域类型的不同导致链表操作代码的不同;那么,只要忽略数据域,仅保留 pre 和 next 指针,就可以实现一种通用的链表。我们将在操作系统中使用这种链表,该链表的结构如图 6.2 所示。

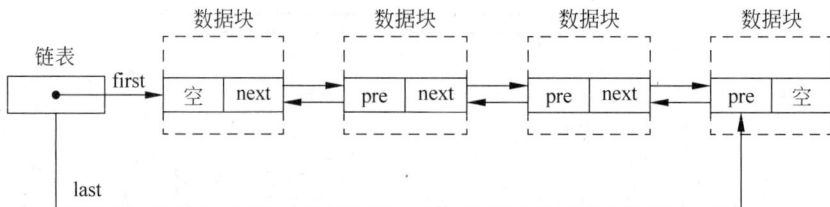

图 6.2 忽略数据部分的链表

从图 6.2 可以看出,这种链表结构并不关心具体的数据类型,而仅仅是将 pre 和 next 的组合作为结点插入到链表中。该结点类型的定义及相关操作接口的实现如程序清单 6.1 所示。

程序清单 6.1　c04\c04.01\project\kernel\include\tools\list.h

```
36: typedef struct _list_node_t {
37:     struct _list_node_t * pre;              // 链表的前一结点
38:     struct _list_node_t * next;             // 后继结点
39: }list_node_t;
45: static inline void list_node_init(list_node_t * node) {
46:     node->pre = node->next = (list_node_t * )0;
47: }
54: static inline list_node_t * list_node_pre(list_node_t * node) {
55:     return node->pre;
56: }
63: static inline list_node_t * list_node_next(list_node_t * node) {
64:     return node->next;
65: }
```

在上述代码中,list_node_init()用于对结点进行初始化,list_node_pre()和 list_node_next()分别用于返回指定结点的前一结点和后一结点。

6.1.2 定义链表

基于新的结点结构,我们可以定义与数据域无关的链表类型。该链表的定义如程序清单 6.2 所示。

程序清单 6.2　c04\c04.01\project\kernel\include\tools\list.h

```
71: typedef struct _list_t {
72:     list_node_t * first;                    // 首结点
73:     list_node_t * last;                     // 尾结点
74:     int count;                              // 结点数量
75: }list_t;
```

在 list_t 中,仅包含了指向 list_node_t 类型的首结点和尾结点指针。此外,还包含了记录链表中结点数量的 count 变量。

6.1.3 链表操作

1. 初始化

链表的初始化,由 list_init()完成,其实现见程序清单 6.3。当初始化完成后,链表应当为空。此时,first 和 last 均指向空结点,count 数量为 0。

程序清单 6.3 c06.01/project/kernel/tools/list.c

```
07: void list_init(list_t * list) {
08:     list->first = list->last = (list_node_t *)0;
09:     list->count = 0;
10: }
```

2. 基本操作接口

针对链表结构,还可以定义一些基本的操作接口,这些接口的实现如程序清单 6.4 所示。其中,list_is_empty()用于判断链表是否为空、list_count()用于返回结点的数量、list_first()和 list_last()用于返回链表中首结点和尾结点。

程序清单 6.4 c06.01/project/kernel/include/tools/list.h

```
66: static inline int list_is_empty(list_t * list) {
67:     return list->count == 0;
68: }
69:
75: static inline int list_count(list_t * list) {
76:     return list->count;
77: }
78:
84: static inline list_node_t * list_first(list_t * list) {
85:     return list->first;
86: }
87:
93: static inline list_node_t * list_last(list_t * list) {
94:     return list->last;
95: }
```

3. 插入首结点

将结点插入链表首部的过程如图 6.3 所示。当链表为空时,只需要将 first 和 last 指向

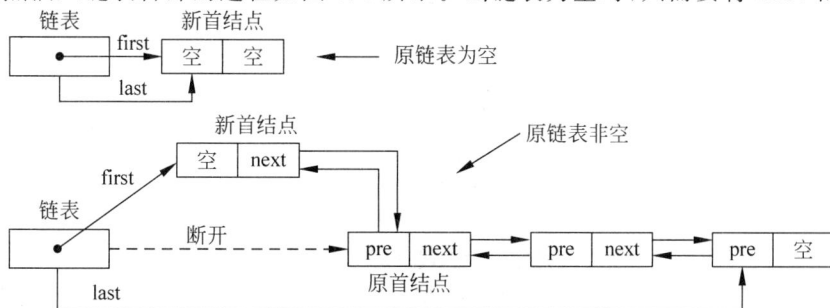

图 6.3 将结点插入链表首部

该结点,并将结点本身的 pre 和 next 置空。如果链表已有结点,则需要将原来首结点的 pre 指向新首结点,同时使链表的 first 指向新结点。与此同时,新首结点的 pre 需要置空,next 应当指向原首结点。

插入操作由 list_insert_first() 完成,其实现如程序清单 6.5 所示,在该函数中,首先设置了待插入结点的 pre 和 next 指针,其中 pre 指向空,next 指向原首结点。之后,根据链表是否为空做不同的处理,如果链表为空,则设置 first 和 last 指向该结点;否则,将其插入到原来首结点之前。最后,增加 count 计数。

程序清单 6.5　c04.01project\kernel\tools\list.c

```
17: void list_insert_first(list_t * list, list_node_t * node) {
18:     // 设置好待插入结点的前后,前面为空
19:     node -> next = list -> first;
20:     node -> pre = (list_node_t *)0;
21:
22:     // 如果为空,需要同时设置 first 和 last 指向自己
23:     if (list_is_empty(list)) {
24:         list -> last = list -> first = node;
25:     } else {
26:         // 否则,设置好原本第一个结点的 pre
27:         list -> first -> pre = node;
28:
29:         // 调整 first 指向
30:         list -> first = node;
31:     }
32:
33:     list -> count++;
34: }
```

4. 插入尾结点

将结点插入链表尾部的过程如图 6.4 所示。当链表为空时,只需要将链表的 first 和 last 指向该结点,并将结点本身的 pre 和 next 置空即可。如果链表原来已经有结点,则需要将原尾结点的 next 指向该结点,同时断开链表的 last 指针让其指向该结点。与此同时,新尾结点的 next 需要置空,pre 要指向原尾结点。

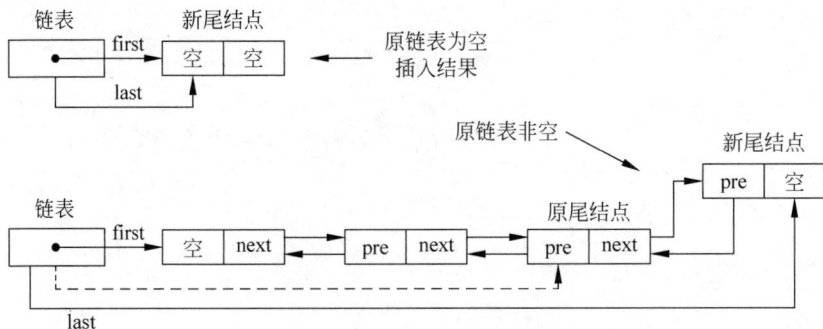

图 6.4　将结点插入链表尾部

插入操作由 list_insert_last() 完成,其实现如程序清单 6.6 所示,在该函数中,首先设置了新尾结点的 pre 和 next 指针,其中 pre 指向原尾结点,next 指向为空。之后,根据链表

是否为空做不同的处理。如果链表为空,则设置 first 和 last 指向该结点;否则,将其插入到原尾结点之后。最后,增加 count 计数。

程序清单 6.6　c04.01project\kernel\tools\list.c

```
42: void list_insert_last(list_t * list, list_node_t * node) {
43:     // 设置好结点本身
44:     node->pre = list->last;
45:     node->next = (list_node_t *)0;
46:
47:     // 表空,则 first/last 都指向唯一的 node
48:     if (list_is_empty(list)) {
49:         list->first = list->last = node;
50:     } else {
51:         // 否则,调整 last 结点的向一指向为 node
52:         list->last->next = node;
53:
54:         // node 变成了新的后继结点
55:         list->last = node;
56:     }
57:
58:     list->count++;
59: }
```

5. 移除首结点

移除首结点的情况较复杂,需要考虑链表空、只有一个结点、有多个结点等不同情况。如果链表为空,则无须进行移除操作。当链表只有一个结点时,只需要移除该结点,将整个链表置空。而当有多个结点时,除了调整 first 指向原首结点的下一个结点之外,还需要调整新首结点的 pre 指针为空。移除首结点如图 6.5 所示。

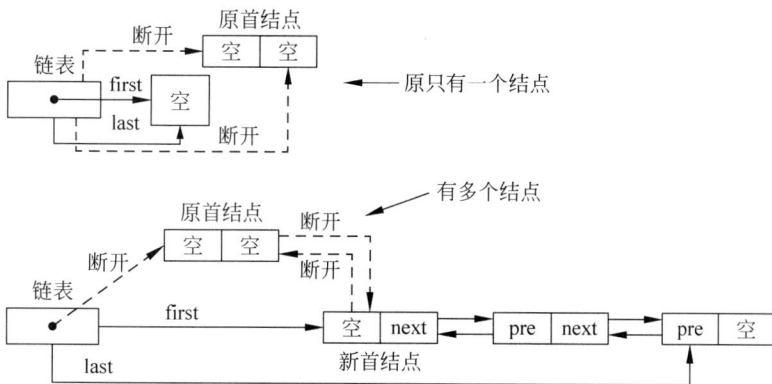

图 6.5　移除首结点

移除首结点的操作由 list_remove_first()完成,其实现如程序清单 6.7 所示,在该函数中,首先判断链表是否为空,如果为空,则返回空指针。其次,将 first 指向原首结点的下一结点。如果新首结点为空(list->first == (list_node_t *)0),则说明原链表只有一个结点,移除后链表将为空,需要将 last 置空;如果非空,则将新首结点的 pre 置空。移除完成之后,再将移除结点的 pre 和 next 清空,链表结点计数 count 减 1。

程序清单 6.7 c04.01project\kernel\tools\list.c

```
66: list_node_t * list_remove_first(list_t * list) {
67:     // 表项为空,返回空
68:     if (list_is_empty(list)) {
69:         return (list_node_t * )0;
70:     }
71:
72:     // 取第一个结点
73:     list_node_t * remove_node = list->first;
74:
75:     // 将 first 往表尾移 1 个,跳过刚才移过的那个,如果没有后继,则 first = 0
76:     list->first = remove_node->next;
77:     if (list->first == (list_node_t * )0) {
78:         // node 为最后一个结点
79:         list->last = (list_node_t * )0;
80:     } else {
81:         // 非最后一结点,将后继的前驱清 0
82:         remove_node->next->pre = (list_node_t * )0;
83:     }
84:
85:     // 调整 node 自己,置 0,因为没有后继结点
86:     remove_node->next = remove_node->pre = (list_node_t * )0;
87:
88:     // 同时调整计数值
89:     list->count -- ;
90:     return remove_node;
91: }
```

6. 移除指定结点

有时候,已经拿到了某个结点的指针,需要将其从所在的链表移除。该移除操作由 list_remove()完成,其实现见程序清单 6.8。注意,移除的结点可能位于链表的任意位置。

程序清单 6.8 c04.01project\kernel\tools\list.c

```
 97: list_node_t * list_remove(list_t * list, list_node_t * remove_node) {
 98:     // 如果是头,则头往前移
 99:     if (remove_node == list->first) {
100:         list->first = remove_node->next;
101:     }
102:
103:     // 如果是尾,则尾往回移
104:     if (remove_node == list->last) {
105:         list->last = remove_node->pre;
106:     }
107:
108:     // 如果有前,则调整前的后继
109:     if (remove_node->pre) {
110:         remove_node->pre->next = remove_node->next;
111:     }
112:
113:     // 如果有后,则调整后往前的
114:     if (remove_node->next) {
115:         remove_node->next->pre = remove_node->pre;
```

```
116:        }
117:
118:        // 清空 node 指向
119:        remove_node->pre = remove_node->next = (list_node_t *)0;
120:        --list->count;
121:        return remove_node;
122: }
```

在 list_remove()中,首先检查结点是否位于首部,如果位于首部,则调整 first 指针指向其后一个结点。调整之后,如果此时没有后继结点,那么,first 将为空。其次,检查是否处于尾部,如果位于尾部,则调整 last 指针指向前一结点;如果没有前一结点,那么,last 将为空。通过这两步操作,便完成了对 first 和 last 的调整。

接下来,对移除结点的前一结点和后一结点进行调整。如果有前一结点,则调整前一结点的 next,指向移除结点的后一结点(remove_node->pre->next = remove_node->next)。而如果有后一结点,则调整后一结点的 pre,指向移除结点的前一结点(remove_node->next->pre = remove_node->pre)。

移除完成之后,再将移除结点的 pre 和 next 清空,链表结点计数 count 减 1。

为了便于理解,这里以待移除的结点位于链表中间为例说明,其移除过程如图 6.6 所示。由于待移除的结点位于链表中间,因此,无须调整 list->first 和 list->last,只需调整待移除结点的前一结点的 next 和后一结点的 pre,从而使得结点移除后原链表仍然能保持正确的链接关系。

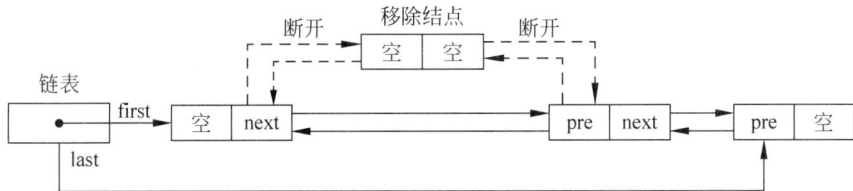

图 6.6　移除指定结点

7. 求结点所在的结构

虽然 list_node_t 中不包含数据域,但在实际使用时,仍然需要结合特定的数据去使用。

在绝大多数情况下,list_node_t 并不会被单独使用,而是被嵌套入到某种与特定应用场合相关的结构体中。例如,操作系统会为每个进程分配进程控制块(task_t 结构),这些进程控制块可以组织成 task 链表;而在文件系统模块中,不同的文件系统控制块 fs_t 同样可以用链表组织成 fs 链表。这两种链表的结构如图 6.7 所示。

虽然 fs_t 和 task_t 结构的类型完全不同,但是,均可以使用 list_t 类型的链表进行管理。在具体使用时,当需要将某个结构插入到链表时,只需要取出结构中的 list_node_t 字段 node,将 node 插入链表。

例如,对于链表 task_list,如果需要将 task_t 结构的实例 task 插入到链表头部,只需要使用 list_insert_first(&task_list, &task->node)就能完成插入操作。同样地,对于链表 fs_list,如果需要将 fs_t 结构体的实例 fs 插入到链表头部,只需要使用 list_insert_first(&fs_list, &fs->node)就能完成插入操作。这两种插入操作完全相同,与待插入的结构类型无关,都可调用 list_insert_first()完成!

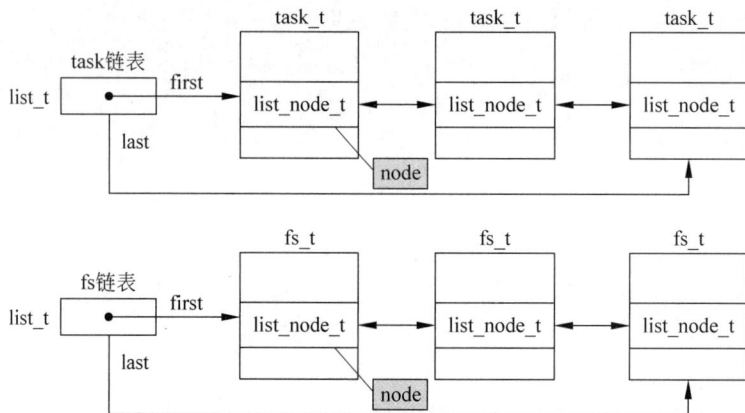

图 6.7　链表具体应用

但是,当从链表中移除结点时,情况却有些复杂。例如,如果从 task_list 移除首结点,取出来的是 list_node_t 类型的指针,而我们需要的是 task_t 结构的指针。因此,这里需要实现一种算法来完成这种转换:已知结构体中某个字段的地址,求其所在结构体的起始地址。该算法的实现原理如图 6.8 所示。

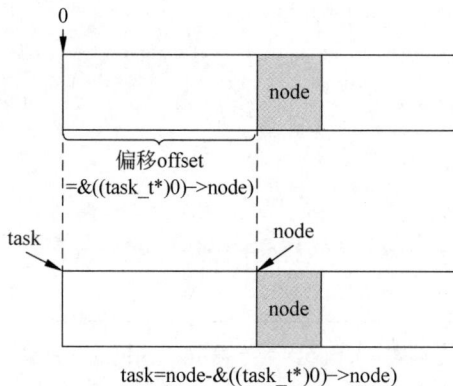

task=node-&((task_t*)0)->node)

图 6.8　获取所在结构体指针

在已知 node 地址的情况下,要获取其所在的 task_t 结构体的起始地址,只需要将 node 指针减去其在结构体中的字节偏移量 offset。offset 的值无法直接得知。不过,我们可以假设在地址 0 处存放了一个 task_t 结构体实例;此时,该结构体中 node 的地址恰好与 offset 相等。

根据上述原理,可以定义 node_to_parent() 宏来完成这种转换,其实现代码见程序清单 6.9。其中,node_to_parent(node, parent_type, node_name)用于将 node 转换成其所在结构体的首地址。parent_type 为所在的结构体类型、node_name 为 node 在结构体中的名称。list_entry()则是对该宏做了进一步的封装:判断 node 是否为空,如果为空则返回空类型;否则,返回所在结构体的指针。

程序清单 6.9　c04.01\project\kernel\include\tools\list.h

```
11: #define node_to_parent(node, parent_type, node_name)    \
12:     ((uint32_t)node - (uint32_t)&(((parent_type * )0) -> node_name))
```

```
13: #define list_entry(node, parent_type, node_name)  \
14:          ((parent_type *)(node ? node_to_parent((node), parent_type, node_name) : 0))
```

为了更好地理解 list_entry() 的用法,程序清单 6.10 给出了具体的使用示例。在 task_next_run() 中,首先使用 list_first() 获取 task_manager.ready_list 链表的首结点;之后,使用 list_entry() 转换成 task_t 类型的指针并返回。

程序清单 6.10 list_entry()使用示例

```
static task_t * task_next_run (void) {
      list_node_t * task_node = list_first(&task_manager.ready_list);
      return list_entry(task_node, task_t, node);
}
```

6.2 创建进程

在实现完内核链表之后,便可以将其用于管理系统中的进程。进程的创建和运行过程比较复杂;因此,本节将先介绍进程的概念,之后再创建系统中的第一个进程。

6.2.1 进程简介

操作系统的主要任务之一便是从硬盘加载可执行程序到内存中执行。在加载的过程中,操作系统还会创建进程,用于执行应用程序代码。注意,它是一个动态的概念,可执行程序并不是进程。只有当程序被加载运行起来之后,进程才开始存在;而当程序运行结束之后,进程消亡。由此可见,进程是在计算机中正在运行的程序的实例。

1. 进程的组成

对于本书而言,进程主要由四部分组成:进程控制块、打开文件列表、寄存器值列表和进程地址空间。进程的结构组成如图 6.9 所示。

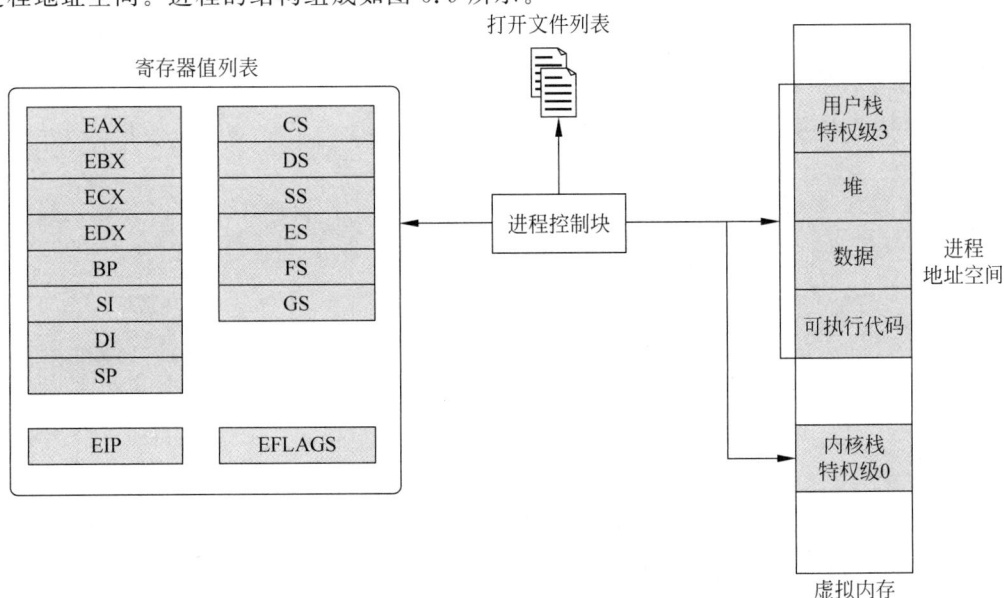

图 6.9 进程的结构组成

进程控制块(Process control Block)是进程的核心部分,是由操作系统进行管理的一种特殊的数据,其中保存了该进程的所有信息。也就说,进程控制块唯一标识了进程的存在。当可执行程序被操作系统加载执行时,进程控制块也随之被创建,标志着进程的诞生;当应用程序执行完毕退出时,进程控制块被操作系统回收,标志着进程的消亡。

进程在执行过程中,有时还会打开文件进行读写;因此,打开文件列表保存了这些已打开的文件的相关信息。

寄存器值列表则反映了进程某一时刻的执行状态。进程执行的过程,实际上是 CPU 不断取指令,并根据指令的要求进行计算和存储访问等工作的过程。在执行过程中,需要利用 CPU 的内核寄存器来放置运算数据和内存地址等;因此,在进程运行时,这些内核寄存器的值,反映了某一时刻该进程的运行状态,不同进程在不同时刻,这些值是不同的。

进程地址空间保存了进程的指令和数据。当可执行程序被加载到内存时,操作系统会为进程创建一个虚拟地址空间。之后,对可执行程序进行解析,提取出其中的代码和数据,分别加载到该虚拟地址空间中的不同区域。此外,还会为进程的运行分配两种类型的栈空间:特权级 3 的用户栈、特权级 0 的内核栈。考虑到应用程序在运行过程中还会使用 malloc()等函数进行动态内存分配;因此,还需要为其配置堆。所有这些虚拟内存区域,构成了进程的地址空间。

由此可见,进程的组成是比较复杂的。在后续的小节中,将会依次介绍除打开文件列表之外的几部分实现。

2. 进程切换原理

当进程被创建之后,便开始执行可执行程序中的指令。在某一时刻,系统中可能存在很多个进程需要执行,那么,操作系统是如何让用户感受到的是所有进程在同时执行?例如,假设系统中有进程 A 和进程 B,任意时刻 CPU 只能执行其中一个进程。不过,实际我们会发现,进程 A 和进程 B 似乎在同时执行。

显然,为了能够让多个进程看起来在同时执行,CPU 就不能总是执行某个进程的代码,而是需要轮流在多个进程之间切换执行,从而让每个进程都有执行的机会。这里举一个生活中类似的例子,假设有两个人都需要使用计算机进行办公,但是计算机却只有一台,为了避免某个人长期占用计算机而使得其他人没有使用的机会,可以要求每个人每次只能使用一小段时间。当使用超时后,就让其他人使用计算机。

同样地,对于多进程的运行,也采用了类似的方式,其工作原理如图 6.10 所示。操作系

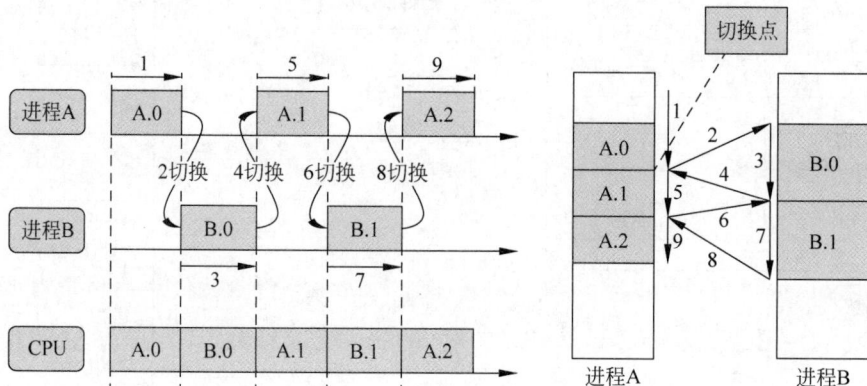

图 6.10 进程切换运行

统给每个进程分配一小段执行时间,当执行时间用完时,切换至另一个进程运行。这样一来,每个进程都有执行的机会。只要执行时间足够短(比如 10ms),用户感觉到的是所有进程在同时执行。

在图 6.10 中,进程轮流执行的过程详细说明如下。

① 进程 A 先运行,执行 A.0 代码。

② A 的执行时间用完,操作系统控制 CPU 从进程 A 切换到进程 B。

③ 进程 B 开始执行 B.0 代码。

④ B 的执行时间用完,操作系统控制 CPU 从进程 B 切换回进程 A。

⑤ 进程 A 继续从原先切换出去的地方往下执行,开始执行 A.1 代码。

⑥ A 的执行时间用完,进程 A 再次切换到进程 B。

⑦ 进程 B 继续从原先切换出去的地方往下执行,开始执行 B.1 代码。

⑧ B 的执行时间用完,操作系统控制 CPU 从进程 B 切换回进程 A。

⑨ 进程 A 继续从原先切换出去的地方往下执行,开始执行 A.2 代码。

可以看到,虽然 CPU 轮流执行进程 A 和进程 B 的代码,但是,当每个进程恢复运行时,都是从上次切换出去的位置继续往下执行。例如,从进程 B 切换回进程 A 时,进程 A 可以从原来被打断的地方(如图中切换点)继续往下执行 A.1。这样一来,虽然进程 A 的执行过程变成了断断续续地执行 A.0、A.1 和 A.2,整体执行速率变慢,但是,进程 B 得到了执行的机会。

因此,为了能够让进程在切换回来时,能够继续从切换点往下执行,需要使用一种特殊的机制来完成,这种机制便是进程的上下文切换。所谓的进程上下文切换,实际上是指在多进程操作系统中,当一个进程让出 CPU 资源给另一个进程使用时,操作系统保存当前进程的上下文信息,并加载即将运行进程的上下文信息的过程。

一般来说,在进程的上下文切换过程中,需要保存或加载进程的各种状态和数据,举例如下。

- CPU 寄存器值:包括通用寄存器、程序计数器等。
- 程序状态字:反映了进程当前的运行状态。
- 内存管理信息:如页表等。

也就是说,在进程切换发生时,由于保存了当前进程的上下文信息,即便进程执行过程中出现过暂停,但通过恢复上下文,进程可以恢复成原来先被打断的运行状态,继续执行下去。正如前面的共享使用电脑的例子中,如果一个人正在编辑 Word 文档而此时被打断,那么,他只需要保存该文档并记下最后编辑的位置,下次再次使用计算机时就可以直接打开该文档并跳到最后编辑的位置继续进行编辑。

图 6.11 展示了从 A.0 切换到 B.0 执行,再从 B.0 切换回来的过程。可以看到,当从 A.0 切换出去时,由于进程的地址空间和进制控制块是各进程私有的,所以,这部分不需要额外保存。而 CPU 内核寄存器的值当前为进程 A 所拥有,这些值需要保存起来。当进程 B 运行 B.0,操作系统将进程 B 原来保存的寄存器值加载到 CPU 寄存器中。与此同时,页目录表寄存器 CR3 也需要进行变化,从原来指向进程 A 的页目录表,变成指向进程 B 的页目录表,从而切换当前 CPU 所用的进程地址空间。通过这样的过程,便完成了从进程 A 到进程 B 的切换。

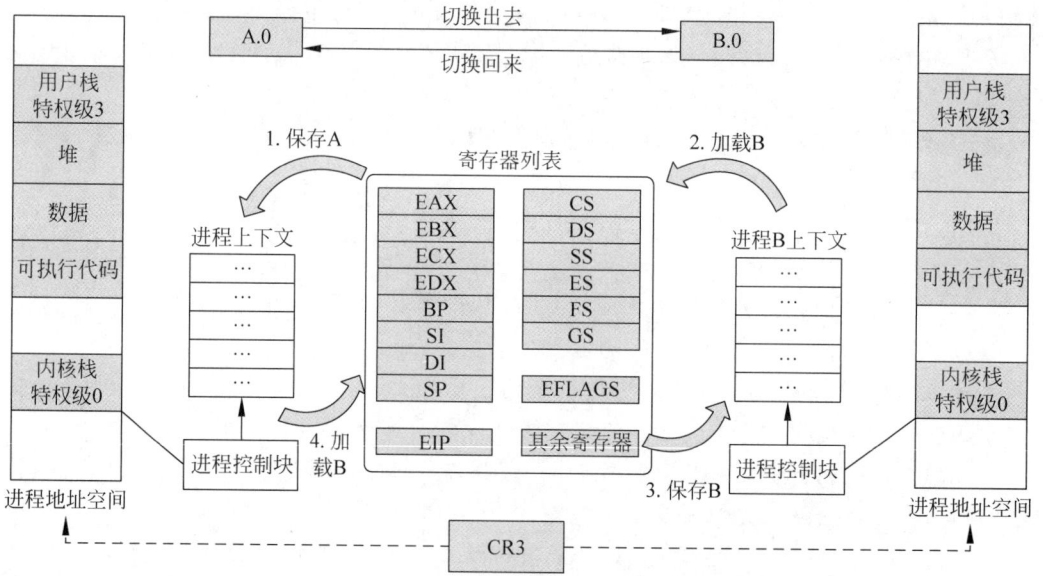

图 6.11　进程切换过程

　　反过来，当需要从进程 B 切换回进程 A 时，当前 CPU 寄存器值被保存到进程 B 中；原先保存的进程 A 的寄存器值列表将被加载到 CPU 寄存器中。同样地，CR3 重新指向进程 A 的页目录表，启用进程 A 的进程地址空间。这样一来，进程 A 的运行状态得到恢复，可以顺利往下执行。

　　由此可见，进程切换实现的关键在于实现上下文切换机制。

3. 进程的生命周期

　　进程在被创建之后，并不一定可以立即执行。并且在执行过程中，进程还可能会由于各种原因而睡眠或阻塞。在执行完毕后，进程会终止退出。我们将进程从创建到终止退出这一过程，称之为进程的生命周期。

　　进程的生命周期一般包含若干阶段，不同操作系统对于生命周期阶段的命名和划分方式各有不同，在本书中，进程的生命周期各阶段命名及切换时机如图 6.12 所示。

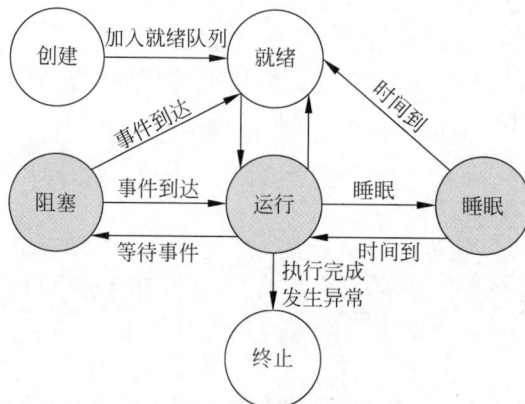

图 6.12　进程的生命周期

生命周期各阶段详细解释如下。

- 创建(Creation)：在进程被创建时,操作系统会为进程分配必要的资源,如进程地址空间、进程控制块等。
- 就绪(Ready)：当进程完成创建并准备好执行时,它会进入就绪状态,等待操作系统的调度。此时,进程已经具备了运行的所有条件。
- 运行(Running)：当操作系统将 CPU 资源分配给就绪进程时,该进程进入运行状态,开始执行指令。
- 睡眠(Sleeping)：当进程使用睡眠函数暂停运行一段时间时,该进程进入睡眠状态。在睡眠状态下,进程暂停执行,直到睡眠时间到达。
- 阻塞(Blocked)：如果进程需要等待某些事件的发生,如等待硬盘读写完成,该进程进入阻塞状态。在阻塞状态下,进程暂停执行,直到事件完成或相关条件满足。
- 终止(Termination)：当进程执行完成或发生异常时,进程进入终止状态。在这个阶段,操作系统会回收进程占用的资源,如释放内存、关闭文件等,最后删除进程控制块。

值得注意的是,无论是从睡眠状态还是从阻塞状态中退出,进程有可能进入就绪态,也有可能进入运行态。具体进入哪种状态,取决于操作系统的进程调度算法,即操作系统采取何种策略来决定当前应该让哪个进程占用 CPU 运行其代码。关于调度算法的实现,将在本章后面小节中介绍。

6.2.2　进程与 TSS

对于进程的创建及切换,CPU 在硬件层面提供了支持。也就是说,我们可以偷个懒,利用 CPU 提供的硬件机制来实现所需功能。接下来,将介绍相关概念与硬件机制。

1. 任务

对于多进程的运行,CPU 提供了任务机制来简化实现。所谓的任务(Task),指的是可以分派给处理器调度、执行和挂起的工作单元。利用任务,可以实现操作系统的服务程序、中断处理程序、进程等,本书仅将任务用于实现进程。

任务主要由两部分组成：任务执行空间和任务状态段(Task-state Segment,TSS),其结构如图 6.13 所示。任务执行空间由一个代码段、一个数据段或者多个其他的段组成。如

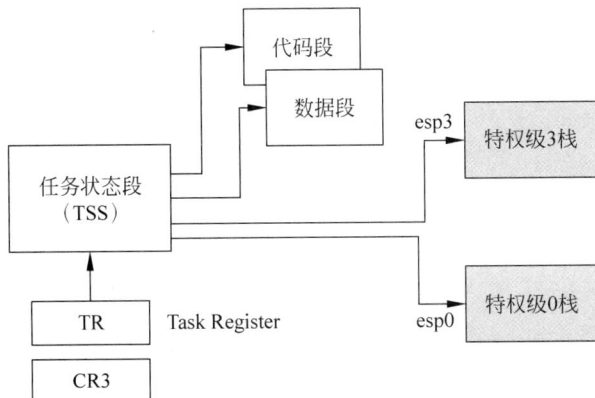

图 6.13　任务的结构

果使用了特权级保护机制,还需要为每种特权级提供一个单独的栈,如特权级 0 栈和特权级 3 栈。这些段和栈等信息,保存在 TSS 中。由此可见,一个任务可由任务状态段 TSS 标识。当处理器运行某个任务时,该任务的 TSS 选择子加载到 TR 寄存器(Task Register)中,表示该任务正在运行。此外,如果为任务开启了分页机制,该任务使用的页目录表基地址将被自动加载到 CR3 寄存器。

由此可见,任务与进程的结构是类似的。在本书中,任务等同于进程。

2. TSS 结构

TSS 是一种特殊的结构,保存了进程运行时的状态信息,其结构如图 6.14 所示。可以看到,该结构存储了各种寄存器的值。在这些寄存器值中,可分为动态和静态两部分。

31	16 15	0
52	EBX	
48	EDX	
44	ECX	
40	EAX	
36	EFLAGS	
32	EIP	
28	CR3	
24	保留	SS2
20	ESP2	
16	保留	SS1
12	ESP1	
8	保留	SS0
4	ESP0	
0	保留	前一任务链接

31	16 15	0
104	SSP	
100	IO映射基地址	保留
96	保留	保留
92	保留	保留
88	保留	保留
84	保留	保留
80	保留	保留
76	保留	保留
72	保留	保留
68	EDI	
64	ESI	
60	EBP	
56	ESP	

图 6.14 TSS 结构

静态部分指的是在进程运行期间通常保持不变的字段,具体字段如下所示。

- LDT:进程的 LDT 段选择子(本书未用)。
- CR3:进程的页目录表地址。
- 特权级 0、1、2 栈顶逻辑地址:SS0:ESP0、SS1:ESP1、SS2:ESP2。当进程在执行过程,切换到相应特权级运行时,就会取出这些逻辑地址作为栈顶指针。
- T(调试陷阱):当设置时,T 标志会导致处理器在切换到该进程时引发调试异常(本书未用)。
- I/O 映射基地址:包含从 TSS 基地址到 I/O 许可位图和中断重定向位图的 16 位偏移量(本书未用)。
- SSP(影子栈指针):包含进程的影子栈指针(本书未用)。

动态部分指的是在进程执行过程中,会随进程的执行而发生变化的字段,这些字段如下所示。

- 通用寄存器:EAX、ECX、EDX、EBX、ESP、EBP、ESI 和 EDI 寄存器的值。
- 段选择子:ES、CS、SS、DS、FS 和 GS 寄存器的值。
- EFLAGS 寄存器的值。
- EIP(指令指针)寄存器的值。

- 前一个任务链接：包含前一个任务的 TSS 的段选择器(本书未用)。

针对 TSS,我们可以定义一个 tss_t 结构体进行描述,其实现如程序清单 6.11 所示。

程序清单 6.11 c04.02\project\kernel\include\cpu\cpu.h

```
59: typedef struct _tss_t {
60:     uint32_t pre_link;
61:     uint32_t esp0, ss0, esp1, ss1, esp2, ss2;
62:     uint32_t cr3;
63:     uint32_t eip, eflags, eax, ecx, edx, ebx, esp, ebp, esi, edi;
64:     uint32_t es, cs, ss, ds, fs, gs;
65:     uint32_t ldt;
66:     uint32_t iomap, ssp;
67: }tss_t;
```

3. TSS 描述符

对于系统中的每一个 TSS,需要在 GDT 中添加相应的 TSS 描述符,该描述符结构如图 6.15 所示。在该描述符中,基地址和界限为 TSS 的基地址和界限。DPL 权限位一般设置为 0,即限定只能由操作系统访问。b(busy flag)用于表示进程是否处于忙状态,本书未使用访问。

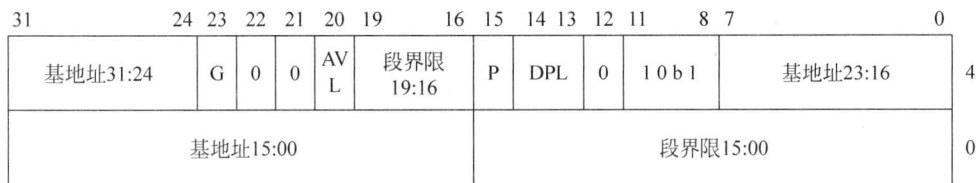

31	24	23	22	21	20	19	16	15	14 13	12	11	8	7	0	
基地址31:24		G	0	0	AVL	段界限19:16		P	DPL	0	1 0 b 1		基地址23:16		4
基地址15:00								段界限15:00							0

图 6.15 TSS 描述符

在进程创建时,操作系统需要为每一个进程分配 TSS 描述符;因此,这里需要增加若干对 GDT 进行访问的接口。

首先,对于 GDT 中的任意段描述符,可以定义通用的结构类型 segment_desc_t 进行描述。该结构的定义如程序清单 6.12 所示。

程序清单 6.12 c04.02\project\kernel\include\cpu\cpu.h

```
38: typedef struct _segment_desc_t {
39:     uint16_t limit15_0;
40:     uint16_t base15_0;
41:     uint8_t base23_16;
42:     uint16_t attr;
43:     uint8_t base31_24;
44: }segment_desc_t;
```

其次,可以定义表项的分配和释放接口,相关实现见程序清单 6.13。其中,gdt_alloc_desc()用于分配空闲表项。该函数在 GDT 中查找,当找到 attr 为 0 的表项时,认为其空闲,将该表项在 GDT 中的字节偏移(即选择子)返回。当不需要某个表项时,可使用 gdt_free_sel()释放。在该函数中,将 attr 清 0,使其处于空闲状态。

程序清单 6.13 c04.02\project\kernel\cpu\cpu.c

```
41: void gdt_free_sel (int sel) {
42:     irq_state_t state = irq_enter_protection();
```

```
43:        gdt_table[sel / sizeof(segment_desc_t)].attr = 0;
44:        irq_leave_protection(state);
45: }
46:
50: int gdt_alloc_desc (void) {
51:        // 跳过第 0 项
52:        irq_state_t state = irq_enter_protection();
53:        for (int i = 1; i < GDT_TABLE_SIZE; i++) {
54:            segment_desc_t * desc = gdt_table + i;
55:            if (desc -> attr == 0) {
56:                desc -> attr = SEG_P_PRESENT;        // 标记为占用状态
57:                irq_leave_protection(state);
58:                return i * sizeof(segment_desc_t);
59:            }
60:        }
61:        irq_leave_protection(state);
62:        return - 1;
63: }
```

在已经拿到空闲表项后,需要按指定的要求初始化。为此,可以定义一个通用的设置函数 segment_desc_set(),其实现见程序清单 6.14。在该函数中,将基地址、界限和属性分别写入相应的位置,并根据 limit 大小决定是否设置 attr 中的 G 标志。

程序清单 6.14   c04.02\project\kernel\cpu\cpu.c

```
16: void segment_desc_set(int selector, uint32_t base, uint32_t limit, uint16_t attr) {
17:        segment_desc_t * desc = gdt_table + (selector >> 3);
18:
19:        // 如果界限比较长,将长度单位换成 4KB
20:        if (limit > 0xfffff) {
21:            attr | = 0x8000;                        // 设置 G 标志位
22:            limit / = 0x1000;
23:        }
24:        desc -> limit15_0 = limit & 0xffff;
25:        desc -> base15_0 = base & 0xffff;
26:        desc -> base23_16 = (base >> 16) & 0xff;
27:        desc -> attr = attr | (((limit >> 16) & 0xf) << 8);
28:        desc -> base31_24 = (base >> 24) & 0xff;
29: }
```

6.2.3　创建第一个进程

接下来,让我们看一下如何创建进程。在这个过程中,将完成进程控制块和就绪列表的创建,并最终创建整个系统中的第一个进程。

1. 初始化进程控制块

进程的核心数据结构是进程控制块,它随着进程的创建而存在,随进程的退出而释放。对于进程控制块,可以定义 task_t 结构来描述,该结构的定义如程序清单 6.15 所示。

程序清单 6.15   c04.02\project\kernel\include\core\task.h

```
21: typedef struct _task_t {
22:        enum {
23:                TASK_CREATED,
```

```
24:                    TASK_READY,
25:             }state;
27:        char name[TASK_NAME_SIZE];              // 任务名字
29:          int pid;                              // 进程的 pid
30:          int flags;                            // 进程标志
32:          tss_t tss;                            // 任务的 TSS 段
33:          uint16_t tss_sel;                     // tss 选择子
35:          list_node_t run_node;                 // 运行相关结点
36: }task_t;
```

目前,在该结构中,仅包含了少量状态字段。随着功能的增强,我们将会增加更多的字段。已有的各字段含义解释如下。

- state:进程的运行状态,如创建(TASK_CREATED)、就绪(TASK_READY)。
- name:进程的名称。
- pid:进程 id 号,用于唯一标识系统中的进程。
- flags:进程的控制标志。
- tss 和 tss_sel:TSS 结构以及其选择子。
- run_node:用于将多个进程链接起来的结点。

在创建进程时,需要对进程控制块进行初始化,该初始化工作由 task_create() 完成,其实现如程序清单 6.16 所示。

程序清单 6.16   c04.02\project\kernel\core\task.c

```
86: int task_create (task_t * task, const char * name, int flag, uint32_t entry, uint32_t esp) {
87:        ASSERT(task != (task_t * )0);
88:
89:        int err = tss_init(task, flag, entry, esp);
90:        if (err < 0) {
91:             log_printf("init task failed.\n");
92:             return err;
93:        }
94:        task->flags = flag;
95:
96:        // 任务字段初始化
97:        kernel_strncpy(task->name, name, TASK_NAME_SIZE);
98:        task->state = TASK_CREATED;
99:        list_node_init(&task->run_node);
100:       task->pid = (uint32_t)task;   // 使用地址,能唯一
101:       return 0;
102: }
```

在该函数中,首先对 TSS 结构进行初始化;然后,设置了任务的名称 name、运行状态 state、控制标志 flags;最后,初始化结点 run_node,并将 task 的地址作为 pid。当函数执行完毕,进程进入 TASK_CREATED 状态,初步具备了运行的条件。

注:由于 TSS 结构的初始化与任务切换机制相关;所以,tss_init() 的实现将在后面介绍。

2. 释放进程控制块

当进程退出时,需要释放进程控制块,并对相关资源进行回收。该回收操作由 task_uinit() 完成,其实现如程序清单 6.16 所示。在该函数中,释放了进程所占用的 GDT 表项、

栈空间,销毁整个页表,并将进程控制块清 0 从而释放。

程序清单 6.17   c04. 02\project\kernel\core\task. c

```
118: void task_uninit (task_t * task) {
119:     if (task -> tss_sel) {
120:         gdt_free_sel(task -> tss_sel);
121:     }
122:
123:     if (task -> tss.esp0) {
124:         memory_free_page(task -> tss.cr3, task -> tss.esp0 - MEM_PAGE_SIZE);
125:     }
126:
127:     if (task -> tss.cr3) {
128:         memory_destroy_pgdir(task -> tss.cr3);
129:     }
130:
131:     kernel_memset(task, 0, sizeof(task_t));
132: }
```

其中,tss. esp0 保存了进程运行时的栈顶指针,该值由 tss_init()设置(后面介绍)。简单来说,在 tss_init()中,有调用 memory_alloc_page()分配一页内存用作栈。因此,在释放进程控制块时,需要使用 memory_free_page()释放该页内存。

进程的页目录表以及页表的销毁,由 memory_destroy_pgdir()完成,该函数的实现如程序清单 6.18 所示。

程序清单 6.18   c04. 02\project\kernel\core\memory. c

```
99: void memory_destroy_pgdir (uint32_t pgdir) {
100:     int start = 0;
101:     pde_t * pde = (pde_t * )pgdir + start;
102:
103:     ASSERT(pgdir != 0);
104:
105:     // 释放页表中对应的各项,不包含映射的内核页面
106:     for (int i = start; i < PDE_CNT; i++, pde++) {
107:         if (!pde -> present) {
108:             continue;
109:         }
110:
111:         // 释放页表对应的物理页 + 页表
112:         if (i * PTE_CNT * MEM_PAGE_SIZE >= MEMORY_TASK_BASE) {
113:             pte_t * pte = (pte_t * )pde_paddr(pde);
114:             for (int j = 0; j < PTE_CNT; j++, pte++) {
115:                 if (!pte -> present) {
116:                     continue;
117:                 }
118:
119:                 pmem_free(pte_paddr(pte));
120:             }
121:         }
122:
123:         pmem_free((uint32_t)pde_paddr(pde));
124:     }
```

```
125:
126:     // 页目录表
127:     pmem_free(pgdir);
128: }
```

在上述函数中,利用循环遍历所有的 PDE。当发现 PDE 有效时,检查其对应的地址是否高于 MEMORY_TASK_BASE(0x80000000)。如果高于,则进一步遍历页表。如果发现页表中的 PTE 有效,则通过 pmem_free(pte_paddr(pte)) 释放虚拟页。在遍历结束后,释放掉页表。最后,释放掉页目录表。

对于 0x80000000 以下的虚拟页,不需要使用 pmem_free() 释放掉其对应的物理页。在本书中,规定 0x80000000 以下的区域用于建立恒等映射。也就是说,整个系统支持的物理内存大小不超过 0x80000000。这种恒等映射的建立,通过在 memory_create_pgdir() 调用 memory_create_map() 完成,并未有任何地方调用 pmem_alloc() 来分配物理页。因此,对于这块区域,就不能使用 pmem_free() 释放物理页;否则,可能导致释放错误。

3. 建立就绪列表

进程被创建之后,还需要以某种方式将其交给操作系统进行管理。考虑到整个系统中可能有多个进程,因此,可以使用内核链表将这些进程组织成队列进行管理,该链表如图 6.16 所示。

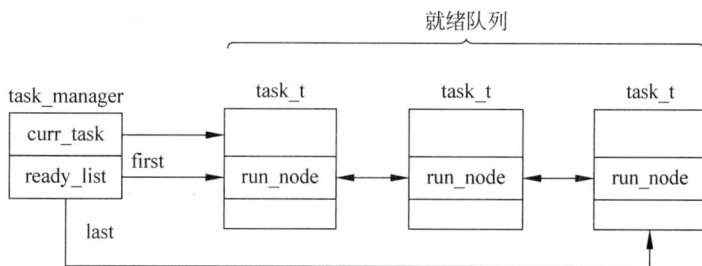

图 6.16 就绪队列

当进程具备了运行的条件之后,可以将其加入该队列,该队列称之为就绪队列。也就是说,处于就绪队列中的进程,正在等待 CPU 去执行自己的代码。只不过,CPU 目前处于忙状态,它正在执行位于队首的进程的程序。对于其他进程,只能在就绪队列中等待。

注: 如同生活中排队买票,工作人员只向处于队列的第一个人卖票,其他人必须在队列中等待。

如图 6.16 所示,所有进程使用 run_node 字段加入就绪列表 ready_list 中。此外,还增加了 curr_task 字段,用于指向当前正在执行的进程。为方便起见,可以定义 task_manager_t 结构用于存储这两个字段。该结构的定义如程序清单 6.19 所示。

程序清单 6.19 c04.02\project\kernel\include\core\task.h

```
44: typedef struct _task_manager_t {
45:     task_t * curr_task;                    // 当前运行的任务
46:     list_t ready_list;                     // 就绪队列
47: }task_manager_t;
```

利用 task_manager_t 结构,可以定义一个全局变量 task_manager。这样一来,所有就绪的进程都将加入 task_manager.ready_list 中。同时,增加若干相关的操作接口,这些接口的实现如程序清单 6.20 所示。

程序清单 6.20　c04.02\project\kernel\core\task.c

```
 20: task_manager_t task_manager;                    // 任务管理器
 21: static task_t task_table[TASK_NR];               // 用户进程表
109: void task_start(task_t * task) {
110:     irq_state_t state = irq_enter_protection();
111:     task_set_ready(task);
112:     irq_leave_protection(state);
113: }
150:
154: void task_init (void) {
155:     kernel_memset(task_table, 0, sizeof(task_table));
158:     list_init(&task_manager.ready_list);
159: }
160:
164: void task_set_ready(task_t * task) {
165:     list_insert_last(&task_manager.ready_list, &task->run_node);
166:     task->state = TASK_READY;
167: }
168:
172: void task_remove_ready (task_t * task) {
173:     list_remove(&task_manager.ready_list, &task->run_node);
174: }
```

在上述代码中,task_init()完成两项工作:初始化就绪队列和进程数组 task_table(清 0)。进程数组 task_table 主要用于为进程的创建分配进程控制块,最大支持的进程数量由 TASK_NR 来决定。task_set_ready()用于将进程控制块加入就绪队列。task_remove_ready()则用于将进程控制块从就绪队列移除。task_start()的功能与 task_set_ready()类似,只不过增加了关中断保护。

4. 创建 first 进程

接下来,便可以创建系统中的第一个进程,该进程名为 first。由于该进程是系统中的第一个进程,因此,其创建方法较为特殊,不同于系统中的其他进程。

本书将计算机上电后,从 BIOS 到操作系统的程序执行看作是 first 进程的执行。也就是说,first 进程已经跑起来了。由此可见,该进程的创建并不涉及从硬盘加载可执行程序到内存的过程。first 进程的创建工作由 task_first_create()完成,其实现如程序清单 6.21 所示。

程序清单 6.21　c04.02\project\kernel\core\task.c

```
135: void task_first_create (void) {
137:     task_create(&task_table[0], "first", TASK_FLAG_SYSTEM, 0, -1);
138:     task_start(&task_table[0]);
140:     task_manager.curr_task = &task_table[0];
141:
142:     // 写 TR 寄存器,指示当前运行的第一个任务
143:     write_tr(task_manager.curr_task->tss_sel);
145:     // 设置页表地址
146:     memory_active_pgdir((uint32_t)task_manager.curr_task->tss.cr3);
147: }
```

在该函数中,首先使用 task_create()初始化进程控制块(task_table[0])。由于该进程

的特殊性,我们需要将特权级设置为 0,并使用传入 TASK_FLAG_SYSTEM 标志位来指示这种特殊性。对于进程的入口地址和栈顶指针,由于该进程已经处于运行状态,因此,其值无关紧要,分别设置成 0 和 −1。

接下来,调用 task_star() 将进程控制块加入就绪队列。与此同时,还需要按照 CPU 的要求,将进程的 TSS 选择子加载到 TR 寄存器,以便通知 CPU 当前运行的是 first 进程。

最后,需要激活 first 进程的页目录表。为完成该操作,需要从 TSS 中取出页目录表首地址,写入 CR3 寄存器。

6.3 实现进程切换

仅仅有 first 进程在运行是远远不够的。接下来,我们将继续创建另一个进程 test,并想办法实现进程切换机制,从而实现多个进程同时运行。

6.3.1 进程切换效果

为了便于理解,可以添加测试代码,从而观察这两个进程同时运行的效果。添加方法如程序清单 6.22 所示。

程序清单 6.22 c04.03\project\kernel\init.c

```
12: void test_task_entry (void) {
13:     int count = 0;
14:
15:     for (;;) {
16:         sys_yield();
17:         log_printf("test = %d", count++);
18:     }
19: }
20: void kernel_start (void) {
        ……省略……
27:     static task_t task;
28:     task_create(&task, "test", TASK_FLAG_SYSTEM, (uint32_t)test_task_entry, 0);
29:     task_start(&task);
31:     int count = 0;
32:     while (1) {
33:         sys_yield();
34:         log_printf("first = %d", count++);
35:     }
36: }
```

在上述代码中,使用 task_create() 创建了名为 test 的进程。该进程同样较为特殊,其并不需要从硬盘上加载可执行程序到内存,而是直接执行位于操作系统内核的 test_task_entry() 函数。

当操作系统启动时,first 进程开始运行;之后,创建 test 进程,并进入 while 循环执行打印操作。当 test 开始运行时,test 将执行 test_task_entry() 中的代码。在该函数中,test 同样进入 while 循环,不断地执行打印操作。

可以看到,无论是 first 还是 test,其执行的代码中都为死循环。设想一下,如果不引入某种特殊的机制,那么,CPU 将一直执行某个循环中的代码,导致只有相应的进程在运行。

为了让另一个进程也能够运行,我们需要控制 CPU 同时执行两个循环中的代码。这里就需要借助 sys_yield() 的帮助。当进程调用该函数时,进程会主动放弃 CPU 并进行进程切换,从而让另一个进程运行。由于在两个进程中都加入了对 sys_yield() 函数的调用,因此,两个循环中的程序都得到执行,整个程序的运行效果如图 6.17 所示。可以看到,两个进程交替打印各自的 count 变量值。

图 6.17 进程切换运行效果

first 和 test 的执行流程如图 6.18 所示。当 first 开始运行时,首先将自己的 count 置 0,并进入循环中调用 sys_yield() 进行进程切换,这使得 CPU 转而去执行 test。接下来,test 开始运行,也将自己的 count 置 0,并进入循环中调用 sys_yield(),使得 CPU 回到 first 执行。此时,first 并非从头运行,而是继续从原来进行进程切换的地方(sys_yield()之后)继续往下执行,即调用 log_printf() 进行打印。打印完之后,first 再次循环,调用 sys_yield()切

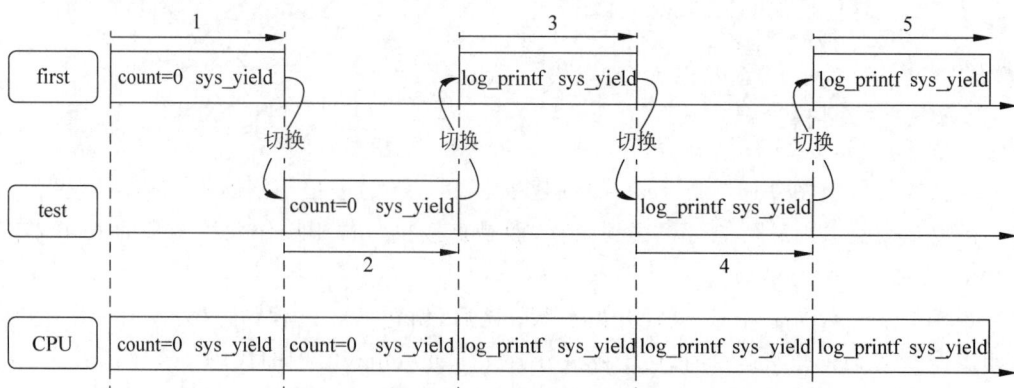

图 6.18 任务交替运行具体过程

换到 test。之后,test 调用 log_printf()进行打印。如此反复,最终的结果就是:CPU 在两
个进程之间来回切换执行,使得两个进程交替调用 log_printf()打印各自的 count 变量值。

6.3.2 sys_yield 实现

通过前面的分析可知,sys_yield()应当完成两部分工作:选择下一个要执行的进程、进
行进程切换。该函数的实现如程序清单 6.23 所示。

程序清单 6.23 c04.03\project\kernel\core\task.c

```
195: int sys_yield (void) {
196:     irq_state_t state = irq_enter_protection();
197:
198:     if (list_count(&task_manager.ready_list) > 1) {
199:         task_t * curr_task = task_current();
200:         task_remove_ready(curr_task);
201:         task_set_ready(curr_task);
202:         task_dispatch();
203:     }
204:     irq_leave_protection(state);
205:
206:     return 0;
207: }
```

在 sys_yield()函数中,由于该函数会访问全局变量 task_manager 且可能被不同的进
程同时调用,因此,首先使用关中断进行保护。接下来,判断就绪队列中有进程,如果有,则
将当前进程从就绪队列首部移至队列尾部,使其重新排队;最后,调用 task_dispatch()取出
一个进程运行。

task_dispatch()的主要作用是在就绪队列中选择一个合适的进程,并切换至该进程运
行。该函数的实现如程序清单 6.24 所示。在选择要运行的进程时,使用 task_next_run()
来选择。在 task_next_run()中,采用的策略较简单:选取就绪队列首部的进程作为接下来
要运行的进程。选择完之后,将该进程设置为运行状态,再利用 task_switch_to()切换至该
进程运行。

程序清单 6.24 c04.03\project\kernel\core\task.c

```
187: static task_t * task_next_run (void) {
188:     list_node_t * task_node = list_first(&task_manager.ready_list);
189:     return list_entry(task_node, task_t, run_node);
190: }
212: void task_dispatch (void) {
213:     task_t * to = task_next_run();
214:     if (to != task_manager.curr_task) {
215:         task_t * from = task_manager.curr_task;
218:         to->state = TASK_RUNNING;
219:         task_manager.curr_task = to;
220:         task_switch_to(to);
221:     }
222: }
```

由此可见,sys_yield()的主要作用为:让处于就绪队列首部的进程主动放弃 CPU,重新

进入队尾排队。这将使得每个进程都可以有序地占用CPU运行。

那么,task_switch_to()究竟是如何完成进程切换的?这里就需要借助CPU提供的硬件机制的支持。利用这种硬件机制,我们只需要通过一条远跳转指令即可完成进程切换,该指令的使用方法如程序清单6.25所示。

程序清单 6.25   c04.03\project\kernel\core\task.c

```
137: void task_switch_to (task_t * to) {
138:        uint32_t addr[] = {0, to->tss_sel};
139:        __asm__ __volatile__("ljmpl * (%[a])"::[a]"r"(addr));
140: }
```

在该函数中,利用了jmp指令进行远跳转,跳转目标为需要运行的进程的TSS选择子,该选择子放在内存addr中。当执行该指令时,CPU将自动完成以下工作。

- 保存当前进程的状态至TSS:通过TR寄存器找到当前进程的TSS,将内核寄存器等值复制到该TSS。这些寄存器包括:所有通用寄存器、段寄存器、EFLAGS和EIP等,即TSS中动态部分对应的寄存器。
- 更新TR寄存器:将下一待运行进程的TSS选择子写入TR。
- 从下一进程的TSS中加载运行状态至CPU:从该进程的TSS中读取通用寄存器、段寄存器、EFLAGS、CR3等值,并写入到CPU的寄存器中。

由于CPU会自动完成上述过程,因此,我们无须手动编写代码实现,只需要配置好每个进程的TSS。既然TSS如此重要,那么,应当如何对TSS进行配置?

6.3.3 配置 TSS

对于TSS静态部分,如CR3值,其在进程的整个运行过程中一般不会发生变化。

而对于TSS动态部分,根据上一小节内容可知,这些值会在进程切换时被CPU自动更新,因此,我们只需要考虑当进程刚开始运行时,这些值会有哪些影响。当进程刚开始运行时,CPU将这些值从TSS中取出,写到相应寄存器中。一旦这些值不合理,则有可能使得进程运行出现异常。例如,如果EIP值不正确时,则可能导致CPU无法跳转到进程的入口地址执行。

综合以上因素,TSS的配置由tss_init()完成,其实现如程序清单6.26所示。

程序清单 6.26   c04.03\project\kernel\core\task.c

```
23: static int tss_init (task_t * task, int flag, uint32_t entry, uint32_t esp) {
25:        int tss_sel = gdt_alloc_desc();
26:        if (tss_sel < 0) {
27:                log_printf("alloc tss failed.\n");
28:                return -1;
29:        }
30:        task->tss_sel = tss_sel;
31:        segment_desc_set(tss_sel, (uint32_t)&task->tss, sizeof(tss_t), SEG_P_PRESENT |
SEG_DPL0 | SEG_TYPE_TSS);
32:        kernel_memset(&task->tss, 0, sizeof(tss_t));
33:
34:        uint32_t kernel_stack;
35:        if (task == &task_table[0]) {
```

```
36:            kernel_stack = 0;
37:            // first 任务已经有了栈了
38:            task - > tss.esp0 = esp;
39:        } else {
40:            // 否则,无论是否内核任务都需要分配内核栈
41:            kernel_stack = memory_alloc_page(0);
42:            if (kernel_stack == 0) {
43:                goto tss_init_failed;
44:            }
45:            task - > tss.esp0 = kernel_stack + MEM_PAGE_SIZE;
46:        }
47:
48:        // 根据不同的权限选择不同的访问选择子
49:        int code_sel, data_sel;
50:        if (flag & TASK_FLAG_SYSTEM) {
51:            code_sel = KERNEL_SELECTOR_CS;
52:            data_sel = KERNEL_SELECTOR_DS;
53:            task - > tss.esp = task - > tss.esp0;          // 内核栈
54:        } else {
55:            code_sel = APP3_SELECTOR_CS;
56:            data_sel = APP3_SELECTOR_DS;
57:            task - > tss.esp = esp;                        // 用户栈
58:        }
59:
62:        task - > tss.ss0 = KERNEL_SELECTOR_DS;
63:        task - > tss.eip = entry;
64:        task - > tss.eflags = EFLAGS_DEFAULT;
65:        task - > tss.es = task - > tss.ss = task - > tss.ds = task - > tss.fs = task - > tss.
           gs = data_sel;                                    // 全部采用同一数据段
66:        task - > tss.cs = code_sel;
67:        task - > tss.iomap = 0;
68:
69:        // 页表初始化
70:        uint32_t page_dir = memory_create_pgdir();
71:        if (page_dir == 0) {
72:            goto tss_init_failed;
73:        }
74:        task - > tss.cr3 = page_dir;
75:        return 0;
76: tss_init_failed:
77:        gdt_free_sel(tss_sel);
78:        if (kernel_stack) {
79:            memory_free_page(page_dir, kernel_stack);
80:        }
81:
82:        return - 1;
83: }
```

该函数接受若干参数,包括:进程控制块 task、控制标志 flags、执行入口地址 entry、特权级 3 的栈顶指针 esp。该函数的工作流程如下。

① 第 25～32 行,分配 TSS 描述符:在 GDT 中分配 TSS 描述符,将描述符的选择子保存到 task-> tss_sel,并将 TSS 结构清 0。

② 第 34～46 行,初始化特权级 0 的栈顶指针:对于 first,由于位于操作系统内部且已经处于运行状态,因此,无须为其分配栈空间,将 kernel_stack 设置为无效值 0。如果是其他进程,则使用 memory_alloc_page() 分配一页内存作为栈空间。该栈主要用于特权级 0 下代码的执行,如系统调用、中断处理程序等。分配完成后,写入到 TSS 中的 esp。当中断发生或执行系统调用时,CPU 会自动从 esp0 取出栈顶指针更新至 ESP 寄存器。

③ 第 49～58 行,用于设置代码段和数据段选择子、初始运行的栈指针:对于设置了 TASK_FLAG_SYSTEM 标志的进程,由于其位于操作系统内部,特权级为 0,因此,使用内核代码段和数据段,只能使用特权级 0 的栈。对于其他普通的进程,其运行在特权级 3 下,使用应用代码段和数据段,栈指针应当指向特权级 3 的栈。不过,该栈并不在 tss_init() 中分配,而是通过参数 esp 来设置(特权级 3 的栈分配在后面章节中介绍)。

④ 第 62～67 行,用于设置其他寄存器:tss.ss0 为异常处理及执行系统调用时使用的栈段,必须使用更高特权级的内核数据段。至于其他段寄存器值,采用第 3 步的判断结果。tss.eip 的值决定了进程运行的入口地址,将其设置成 entry。eflags 寄存器的值设置为 EFLAGS_DEFAULT(见图 4.8,所有标志位为 0。注意,此时 IF=0,即进程运行时,中断响应是关闭的)。至于其余寄存器,使用缺省值 0。

⑤ 第 70～74 行,初始化进程的页目录表:由于每个进程拥有自己的虚拟内存,因此,为进程创建页目录表,并将页目录表地址保存在 tss.cr3。

6.3.4 深入分析切换过程

为了更好地理解进程切换过程,我们可以借助图示来分析从 first 切换到 test 的整个过程,该图示见图 6.19。

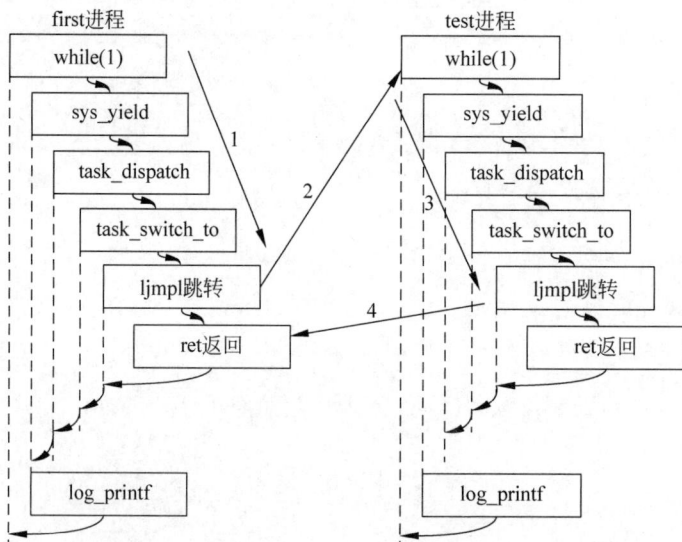

图 6.19 进程切换的过程

从图 6.19 可以看到,当 first 调用 sys_yield() 时,通过一系列的函数调用,最终使用 ljmp 指令触发 CPU 实现进程切换。在该切换过程中,会将当前 CPU 内核寄存器的值保存到 first 的 TSS 中;之后,从 test 的 TSS 中取出值恢复到 CPU 内核寄存器。与此同时,还会从 test 的 TSS 中取出页目录表地址,更新到 CR3 寄存器,即虚拟内存也发生了切换。最终,程序进入到 test 中执行。

而当 test 也调用 sys_yield() 切换回到 first 时,first 并不是直接返回到 sys_yield(),而是回到原来切换出去的地方,即 ljmp 指令的下一条指令。之后,first 继续执行,再一级一级向上返回。最终,从 sys_yield() 退出。

由此可见,进程切换机制的核心原理为:保存进程当前的运行状态,当进程需要恢复运行时,用已保存的运行状态进行完整地恢复。这就使得进程运行过程中虽然出现了被打断的情况,但是,后续仍然可以继续从被打断的地方继续往下运行。

6.4　让进程能够睡眠

在某些情况下,可能希望进程睡眠一会儿再继续运行。例如,first 和 test 的打印速度太快了,能不能降低其打印速率,如每隔 500ms 或 1000ms 打印一次?为实现这种功能,需要实现能够让进程睡眠的接口。

6.4.1　睡眠效果

可以为进程增加 sys_msleep() 接口,该接口可使得进程睡眠指定的时间。当睡眠时间结束时,进程退出睡眠状态,继续往下运行。例如,使用该接口可以让 test 每隔 1000ms 打印一次,具体实现如程序清单 6.27 所示。

程序清单 6.27　c04.05\project\kernel\init.c

```
12: void test_task_entry (void) {
13:     int count = 0;
14:     for (;;) {
15:         sys_msleep(1000);
16:         log_printf("test = % d", count++);
17:     }
18: }
```

当进程处于睡眠状态时,CPU 应当转而去执行其他进程的代码,从而提升 CPU 的利用率。为了实现这点,在 sys_msleep() 应当执行进程切换。不过,与 sys_yield() 不同的是,进程必须在睡眠足够的时间后才能够继续运行。

6.4.2　让进程进入睡眠

当进程进入睡眠状态时,其进程控制块应当从就绪队列中移除。为了能够对系统中所有处于睡眠状态的进程进行管理,可以建立一条睡眠队列,在该队列中,放置所有睡眠进程的进程控制块。该睡眠队列的结构如图 6.20 所示。

这样一来,操作系统拥有两种队列:就绪队列和睡眠队列。当进程需要睡眠时,将其从就绪队列中移除,插入到睡眠队列。而当进程睡眠时间到达时,将其从睡眠队列中移除,插入到就绪队列。

为了实现进程睡眠,需要在 task_manager 中增加睡眠队列 sleep_list,并在 task_init() 中对该队列进行初始化(此部分代码较简单,略)。同时,增加对 sleep_list 进行操作的两个

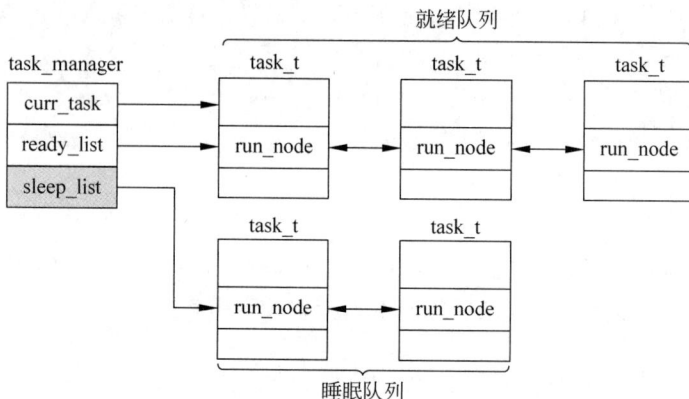

图 6.20 增加睡眠队列

函数：task_set_sleep()，用于将进程插入到睡眠队列；task_set_wakeup()，用于将进程从睡眠队列移除。这两个函数的实现代码如程序清单 6.28 所示。

程序清单 6.28　c04.04\project\kernel\core\task.c

```
230: void task_set_sleep(task_t * task, uint32_t ticks) {
231:     if (ticks <= 0) {
232:         return;
233:     }
234:
235:     task -> sleep_ticks = ticks;
236:     task -> state = TASK_SLEEP;
237:     list_insert_last(&task_manager.sleep_list, &task -> run_node);
238: }
245: void task_set_wakeup (task_t * task) {
246:     list_remove(&task_manager.sleep_list, &task -> run_node);
247: }
```

基于这两个函数，可以实现睡眠函数 sys_msleep()，其实现如程序清单 6.29 所示。该函数的参数 ms 表示进程的睡眠时长，该参数以 ms 为单位。在函数内部，首先将当前进程从就绪队列转移到睡眠队列中；之后，调用 task_dispatch()切换至其他进程运行。

程序清单 6.29　c04.04\project\kernel\core\task.c

```
260: void sys_msleep (uint32_t ms) {
261:     // 至少睡眠 1 个 tick
262:     if (ms < OS_TICK_MS) {
263:         ms = OS_TICK_MS;
264:     }
265:
266:     irq_state_t state = irq_enter_protection();
267:     task_remove_ready(task_manager.curr_task);
268:     task_set_sleep(task_manager.curr_task, (ms + (OS_TICK_MS - 1))/ OS_TICK_MS);
269:     task_dispatch();
270:     irq_leave_protection(state);
271: }
```

注意，sys_msleep()接收的参数以 ms 为单位，而 task_set_sleep()接收的参数以系统时钟节拍计数(后面小节介绍)为单位，这是因为：操作系统无法为进程实现精确时长的睡眠，只能使进程睡眠指定时长的整数倍。该时长为系统时钟节拍周期 OS_TICK_MS，如 10ms。因此，task_set_sleep()需要使用(ms ＋ (OS_TICK_MS － 1))/ OS_TICK_MS 将 ms 转换成计数值。在该转换算法中，采用了向上取整的方法，使得计算得到的睡眠时长不少于要求的时长。例如，当进程需要睡眠 5ms 而 OS_TICK_MS 为 10ms 时，如果采用 5/10 进行转换，结果将为 0，不满足要求；而采用向上取整，则结果为 1，即睡眠 10ms。

6.4.3 创建空闲进程

如果 first 和 test 同时调用 sys_msleep()，将会发生什么？试想一下，当所有进程处于睡眠状态时，就绪队列此时为空，操作系统将没有进程可运行。对于这种特殊的情况，操作系统目前并没有相应的应对措施，系统运行将出现异常。该异常现象如图 6.21 所示。

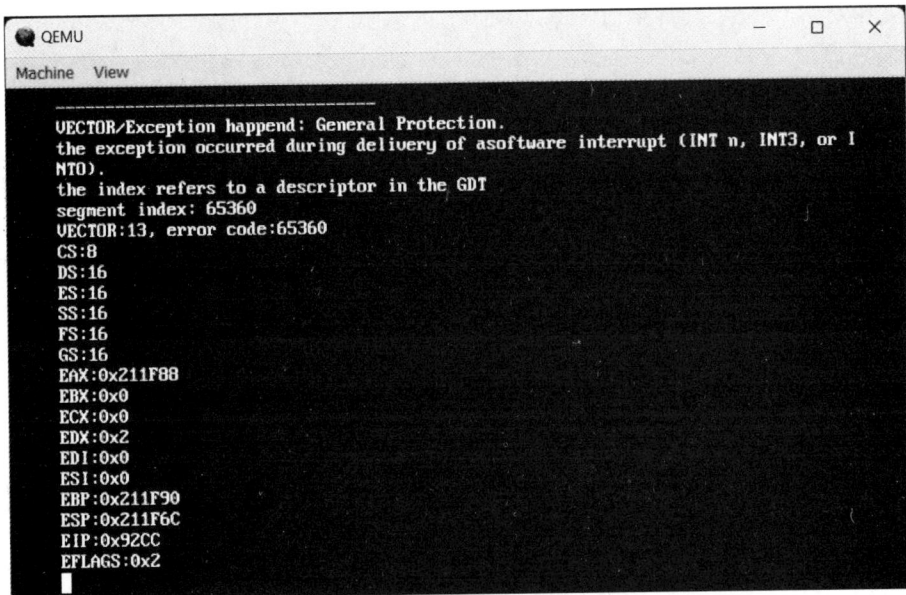

图 6.21 所有进程睡眠时出现异常

为了解决该问题，可以采取一种简单的处理方式：增加空闲进程。与 first 进程类似，空闲进程也位于操作系统内部。不过，它仅在整个系统空闲时才运行，即没有其他进程就绪时才运行。空闲进程的创建及其执行代码如程序清单 6.30 所示。

程序清单 6.30　c04.04\project\kernel\core\task.c

```
146: static void idle_task_entry (void) {
147:     for (;;) {
148:         sys_yield();
150:     }
151: }
152:
170: void task_idle_create (void) {
172:     task_create(&task_table[1], "idle", TASK_FLAG_SYSTEM, (uint32_t)idle_task_
         entry, 0);
173:     task_start(&task_table[1]);
174: }
```

在系统初始化函数 kernel_start() 中，可以加入对 task_idle_create() 的调用（添加方略）。task_idle_create() 负责创建空闲进程，并将空闲进程加入至就绪队列。虽然空闲进程处于就绪队列中，拥有运行的机会，似乎不符合设计要求；不过，由于空闲进程不断地调用 sys_yield()，导致空闲进程一旦可以运行就立即主动放弃 CPU。这就使得空闲进程每次运行时占用 CPU 的时间非常短，仅在系统中没有其他就绪进程时才会长时间占用 CPU 运行。

由此可见，通过增加空闲进程，就可以解决所有进程睡眠时的系统运行异常问题。

6.4.4 让进程从睡眠中唤醒

进程在进入睡眠队列后，需要在睡眠时间到达时，从睡眠队列转移至就绪队列。该过程与时间有关，需要使用硬件定时器来实现。

1. 实现原理

在计算机硬件中，有若干硬件定时器。我们可以通过 I/O 指令，对这些定时器进行配置，从而控制定时器定时一段时间，以便当时间到达之后唤醒进程。不过，受限于硬件资源的限制，定时器数量非常少，所以，不可能为每一个进程分配一个硬件定时器用于实现进程睡眠的计时。为解决该问题，我们可以采用一种软件解决方案，该方案的原理如图 6.22 所示。

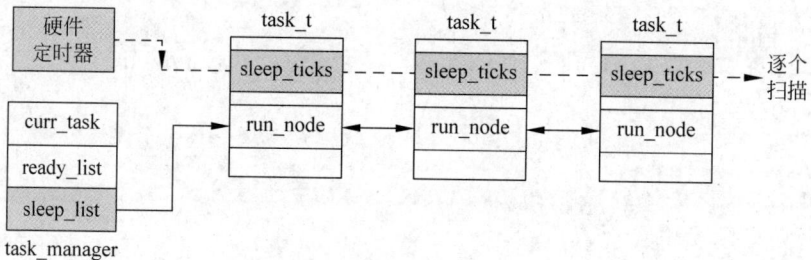

图 6.22 定时器扫描睡眠列表

在该解决方案中，仅使用一个硬件定时器，该硬件定时器被配置为周期性触发中断（如 10ms）。在定时器的中断处理程序中，操作系统扫描整个睡眠队列，检查每个进程的睡眠时间 sleep_ticks。每次扫描时，将计数值减 1；当减至 0 时，认为进程睡眠时间结束，将其从睡眠队列中移除。

可以看到，sleep_ticks 的值决定了进程睡眠的时长。例如，当硬件定时器每隔 10ms 触发一次中断时，如果进程的 sleep_ticks 初始值被设置成 100，那么，该进程睡眠的时长为 $10ms \times 100 = 1000ms$。

为了更好地理解上述解决方案，这里举一个生活中的例子。假设我们没有手表等设备，而现在有计时事件需要去处理，如 3min 后参加会议，那么，如何确定 3min 什么时候到达？在不借助外部设备的情况下，我们可以数心跳。可以简单地认为两次心跳的时间间隔是固定不变，如 0.8s；于是，我们可以将 3min 时长转换成心跳的次数，并对该次数进行倒计数，当计数至 0 时，认为 3min 时间到达。

硬件定时器周期性地产生中断这一现象，就像是操作系统内部产生了心跳。这种由硬件定时器周期性地产生中断的机制，称之为系统时钟节拍。系统时钟节拍的时间长度，也就是硬件定时器中断的时间间隔,决定了进程睡眠的基本单位。如果该时长为 10ms 时,那么,进程睡眠时间只能为 10ms 的整数倍。

2. 配置硬件定时器

为了实现系统时钟节拍,需要配置硬件定时器。硬件定时器可使用 PC 机提供的 8253。在早期的 PC 机上,8253 为一颗专用的计数/定时芯片。在现代 PC 机上,该芯片不存在。不过,为了兼容性,PC 机仍然保留了相同的功能。

8253 内部结构如图 6.23 所示,其有 3 个计数器通道:通道 0、通道 1 和通道 2。每个通道均包含了一个计数器,该计数在频率为 1 193 182Hz 的时钟作用下,进行递减计数。当计数减到 0 时,利用重载值更新,继续递减计数;与此同时,还会向处理器发出中断请求。

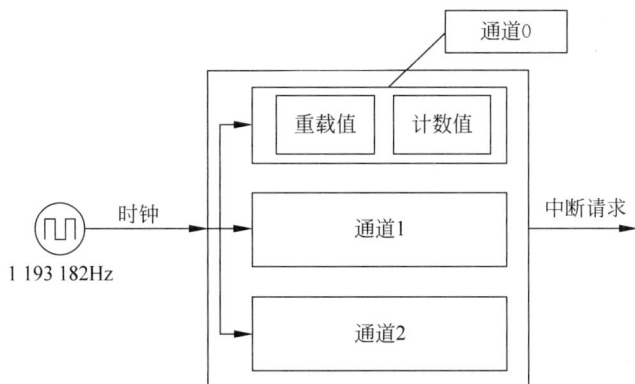

图 6.23 8253 结构示意图

8253 的配置比较简单,只需要向其 I/O 端口(40h — 43h)写命令及配置数据。一般来说,需要执行以下步骤:

① 选择计数器通道,配置该通道的工作方式。

② 向通道写入初始计数值,该计数初值决定了系统时钟节拍的时长。

8253 的初始化由 time_init()完成,其实现如程序清单 6.31 所示。在该函数中,首先根据输入频率 PIT_OSC_FREQ(1 193 182)以及系统时钟节拍的时长(OS_TICK_MS),计算出计数器的初始值。之后,利用 I/O 指令对 8253 进行配置:使用通道 0、模式 3、写入计数值。配置完成后,安装中断处理函数,允许 CPU 响应来自 8253 的中断请求。

程序清单 6.31 c04.05\project\kernel\dev\time.c

```
13: void do_handler_timer (exception_frame_t * frame) {
14:     pic_send_eoi(VECTOR0_TIMER);
15:     task_time_tick();
16: }
17:
21: void time_init (void) {
22:     uint32_t reload_count = PIT_OSC_FREQ / (1000.0 / OS_TICK_MS);
23:     outb(0x43, PIT_CHANNLE0 | PIT_LOAD_LOHI | PIT_MODE3);
24:     outb(0x40, reload_count & 0xFF);              // 加载低 8 位
25:     outb(0x40, (reload_count >> 8) & 0xFF);       // 再加载高 8 位
26:     irq_install(VECTOR0_TIMER, (irq_handler_t)exception_handler_timer);
27:     irq_enable(VECTOR0_TIMER);
28: }
```

exception_handler_timer 的实现与除 0 等异常处理程序的实现类似,此处不再赘述。这里主要关注 do_handler_timer() 的实现。在该函数中,主要完成了两项工作:调用 pic_send_eoi() 通知中断控制器该中断已经被处理、调用 task_time_tick() 对睡眠队列进行处理。

通过上述配置,8253 将周期性地产生中断,该周期为 OS_TICK_MS(10ms)。这样一来,所有进程的睡眠时长都为 10ms 的整数倍。

注:关于向 8253 写入的各配置值的含义,请参考本书提供的 8253 数据手册。实际上,对于这些值,我们无须关心其含义,只需要知道这些配置值能够实现本章所需的功能。

3. 配置中断控制器

8253 产生的中断信号并不直接输入至 CPU,而是先传递给中断控制器 8259。在计算机中,采用两片 8259 级联共同管理所有中断,其工作结构如图 6.24 所示。每片 8259 都可以接入一个中断请求的输入,一共可接收 15 个中断请求。8259 可以对这些中断请求进行优先级排序、屏蔽等操作,并生成全局的中断请求信号传递至 CPU。

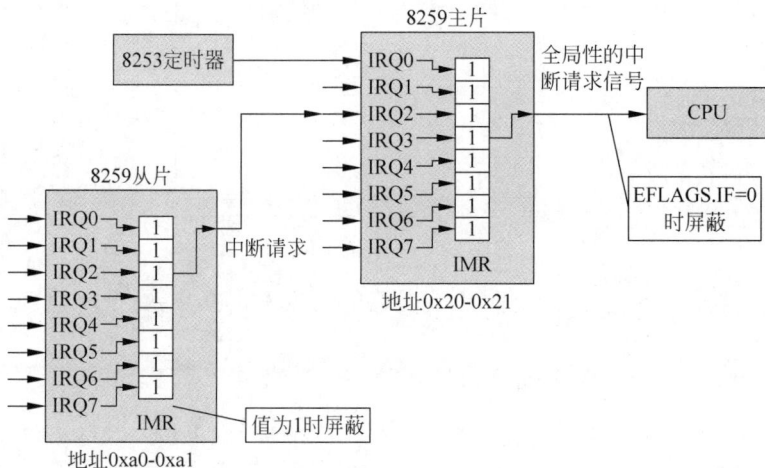

图 6.24 8259 工作结构

此外,8259 的 IMR 寄存器可以对指定的中断请求进行屏蔽。当寄存器的某个位为 1 时,相应的中断被屏蔽;如果为 0 时,则允许中断请求通过。而 CPU 的 EFLAGS.IF 位则用于控制是否屏蔽全局性的中断请求信号。

在计算机硬件设计时,8253 的中断请求被固定输入至主片的 IRQ0。由于 CPU 中断向量号从 0x20 开始(见表 5.1),因此,8253 的中断向量号为 0x20(VECTOR0_TIMER)。

8259 的初始化由 init_pic() 完成,该函数在 irq_init() 中被调用,其实现如程序清单 6.32 所示。在该函数中,向 8259 发送了一些 I/O 命令。最终初始化的效果为:两块 8259 协同工作、屏蔽所有中断请求。

程序清单 6.32 c04.05\project\kernel\cpu\irq.c

```
170: static void init_pic(void) {
172:     outb(PIC0_ICW1, PIC_ICW1_ALWAYS_1 | PIC_ICW1_ICW4);
174:     outb(PIC0_ICW2, VECTOR_PIC_START);
176:     outb(PIC0_ICW3, 1 << 2);
178:     outb(PIC0_ICW4, PIC_ICW4_8086);
```

```
180:        outb(PIC1_ICW1, PIC_ICW1_ICW4 | PIC_ICW1_ALWAYS_1);
182:        outb(PIC1_ICW2, VECTOR_PIC_START + 8);
184:        outb(PIC1_ICW3, 2);
186:        outb(PIC1_ICW4, PIC_ICW4_8086);
187:        // 禁止所有中断，允许从 PIC1 传来的中断
188:        outb(PIC0_IMR, 0xFF & ~(1 << 2));
189:        outb(PIC1_IMR, 0xFF);
190: }
203: void irq_init(void) {
204:        ......略.....
233:        init_pic();
234: }
```

注：关于向 8259 写入的各配置值的含义，请参考本书提供的 8259 数据手册。实际上，对于这些值，我们无须关心其含义，只需要知道这些配置值能够实现本章所需的功能。

为了能够让 CPU 响应定时器中断请求，还需要开启中断响应的函数 irq_enable()。该函数的实现如程序清单 6.33 所示。在该函数中，首先将向量号 irq_num 转换 8259 的输入序号（IRQ0～IRQ15）；之后，根据序号值的大小，对主片或者从片中的 IMR 寄存器中的相应位清 0，从而禁止中断屏蔽。

程序清单 6.33   c04.05\project\kernel\cpu\irq.c

```
246: void irq_enable(int irq_num) {
247:    if (irq_num >= VECTOR_PIC_START) {
248:            irq_num -= VECTOR_PIC_START;
249:            if (irq_num < 8) {
250:                    uint8_t mask = inb(PIC0_IMR) & ~(1 << irq_num);
251:                    outb(PIC0_IMR, mask);
252:            } else {
253:                    irq_num -= 8;
254:                    uint8_t mask = inb(PIC1_IMR) & ~(1 << irq_num);
255:                    outb(PIC1_IMR, mask);
256:            }
257:    }
258: }
```

由于 8259 还要求 CPU 在中断处理函数中向其发送 EOI 命令，因此，还需要实现 pic_send_eoi() 函数来完成此操作。该函数的实现如程序清单 6.34 所示。在函数中，根据中断向量号来决定向主片或从片发送 EOI 命令。

程序清单 6.34   c04.05\project\kernel\cpu\irq.c

```
192: void pic_send_eoi(int irq_num) {
193:    irq_num -= VECTOR_PIC_START;
194:    if (irq_num >= 8) {
195:            outb(PIC1_OCW2, PIC_OCW2_EOI);
196:    }
197:    outb(PIC0_OCW2, PIC_OCW2_EOI);
198: }
```

4. 唤醒进程

在完成 8253 和 8259 的配置之后，CPU 将每隔 10ms 周期性地产生中断请求。在中断

处理函数中,task_time_tick()被调用。该函数需要遍历整个睡眠队列,从中找出所有睡眠时间到达的进程,将其移至就绪队列中。task_time_tick()的实现如程序清单6.35所示。

程序清单 6.35   c04.05\project\kernel\core\task.c

```
275: void task_time_tick (void) {
276:     task_t * curr_task = task_current();
277:
278:     irq_state_t state = irq_enter_protection();
279:
280:     list_node_t * curr = list_first(&task_manager.sleep_list);
281:     while (curr) {
282:         list_node_t * next = list_node_next(curr);
283:
284:         task_t * task = list_entry(curr, task_t, run_node);
285:         if ( -- task -> sleep_ticks == 0) {
286:             // 睡眠时间到达,从睡眠队列中移除,送至就绪队列
287:             task_set_wakeup(task);
288:             task_set_ready(task);
289:         }
290:         curr = next;
291:     }
292:
293:     task_dispatch();
294:     irq_leave_protection(state);
295: }
```

在上述函数中,利用循环不断遍历睡眠列表,将每个进程的 sleep_ticks 减一。当减至 0 时,认为进程睡眠时间到达,将其从睡眠队列移除,再加入至就绪队列。在循环结束后,考虑到可能有进程由睡眠态变为就绪态,需要调用 task_dispatch(),以便切换到某个进程执行。

注:即便有进程从睡眠态进入就绪态,该进程不一定能立即运行。此时,就绪队列中可能有其他进程,睡眠完成的进程此时可能处于就绪队列尾部,这使得调用 task_dispatch() 并不会立即切换到该进程运行。

5. 开启全局中断

最后,还需要开启全局中断,即允许 8259 的中断请求输入至 CPU。为完成该操作,需要使用 sti 指令,该指令可修改 EFLAGS.IF 位为 1。我们可以在 first 进程中使用__asm__("sti")语句来插入对该指令的使用,从而使得 first 进程运行期间全局中断是开启中的。

而对于其他进程,只需要在 tss_init() 函数中,将 TSS 中的 EFLAGS.IF 位设置为 1,设置方法见程序清单6.36。通过该配置,可以使得这些进程运行时,全局中断是开启的,CPU 可以响应定时中断。

程序清单 6.36   c04.05\project\kernel\core\task.c

```
23: static int tss_init (task_t * task, int flag, uint32_t entry, uint32_t esp) {
     ..... 省略....
64:     task -> tss.eflags = EFLAGS_DEFAULT | EFLAGS_IF;
     ..... 省略....
83: }
```

6.5 进程调度算法

6.5.1 问题现象

利用系统时钟节拍,还可以解决多进程运行时的一个常见问题。为了更好地了解该问题,可以修改 first 和 test 的代码,修改方法如程序清单 6.37 所示。

程序清单 6.37 c04.06\project\kernel\init.c

```
13: void test_task_entry (void) {
        ..... 省略....
15:     for (;;) {
16:         log_printf("test = %d", count++);
17:     }
18: }
19: void kernel_start (void) {
        ..... 省略....
36:     while (1) {
37:         log_printf("first = %d", count++);
38:     }
39: }
```

当程序运行起来后,你可能会发现:只有 first 在一直打印,而 test 没有运行起来。造成该现象的原因比较简单:根据目前的设计,操作系统总是取位于就绪队列首部的进程运行。如果该进程不主动释放 CPU(如调用 sys_yield() 或者 sys_msleep()),那么,该进程将会一直运行下去,其他进程永远不会有运行的机会。

为此,我们需要引入一种机制来解决此问题,即避免某个进程长时间处于就绪队列首部,而导致该进程长期占用 CPU 的问题。

6.5.2 时间片轮转

我们可以采用一种比较简单的方法来解决此问题。当发现某个进程长时间运行时,强制将其从就绪队列首部移至尾部,从而让其后面的进程得到运行的机会。该解决方法的工作原理如图 6.25 所示。

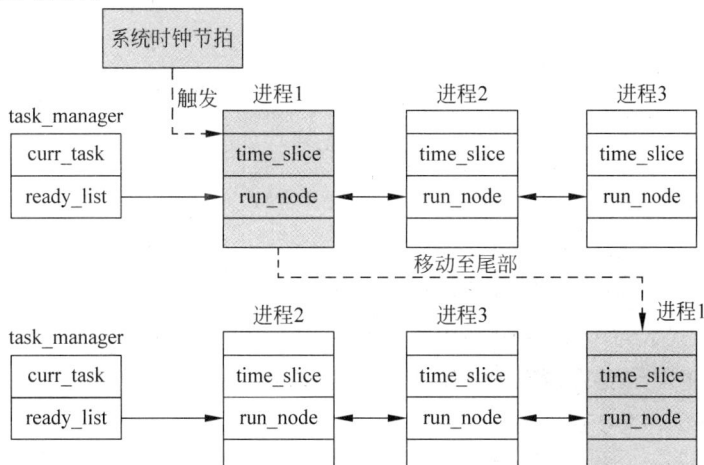

图 6.25 时间片轮转原理

为实现该解决方法，可以借鉴进程睡眠的实现原理。在进程控制块中，增加计数器 time_slice。当进程刚开始处于就绪队列首部时，time_slice 被设置成某个值，如 10。当系统时钟节拍中断发生时，time_slice 减 1；当减至 0 时，将进程从就绪队列首部移至尾部。这样一来，便可以将 CPU 的执行权让给其后的进程。

由此可见，time_slice 的初始值决定了进程每次占用 CPU 的最大时长。我们可以认为，CPU 的执行时间被分割成了一个个相同大小的时间片，每个进程最大可运行一个时间片长。当超过时间片长时，操作系统将打断当前进程的运行，切换到下一进程运行。这种解决方法的工作示例如图 6.26 所示。

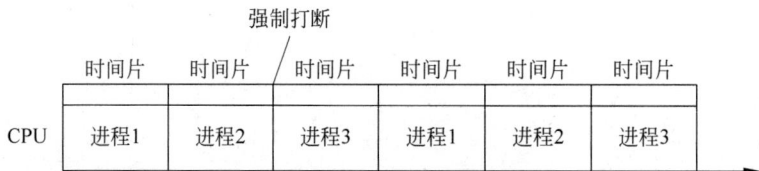

图 6.26　时间片切换示例

这种安排进程运行顺序的算法被称之为时间片轮转调度算法。通过该算法，可使得每一个进程都有相对公平的机会轮流占用 CPU 运行，并且最大占用 CPU 的时长相同。

而所谓的调度算法，指的是操作系统用来决定哪个进程可以占用 CPU 执行以及何时执行的方法。除了时间片轮转调度算法之外，还可以采用其他类型的调度算法，如多级反馈队列调度算法。如有兴趣，可以自行查阅相关资料。

6.5.3　调度算法的实现

时间片轮转调度算法的实现如程序清单 6.38 所示。由于其与时间相关，因此，大部分处理代码需要在定时器中断处理函数中完成。

程序清单 6.38　c04.06\project\kernel\core\task.c

```
 88: int task_create (task_t * task, const char * name, int flag, uint32_t entry, uint32_t esp) {
     ..... 省略.....
101:     task -> time_slice = TASK_TIME_SLICE;                  // 初始化时间片大小
     ..... 省略.....
106: }
276: void task_time_tick (void) {
277:     task_t * curr_task = task_current();
278:
279:     irq_state_t state = irq_enter_protection();
280:     if ( -- curr_task -> time_slice == 0) {
281:         // 时间片用完,重新加载时间片
282:         curr_task -> time_slice = TASK_TIME_SLICE;
283:
284:         // 调整队列的位置到尾部,不用直接操作队列
285:         task_remove_ready(curr_task);
286:         task_set_ready(curr_task);
287:     }
     ..... 省略.....
303:     task_dispatch();
304:     irq_leave_protection(state);
305: }
```

在 task_create()中,需要初始化 time_slice 计数值为 TASK_TIME_SLICE。由于该算法基于系统时钟节拍中断来实现,因此,其单位为系统时钟节拍周期。假如系统时钟节拍周期为 10ms,而 TASK_TIME_SLICE 值为 10;那么,时间片的长度为 $10 \times 10 = 100$ms。

在定时器中断处理过程中,task_time_tick()需要对当前进程的 time_slice 计数值减 1。当减至 0 时,说明进程的时间片已经消耗完,此时,将进程移至就绪队列尾部,让其他进程获得运行的机会。

6.5.4　运行效果

在完成所有代码的编写之后,启动工程运行。可以看到。在 QEMU 窗口中,first 和 test 都能够打印信息,且每个进程轮流持续打印一段时间,具体的运行效果如图 6.27 所示。

图 6.27　时间片轮转运行效果

6.6　本章小结

本章主要介绍了进程的实现及其切换原理,并且利用系统时钟节拍实现进程的睡眠和时间片轮转调度算法。

为了能够对操作系统中的多个进程进行管理,创建了内核链表。这种链表不包含数据域,可以灵活地运用于各种场合。基于内核链表,创建就绪队列,操作系统从就绪队列取出进程来运行。为了让 CPU 能够在不同的进程之间执行,操作系统借助进程切换来实现。考虑到进程需要睡眠,还创建了睡眠队列。进程在睡眠时被加入该队列,当睡眠时间到达时,从该队列中移除并加入就绪队列。在这个过程中,需要借助定时中断处理函数来对睡眠队列周期性地扫描。

而为了避免进程长时间占用 CPU 运行,实现了时间片轮转调度算法。该算法为就绪队列中的所有进程分配相同的时间片,保证这些进程有相对公平的执行机会和执行时间。

第7章

进程的同步与互斥

利用进程切换机制,操作系统可以同时运行多个进程,系统的运行效率得到提升。但与此同时,也会带来一些新的问题。

例如,两个进程同时对硬盘进行读写,可能造成硬盘读写冲突,甚至破坏硬盘上的数据。因此,操作系统需要提供一种机制,使得多个进程对共享资源(硬盘)的操作能够有序进行。此外,进程之间或者进程与中断处理程序之间需要进行协作。例如,当进程发起读硬盘请求后,硬盘需要时间处理该请求。此时,进程需要等待硬盘处理完毕,因此,操作系统需要提供一种机制,使得中断处理程序可以通知进程数据读取完毕。

本章将讲述利用实现互斥锁和信号量来分别解决上述问题。

7.1 互斥锁

7.1.1 实现原理

互斥锁是一种用于实现进程之间互斥访问共享资源的同步机制。为了便于理解其作用,这里以两个进程循环打印为例,介绍互斥锁的是如何发挥其作用。

1. 问题现象

我们可以继续使用上一章中的测试代码,该代码如程序清单 7.1 所示。

程序清单 7.1　两个进程同时打印字符串

```
19: void test_task_entry (void) {
20:     int count = 0;
21:     for (;;) {
25:         log_printf("test = % d", count++);
29:     }
30: }
31: void kernel_start (void) {
        ...... 省略 .....
48:     __asm__("sti");
50:     int count = 0;
```

```
51:     for (;;) {
55:         log_printf("first = % d", count++);
59:     }
60: }
```

如果仅从代码来看,这两个进程的打印过程似乎互不影响,但是,从 QEMU 的输出来看,在某些时候,打印结果出现异常。这种打印异常效果如图 7.1 所示。

图 7.1 打印异常

可以看到,在大部分情况下,每个进程都能完整地打印其字符串,但是,偶尔会出现异常现象。如图 7.1 中箭头所示,打印出了异常字符串 test ＝ 3irst＝2757。为什么会出现这种奇怪的字符串呢?

2. 问题分析

在现实生活中,如果别人正在使用打印机打印文档,我们不能强制地把打印机抢过来打印自己的文档。这样就可能导致一张纸上前半部分是别人的文档内容,而后半部分是我们的文档内容。基于类似的原因。之所以出现异常字符串,主要原因在于多个进程同时使用 log_printf()向同一串口设备打印。具体来说,造成打印异常的原因可能如图 7.2 所示。

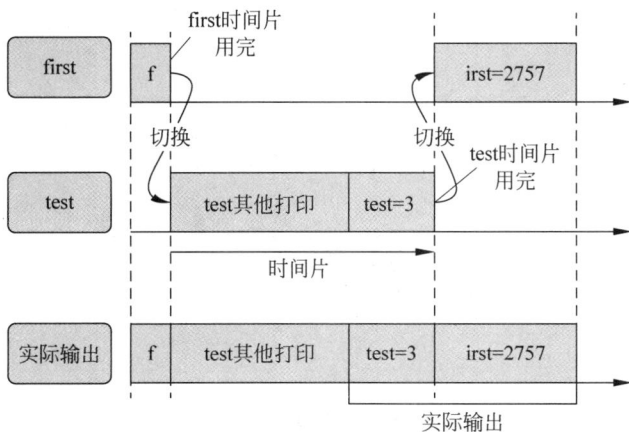

图 7.2 错误输出分析图

当 first 打印完字符 f 后,由于时间片用完,CPU 切换至 test 运行。之后,test 开始打印,在连续打印了多次之后,刚刚打印完 test＝3 时,时间片也用完,CPU 切换回 first 运行。

此时,first 继续打印之前没有打印完的字符串 irst=2757。正是这一过程,导致在打印结果中出现异常字符串 test=3irst=2757。

那么,该如何解决这个问题呢?这里有两种方法。

① 关中断:在打印前关掉中断,打印完毕后开中断。这就使得在打印过程中,定时器中断响应被关闭,从而避免在打印过程中发生进程切换。

② 禁止进程切换:通过某种锁机制,禁止 CPU 切换到同样需要打印的进程。只有在打印完毕之后,才允许进行进程切换。

在上述两种方法中,关中断虽然能解决打印错误的问题,但是,其缺点在于效率不高。当需要打印的字符串较长时,加之串口的工作速度较慢,这使得整个打印过程耗时较长,系统中的中断请求无法得到及时处理。因此,本章采用第 2 种方法,即利用锁机制来禁止进程切换。

3. 使用互斥锁

互斥锁是一种特殊的数据结构,任何试图访问共享资源的进程必须先持有互斥锁。

互斥锁具有两种基本状态:锁定和未锁定。当处于锁定状态时,表示有进程持有该锁,拥有该资源的全部访问权限。如果此时其他进程若尝试获取该互斥锁,将会被阻塞(暂停运行),直到持有互斥锁的进程释放(解锁)锁。当处于未锁定状态时,表示没有进程持有该锁,此时任何进程都可以去持有该锁进而访问共享资源。利用互斥锁,可以控制 first 和 test 对共享资源的访问,该访问原理如图 7.3 所示。

对于 log_printf()而言,串口是被 first 和 test 共享的硬件设备。为了能够让 first 和 test 共享使用该设备而不出现冲突,可以利用互斥锁控制这两个进程对串口的访问顺序,工作原理如图 7.4 所示。

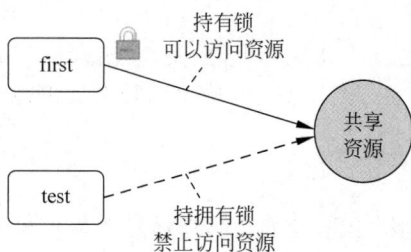

图 7.3　互斥锁工作原理

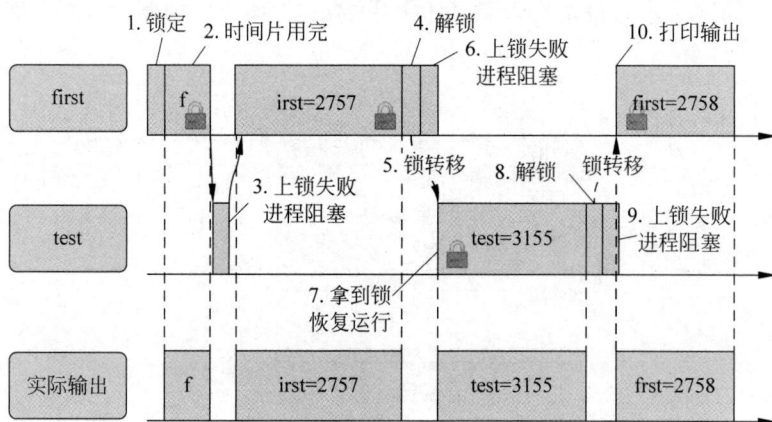

图 7.4　使用互斥锁控制打印输出

① 初始状态下,互斥锁处于未锁定状态。first 对其进行上锁,互斥锁变为锁定状态。此时,first 持有该锁,可以使用串口打印,打印出字符 f。

② first 时间片用完,发生进程切换,切换至 test 运行。

③ test 在打印前也需要持有锁,但此时锁已经被 first 持有,因此,test 只能阻塞暂停运行,切换回 first 运行。

④ first 继续打印剩余的字符串。打印 irst＝2757 后,释放锁。

⑤ 在 first 释放锁时,发现 test 在锁上阻塞等待,因此,锁转移至 test,test 持有锁。

⑥ first 释放锁之后,继续调用 log_printf()打印时。由于此时 test 持有该锁,所以,first 只能阻塞,切换至 test 运行。

⑦ test 继续运行,由于持有锁,可以进行正常的打印操作,打印 test＝3155。

⑧ test 打印完毕后,释放锁,锁转移至 first。

⑨ test 再次调用 log_printf()打印时,由于 first 持有该锁,所以,test 只能阻塞,切换至 first 运行。

⑩ first 继续运行,由于持有锁,可以进行正常的打印操作,打印 first＝2758。

可以看到,通过使用互斥锁,进程对串口写入的顺序得到了控制。即便打印过程中出现了因时间片用完而导致的进程切换现象,也不会出现打印异常的问题。之所以使用互斥能解决打印异常的现象,主要原因在于:只有持有锁的进程才可以打印,而没有持有锁的进程只能阻塞。即便在打印时发生了进程切换,由于互斥锁处于锁定状态,其他进程无法进行打印。

7.1.2 实现互斥锁

互斥锁的实现较为简单。对于互斥锁的实现而言,至少需要提供两种操作:表示是否锁定、阻塞和唤醒进程。

1. 结构定义

我们可以定义结构 mutex_t 来描述互斥锁,该结构如图 7.5 所示。

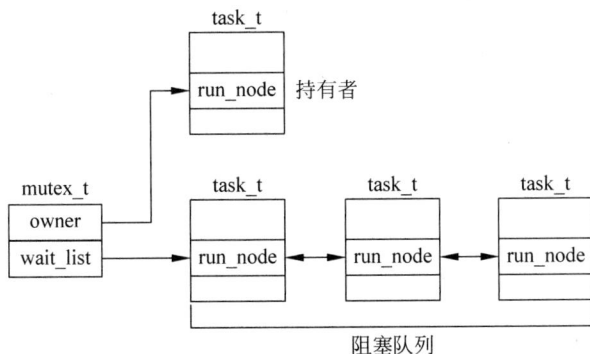

图 7.5 互斥锁结构示意图

在上述结构中,owner 指向当前持有锁的进程。如果没有进程持有锁,则该值为空。考虑到可能有多个进程都在等待锁被释放,因此,设置了阻塞队列 wait_list,用于存放所有等待锁的进程。

于是,互斥锁的结构定义如程序清单 7.2 所示。

程序清单 7.2　c05.01\project\kernel\include\ipc\mutex.h

```
16: typedef struct _mutex_t {
17:     task_t * owner;
```

```
18:     list_t wait_list;
19: }mutex_t;
```

2. 接口实现

互斥锁的初始化由 mutex_init() 完成,其实现如程序清单 7.3 所示。在该函数中,owner 被设置为空,即互斥锁处于未锁定状态,同时,对阻塞队列 wait_list 进行初始化。

程序清单 7.3　c05.01\project\kernel\ipc\mutex.c

```
13: void mutex_init (mutex_t * mutex) {
14:     mutex->owner = (task_t *)0;
15:     list_init(&mutex->wait_list);
16: }
```

当进程需要访问共享资源时,必须先持有锁。该操作由 mutex_lock() 完成,其实现如程序清单 7.4 所示。在该函数中,首先检查是否已经有其他进程持有该锁,如果没有,则将 owner 指向当前进程,互斥锁进入锁定状态。而如果已经被其他进程持有,则将当前进程加入阻塞队列中等待,并调用 task_dispatch() 切换到其他进程执行。

程序清单 7.4　c05.01\project\kernel\ipc\mutex.c

```
21: void mutex_lock (mutex_t * mutex) {
22:     irq_state_t  irq_state = irq_enter_protection();
23:
24:     task_t * curr = task_current();
25:     if (mutex->owner == (task_t *)0) {
26:         // 没有任务占用,占用之
27:         mutex->owner = curr;
28:     } else if (mutex->owner != curr) {
29:         // 有其他任务占用,则进入队列等待
30:         task_t * curr = task_current();
31:         task_remove_ready(curr);
32:         list_insert_last(&mutex->wait_list, &curr->run_node);
33:         curr->state = TASK_BLOCKED;
34:         task_dispatch();
35:     }
36:
37:     irq_leave_protection(irq_state);
38: }
```

当进程进入阻塞队列之后,进程将暂停运行。那么,进程什么时候恢复运行? 当进程恢复运行时,进程是否已经持有互斥锁? 为解答这些问题,我们需要了解互斥锁的解锁操作。

互斥锁的解锁操作由 mutex_unlock() 完成,其实现如程序清单 7.5 所示。在该函数中,首先检查当前进程是否持有互斥锁,只有持有该锁的进程才能进行解锁操作。接下来,将持有者 owner 清空,再检查阻塞队列中是否有进程在等待锁被释放。如果有进程在等,则取出阻塞队列中的第一个进程,将锁转交给该进程。之后,将该进程加入就绪队列中。

程序清单 7.5　c05.01\project\kernel\ipc\mutex.c

```
43: void mutex_unlock (mutex_t * mutex) {
44:     irq_state_t  irq_state = irq_enter_protection();
45:
```

```
46:        // 只有锁的拥有者才能释放锁
47:        task_t * curr = task_current();
48:        if (mutex->owner == curr) {
49:            mutex->owner = (task_t *)0;
50:
51:            // 如果队列中有任务等待,则立即唤醒并占用锁
52:            if (list_count(&mutex->wait_list)) {
53:                list_node_t * task_node = list_remove_first(&mutex->wait_list);
54:                task_t * task = list_entry(task_node, task_t, run_node);
55:                mutex->owner = task;
56:
57:                task_set_ready(task);
58:                task_dispatch();
59:            }
60:        }
61:
62:        irq_leave_protection(irq_state);
63: }
```

由此可见,当持有锁的进程释放锁时,获得锁的进程将可以恢复运行,并且互斥锁仍然保持锁定状态。也就是说,在这个过程中,锁的持有权在不同进程之间发生了转移。

7.1.3　应用示例

利用互斥锁,first 和 test 的打印可以互不干扰,避免出现打印异常现象。使用互斥锁解决打印异常现象的示例如程序清单 7.6 所示。

程序清单 7.6　c05.01\project\kernel\init.c

```
16: static mutex_t mutex;
17:
19: void test_task_entry (void) {
20:     int count = 0;
21:     for (;;) {
23:         mutex_lock(&mutex);
25:         log_printf("test = %d", count++);
27:         mutex_unlock(&mutex);
29:     }
30: }
31: void kernel_start (void) {
           ...... 省略 ......
44:     mutex_init(&mutex);
48:     __asm__("sti");
50:     int count = 0;
51:     for (;;) {
53:         mutex_lock(&mutex);
55:         log_printf("first = %d", count++);
57:         mutex_unlock(&mutex);
59:     }
60: }
```

根据互斥锁的工作原理可知,进程应当在访问共享资源前调用 mutex_lock() 以持有锁,在访问完之后调用 mutex_unlock() 释放锁。因此,无论是 first 还是 test,都需要在打印前,调用 mutex_lock();在打印完之后,调用 mutex_unlock()。

图 7.6　使用互斥锁打印效果

上述测试代码的运行效果如图 7.6 所示。可以看到,没有出现打印异常的现象,每个进程都能够完整地在一行中打印完所有字符。

此外,如果细心观察,可以发现:两个进程的打印顺序发生了变化。

在不使用互斥锁的情况下,first 和 test 各自在连续打印一段时间后,再切换到另一个进程打印。而使用互斥锁之后,则变成了 first 和 test 交替打印。虽然打印顺序发生了变化,但是,对每个进程而言,其打印的内容仍然是保持不变的。对于这种差异,我们可以分析释放互斥锁时的程序行为,从而理解为什么会出现这种差异。

在调用 mutex_unlock()时,锁的持有权会转移至另一个进程。当 first 打印完释放锁时,锁被立即转交给了 test,此时只有 test 能打印;而当 test 打印完释放锁时,first 持有该锁,此时只有 first 能打印。如此反复,最终便形成两个进程交替打印的现象。在这种情况下,时间片轮转将不会对打印顺序造成任何影响。

7.2　信号量

7.2.1　实现原理

信号量是操作系统提供的另外一种非常有用的机制,主要用于控制进程之间或进程与中断之间的行为同步。下面以键盘读取为例,介绍信号量的使用方法。

1. 问题现象

进程在运行过程中有时需要读取按键输入,这种情况如图 7.7 所示。当我们在键盘上按下某个按键时,CPU 会产生按键中断。在中断处理程序中,操作系统可以通过读取键盘的寄存器从而将键值读取出来。而如果不及时读取键值,那么,当再次按下按键时,之前按键的键值就会因被覆盖而丢失。

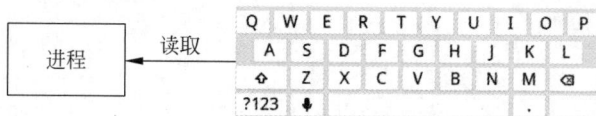

图 7.7　进程读取按键输入

此外,进程对键值的读取需要考虑效率问题。当没有按键按下时,进程此时读取不到任何的值。这个时候,进程应该怎么办?可以让进程反复地查询,直到有按键被按下为止。不过,这种方式效率太低了,CPU 时间被浪费在查询是否有按键按下的操作上。

因此,我们需要提供一种更高效率的方式,既能够及时地将键值取出,又能够避免进程反复地查询。

2. 使用信号量解决问题

使用信号量能够提升进程读取键盘的效率,解决方式如图 7.8 所示。为了能够及时地将键值从键盘中取出,需要配置一个输入缓存,用于缓存键值。当按键被按下且进程来不及读取时,中断处理程序就会将这些键值写入缓存,等待进程需要时再读取,从而避免键值丢失。与此同时,为了避免进程反复查询是否有键值,引入了信号量。当缓存中没有键值时,进程在信号量上阻塞,直至中断处理程序通知有按键被按下;之后,进程再从缓存中读取键值。

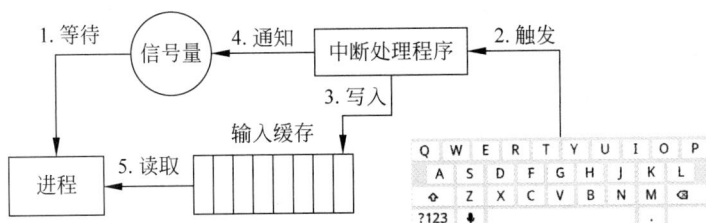

图 7.8　使用信号量控制读取

通过上述分析可知,信号量可用于中断向进程发送某种通知。这里,以进程需要读取键值而缓存为空时的情况,分析整个程序的执行流程。

① 进程发现缓存为空,在信号量上阻塞。

② 键盘被按下,键盘中断处理程序开始执行。

③ 在中断处理程序中,键值被读取出来并写入缓存。

④ 中断处理程序通过信号量通知阻塞的进程,将其唤醒并进入就绪态(或运行态)。

⑤ 进程继续运行,从缓存中读取键值。

通过上述流程,系统运行效率将得到提升。当缓存中没有键值时,进程进入阻塞状态,CPU 可以转而执行其他进程,提升了 CPU 利用率。而使用输入缓存,则可以将进程来不及读取的键值暂存起来,使得进程不需要频繁地去读取键值,而是可以先缓存起来,再一次性地将这些键值读取出来。

3. 实现原理

信号量是一种比较抽象的机制,其内部有一个计数器 count,并且提供两个基本操作:P操作和 V 操作。这两个操作的工作流程如图 7.9 所示。

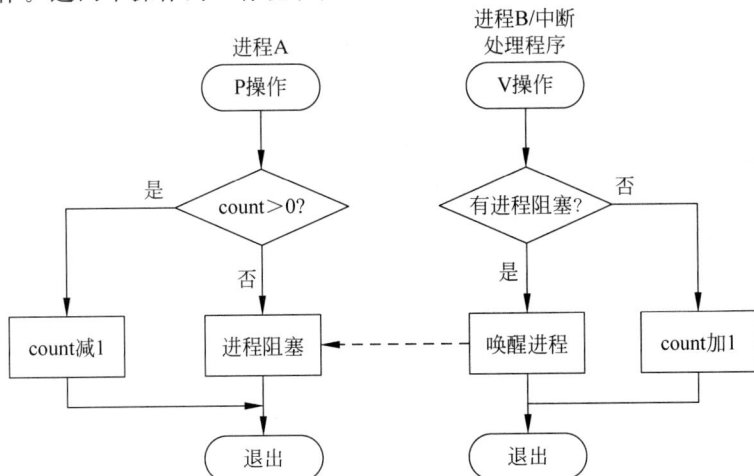

图 7.9　P 操作和 V 操作

P 操作一般由进程执行。例如,当进程 A 执行 P 操作时,进程首先判断 count 值是否大于 0,如果是,则将计数值减 1;如果不是,则进程被阻塞。V 操作一般由进程或中断处理程序执行。例如,当中断处理程序执行 V 操作时,先判断是否有进程阻塞,如果有进程阻塞,则唤醒进程;如果没有,则将 count 值加 1。

为了更好地理解上述两个操作,这里以按键读取为例,介绍信号量的具体使用方法。

计数器 count 的用途取决于应用场合,通常由开发者自行决定。如果将信号量用于控制进程对资源的访问,该计数值可表示资源的数量。在按键读取案例中,count 表示缓存中键值的个数。当 count 大于 0 时,表示缓存中有 count 个键值还未被进程读取;如果为 0,表示缓存中没有键值。

P 操作用于消耗 count 计数。进程在读取键值前,需要先执行 P 操作。当 count 大于 0 时,表明缓存中有键值,进程可从缓存读取一个键值,同时对 count 减 1,即已经消耗掉了一个键值。而如果 count 为 0,由于缓存中没有键值,进程在信号量上阻塞。

V 操作用于增加 count 计数。当按键被按下时,缓存就新写入了一个键值,中断处理程序执行 V 操作。此时,如果没有进程阻塞,则将 count 加 1,即键值数量增加;如果有进程阻塞,则唤醒该进程,此时 count 值保持不变,因为该键值会被唤醒的进程消耗掉。

综上所述,无论是 P 操作还是 V 操作,在工作流程中并未包含如何对资源(如键值)进行操作的方法。信号量只提供资源计数、进程阻塞与唤醒的功能。至于对资源操作的方法,由开发者根据应用场合自行实现。在下一章中,我们将看到如何使用信号量来解决键值读取的问题。

7.2.2 实现信号量

1. 结构定义

为了实现信号量,可以创建结构 sem_t 进行描述,其实现如图 7.10 所示。在该结构中,包含两部分:计数器 count、阻塞队列 wait_list。

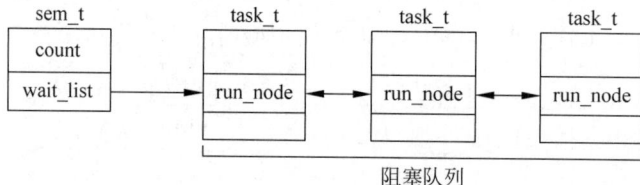

图 7.10 信号量结构示意图

根据上图,信号量的结构定义具体如程序清单 7.7 所示。

程序清单 7.7 c05.02\project\kernel\include\ipc\sem.h

```
15: typedef struct _sem_t {
16:     int count;                    // 信号量计数
17:     list_t wait_list;             // 等待的进程列表
18: }sem_t;
```

2. 接口实现

信号量的初始化由 sem_init()完成,其实现如程序清单 7.8 所示。在该函数中,计数器

count 被设置为初始值 init_count。同时，对阻塞队列 wait_list 进行了初始化。

程序清单 **7.8**　**c05.02\project\kernel\ipc\sem.c**

```
14: void sem_init (sem_t * sem, int init_count) {
15:     sem->count = init_count;
16:     list_init(&sem->wait_list);
17: }
```

P 操作由 sem_wait()完成，其实现如程序清单 7.9 所示。在该函数中，首先检查 count 是否大于 0，如果是，则将计数值减 1；反之，将当前进程加入至阻塞队列。最后，调用 task_dispatch()切换到其他进程执行。

程序清单 **7.9**　**c05.02\project\kernel\ipc\sem.c**

```
22: void sem_wait (sem_t * sem) {
23:     irq_state_t  irq_state = irq_enter_protection();
24:
25:     if (sem->count > 0) {
26:         sem->count--;
27:     } else {
28:         // 从就绪队列中移除，然后加入信号量的等待队列
29:         task_t * curr = task_current();
30:         task_remove_ready(curr);
31:         list_insert_last(&sem->wait_list, &curr->run_node);
32:         curr->state = TASK_BLOCKED;
33:         task_dispatch();
34:     }
35:
36:     irq_leave_protection(irq_state);
37: }
```

V 操作由 sem_notify()完成，其实现如程序清单 7.10 所示。在该函数中，首先检查是否有进程阻塞，如果有，则唤醒该进程；如果没有，将计数值加 1。

程序清单 **7.10**　**c05.02\project\kernel\ipc\sem.c**

```
42: void sem_notify (sem_t * sem) {
43:     irq_state_t  irq_state = irq_enter_protection();
44:
45:     if (list_count(&sem->wait_list)) {
46:         // 有进程等待，则唤醒加入就绪队列
47:         list_node_t * node = list_remove_first(&sem->wait_list);
48:         task_t * task = list_entry(node, task_t, run_node);
49:         task_set_ready(task);
50:
51:         task_dispatch();
52:     } else {
53:         sem->count++;
54:     }
55:
56:     irq_leave_protection(irq_state);
57: }
```

除了 P 操作和 V 操作之外,有时候还需要知道信号量的当前计数值。因此,可以增加 sem_count()接口,用于返回计数值。该函数的实现如程序清单 7.11 所示。

程序清单 7.11　c05.02\project\kernel\ipc\sem.c

```
62: int sem_count (sem_t * sem) {
63:     irq_state_t  irq_state = irq_enter_protection();
64:     int count = sem -> count;
65:     irq_leave_protection(irq_state);
66:     return count;
67: }
```

7.2.3　应用示例

由于目前还没有编写键盘的驱动代码,因此,这里给出了一个简化的版本,用于演示如何使用信号量实现进程之间行为同步,示例代码如程序清单 7.12 所示。

程序清单 7.12　c05.01\project\kernel\init.c

```
15: static sem_t sem;
16: static char key;
17:
18: void test_task_entry (void) {
19:     for (;;) {
20:         sem_wait(&sem);              // 等待键值
21:         log_printf("key = %c", key);
22:     }
23: }
24:
25: void kernel_start (void) {
    ...... 省略 .....
38:     sem_init(&sem, 0);
    ...... 省略 .....
44:     while (1) {
45:         for (int i = 0; i < 26; i++) {
46:             sys_msleep(1000);
47:             key = 'a' + i;              // 写入键值
48:             sem_notify(&sem);          // 通知任务获取
49:         }
50:     }
51: }
```

在上述代码中,first 周期性地向 key 写入键值,而 test 则是读取键值并打印。试想一下,如果不对 test 加以控制,那么,test 持续不断地读取 key 中的值并打印,打印的结果显然是不正确的。

而如果使用信号量,则可以控制 test 的打印速率。test 仅在 first 向 key 写入键值并调用 sem_notify()之后,才读取值并打印。也就是说,test 读取键值的行为,受到了 first 的控制。只有当 first 向 test 发出通知后,test 才可以访问 key。最终,程序的运行效果如图 7.11 所示。

图 7.11 使用信号量控制读取

7.3 本章小结

本章主要介绍了互斥锁和信号量的实现。

互斥锁主要用于实现多进程互斥访问共享资源。利用互斥锁,可使得任意时刻只有一个进程对资源进行访问,其他进程只能在阻塞队列中等待,直至锁被释放。

信号量主要用于实现进程之间及进程与中断间的行为同步。信号量包含一个计数器,用于表示资源或信号的数量,具体含义取决于实际应用场合。在使用信号量时,可以使用 P 操作和 V 操作。通过这两个操作的配合,进程的行为可以得到控制。

第**8**章

屏幕显示与键盘读取

操作系统除了要支持多进程运行,还需要对计算机中的各种设备进行管理。这些设备功能和特性千差万别,操作系统需要想方法对这些设备统一管理。

本章将介绍如何管理显示器和键盘。对于这两种设备,我们将其抽象为 tty 设备。tty 设备是一种字符设备。所谓字符设备,是指以字符为单位进行输入和输出的设备。这种设备的主要特点为:①数据传输是以字符流的形式进行;②读写按顺序进行的,不支持随机访问。

在接下来的内容中,我们将首先了解显示器和键盘的工作原理,并设计相应的驱动程序。之后,将这两类设备抽象为 tty 设备,开发相应的控制接口。

8.1　屏幕显示

8.1.1　显示原理

计算机显示器的控制由显卡完成。虽然显卡的控制原理比较复杂,不过,我们不需要了解所有细节。在计算机上电后,BIOS 会对显卡进行初始化,使其工作在 CGA(Color Graphics Adapter)模式下。在 CGA 模式下,对显示器的操作变得非常简单。当然,我们也可以配置显卡工作在其他模式下,比如更高分辨率的图形化模式。在这种模式下,可以在屏幕上绘制像素点,从而绘制复杂的窗口等图形。

本书遵循简单易用的原则,仅使用默认的 CGA 模式。

1. 普通字符显示

CGA 模式提供了直接在显示器上进行文本显示的功能,其工作原理如图 8.1 所示。在该模式下,整个屏幕被划分成 80 列×25 行,每个小区域允许以指定的颜色显示一个字符。当需要在指定的位置显示字符时,只需要找到显存中的相应位置,并向该位置写入字符的 ASCII 码和颜色值即可。与此同时,还可以配置在屏幕上显示光标,用于表示下一个要显示的字符的位置。

对于显示器上的各个字符位置,可以使用(X,Y)坐标来定位。其中,屏幕左上角的坐

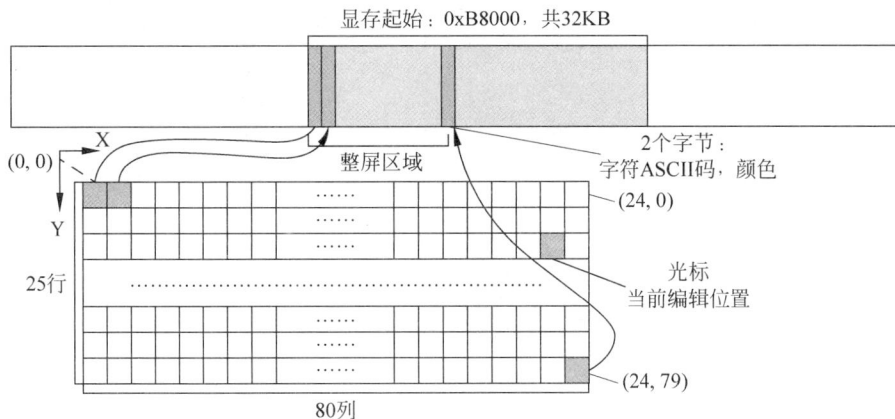

图 8.1 显示原理

标为(0,0)，右下角的坐标为(24,79)。

当需要写字符显示时，需要找到显存中的特定位置。显存从地址 0xB8000 开始，共计 32KB。在对显存进行写入时，需要写两个字节：字符 ASCII 码值和颜色值。例如，如果需要在屏幕左上角显示 Hello，可以按照如下所示的方式写显存。

```
0xb8000: 'H', H字符的颜色值
0xb8002: 'e', e字符的颜色值
0xb8004: 'l', l字符的颜色值
0xb8006: 'l', l字符的颜色值
0xb8008: 'o', o字符的颜色值
```

字符的颜色分前景色和背景色，这两种颜色可以合并用一个字节表示，该字节的含义如图 8.2 所示。其中，低 4 位为前景色（字符本身的颜色），高 3 位为背景色（字符的背景）。第 7 位的含义取决于所用的显卡型号（如控制字符是否闪烁），本书并未使用第 7 位。

无论是前景色还是背景色，其颜色值定义如表 8.1 所示。其中，背景色只能取值 0～7。

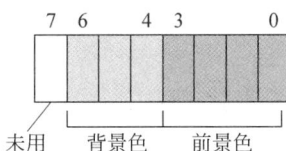

图 8.2 颜色值定义

表 8.1 字符色号表

色 号	颜 色 名 称	RGB 值	色 号	颜 色 名 称	RGB 值
0	黑	00 00 00	8	深灰色	55 55 55
1	蓝	00 00 AA	9	浅蓝色	55 55 FF
2	绿	00 AA 00	10	浅绿色	55 FF 55
3	青色	00 AA AA	11	浅青色	55 FF FF
4	红	AA 00 00	12	浅红	FF 55 55
5	紫色	AA 00 AA	13	浅紫色	FF 55 FF
6	棕色	AA 55 00	14	黄色	FF FF 55
7	灰色	AA AA AA	15	白	FF FF FF

例如，当颜色值为 0x1F 时，表示蓝底白字；当颜色值为 0x24 时，表示绿底红字。我们可以在屏幕上以蓝底白字显示 Hello 字符串，实现代码如程序清单 8.1 所示。

程序清单 8.1 写显存示例

```
* (uint8_t *)0xb8000 = 'H';
* (uint8_t *)0xb8001 = 0x1F;
* (uint8_t *)0xb8002 = 'e';
* (uint8_t *)0xb8003 = 0x1F;
* (uint8_t *)0xb8004 = 'l';
* (uint8_t *)0xb8005 = 0x1F;
* (uint8_t *)0xb8006 = 'l';
* (uint8_t *)0xb8007 = 0x1F;
* (uint8_t *)0xb8008 = 'o';
* (uint8_t *)0xb8009 = 0x1F;
```

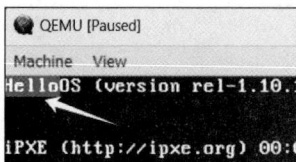

图 8.3 写显存效果

上述代码的运行效果如图 8.3 所示。分析该显示效果可知：往 0xB8000 处写入的值控制着屏幕左上角第 1 个字符的显示，往 0xB8002 写入的值控制着第 2 个字符的显示，以此类推。

可以看到，写显存与写普通内存的方式完全相同。在写显存时，显卡会自动对写入操作进行转换，控制在屏幕上绘制字符。

2. 分屏处理

由于显存大小为 32KB，而整个屏幕占用的显存大小仅为 $80 \times 25 \times 2 = 4000$ 字节（约 4KB）；因此，在实际使用时，可以想办法将多余的显存利用起来。

显卡提供了相关的寄存器，以允许我们控制显示器将显存中某个地址开始的显存，作为显示的起点。在默认情况下，显卡使用 0xB8000 开始的内容作为显示的起点。不过，我们也可配置其将 0xB9000 作为显示的起点，即往 0xB9000 处写入的值控制着屏幕最左上角第 1 个字符的显示。由此可见：整个屏幕相当于是一个窗口，仅显示整个显存的局部内容；通过调整显示的起点，可以显示显存中不同区域的内容。

也就是说，通过控制显示的起点，可以实现屏幕滚动的效果，其工作原理如图 8.4 所示。如果将显示的起点左移，则可以实现显示向上滚动，从而显示历史内容；如果向右移，则可以实现显示向下滚动，从而露出空白区域，方便写入新内容。

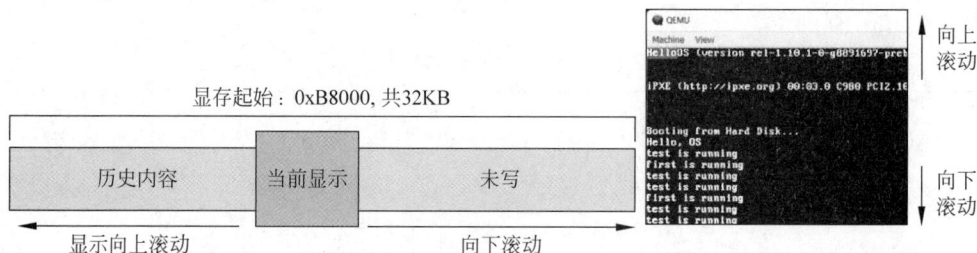

图 8.4 屏幕滚动示例

另一种是实现分屏效果，这种方式的工作原理如图 8.5 所示。整个显存被划分成 8 个区域，每个区域约 4000 字节。通过配置显示的起点，可以将某块区域的内容完整地显示在屏幕上。

这样一来，我们似乎就有了 8 块虚拟的屏幕。只不过，这些虚拟屏仅仅位于显存中。在任意时刻，只能选择其中一块虚拟屏显示到计算机屏幕上。本书采用这种方式，用于实现多

显存起始：0xB8000，共32KB

| 4000字节 | 4000字节 | 4000字节 | 4000字节 | 4000字节 | 4000字节 | 4000字节 | 4000字节 | 未用 |

| 80×25 | 80×25 | 80×25 | 80×25 | 80×25 | 80×25 | 80×25 | 80×25 |
| 第0屏 | 第1屏 | 第2屏 | 第3屏 | 第4屏 | 第5屏 | 第6屏 | 第7屏 |

当前显示区域

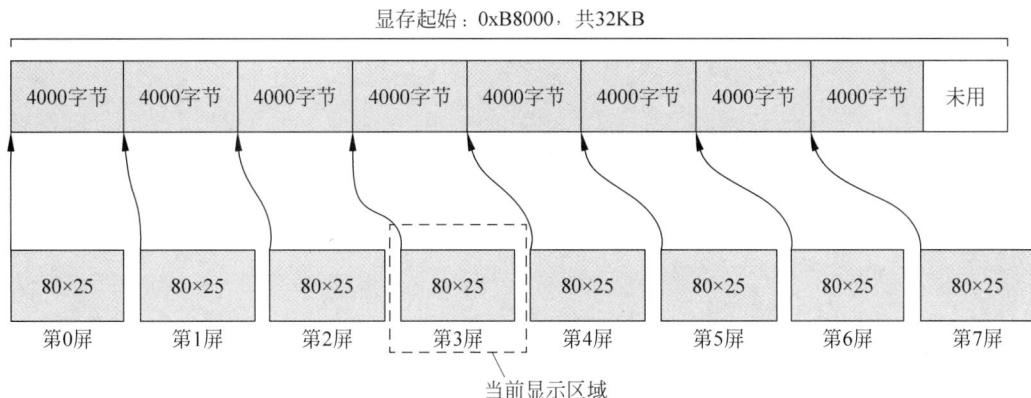

图8.5　多屏显示

个用户输入终端,相关内容将在后续章节中介绍。

3. 转义控制

除显示字符外,有时候还需要对显示做一些控制处理,如换行、退格等。这些功能可以通过转义字符来实现。本书支持的部分 ASCII 转义字符如表 8.2 所示。

表 8.2　ASCII 码部分转义字符

字　　符	含　　义
\n	换行(Line Feed)
\r	回车(Carriage Return)
\t	水平制表符(Horizontal Tab)
\b	退格(Backspace)

在某些情况下,甚至需要实现更为复杂的控制,如清屏、设置光标位置。此时,可以采用 ANSI 转义序列。ANSI 转义序列指的是以 ASCII 码中的 Escape 字符(十六进制 0x1B、八进制 033)开头的一系列控制字符序列,可用于控制终端或控制台的显示行为。

完整的 ANSI 转义序列类型很多,这里仅介绍本书所使用的 CSI 序列。CSI 序列是一种特殊的 ANSI 序列,其以 ESC 字符(ASCII 码 27)和 [字符(左方括号)开头,后面跟若干个参数字节(0 个或多个,用分号分隔)、中间字节和一个结束字符,各部分的字符范围如表 8.3 所示。

表 8.3　CSI 字符范围

组 成 部 分	字 符 范 围	ASCII
参数字节	0x30～0x3F	0-9 : ; < = > ?
中间字节	0x20～0x2F	空格、! " # $ % & ' ( ) * + , - . /
最终字节	0x40～0x7E	@ A - Z [\ ] ^ _ ` a - z { | } ~

本书并未支持所有的 CSI 序列,仅实现了表 8.4 所示的 3 种类型。注意,序列中字符之间并不包含空格,这里是为了阅读方便,使用了空格进行分隔。

表 8.4　支持的 CSI 序列

序 列 类 型	功　　能	详 细 描 述
CSI n J	擦除显示	清除屏幕的部分区域。如果 n 是 0,则清除从光标位置到屏幕末尾的部分。如果 n 是 1,则清除从光标位置到屏幕开头的部分。如果 n 是 2,则清除整个屏幕
CSI n ; m H	移动光标位置	光标移动到第 n 行、第 m 列。值从 1 开始,且默认为 1(左上角)
CSI n m	选择图形模式	设置 SGR 参数,包括文字颜色。CSI 后可以是 0 或者更多参数,用分号分隔。如果没有参数,则视为 CSI 0 m(重置/常规)

当显示器驱动程序收到以上序列时,应当根据序列的功能,完成相应的操作,从而实现复杂的屏幕控制,而非将字符序列显示出来。

8.1.2　驱动程序实现

在了解完屏幕显示原理之后,我们便可以着手设计驱动程序。在该驱动程序中,主要包含三种接口:初始化显示 console_init()、写显示 console_write()、显示指定屏 console_select()。由于不需要读取已经显示的内容;因此,无须实现读取接口。

1. 定义 console 结构

对于显存中的每个虚拟屏,可以相互独立地写入。也就是说,操作系统允许应用程序在指定的虚拟屏上显示字符。我们可以定义 console_t 结构来描述虚拟屏,该结构的实现如程序清单 8.2 所示。

程序清单 8.2　c06.01\project\kernel\include\dev\tty\console. h

```
58: typedef struct _console_t {
59:     disp_char_t * disp_base;              // 显示基地址
60:
61:     enum {
62:         CONSOLE_WRITE_NORMAL,             // 普通模式
63:         CONSOLE_WRITE_ESC,                // ESC 转义序列
64:         CONSOLE_WRITE_CSI,                // ESC [接收状态
65:     }write_state;
66:
67:     int cursor_row, cursor_col;           // 当前编辑的行和列
68:     color_t foreground, background;       // 前后景色
69:
70:     int esc_param[ESC_PARAM_MAX];         // ESC [ ;;参数数量
71:     int curr_param_index;
72:
73:     mutex_t mutex;                        // 写互斥锁
74: }console_t;
```

其中,disp_base 指向了虚拟屏的显存起始地址;cursor_row、cursor_col 保存当光标在虚拟屏中的行号和列号;foreground 和 background 分别决定了写字符时采用的前景色和背景色;mutex 用于多进程同时写虚拟屏时的互斥;write_state 保存了当前的写状态,如正在写普通字符还是写转义序列等。其余字段用于写转义序列,其具体作用将在后面介绍。

2. 初始化

console 结构的初始化由 console_init()完成,该函数的实现如程序清单 8.3 所示。可以看到,整个系统最多支持 CONSOLE_CNT(值为 8)个虚拟屏。

程序清单 8.3　c06.01\project\kernel\dev\tty\console.c

```
 13: static console_t consoles[CONSOLE_CNT];
190: int console_init (int idx) {
191:     console_t * console = consoles + idx;
192:
193:     console -> disp_base = (disp_char_t *) CONSOLE_VIDEO_BASE + idx * CONSOLE_COL_
         MAX * CONSOLE_ROW_MAX;
194:     console -> foreground = COLOR_White;
195:     console -> background = COLOR_Black;
196:     console -> write_state = CONSOLE_WRITE_NORMAL;
197:
198:     if (idx == 0) {
199:         int cursor_pos = read_cursor_pos();              // 读取当前光标位置
200:         console -> cursor_row = cursor_pos / CONSOLE_COL_MAX; // 转换成在屏幕上行列号
201:         console -> cursor_col = cursor_pos % CONSOLE_COL_MAX;
202:     } else {
203:         console -> cursor_row = 0;
204:         console -> cursor_col = 0;
205:         clear_display(console);
206:     }
207:
208:     mutex_init(&console -> mutex);
209:     return 0;
210: }
```

console_init()接受序号 idx 参数,用于初始化指定的虚拟屏。在初始化过程中,首先根据 idx 找到相应的 console 结构;然后,计算显存起始地址并放在 disp_base 中;接下来,设置缺省值,如白字黑底、普通写模式、光标位置;最后,初始化互斥锁。

由于操作系统启动时,默认采用第 0 块虚拟屏,该屏已经显示了一些日志信息;因此,该屏的内容保留、光标位置保持不变。对于其他屏,清空整个显示且光标位置设置为屏幕最左上角(关于光标位置到屏幕上行列之间的转换关系,在后面介绍)。

3. 清屏

清屏操作由 clear_display()完成,其实现如程序清单 8.4 所示。在该函数中,通过将虚拟屏对应的显存区域写满空格,从而实现清屏操作。

程序清单 8.4　c06.01\project\kernel\dev\tty\console.c

```
159: static void clear_display (console_t * console) {
160:     int size = CONSOLE_COL_MAX * CONSOLE_ROW_MAX;
161:
162:     disp_char_t * start = console -> disp_base;
163:     for (int i = 0; i < size; i++, start++) {
164:         start -> c = ' ';
165:         start -> color = console -> foreground | (console -> background << 4);
166:     }
167: }
```

4. 选择虚拟屏

有时候,我们可能想切换到其他虚拟屏显示。此时,可以调用 console_select() 来实现这种切换,该函数的实现如程序清单 8.5 所示。

程序清单 8.5　c06.01\project\kernel\dev\tty\console.c

```
45: void console_select(int idx) {
46:     console_t * console = consoles + idx;
47:     if (console->disp_base == 0) {
48:         console_init(idx);
49:     }
50:
51:     //更新显示位置
52:     uint16_t pos = idx * CONSOLE_COL_MAX * CONSOLE_ROW_MAX;
53:     outb(0x3D4, 0xC);                    // 写高地址
54:     outb(0x3D5, (uint8_t) ((pos >> 8) & 0xFF));
55:     outb(0x3D4, 0xD);                    // 写低地址
56:     outb(0x3D5, (uint8_t) (pos & 0xFF));
57:
58:     // 更新光标到当前屏幕
59:     update_cursor_pos(console);
60: }
```

在该函数内部,首先检查虚拟屏是否未初始化($disp\_base == 0$),如果没有,则调用 console_init() 进行初始化。接下来,向显卡的 I/O 端口 0x3D4 和 0x3D5 发送命令,告知显卡切换到该虚拟屏显示。最后,将光标位置调整到该虚拟屏中。

可以看到,无论是切换显示还是调整光标位置,都涉及对显卡端口的写操作。其中,为了切换显示,需要设置显示的起点,需要对如下两个端口进行操作。

- 寄存器索引端口(0x3D4):用于选择要操作的寄存器。
- 寄存器数据端口(0x3D5):用于进行数据的读取和写入。

通过这两个端口,可以读写显卡内部的寄存器,即通过先向 0x3D4 写入要读写的寄存器编号,再对 0x3D5 进行读写操作,就可以读取或写入指定的寄存器,从而控制显卡的工作模式和显示内容等。本书主要涉及 4 个寄存器的写操作,这些寄存器的编号及功能如表 8.5 所示。

表 8.5　显卡部分寄存器

寄 存 器 编 号	功 能 描 述
0x0C	显存起始位置(高)
0x0D	显存起始位置(低)
0x0E	光标位置(高位)
0x0F	光标位置(低位)

例如,通过写 0x0C 和 0x0D 寄存器,可以设置显示的起点。注意,写入这两个寄存器的值并非显存地址,而是相对于整个显存起始的字符偏移量。例如,假设要切换到第 idx 个虚拟屏,由于其前面已经有 idx 个虚拟屏占用了显存,因此,计算方式为 idx * CONSOLE_COL_MAX(80) * CONSOLE_ROW_MAX(25),该值的高 8 位写入 0x0C 寄存器、低 8 位写入 0x0D 寄存器。

类似地,光标位置也按照相同的方式进行计算。在计算出来后,还需要加上光标在当前虚拟

屏中的位置,再将该值写入 0x0E 和 0x0F 寄存器。光标位置的设置方法如程序清单 8.6 所示。

程序清单 8.6　c06.01\project\kernel\dev\tty\console.c

```
33: static void update_cursor_pos (console_t * console) {
34:     uint16_t pos = (console - consoles) * (CONSOLE_COL_MAX * CONSOLE_ROW_MAX);
35:     pos += console->cursor_row * CONSOLE_COL_MAX + console->cursor_col;
36:
37:     irq_state_t state = irq_enter_protection();
38:     outb(0x3D4, 0x0F);                      // 低地址
39:     outb(0x3D5, (uint8_t) (pos & 0xFF));
40:     outb(0x3D4, 0x0E);                      // 高地址
41:     outb(0x3D5, (uint8_t) ((pos >> 8) & 0xFF));
42:     irq_leave_protection(state);
43: }
```

由于多个进程可能同时设置光标,因此,在上述代码中,使用了关中断进行写入保护。

5. 写入单个字符

当需要显示字符时,可调用 write_normal()完成,其实现如程序清单 8.7 所示。该函数将参数 c 中存放的字符显示到屏幕上。对于某些特殊字符,如\n,调用相应的函数进行处理;对于普通可显示的字符(ASCII 码值范围 0x20~0x7E),调用 show_char()函数将字符显示在光标所在的位置。

程序清单 8.7　c06.01\project\kernel\dev\tty\console.c

```
226: static void write_normal (console_t * console, char c) {
227:     switch (c) {
228:         case 0x7F:
229:             erase_backword(console);
230:             break;
231:         case '\b':                          // 左移一个字符
232:             move_backword(console, 1);
233:             break;
234:             // 换行处理
235:         case '\t':                          // 对齐的下一制表符
236:             move_next_tab(console);
237:             break;
238:         case '\r':
239:             move_to_col0(console);
240:             break;
241:         case '\n':                          // 暂时这样处理
242:             //move_to_col0(console);
243:             move_next_line(console);
244:             break;
245:             // 普通字符显示
246:         default: {
247:             if ((c >= ' ') && (c <= '~')) {
248:                 show_char(console, c);
249:             }
250:             break;
251:         }
252:     }
253: }
```

show_char()的实现如程序清单 8.8 所示。该函数首先计算出当前光标的位置,然后,将其转换成显存地址;最后,写入字符和颜色值,并将光标位置右移一个字符。

程序清单 8.8　c06.01\project\kernel\dev\tty\console.c

```
127: static void show_char(console_t * console, char c) {
128:     int offset = console->cursor_col + console->cursor_row * CONSOLE_COL_MAX;
129:
130:     disp_char_t * p = console->disp_base + offset;
131:     p->c = c;
132:     p->color = console->foreground | (console->background << 4);
133:     move_forward(console, 1);
134: }
```

move_forward()用于将光标位置前移,其实现如程序清单 8.9 所示。在该函数中,需要考虑光标的列号 cursor_col 有可能超出当前行尾。此时,应当调整光标位置到下一行的开头。而如果当前行已经是整个屏幕的最下面一行,那么,需要将屏幕下滚(内容上滚)一行,以露出新的空白行。

程序清单 8.9　c06.01\project\kernel\dev\tty\console.c

```
111: static void move_forward (console_t * console, int n) {
112:     for (int i = 0; i < n; i++) {
113:         if (++console->cursor_col >= CONSOLE_COL_MAX) {
114:             console->cursor_col = 0;
115:             console->cursor_row++;
116:             if (console->cursor_row >= CONSOLE_ROW_MAX) {
117:                 // 超出末端,上移
118:                 scroll_down(console, 1);
119:             }
120:         }
121:     }
122: }
```

6. 向下滚动

为了实现屏幕向下滚动,需要先了解屏幕滚动的原理。一种比较简单的实现原理如图 8.6 所示。假设屏幕左上角显示了 HELLO 字符串,右下角显示了 1234 字符串,要将屏

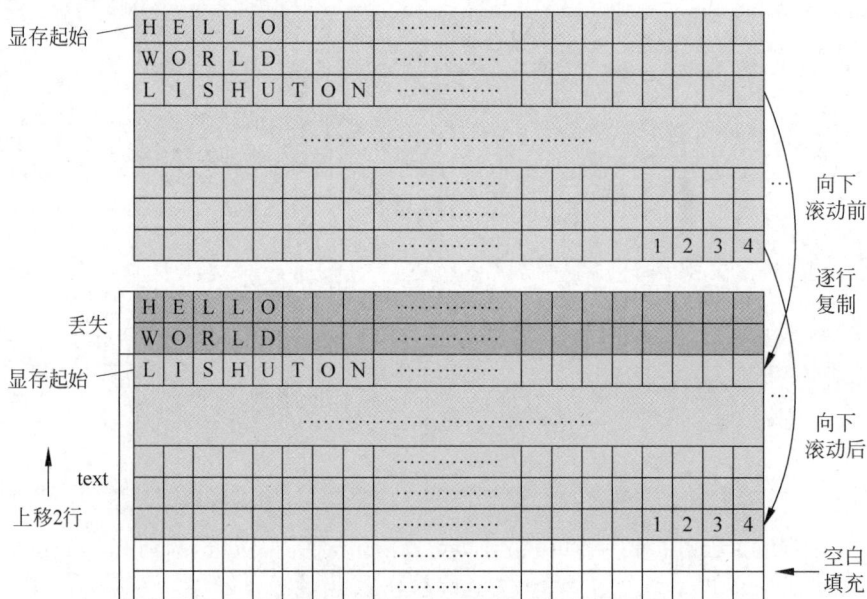

图 8.6　屏幕滚动原理

幕向下滚两行,只需要将所有的内容整体上移两行。也就是说,将字符串 LISHUTON 复制到 HELLO 所在的位置,将字符串 1234 复制到其上方两行处的位置,其余内容也做类似处理。对于底部空出来两行,需要将这两行给清空。

不过,这种滚动会带来一些副作用,例如,原顶部的两行显示因显存数据被覆盖而丢弃。

屏幕向下滚动由 scroll_down()完成,该函数可指定向下滚动 lines 行,其实现如程序清单 8.10 所示。

程序清单 8.10　c06.01\project\kernel\dev\tty\console.c

```
65: static void erase_rows (console_t * console, int start, int end) {
66:     volatile disp_char_t * disp_start = console->disp_base + CONSOLE_COL_MAX * start;
67:     volatile disp_char_t * disp_end = console->disp_base + CONSOLE_COL_MAX * (end + 1);
68:
69:     while (disp_start < disp_end) {
70:         disp_start->c = '';
71:         disp_start->color = console->foreground | (console->background << 4);
72:         disp_start++;
73:     }
74: }
75:
79: static void scroll_down(console_t * console, int lines) {
80:     // 整体上移
81:     disp_char_t * dest = console->disp_base;
82:     disp_char_t * src = console->disp_base + CONSOLE_COL_MAX * lines;
83:     uint32_t size = (CONSOLE_ROW_MAX - lines) * CONSOLE_COL_MAX * sizeof(disp_char_t);
84:     kernel_memcpy(dest, src, size);
85:
86:     // 擦除最后一行
87:     erase_rows(console, CONSOLE_ROW_MAX - lines, CONSOLE_ROW_MAX - 1);
88:
89:     console->cursor_row -= lines;
90: }
```

在该函数中,首先计算复制的起始位置 src 和目标位置 dest;然后,使用 kernel_memcpy()进行复制;最后,调用 erase_rows()将下方新出现的行清空。在完成滚动操作之后,需要注意调整光标所在的行号。在 erase_rows()中,采用了将行全部填空格的方法进行清空。

7. 写控制字符

对于\b 等特殊字符,虽然这些字符不能显示,但是,其对显示仍具有一定的影响。这里仅介绍几种特殊字符的处理方式。

(1)\b 处理

\b 的作用是控制当前光标左移一个字符位置。例如,在 Windows 系统上使用 printf("1234567\b\b\b\b\b132\n")打印时,可以看到其输出字符串为 1213267,显示效果如图 8.7 所示。

我们可以参考图 8.8 来了解整个显示过程。初始时,先输出 1234567。接下来,遇到连续 5 个\b 字符,光标的位置将连续左移 5 个字符,即停留在字符 3 所在的位置。之后,再输出 132,这将导致字符串 345 被覆盖,使得显示结果为 1213267。

图 8.7 \b 显示效果

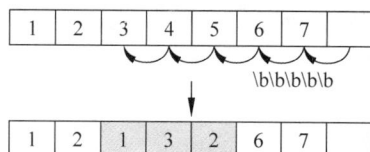

图 8.8 \b 作用分析

对于\b 字符,由 move_backword()进行处理,其实现如程序清单 8.11 所示。该函数可指定光标左移 n 个字符。在移动过程中,如果发现已经移到了当前行的开头,则先移至上一行的末尾,继续进行回退操作。

程序清单 8.11 c06.01\project\kernel\dev\tty\console.c

```
140: static int move_backword (console_t * console, int n) {
141:        int status = -1;
142:
143:        for (int i = 0; i < n; i++) {
144:              if (console->cursor_col > 0) {
145:                    // 非列起始处,可回退
146:                    console->cursor_col--;
147:                    status = 0;
148:              } else if (console->cursor_row > 0) {
149:                    // 列起始处,但非首行,可回退
150:                    console->cursor_row--;
151:                    console->cursor_col = CONSOLE_COL_MAX - 1;
152:                    status = 0;
153:              }
154:        }
155:
156:        return status;
157: }
```

(2) \t 处理

\t 字符的主要作用是在输出中实现水平对齐和增加间隔。当遇到\t 时,光标移动到下一个制表位。通常情况下,每 8 个字符位置为一个制表位。\t 的输出由 move_next_tab()完成,其实现如程序清单 8.12 所示。

程序清单 8.12 c06.01\project\kernel\dev\tty\console.c

```
172: static void move_next_tab(console_t * console) {
173:        int col = console->cursor_col;
174:
175:        col = (col + 7) / 8 * 8;                    // 对齐到制表位
176:        if (col >= CONSOLE_COL_MAX) {
177:              col = 0;
178:              console->cursor_row++;
179:              if (console->cursor_row >= CONSOLE_ROW_MAX) {
180:                    // 超出末端,上移
181:                    scroll_down(console, 1);
```

```
182:            }
183:        }
184:        console->cursor_col = col;
185: }
```

在该函数中,基于当前的列号,计算出下一个制表位的列位置。如果发现超过了当前行尾,则移动到下一行的开头。

（3）\r\n 处理

\r 回车符的作用是将光标移动到当前行的开头,而\n 换行符的作用是将光标移动到下一行相同的列。两者分别由 move_to_col0() 和 move_next_line() 实现,其实现代码如程序清单 8.13 所示。

程序清单 8.13　c06.01\project\kernel\dev\tty\console.c

```
92: static void move_to_col0 (console_t * console) {
93:        console->cursor_col = 0;
94: }
95:
99: static void move_next_line (console_t * console) {
100:        console->cursor_row++;
101:
102:        // 超出当前屏幕显示的所有行,上移一行
103:        if (console->cursor_row >= CONSOLE_ROW_MAX) {
104:                scroll_down(console, 1);
105:        }
106: }
```

（4）删除处理

在某些情况下,可能需要删除前一个字符,例如,当我们在键盘上按下退格键时,可以将最后一次输入的字符删除。在 write_normal() 函数中,使用了 ASCII 码 0x7F(DEL)来表示需要进行删除操作。当遇到该字符时,调用 erase_backword() 完成删除操作,其实现如程序清单 8.14 所示。

程序清单 8.14　c06.01\project\kernel\dev\tty\console.c

```
216: static void erase_backword (console_t * console) {
217:        if (move_backword(console, 1) == 0) {
218:            show_char(console, ' ');
219:            move_backword(console, 1);
220:        }
221: }
```

删除操作的实现原理较简单:先左移光标,输出一个空格从而覆盖原字符,再左移光标。

8. 写 CSI 序列

对于 CSI 序列,由 write_esc_csi() 进行处理,其实现见程序清单 8.15。需要注意的是,CSI 序列中有可能包含 0 个或多个参数,参数之间用分号分隔。程序需要对参数列表进行解析,从而将这些参数提取出来。

程序清单 8.15　c06.01\project\kernel\dev\tty\console.c

```
342: static void write_esc_csi (console_t * console, char c) {
343:       // 接收参数
344:       if ((c >= '0') && (c <= '9')) {
345:             // 解析当前参数
346:             int * param = &console -> esc_param[console -> curr_param_index];
347:             * param = * param * 10 + c - '0';
348:       } else if ((c == ';') && console -> curr_param_index < ESC_PARAM_MAX) {
349:             // 参数结束,继续处理下一个参数
350:             console -> curr_param_index++;
351:       } else {
352:             // 结束上一字符的处理
353:             console -> curr_param_index++;
354:
355:             // 已经接收到所有的字符,继续处理
356:             switch (c) {
357:             case 'm': // 设置字符属性
358:                   set_font_style(console);
359:                   break;
360:             case 'H':
361:                   move_cursor(console);
362:                   break;
363:             case 'J':
364:                   erase_in_display(console);
365:                   break;
366:             }
367:             console -> write_state = CONSOLE_WRITE_NORMAL;
368:       }
369: }
```

在程序已经收到 ESC［后,write_esc_csi()将被连续多次调用,以便对字符序列进一步处理。在该函数中,检查当前收到的字符,根据字符类型的不同做不同的处理。如果发现是数字字符,表明收到了参数,将其转成十进制数保存;如果是分号,则表明当前参数解析完毕,开始解析下一参数;如果是其他字符,表明所有参数已经解析完毕,根据字符指定的功能调用不同的函数进行处理。

（1）擦除显示

对于擦除显示序列 CSI n J,仅支持 n 为字符 2 的情况,即仅支持清空整个屏幕。该功能由 erase_in_display()完成,其实现如程序清单 8.16 所示。

程序清单 8.16　c06.01\project\kernel\dev\tty\console.c

```
322: static void erase_in_display(console_t * console) {
323:       if (console -> curr_param_index <= 0) {
324:                   return;
325:       }
326:
327:       int param = console -> esc_param[0];
328:       if (param == 2) {
329:             // 擦除整个屏幕
330:             erase_rows(console, 0, CONSOLE_ROW_MAX - 1);
331:             console -> cursor_col = console -> cursor_row = 0;
332:       }
333: }
```

在该函数中,调用了erase_rows()擦除屏幕的所有行。擦除完成后,将光标位置定位到屏幕左上角。

（2）移动光标位置

对于移动光标位置序列 CSI n；m H,由 move_cursor()进行处理,其实现如程序清单8.17所示。在该函数中,从已经获取的参数列表中提取行号和列号,更新到console结构中。

程序清单8.17　c06.01\project\kernel\dev\tty\console.c

```
309: static void move_cursor(console_t * console) {
310:        if (console - > curr_param_index > = 1) {
311:                console - > cursor_row = console - > esc_param[0];
312:        }
313:
314:        if (console - > curr_param_index > = 2) {
315:                console - > cursor_col = console - > esc_param[1];
316:        }
317: }
```

（3）设置图形模式

对于选择图形模式序列 CSI n m,n 指定了功能号,其取值范围如表8.6所示。本书仅支持设置字符的前景色（30—37）、背景色（40—47）、默认前景色（39）和默认背景色（49）。至于其他功能,如斜体等,需要显卡支持,本书并未实现。

表8.6　图形模式部分取值

功　能　号	作　　用	功　能　号	作　　用
0	重置/正常	21	关闭粗体或双下画线
1	粗体或增加强度	23	非斜体、非尖角体
2	弱化（降低强度）	24	关闭下画线
3	斜体	25	关闭闪烁
4	下画线	27	关闭反显
5	缓慢闪烁	28	关闭隐藏
6	快速闪烁	29	关闭划除
7	反显	30-37	设置前景色
8	隐藏	38	设置前景色
9	划除	39	默认前景色
10	主要（默认）字体	40-47	设置背景色
11-19	替代字体	48	设置背景色
20	尖角体	49	默认背景色

前景色和背景色的不同值代表不同的颜色,这些值与颜色的对应关系如表8.7所示。

表8.7　颜色取值

名　　称	前景色代码	背景色代码	名　　称	前景色代码	背景色代码
黑	30	40	蓝	34	44
红	31	41	品红	35	45
绿	32	42	青	36	46
黄	33	43	白	37	47

CSI n m 序列的处理由 set_font_style()完成,其实现如程序清单8.18所示。在该函数中,遍历所有参数,根据参数值设置前景色或背景色。为了方便地将参数值转换成颜色值,使用了查表算法,将参数值当作 color_table 的索引,从表中取出颜色值。

程序清单 8.18　c06.01\project\kernel\dev\tty\console.c

```
258: static void set_font_style (console_t * console) {
259:        static const color_t color_table[] = {
260:                           COLOR_Black, COLOR_Red, COLOR_Green, COLOR_Yellow, // 0 - 3
261:                           COLOR_Blue, COLOR_Magenta, COLOR_Cyan, COLOR_White, // 4 - 7
262:        };
263:
264:        for (int i = 0; i < console -> curr_param_index; i++) {
265:                int param = console -> esc_param[i];
266:                if ((param >= 30) && (param <= 37)) {     // 前景色: 30 - 37
267:                        console -> foreground = color_table[param - 30];
268:                } else if ((param >= 40) && (param <= 47)) {
269:                        console -> background = color_table[param - 40];
270:                } else if (param == 39) {                 // 39 = 默认前景色
271:                        console -> foreground = COLOR_White;
272:                } else if (param == 49) {                 // 49 = 默认背景色
273:                        console -> background = COLOR_Black;
274:                }
275:        }
276: }
```

9. 写字符串

无论是普通字符还是 CSI 序列,最终都由 console_write()进行处理。该函数的实现如程序清单8.19所示,其功能为向序号为 idx 的虚拟屏写字符串 str。

程序清单 8.19　c06.01\project\kernel\dev\tty\console.c

```
371: int console_write (int idx, char * str) {
372:        console_t * console = consoles + idx;
373:
375:        mutex_lock(&console -> mutex);
376:
377:        int len = 0;
378:        do {
379:                char c = * str++;
380:                if (c == '\0') {
381:                        break;
382:                }
383:
385:                switch (console -> write_state) {
386:                        case CONSOLE_WRITE_NORMAL: {
387:                                if (c == ASCII_ESC) {
388:                                        console -> write_state = CONSOLE_WRITE_ESC;
389:                                } else {
390:                                        write_normal(console, c);
391:                                }
392:                                break;
393:                        }
394:                        case CONSOLE_WRITE_ESC:
```

```
395:                        if (c == '[') {
396:                            kernel_memset(console->esc_param, 0, sizeof(console->esc_
                                param));
397:                            console->curr_param_index = 0;
398:                            console->write_state = CONSOLE_WRITE_CSI;
399:                        } else {
400:                            console->write_state = CONSOLE_WRITE_NORMAL;
401:                        }
402:                        break;
403:                    case CONSOLE_WRITE_CSI:
404:                        write_esc_csi(console, c);
405:                        break;
406:                }
407:            len++;
408:        }while (1);
409:
410:        mutex_unlock(&console->mutex);
412:        update_cursor_pos(console);
413:        return len;
414: }
```

由于可能存在多个进程同时往该屏写数据,因此,在写入的前后使用了互斥信号量来保护。在函数内部,使用循环遍历所有字符,并根据当前写状态 write_state 来决定如何处理。

- 普通模式(CONSOLE_WRITE_NORMAL):如果收到 ESC 字符,则进入 ESC 模式;否则,调用 write_normal()显示字符。
- ESC 模式(CONSOLE_WRITE_ESC):如果收到了[字符,则进入到 CSI 模式,同时清空参数表,准备处理 CSI 序列;否则,回退到普通模式。
- CSI 模式(CONSOLE_WRITE_CSI):对 CSI 序列进行处理。

考虑到在整个处理过程中,光标位置可能发生变化,因此,最后还需要对光标位置进行更新。

8.2 读取键盘

键盘是另一种重要的设备,它允许我们向应用程序输入数据或命令。本节将介绍键盘的工作原理以及驱动程序的实现。

8.2.1 实现原理

1. 键盘系统

键盘的工作原理如图 8.9 所示。键盘通过 USB 或 PS/2(包括蓝牙等)连接至计算机主板。在计算机主板上,早期的计算机系统使用 Intel 8042 键盘控制器处理按键事件。8042 控制器对键盘输入信号进行解码,解码时会产生相应的扫描码,同时产生中断请求信号发送至 8259 的 IRQ1。8259 再将该中断请求的向量号 0x21 传送至 CPU。CPU 在收到中断请求之后,跳转到对应的中断处理程序中执行。在中断处理程序,可以判断是否有按键按下或断开,并获取其对应的键值。

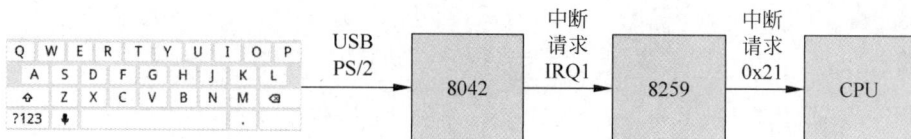

图 8.9　键盘系统

从图 8.9 可以看出，为了让整个键盘系统能够正常运行，需要完成几项工作：初始化 8042、配置 8259 允许键盘中断请求、安装中断处理程序、处理键值。在这几项工作中，除初始化 8042 外，其余部分都可通过调用已经实现的相关函数完成。

2. 键值读取

8042 键盘控制器是一种专门的硬件设备，用于管理键盘和主机之间的通信。在使用时，可通过 I/O 端口 0x60 和 0x64 对 8042 进行配置，这些端口的功能如表 8.8 所示。

表 8.8　8042 端口

IO 端口	访问类型	目　　的
0x60	读/写	数据寄存器
0x64	读	状态寄存器
0x64	写	命令寄存器

在实际使用时，通过读取数据寄存器，可以获得当前按下的键值；通过读取状态寄存器，可以获取键盘的工作状态，如是否有按键按下；而通过写命令寄存器，则可以对键盘的工作参数进行配置，如配置 CapsLock 键上的 LED 灯是否点亮。

在计算机启动时，主板上的 BIOS 已经对键盘进行了初始化，因此，我们无须向 8042 发送命令重复初始化。这里仅需要关注数据寄存器和状态寄存器，其中，状态器寄存器的各个位含义如表 8.9 所示。

表 8.9　8042 状态寄存器

位	含　　义
0	输出缓冲区状态(0 = 空,1 = 满) (在尝试从 I/O 端口 0x60 读取数据之前必须设置)
1	输入缓冲区状态(0 = 空,1 = 满) (在尝试向 I/O 端口 0x60 或 I/O 端口 0x64 写入数据之前必须清除)
2	系统标志,在重置时清除,并由固件(通过 PS/2 控制器配置字节)在系统通过自检(POST)时设置
3	命令/数据(0 = 数据,1 = 命令)
4	未知
5	未知
6	超时错误(0 = 无错误,1 = 超时错误)
7	奇偶校验错误(0 = 无错误,1 = 奇偶校验错误)

状态寄存器中包含了很多位，其中第 0 位反映了输出缓冲区中是否有数据，即是否有键值可以读取。当该位为 1 时，表明缓冲区中有键值，操作系统可以从数据寄存器读取键值。

所谓的键值，指的是按键在被按下或释放时，8042 生成的唯一值，也称扫描码（Scan

Code)。扫描码可以是单字节或多字节。当按下按键时,生成的扫描码称为 make code;释放按键时,生成的扫描码称为 break code。

以 D 键被按下为例,其扫描码的生成过程如图 8.10 所示。当按下时,生成扫描码 0x20;释放时,生成扫描码 0xA0。注意,扫描码只会在每次按下和释放的过程中各自产生一次,而不会持续多次产生重复的扫描码。

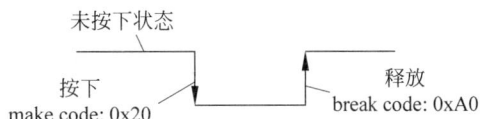

图 8.10　D 键被按下

由此可见,当敲击某个按键时,会产生两个扫描码:make code 和 break code。通过 make code 可以知道哪个键被按下;而通过 break code,可以得知按键是否已经被释放。

3. 扫描码集

如果仔细分析扫描码,会发现其值并不等于按键的字面值。例如,当按下 D 键时,扫描码 0x20 并不等于字符 D 的 ASCII 码。由此可见,扫描码遵循一套自己的编码规则。键盘上所有按键的扫描码集合,称为扫描码集(Scan Code Sets)。

常见的扫描码集有三种类型:Set 1、Set 2 和 Set 3。一般情况下,通过配置 8042,可选用这三种类型中的某一种。缺省情况下,采用的扫描码集为 Set 1,该扫描码集的部分值如表 8.10 所示。

表 8.10　扫描码集 Set 1(仅列出 Make code)

按　　键	Make code	按　　键	Make code	按　　键	Make code	按　　键	Make code
Escape	0x01	O	0x18	V	0x2F	ScrollLock	0x46
1	0x02	P	0x19	B	0x30	(小键盘) 7	0x47
2	0x03	[	0x1A	N	0x31	(小键盘) 8	0x48
3	0x04	]	0x1B	M	0x32	(小键盘) 9	0x49
4	0x05	Enter	0x1C	,	0x33	(小键盘) —	0x4A
5	0x06	左 Ctrl	0x1D	.	0x34	(小键盘) 4	0x4B
6	0x07	A	0x1E	/	0x35	(小键盘) 5	0x4C
7	0x08	S	0x1F	右 Shift	0x36	(小键盘) 6	0x4D
8	0x09	D	0x20	(小键盘) *	0x37	(小键盘) +	0x4E
9	0x0A	F	0x21	左 Alt	0x38	(小键盘) 1	0x4F
0(零)	0x0B	G	0x22	Space	0x39	(小键盘) 2	0x50
—	0x0C	H	0x23	CapsLock	0x3A	(小键盘) 3	0x51
=	0x0D	J	0x24	F1	0x3B	(小键盘) 0	0x52
Backspace	0x0E	K	0x25	F2	0x3C	(小键盘) .	0x53
Tab	0x0F	L	0x26	F3	0x3D	F11	0x57
Q	0x10	;	0x27	F4	0x3E	F12	0x58
W	0x11	'(单引号)	0x28	F5	0x3F	上一曲	0xE0,0x10
E	0x12	`(反引号)	0x29	F6	0x40	下一曲	0xE0,0x19
R	0x13	左 Shift	0x2A	F7	0x41	(小键盘) Enter	0xE0,0x1C
T	0x14	\	0x2B	F8	0x42		
Y	0x15	Z	0x2C	F9	0x43	右 Ctrl	0xE0,0x1D
U	0x16	X	0x2D	F10	0x44	静音	0xE0,0x20
I	0x17	C	0x2E	NumberLock	0x45	计算器	0xE0,0x21

续表

按　键	Make code	按　键	Make code	按　键	Make code	按　键	Make code
播放	0xE0,0x22	CursorLeft	0xE0,0x4B	电源	0xE0,0x5E	电子邮件	0xE0,0x6C
停止	0xE0,0x24	CursorRight	0xE0,0x4D	睡眠	0xE0,0x5F	媒体选择	0xE0,0x6D
音量减小	0xE0,0x2E	End	0xE0,0x4F	唤醒	0xE0,0x63	PrintScreen	0xE0,0x2A,
音量增大	0xE0,0x30	CursorDown	0xE0,0x50	搜索	0xE0,0x65		0xE0,0x37
主页	0xE0,0x32	PageDown	0xE0,0x51	收藏夹	0xE0,0x66	Pause	0xE1,0x1D,
(小键盘) /	0xE0,0x35	Insert	0xE0,0x52	刷新	0xE0,0x67		0x45,0xE1,
右 Alt	0xE0,0x38	Delete	0xE0,0x53	停止	0xE0,0x68		0x9D,0xC5
Home	0xE0,0x47	左 GUI	0xE0,0x5B	前进	0xE0,0x69		
CursorUp	0xE0,0x48	右 GUI	0xE0,0x5C	后退	0xE0,0x6A		
PageUp	0xE0,0x49	Apps	0xE0,0x5D	我的电脑	0xE0,0x6B		

从表 8.10 可以看出,大多数 make code 是单个字节,少部分为以 0xE0 开始的双字节,还有极个别为 4 字节或 6 字节。由于很多按键在本书中并未使用,因此,不支持解析上述所有的扫描码,而仅解析其中的一部分。

此外,由于篇幅限制,上表并未给出 break code。实际上,break code 可以根据 make code 计算得出,只需将 make code 中某个字节的第 7 位置 1。例如,对于 Escape 键,其 break code 为将 make code 值 0x01 的第 7 位置 1,即 $0x1 | (1 \ll 7) = 0x81$;而对于右 ctrl 键,由于 make code 为 0xE0,0x1D;因此,其 break code 为 0xE0,0x9D。

4. 组合键

有些时候,在解析键盘扫描码时,需要考虑如何对组合键进行处理。

键盘上的 CapsLock 键(大写锁定键)用于设置大写锁定。当按下此键时,大写输入被锁定,输入的字母应当为大写状态;如果再次按下,大写输入未被锁定,输入的字母应当为小写状态。例如,当按下 A 键时,如果 CapsLock 未锁定,则输入的是字符 a;反之,输入的是字符 A。

键盘上的 Shift 键用于切换大小写。当按下该键时,输入的字母大小写状态基于当前 CapsLock 的配置发生反转。当大写输入未锁定时,默认输入的字母为小写,如果同时按下 Shift 键,则变为大写;如果大写输入锁定,默认输入的字母为大写,如果同时按下 Shift 键,则变为小写。这种转换关系如表 8.11 所示。

表 8.11　Shift 和 CapsLock 配置

		CapsLock	
		未锁定	锁定
Shift	未按下	小写	大写
	按下	大写	小写

在某些情况下,Shift 键还可用于输入特殊字符。例如,为输入 @ 符号,需要同时按下 Shift 键和数字 2 键。除此之外,在本章的后续内容中,还会使用组合键 Ctrl+Fn(F1～F8) 键切换显示。

综合以上各点,在实现键盘驱动程序时,需要考虑对组合键进行处理。

8.2.2 驱动程序实现

键盘的驱动程序实现较简单,主要完成两项工作:键盘初始化、解析扫描码。

1. 键盘初始化

在计算机上电之后,BIOS 已经对键盘进行了初始化,我们只需要完成键盘中断的配置即可。键盘的初始化工作由 kbd_init() 完成,其实现如程序清单 8.20 所示。在该函数中,使用 irq_install() 安装中断处理程序 exception_handler_kbd(),并调用 irq_enable() 使能键盘中断响应。

程序清单 8.20 c06.02\project\kernel\dev\tty\kbd.c

```
13: static kbd_state_t kbd_state;              // 键盘状态
14: static enum {NORMAL, BEGIN_E0}recv_state;
166: void kbd_init(void) {
167:     recv_state = NORMAL;
168:     kernel_memset(&kbd_state, 0, sizeof(kbd_state));
169:     irq_install(VECTOR1_KEYBOARD, exception_handler_kbd);
170:     irq_enable(VECTOR1_KEYBOARD);
171: }
```

在上述代码中,对两个全局变量进行了初始化。

- 状态机变量 recv_state:用于解析键盘扫描码,初始值为 NORMAL。
- 组合键变量 kbd_state:用于处理组合键的输入,初始值为 0。

kbd_state_t 的定义如程序清单 8.21 所示,该结构包含三个变量:caps_lock、shift_press、ctrl_press,分别用于表示 CapsLock 键、Shift 键和 Ctrl 键当前是否按下。

程序清单 8.21 c06.02\project\kernel\include\dev\tty\kbd.h

```
36: typedef struct _kbd_state_t {
37:     int caps_lock;                  // 大写状态
38:     int shift_press;                // shift 按下
39:     int ctrl_press;                 // ctrl 键按下
40: }kbd_state_t;
```

2. 中断处理

按键中断处理函数 exception_handler_kbd() 的实现较简单,此处不再赘述。我们主要考虑如何在 C 语言处理函数中解析扫描码。

当按键被按下时,中断处理函数应当将扫描码从 8042 的数据寄存器中读取出来。考虑到该扫描码可能为多字节,这种读取操作可能需要进行多次。在扫描码读取出来之后,应当将其转换成相应的键值。在某些情况下,还需要考虑组合键的处理。

由于本书并未支持键盘上的所有按键,因此,对扫描码采取简化处理,具体解析过程如图 8.11 所示。

当扫描码为键盘上字母(A—Z)、数字(0—9)、字符(?、>等)等按键对应的扫描码时,可以转换成相应的 ASCII 码。而如果是 Caps、Shift、Ctrl 等功能键,则更新全局变量 kbd_state 中的相应字段。这种处理过程由 do_handler_kbd() 完成,其实现如程序清单 8.22 所示。

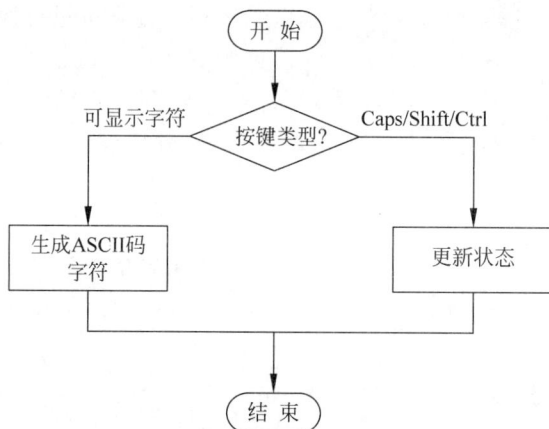

图 8.11 按键处理

程序清单 8.22   c06.02\project\kernel\dev\tty\kbd.c

```
143: void do_handler_kbd(exception_frame_t * frame) {
144:     if (inb(KBD_PORT_STAT) & KBD_STAT_RECV_READY) {
145:         uint8_t raw_code = inb(KBD_PORT_DATA);
146:         if (raw_code == KEY_E0) {
147:             recv_state = BEGIN_E0;
148:         } else {
149:             switch (recv_state) {
150:             case NORMAL:
151:                 do_normal_key(raw_code);
152:                 break;
153:             case BEGIN_E0:
154:                 do_e0_key(raw_code);
155:                 recv_state = NORMAL;
156:                 break;
157:             }
158:         }
159:     }
160:     pic_send_eoi(VECTOR1_KEYBOARD);
161: }
```

当中断发生时，do_handler_kbd()将被按键中断处理函数 exception_handler_kbd()调用。每次按下按键，可能会连续产生多次中断，中断的次数与扫描码的字节数有关。例如，如果扫描码为 2 字节，则 CPU 产生 2 次中断，do_handler_kbd()被连续调用 2 次。在每次 do_handler_kbd()执行时，只能从 8042 的数据寄存器中读取一个字节。考虑到部分扫描码为多个字节，因此，借助了状态机变量 recv_state 来辅助解析处理。

在该函数中，首先读取状态寄存器，判断是否有扫描码值可读取。如果有，则从数据寄存器中读取值并保存到 raw_code 中。接下来，判断该值是否是 0xE0，如果是，则认为收到的是多字节扫描码，将 recv_state 标记为 BEGIN_E0(收到了 0xE0)；如果不是，则根据当前 recv_state 的状态进行不同处理。

对于单字节的扫描码(NORMAL)，调用 do_normal_key()进行处理。对于多字节扫描码(BEGIN_E0)，调用 do_e0_key()处理，处理完毕之后，返回 NORMAL;状态。

do_e0_key()的实现如程序清单8.23所示。在该函数中,仅处理右Ctrl键(左Ctrl为单字节扫描码),将其是否按下的状态,更新到kbd_state.ctrl_press中。

程序清单8.23 c06.02\project\kernel\dev\tty\kbd.c

```
 76: #define get_key(key_code)       (key_code & 0x7F)
 77: #define is_make_code(key_code)  (!(key_code & 0x80))
 78:
134: static void do_e0_key (uint8_t raw_code) {
135:     if (get_key(raw_code) == KEY_CTRL) {
136:         kbd_state.ctrl_press = is_make_code(raw_code);       // 仅设置标志位
137:     }
138: }
```

do_normal_key()的实现如程序清单8.24所示。在该函数中,主要完成三项工作。

- 处理Shift键、CapsLock键和Ctrl键:对于Shift键和Ctrl键,更新按下状态到kbd_state中。对于CapsLock键,在每次按下时,将大写锁定状态进行反转,即由锁定转为非锁定或由非锁定转为锁定状态。

- 处理功能键F1～F7:目前暂时为空。在后续章节中,将调用do_fx_key()进行处理。

- 处理普通键:首先,根据Shift键的状态在map_table中查表,从而取不同的字符。之后,根据大写锁定状态对字母进行大小写的转换。最后,为方便观察解析结果,暂时将字符直接显示在屏幕上。

程序清单8.24 c06.02\project\kernel\dev\tty\kbd.c

```
082: static void do_normal_key (uint8_t raw_code) {
083:     char key = get_key(raw_code);                    // 去掉最高位
084:     int is_make = is_make_code(raw_code);
085:
086:     // 暂时只处理按键按下
087:     switch (key) {
088:     case KEY_RSHIFT:
089:     case KEY_LSHIFT:
090:         kbd_state.shift_press = is_make;              // 仅设置标志位
091:         break;
092:     case KEY_CAPS:                                    // 大小写键,设置大小写状态
093:         if (is_make) {
094:             kbd_state.caps_lock = ~kbd_state.caps_lock;
095:         }
096:         break;
097:     case KEY_CTRL:
098:         kbd_state.ctrl_press = is_make;               // 仅设置标志位
099:         break;
100:     // 功能键:写入键盘缓冲区,由应用自行决定如何处理
101:     case KEY_F1: case KEY_F2: case KEY_F3: case KEY_F4:
102:     case KEY_F5: case KEY_F6: case KEY_F7:
103:         //do_fx_key(key);
104:         break;
105:     default:
106:         if (is_make) {
107:             // 根据shift控制取相应的字符,这里有进行大小写转换或者shift转换
```

```
108:                    if (kbd_state.shift_press) {
109:                        key = map_table[key][1];        // 第 2 功能
110:                    }else {
111:                        key = map_table[key][0];        // 第 1 功能
112:                    }
113:
114:                    // 根据 caps 再进行一次字母的大小写转换
115:                    if (kbd_state.caps_lock) {
116:                        if ((key >= 'A') && (key <= 'Z')) {
117:                            key = key - 'A' + 'a';
118:                        } else if ((key >= 'a') && (key <= 'z')) {
119:                            key = key - 'a' + 'A';
120:                        }
121:                    }
122:
123:                    char key_buf[2];
124:                    kernel_sprintf(key_buf, "%c", key);
125:                    console_write(0, key_buf);
126:                }
127:            break;
128:        }
129: }
```

注意到,在上述代码中,使用了查表算法进行转换。当获得扫描码值时,从 map_table 表中查找,得到相应的键值。map_table 的实现如程序清单 8.25 所示。

程序清单 8.25   c06.02\project\kernel\dev\tty\kbd.c

```
22: static const uint8_t map_table[256][2] = {
23:            [0x2] = {'1', '!'},
24:            [0x3] = {'2', '@'},
25:            [0x4] = {'3', '#'},
26:            [0x5] = {'4', '$'},
            ....... 省略 ........
68:            [0x31] = {'n', 'N'},
69:            [0x32] = {'m', 'M'},
70:            [0x33] = {',', '<'},
71:            [0x34] = {'.', '>'},
72:            [0x35] = {'/', '?'},
73:            [0x39] = {' ', ' '},
74: };
```

map_table 使用二维数组来表示,整个数组共 256 个元素,每个元素包含两个字符:第 0 个表示 Shift 键未按下时的键值;第 1 个表示 Shift 按下时的键值。在 do_normal_key() 中,当发现 Shift 键按下(kbd_state.shift_press 不为 0),使用 key = map_table[key][1]取出键值;如果未按下,使用 key = map_table[key][0]取出键值。例如,按键 A 按下时,根据该算法,可能得到字符 a 或字符 A;而按键 1 按下后,可能得到字符 1 或字符!。

3. 运行效果

在完成上述工作之后,启动 QEMU 以测试键盘驱动程序的工作效果。在计算机屏幕中,按下任意按键,可以看到相应的键值被正确解析并显示在屏幕上。具体运行效果如图 8.12 所示。

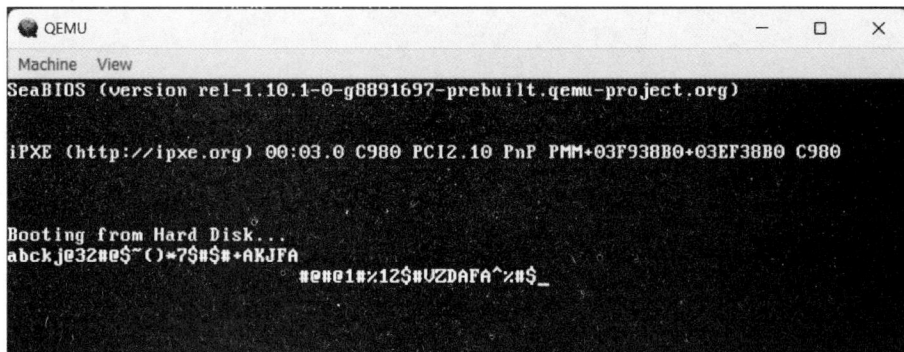

图 8.12 按键测试效果

8.3 构造 tty

通过前面的工作,我们已经实现了键盘的输入处理以及屏幕的输出显示。不过,目前对于屏幕和键盘的处理是分开进行的,在本节中,将创建抽象的 tty 设备,它可以将屏幕和键盘二者统一管理,从而构造出一种既能输入也能输出的设备。

8.3.1 实现原理

tty 是计算机系统中用于处理用户输入和输出的一种设备接口。在早期,tty 指的是类似电传打字机的设备,用于与计算机进行交互。如今,tty 通常是一个逻辑概念,表示终端设备或终端会话。在类 Unix 操作系统中,可提供多个虚拟 tty,用户可以切换当前使用的 tty。例如,可通过组合键 Ctrl + Alt + Fn 在不同的虚拟 tty 之间切换。

在实际使用时,tty 表现为一种输入/输出设备。进程可以读取该设备来获得按键输入,也可以写该设备从而实现屏幕输出。因此,在构造 tty 时,需要基于键盘和屏幕进行。我们需要将对 tty 的读写分别转换为对键盘的读取和对屏幕的输出。

本书将构造出多个 tty,不同进程可对不同的 tty 进行读写。不过,计算机屏幕和键盘均只有一个,该如何构造出多个 tty?

对于屏幕输出来说,通过分屏处理,可以实现最多 8 块虚拟屏,每块虚拟屏可用于实现一个 tty 设备。而对于键值读取来说,虽然键盘只有一个,但是,可以通过分时复用的方式,让键值在不同时间交由不同的 tty 去处理。这种构造方法如图 8.13 所示。

从图 8.13 可以看出,键盘被多个 tty 所共享。不过,在任意时刻,只有一个 tty 设备处于活跃状态。此时,按键按下的值交由该活跃的 tty 处理,并且计算机屏幕显示该 tty 的虚拟屏中的内容。

例如,当操作系统选择 tty6 作为当前活跃设备时,屏幕上将显示第 6 块虚拟屏中的内容,按键值也只交给 tty6。如果要使用其他 tty,需要通过 Ctrl + Fn 组合键进行切换。如此一来,可使得每个 tty 设备拥有自己的键盘。

综上所述,tty 并不是真实存在,而是将屏幕和键盘统一管理之后,人为构造出来的既支持输入也支持输出的虚拟设备。因此,在构造 tty 时,需要使用到键盘驱动和显示驱动。

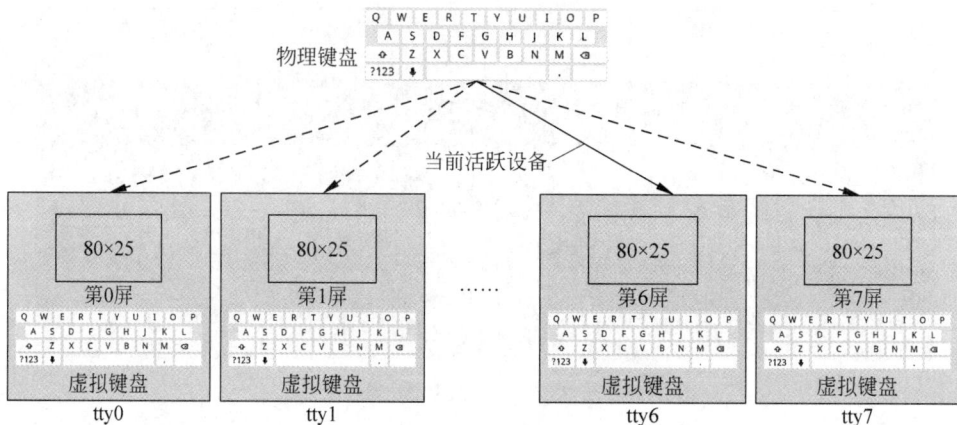

图 8.13　tty 设备构造原理

8.3.2　设备缓存

在构造 tty 之前,需要先考虑如何对设备的输入输出进行缓存处理。之所以这样做,主要原因在于:由于硬件设备的工作速度与进程的执行速度不同,可能会给程序的运行带来一些问题。这种问题示例如图 8.14 所示。

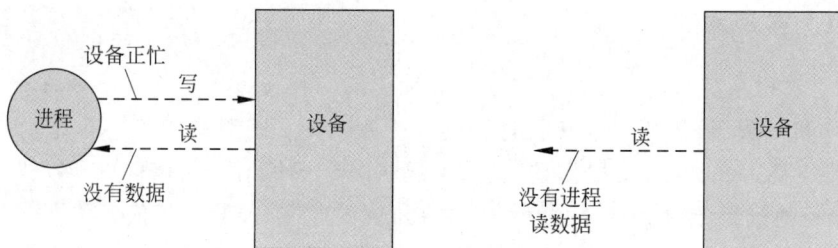

图 8.14　不带缓存的读写

当进程向设备写数据时,如果设备此时正忙,那么,进程此时应该丢弃当前待写的数据,还是等设备忙完?而当进程读设备时,设备此时可能没有数据(如键盘未按下),那么,进程是直接退出,还是继续等待数据?

在某些情况下,如果设备持续不断地产生数据(如键盘被连续多次按下),而此时进程正忙于其他工作,来不及处理这些数据,那么,这些数据很可能会被设备丢弃。

1. 缓存实现原理

为了解决这些问题,可以引入设备缓存。缓存是一种用于存储数据的临时存储区域,其目的是提高数据的访问速度和系统的性能。在引入了缓存之后,设备读写的模式发生了变化,具体工作原理如图 8.15 所示。

1) 带缓存的写

进程可以将数据直接写入缓存中,而不必等待设备空闲再写。这样一来,进程就可以尽早去做其他工作。我们可以配置设备,使其在忙完之后触发中断。在中断处理程序中,由操作系统从输出缓存中取出数据,写入设备。之后,设备继续工作,忙完之后再次触发中断。如此反复,直至输出缓存中的数据全部被处理完毕。

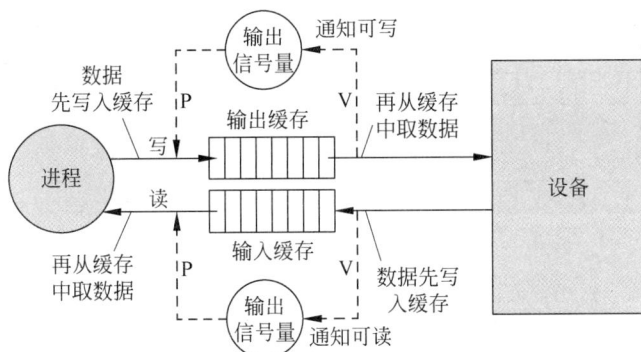

图 8.15 带缓存的读写

可以看到,数据的写入是在中断的驱动下自动完成,进程不必等待全部数据写入设备后才能退出,而只需要确保数据已经写入缓存即可。通过这种方式,大幅提升了系统的运行效率。

不过,受限于系统内存的大小限制,输出缓存是有限的。也就是说,当进程快速且大批量写设备时,由于设备处理较慢,输出缓存很快会满。此时,进程就需要待缓存有空闲的空间。为实现进程等待,可以使用信号量(输出信号量)来完成。

输出信号量的计数值表示缓存中空闲单元的个数。每当设备从缓存中取出一个数据后,执行 V 操作,表明空闲单元数增加;而在进程向缓存写入数据前,需要先执行 P 操作,表明要消耗掉一个空闲单元。这样一来,当缓存已满时,信号量计数值为 0,进程执行 P 操作时将阻塞,直至缓存中有空闲单元时才恢复运行。此时,进程可以继续向缓存写数据。

2) 带缓存的读

对于设备的读取,同样需要缓存。虽然有些设备内部自带缓存,但是,该缓存非常小,不足以满足我们的需求。当进程正忙于其他事情,如果此时设备产生了数据(如按键按下),为避免数据丢失,该数据可以暂存到输入缓存中。当进程忙完后时,便可以从输入缓存中读取这些数据。

如果进程想要读取数据而缓存中没有数据,那么,进程应当等待。为实现这种等待,可以配置输入信号量。信号量的计数值表示缓存中数据的个数,初始值应当为 0,表明没有数据。进程在每次读之前,先执行 P 操作,以便缓存中没有数据时,可以在信号量上阻塞。而当设备每次向缓存写入一个数据时,执行 V 操作,从而增加信号量的计数或者将进程从阻塞状态中唤醒。

2. 循环缓存的实现

一般来说,缓存越大越好,从而缓存更多数据。不过,由于内存资源有限,通常只能给设备配置有限大小的缓存。不同的缓存设计方案优缺点不同,本书采用的是循环缓存。

循环缓存的实现原理如图 8.16 所示。该缓存基于定长字节数组实现,并提供读索引和写索引。读索引指向下一个数据的读取位置,写索引指向下一个数据的写入位置。在读索引和写索引之间,是已经写入缓存的数据。

具体而言,该缓存的使用方法如下。

(1) 缓存为空:读和写索引指向缓存的第 0 个单元,此时缓存为空。

(2) 写入部分数据:当向缓存写数据时,从写索引指向的位置开始写,每写一个数据,

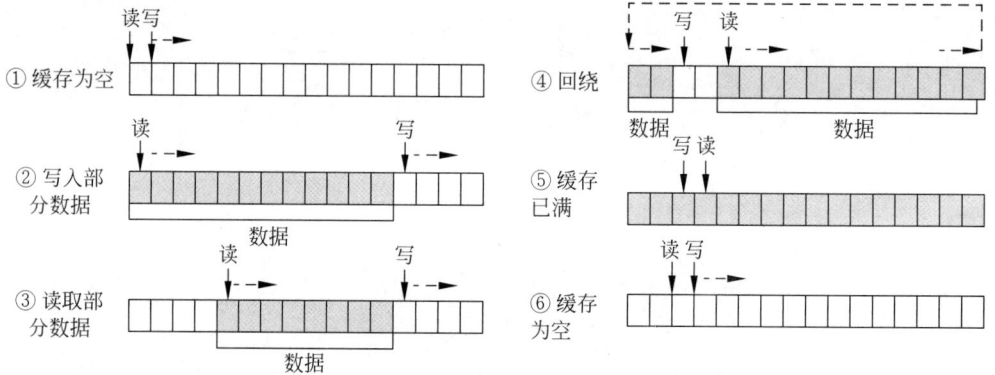

图 8.16　循环缓存结构

索引前移一个单元。

（3）读取部分数据：当从缓存读数据时，从读索引指向的位置开始读，每读一个数据，索引前移一个单元。

（4）回绕：无论是读索引还是写索引，当超出缓存的尾部时，自动回绕到缓存的开头。

（5）缓存已满：当缓存已满时，读索引和写索引指向相同的位置。

（6）缓存已空：当缓存为空时，读索引和写索引指向相同的位置。

对于循环缓存，可以定义 tty_fifo_t 结构进行描述，其实现如程序清单 8.26 所示。由于本书仅将该缓存用于 tty 设备；因此，使用字节数组 buf 用于缓存数据。read 和 write 分别用作读索引和写索引。count 用于存储缓存中的数据字节量，当 count 等于 0 时，表明缓存为空；当 count 等于 TTY_BUF_SIZE(512)时，表明缓存已满。

程序清单 8.26　c06.03\project\kernel\include\dev\tty\tty.h

```
16: typedef struct _tty_fifo_t {
17:     char buf[TTY_BUF_SIZE];
18:     int read, write;                  // 当前读写位置
19:     int count;                        // 当前数据字节量
20: }tty_fifo_t;
```

对于上述结构，增加三个操作接口：初始化、读取和写入，其实现如程序清单 8.27 所示。

程序清单 8.27　c06.03\project\kernel\dev\tty\tty.c

```
20: void tty_fifo_init (tty_fifo_t * fifo, int cnt) {
21:     fifo->read = fifo->write = 0;
22:     fifo->count = 0;
23: }
28: int tty_fifo_get (tty_fifo_t * fifo, char * c) {
29:     int err = -1;
30:
31:     irq_state_t state = irq_enter_protection();
32:     if (fifo->count > 0) {
33:             *c = fifo->buf[fifo->read++];
34:             if (fifo->read >= TTY_BUF_SIZE) {
35:                     fifo->read = 0;
```

```
36:                        }
37:                        fifo->count--;
38:                        err = 0;
39:                }
40:        irq_leave_protection(state);
41:        return err;
42: }
47: int tty_fifo_put(tty_fifo_t * fifo, char c) {
48:        int err = -1;
49:
50:        irq_state_t state = irq_enter_protection();
51:        if (fifo->count < TTY_BUF_SIZE) {
52:                        fifo->buf[fifo->write++] = c;
53:                        if (fifo->write >= TTY_BUF_SIZE) {
54:                                        fifo->write = 0;
55:                        }
56:                        fifo->count++;
57:                        err = 0;
58:                }
59:        irq_leave_protection(state);
60:        return err;
61: }
```

这三个接口的功能分别说明如下。

- tty_fifo_init()用于初始化该结构：读索引和写索引被设置为指向第 0 个单元，count 值被设置为 0，即缓存为空。
- tty_fifo_get()用于读取一个字节的数据，并存放到 c 指向的位置：首先，从 read 索引指向的位置读取数据之后，将 read 前移并处理可能的回绕；最后，将 count 的计数减一。
- tty_fifo_put()用于写入一个字节的数据：首先，向 write 索引指向的位置写数据；接下来，将 write 前移并处理可能的回绕；最后，将 count 的计数加一。

注意，无论是读缓存还是写缓存，均使用了关中断进行保护。之所以这样做，是因为可能存在多个进程同时读写 tty 的情况，且缓存操作代码较简单，因此，使用关中断而不是互斥锁进行保护。

8.3.3　驱动程序实现

接下来，便可以着手设计 tty 驱动，构建出 tty。与键盘和显示器的驱动设计不同，tty 的驱动设计需要遵循一定的规范，以便将该设备与其他类型的设备统一纳入操作系统的管理之下。

1. 驱动接口

在 Linux 等平台上，tty 可以被进程直接读写。进程读写 tty 的方式是通过文件相关的系统调用来完成，如打开文件 open()、关闭文件 close()、读取文件 read()、写入文件 write()和输入输出控制 ioctl()。也就是说，操作系统将设备抽象成了文件，通过文件系统调用即可完成对设备的访问。这就使得应用程序操作设备的方式变得较为简单，只需使用系统调用即可。

类似地,本书借鉴了这种处理方式,应用程序可以通过文件系统调用对 tty 进行读写。这种方式的实现原理如图 8.17 所示。

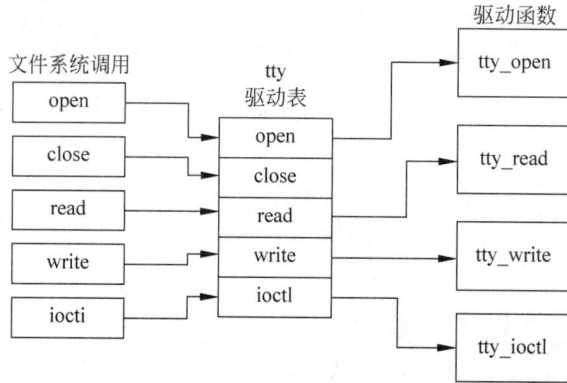

图 8.17　tty 驱动实现原理

在图 8.17 中,操作系统提供了一组文件系统调用供进程使用。在 tty 驱动内部,实现了一张驱动表,在该表中注册了对应的驱动函数,如 tty_open()等。当进程使用文件系统调用时,操作系统在驱动表中查找,找到相应的驱动函数并调用,从而完成 tty 的访问。

本章仅关注驱动函数的实现,其余部分的实现将在后续章节中逐步完成。

2. 打开设备

对于每一个 tty,可以定义 tty_t 结构进行描述,其实现如程序清单 8.28 所示。

程序清单 8.28　c06.03\project\kernel\include\dev\tty\tty.h

```
32: typedef struct _tty_t {
33:     tty_fifo_t ofifo;          // 输出队列
34:     tty_fifo_t ififo;          // 输入处理后的队列
35:     sem_t isem;                // 输入 sem
36:     int flags;                 // 控制标志
37:     int console_idx;           // 控制台索引号
38: }tty_t;
```

在上述结构中,主要包含以下字段:

- 用于缓存键盘输入的缓存 ififo 和用于显示输出的缓存 ofifo。
- 用于控制进程读取键盘的输入信号量 isem。
- 用于保存 tty 控制标志的变量 flags。
- 用于保存 tty 所用的虚拟屏序号的 console_idx。

其中,仅为键盘配置了的输入信号量,而没有为屏幕显示配置输出信号量,主要原因在于:屏幕显示通过写显存来完成,该过程很快,进程无须阻塞。

在操作 tty 之前,需要先打开设备。打开 tty 可通过 tty_open()来完成,其实现如程序清单 8.29 所示。该函数接收 dev 参数来指定打开哪一个 tty,整个系统支持最多 TTY_COUNT(8)个 tty 设备。

程序清单 8.29　c06.03\project\kernel\dev\tty\tty.c

```
14: static tty_t tty_devs[TTY_COUNT];
15: static int curr_tty, keyboard_inited;
```

```
66: int tty_open (int dev) {
67:         if ((dev < 0) || (dev >= TTY_COUNT)) {
68:                 log_printf("open tty failed. incorrect tty num = %d", dev);
69:                 return - 1;
70:         }
71:
72:         tty_t * tty = tty_devs + dev;
73:         tty_fifo_init(&tty->ofifo, TTY_BUF_SIZE);
74:         tty_fifo_init(&tty->ififo, 0);
75:         tty->flags = TTY_ICRLF | TTY_OCRLF | TTY_IECHO;
76:         sem_init(&tty->isem, 0);
77:         tty->console_idx = dev;
78:
79:         if (keyboard_inited == 0) {
80:                 kbd_init();
81:                 keyboard_inited = 1;
82:         }
83:         console_init(dev);
84:         return 0;
85: }
```

在该函数中,首先判断 dev 参数的合法性,如果合法,则从 tty_devs 数组中找到指定的 tty_t 结构;然后,对 tty_t 结构进行初始化,并设置控制标志 flags(相应位的含义在后面介绍);最后,初始化对应的虚拟屏和键盘。

注意,在整个系统运行期间,键盘仅需要初始化一次,因此,使用了 keyboard_inited 来实现此需求。当键盘已经初始化过时,keyboard_inited 的值将变为 1,这将使得后续不再重新初始化键盘。

tty_devs 结构数组、当前活跃的 tty 序号 curr_tty 和 keyboard_inited 等变量的初始值,由 tty_init()进行设置,该函数的实现如程序清单 8.30 所示。

程序清单 8.30 c06.03\project\kernel\dev\tty\tty.c

```
196: void tty_init (void) {
197:         kernel_memset(&tty_devs, 0, sizeof(tty_devs));
198:         curr_tty = 0;
199:         keyboard_inited = 0;
200: }
```

3. 关闭设备

在本书中,tty 一旦被打开,将不再关闭;因此,无须实现关闭接口。不过,如果确定想实现关闭接口 tty_close(),可以自行尝试完成。

4. 数据写入

往 tty 写入数据的操作由 tty_write()完成,其实现如程序清单 8.31 所示。该函数从 buf 中取出 size 个字节的数据,写入到序号为 dev 的 tty 中。为了接口的统一性,还预留了写入地址参数 addr。由于 tty 是字符设备且不支持随机寻址,因此,该参数并未使用。

程序清单 8.31 c06.03\project\kernel\dev\tty\tty.c

```
90: int tty_write (int dev, int addr, char * buf, int size) {
91:         int len = 0;
92:         tty_t * tty = tty_devs + dev;
```

```
 93:
 94:            // 先将所有数据写入缓存中
 95:        while (size > 0) {
 96:                    char c =  * buf++;
 97:
 98:                    // 如果遇到\n,根据配置决定是否转换成\r\n
 99:                    if (c == '\n' && (tty -> flags &TTY_OCRLF)) {
100:                            int err = tty_fifo_put(&tty -> ofifo, '\r');
101:                            if (err < 0) {
102:                                    break;
103:                            }
104:                    }
105:
106:                    // 写入当前字符
107:                    int err = tty_fifo_put(&tty -> ofifo, c);
108:                    if (err < 0) {
109:                            break;
110:                    }
111:
112:                    len++;
113:                    size -- ;
114:
115:        }
116:
117:        // 由 tty 自行去取数据写
118:        console_write(tty);
119:        return len;
120: }
```

在上述函数中,首先通过 dev 参数找到 tty_t 结构;然后,使用循环依次将所有的数据写入到输出缓存 tty-> ofifo 中。在该过程中,需要根据 tty-> flags 中是否设置了 TTY_OCRLF 标志,来决定是否需要将\n 转换成\r\n。

之所以要进行这种转换,是因为某些应用程序可能希望使用\n 就能实现回车和换行。在 console_write()函数中,对于\n 的处理,仅仅是将光标移动到下一行的相同列。如果应用程序希望 printf("Hello\nWorld")在输出 Hello 之后,能够移动到下一行开头再输出 World,那么,就需要加入\r,从而实现正确的显示。

与此同时,还需要对 console_write()进行调整,使其接收 tty 参数。具体调整方法如程序清单 8.32 所示。在该函数中,使用 tty_fifo_get()取出缓存中的数据,再将其写到屏幕上。

程序清单 8.32   c06.03\project\kernel\dev\tty\console. c

```
372: int console_write (tty_t * tty) {
373:     console_t * console = consoles + tty -> console_idx;
     ..... 省略 ....
379:     do {
380:         char c;
381:
382:         // 取字节数据
383:         int err = tty_fifo_get(&tty -> ofifo, &c);
384:         if (err < 0) {
```

```
385:            break;
386:        }
    ..... 省略 .....
418: }
```

5. 数据读取

从 tty 设备读取数据的操作由 tty_read() 完成,其实现如程序清单 8.33 所示。该函数的参数列表与 tty_write() 类似。

程序清单 8.33   c06.03\project\kernel\dev\tty\tty.c

```
125: int tty_read (int dev, int addr, char * buf, int size) {
126:        char * pbuf = buf;
127:        int len = 0;
128:        tty_t * tty = tty_devs + dev;
129:
130:        / 不断读取,直到遇到文件结束符或者行结束符
131:        while (len < size) {
132:                // 等待可用的数据
133:                sem_wait(&tty -> isem);
134:
135:                char ch;
136:                tty_fifo_get(&tty -> ififo, &ch);
137:                if ((ch == '\n') && (tty -> flags & TTY_ICRLF) && (len < size - 1)) {
138:                        // \n 变成\r\n
139:                        * pbuf++ = '\r';
140:                        len++;
141:                }
142:                * pbuf++ = ch;
143:                len++;
144:
145:                // 回显处理
146:                if (tty -> flags & TTY_IECHO) {
147:                    tty_write(dev, 0, &ch, 1);
148:                }
149:
150:                // 遇到一行结束,也直接跳出
151:                if ((ch == '\r') || (ch == '\n')) {
152:                        break;
153:                }
154:        }
155:
156:        return len;
157: }
```

在该函数中,使用了循环来逐字节读取所需的数据量。在读取每个字节的数据之前,需要先调用 sem_wait() 等待可用的数据。当缓存为空时,进程将在该信号量上阻塞。

当缓存中有数据时,调用 tty_fifo_get() 取出一个字节的数据。类似于写操作,对于\n,进程可能希望将其转换成\r\n;因此,通过判断 flags 是否设置了 TTY_ICRLF 标志,来决定是否进行这种转换。此外,在某些情况下,可能希望当按下按键时,屏幕上能自动将按键值显示出来,而无须要进程主动完成这项工作,因此,需要检查是否设置了 TTY_IECHO(回显)标志,当发现该标志已经设置时,将读取的字符使用 tty_write() 输出。

在循环何时结束的判断上,除了使用 len<size 之外,还检查是否读取到回车或换行符,这是因为:本书仅将 tty 用于实现命令行程序,该程序读取 tty 时,以\n 来作为读取结束的标记。

那么,这些数据究竟来自哪里?显然,来自于键盘。在键盘中断处理程序中,应当将键值写入到当前活跃的 tty 的输入缓存。该操作由 tty_in()完成,其实现如程序清单 8.34。

程序清单 8.34　c06.03\project\kernel\dev\tty\tty.c

```
179: void tty_in (char ch) {
180:     tty_t * tty = tty_devs + curr_tty;
181:     if (tty_fifo_put(&tty->ififo, ch) >= 0) {
182:         sem_notify(&tty->isem);
183:     }
184: }
```

在上述函数中,字符首先被写入到输入缓冲区,之后,唤醒可能正在阻塞的进程。

由于缓存空间有限,在某些情况下,如果进程迟迟不去读取缓存中的数据,将会出现缓存已满无法再写入的情况;此时,新产生的键值数据将被丢弃。此外,键值具体写入到哪个 tty,由 curr_tty 来决定。如果用户切换到不同的 tty,则键值则会写入到相应的 tty 中。

最后,tty_in()函数需要在键盘中断处理函数中调用,调用方法如程序清单 8.35 所示。

程序清单 8.35　c06.03\project\kernel\dev\tty\kbd.c

```
88: static void do_normal_key (uint8_t raw_code) {
         ..... 省略 ......
128:             tty_in(key);                // 注意去掉原来的 console_write()调用
         ..... 省略 ......
132: }
```

6. 设备控制

如果想对 tty 进行控制,可以使用 tty_ioctl()函数,其实现如程序清单 8.36 所示。在参数列表中,cmd 参数用于指明向 tty 发送何种控制命令,arg0 和 arg1 用于传递相应的命令参数。在函数内部,可以根据 cmd 的类型,决定是否使用 arg0 或者 arg1。

程序清单 8.36　c06.03\project\kernel\dev\tty\tty.c

```
162: int tty_ioctl (int dev, int cmd, int arg0, int arg1) {
163:     tty_t * tty = tty_devs + dev;
164:
165:     switch (cmd) {
166:     case TTY_CMD_ECHO:
167:         if (arg0) {
168:             tty->flags |= TTY_IECHO;
169:         } else {
170:             tty->flags &= ~TTY_IECHO;
171:         }
172:         break;
173:     }
174: }
```

目前,该函数仅实现了 tty 的回显控制,即可以使用 tty_ioctl(TTY_CMD_ECHO,1,0)来打开回显或使用 tty_ioctl(TTY_CMD_ECHO,0,0)来关闭回显。arg1 参数并未用到,其值被忽略。

7. 切换 tty

为了实现 Linux 等系统中的 tty 切换功能，可以借助 tty_select()函数来完成。该函数的实现如程序清单 8.37 所示。在该函数中，使用 console_select()切换屏幕显示，同时更新 curr_tty。这样一来，按键的键值被写入到该 tty。

程序清单 8.37　c06.03\project\kernel\dev\tty\tty.c

```
189: void tty_select (int tty) {
190:         if (tty != curr_tty) {
191:                 console_select(tty);
192:                 curr_tty = tty;
193:         }
194: }
```

tty_select()需要在键盘中断处理程序中调用，调用位置如程序清单 8.38 所示。当用户按下 Ctrl+Fn(F1~F8)组合键时，Fn 扫描码将被转换成 tty 序号，并通过 tty_select()切换到该设备。

程序清单 8.38　c06.03\project\kernel\dev\tty\kbd.c

```
79: static void do_fx_key (int key) {
80:         if (kbd_state.ctrl_press) {
81:                 tty_select(key - KEY_F1);
82:         }
83: }
84:
88: static void do_normal_key (uint8_t raw_code) {
        ..... 省略 ......
107:     case KEY_F1: case KEY_F2: case KEY_F3: case KEY_F4:
108:     case KEY_F5: case KEY_F6: case KEY_F7: case KEY_F8:
109:         do_fx_key(key);
110:         break;
        ..... 省略 ......
132: }
```

8.3.4　运行效果

在完成上述所有代码后，可以编写一小段代码进行测试，测试代码如程序清单 8.39 所示。在该代码中，首先依次打开所有 tty，并向每个 tty 中写入序号；其次，关闭 tty0 的回显；最后，不断读取 tty0 并回写。

程序清单 8.39　c06.03\project\kernel\init.c

```
15: void kernel_start (void) {
        ..... 省略 ......
17:     tty_init();
        ..... 省略 ......
26:     for (int i = 0; i < tty_COUNT; i++) {
27:         char num = '0' + i;
28:         tty_open(i);
29:         tty_write(i, 0, &num, 1);
30:     }
```

```
31:
32:     tty_ioctl(0, tty_CMD_ECHO, 0, 0);              // 禁止回显
33:     while (1) {
34:         char kbd;
35:         tty_read(0, 0, &kbd, 1);
36:         tty_write(0, 0, &kbd, 1);
37:     }
38: }
```

当程序运行起来之后,通过 Ctrl+F1～F8 组合键,可以切换到相应的 tty。在屏幕上,可以观察到相应的 tty 序号。而在 tty0 中,按下任意按键,按键结果将会显示在屏幕上。上述测试代码的运行效果如图 8.18 所示。

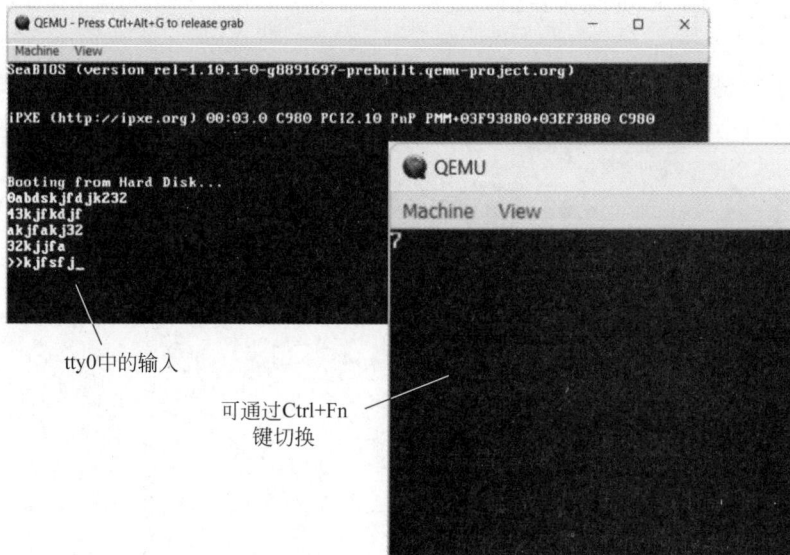

tty0中的输入

可通过Ctrl+Fn
键切换

图 8.18 tty 设备读写效果

如果想在其他 tty 中进行按键测试,可以修改上述代码中的第 32～36 行,将序号 0 修改成其他的序号值。

8.4 改进日志输出

目前,所有日志信息都是通过串口输出。而现在,我们可以抛弃这种做法,直接显示到屏幕上。为了实现这一点,需要对原日志输出代码进行修改,修改方式如程序清单 8.40 所示。

程序清单 8.40 c06.03\project\kernel\tools\log.c

```
19: void log_init (void) {
20:     tty_open(0);
21: }
22:
23: static void print_c (char c) {
28:     tty_write(0, 0, &c, 1);
30: }
```

可以看到,所有的日志信息都写入到了 tty0。由于 tty0 是默认的活跃设备,因此,我们无须手动切换 tty,就能在计算机屏幕上看到所有的日志信息。

接下来,需要在系统初始化时,加入对 tty_init() 的调用。注意,该调用需要在 log_init() 调用之前。相关初始化代码如程序清单 8.41 所示。

程序清单 8.41   c06.03\project\kernel\init.c

```
15: void kernel_start (void) {
16:     irq_init();
17:     tty_init();
18:     log_init();
        ......省略......
38: }
```

8.5　本章小结

本章主要介绍了如何对键盘和显示器进行管理,并实现了相应的驱动程序。

在操作系统内部,首先完成了键盘扫描码的解析。扫描码被转换成键值,写入至输入缓存。其次,完成了屏幕的显示处理,可以输出普通字符、转义字符和转义序列。

最后,为了能够对键盘和屏幕进行统一管理,构造出了虚拟设备 tty。该设备是一种字符设备,不支持随机读写。对 tty 的读,变成了对键盘的读;而对 tty 的写,则变成了对屏幕的写。

第9章

读写硬盘

除了字符设备外,计算机系统中还存在着块设备。这种设备具有以下主要特点。

- 以固定大小的块为单位进行读写,如 512 字节、1024 字节等。
- 支持随机访问,可以访问任意位置的数据块。
- 大容量存储,可以长期存储大量的数据。

最常见的块设备为硬盘。硬盘主要用于存储操作系统文件、应用程序和用户数据。操作系统需要提供对硬盘的读写支持。在本章中,首先介绍硬盘的操作接口;其次,介绍分区管理方法;最后,实现硬盘驱动程序。

9.1 工作原理

9.1.1 硬盘连接

硬盘种类多样,依据存储方式可分为机械硬盘、固态硬盘等;根据接口类型可分为 IDE、SATA 等接口类型。一台计算机上可以同时连接多种不同类型的硬盘。不同类型的硬盘的使用方式和工作原理各有差别。为简单起见,本书仅介绍 IDE 类型接口硬盘的相关知识。

当计算机主板只提供 IDE 接口时,硬盘的连接结构如图 9.1 所示。主板上有两条 IDE

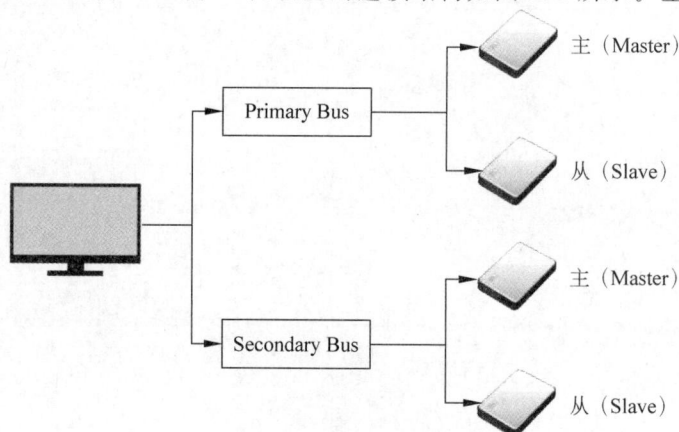

图 9.1 硬盘连接结构

总线：Primary Bus 和 Secondary Bus，每一条总线可以连接两块硬盘，分别为主（Master）硬盘和从（Slave）硬盘。

在工程配置中，仅配置了一块硬盘，配置方法如程序清单 9.1 所示。在该脚本中，通过-drive file＝disk.vhd，index＝0，media＝disk，format＝raw 为 QEMU 配置了一块硬盘，使用 disk.vhd 硬盘映像文件作为 QEMU 的硬盘。

程序清单 9.1　c07.01\workspace\qemu-debug-win.bat

```
57: start qemu - system - i386 - m 64M - s - S - drive file = disk.vhd,index = 0,media = disk,
format = raw
```

当操作系统对硬盘进行读写操作时，将产生中断请求，由 8259 向 CPU 触发向量号为 0x2E 的中断。之后，CPU 跳转到硬盘中断处理程序中执行。硬盘产生中断流程如图 9.2 所示。

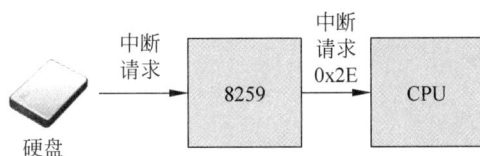

图 9.2　硬盘产生中断流程

9.1.2　逻辑结构

为了读写硬盘，可以使用 BIOS 中断 int 0x13。不过，这种方式只能在实模式下使用，且需要指定起始扇区、柱面和磁道等参数，使用起来较为复杂。此外，除机械硬盘之外，其他类型的硬盘（如固态硬盘）目前也被广泛使用。这些硬盘使用 Flash 等存储芯片用于数据存储，其物理结构与机械硬盘的完全不同，没有所谓的磁道和柱面的存在，使用起来更为简单。

这种物理结构上的差异不应当是我们当前需要关注的内容，我们应当关注其逻辑结构。实际上，无论是哪种类型的硬盘，其逻辑结构是相同的，这种逻辑结构如图 9.3 所示。可以看到，硬盘由一系列数据块的组成，每个数据块大小相同。这样的数据块也称为扇区，扇区大小一般为 512 字节且从 0 开始编号。

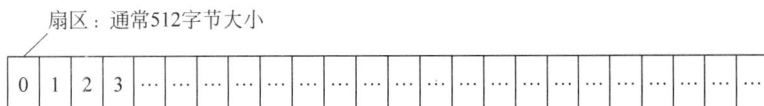

图 9.3　硬盘逻辑结构

在对硬盘进行访问时，必须以扇区为单位进行。也就是说，无论读取还是写入，只能从某个扇区的开始，读取扇区大小整数倍的数据量。

9.1.3　LBA 寻址

使用 BIOS 中断 int 0x13 读取硬盘时，需要起始扇区、柱面和磁道等位置参数，这种寻址方式叫作 CHS 寻址。除此之外，还有一种更为简单的寻址方式：LBA 寻址。

1. 寻址模式

LBA 寻址（Logical Block Addressing，逻辑块寻址）为硬盘上的每个扇区分配一个连续的逻辑编号,编号从 0 开始递增。当需要读写硬盘时,只需提供扇区地址(编号)和扇区数量,硬盘控制器会自动将其转换成存储介质上相应的地址。例如,某块硬盘有 10 000 个扇区,那么,扇区依次被编号为 0～9999。要访问第 5000 个扇区,只需指定 LBA 地址为 5000。

可以看到,这种寻址要简单易于理解得多。而无论是机械硬盘还是固态硬盘,都支持 LBA 寻址,因此,本书将采用这种寻址方式。

LBA 寻址分为几种类型,如 LBA28、LBA48 等,其主要区别在于地址位数不同。

- LBA28 使用 28 位来表示扇区地址,最大寻址的扇区数量为 2^{28} 个。当扇区大小为 512 字节,最大寻址容量约为 137 GB($2^{28} \times 512$ 字节 ≈ 137 GB)。
- LBA48 使用 48 位来表示扇区地址,最大寻址的扇区数量为 2^{48} 个。当扇区大小为 512 字节,最大寻址容量约为 128 PB($2^{48} \times 512$ 字节 ≈ 128 PB)。

在本书中,采用了 LBA48 寻址。不过,由于实际硬盘容量很小,因此,在使用时并未使用全部 48 位地址。

2. 操作方式

与键盘的控制方式类似,要对硬盘进行读写,也需要通过 I/O 端口发送命令来完成。

对于 Primary Bus 上的硬盘来说,其 I/O 端口的地址为 0x1F0～0x1F7、0x3F6～0x3F7;对于 Secondary Bus 上的硬盘来说,其 I/O 端口的地址为 0x170～0x177、0x376～0x377。由于本书仅使用 Primary Bus 上的硬盘,因此,只需要访问端口 0x1F0～0x1F7、0x3F6～0x3F7。其中,0x1F0～0x1F7 端口的详细功能如表 9.1 所示。其余端口由于未用,所以不作说明。

表 9.1　硬盘端口寄存器

端　　口	方　　向	功　　能	寄存器位宽
0x1F0	读/写	数据寄存器	16 位
0x1F1	读	错误寄存器	8 位
0x1F1	写	特性寄存器	8 位
0x1F2	读/写	扇区计数寄存器	8 位
0x1F3	读/写	LBA 低位	8 位
0x1F4	读/写	LBA 中位	8 位
0x1F5	读/写	LBA 高位	8 位
0x1F6	读/写	驱动器寄存器	8 位
0x1F7	读	状态寄存器	8 位
0x1F7	写	命令寄存器	8 位

其中,命令寄存器用于向硬盘发送读写命令、数据寄存器用于读写硬盘数据、扇区计数寄存器用于控制读写的扇区数量,48 位 LBA 地址被分别写入 LBA 低位、LBA 中位、LBA 高位这 3 个不同的寄存器中。

驱动器寄存器用于控制当前读写的是 Primary Bus 上的硬盘还是 Secondary Bus 上的硬盘,以及是否采用 LBA 寻址。该寄存器各位含义如表 9.2 所示。

表 9.2 驱动器寄存器

位	缩　写	功　　能
0～3		在 CHS 寻址中,磁头的位 0 到 3;在 LBA 寻址中,块号的第 24 到 27 位
4	DRV	选择驱动器编号。值为 0 时,使用 Master;为 1 时,则使用 Slave
5	1	始终为 1
6	LBA	如果为 0,则使用 CHS 寻址,如果为 1,则使用 LBA 寻址
7	1	始终为 1

状态寄存器反映了当前数据传输的状态,如是否忙(BUSY)、是否发生错误(ERR)等。该寄存器各位含义如表 9.3 所示。

表 9.3 状态寄存器

位	缩　写	功　　能
0	ERR	指示发生错误,发送新命令以清除它(或使用软件重置将其核弹)
1	IDX	索引。始终设置为零
2	CORR	更正的数据。始终设置为零
3	DRQ	如果为 1,则表示驱动器有 PIO 数据可以传输,或准备接收 PIO 数据
4	SRV	重叠模式服务请求
5	DF	驱动器故障错误(未设置 ERR)
6	RDY	当驱动器降速时或出现错误后,清 0;否则为 1
7	BSY	表示驱动器正在准备发送/接收数据。如果出现"挂起",请使用软件重置

通过上述内容可知,向这些寄存器写入命令、扇区地址等信息,便可以实现对硬盘的读取。读取的具体操作实现如程序清单 9.2 所示。

程序清单 9.2 LBA 读示例

```
outb(0x1F6,0x40 |(slavebit << 4))     // 如果是 Secondary Bus,则 slavebit 为 1;否则,为 0
outb(0x1F2,扇区数量高字节)
outb(0x1F3,LBA4)
outb(0x1F4,LBA5)
outb(0x1F5,LBA6)
outb(0x1F2,扇区数量低字节)
outb(0x1F3,LBA1)
outb(0x1F4,LBA2)
outb(0x1F5、LBA3)
outb(0x1F7,0x24)                      // 发送读命令
等待数据就绪
将数据从硬盘读取数据出来
```

9.1.4 分区表

在 Windows 等系统中,即便计算机中只有一块硬盘,系统可能仍然会显示出多个盘符,如 C 盘、D 盘等。这种有趣的现象如图 9.4 所示。

图 9.4 Windows 系统中盘符

实际上,这些盘符的存在并不表示真的存在多个硬盘。由于硬盘容量较大,在实际使用时,往往通过一定的方式将其存储空间划分成多个不同的区域。操作系统将这些区域识别为一个个的虚拟盘,这种划分方式称之为分区。

通过分区,可以将不同类型的数据(如应用程序、用户数据等)分别存储在硬盘上的不同区域中,从而便于管理和维护。

1. MBR

为了实现这种分区机制,首先需要先规划好分为哪几个区域,即确定每个区域的起始扇区号和扇区数量;之后,需要将这些信息保存起来,以便于操作系统识别。这些信息通常按照某种格式保存到硬盘中的特定位置。常见的有两种分区方案:MBR(主引导记录)和GPT(GUID 分区表)。本书仅介绍 MBR,其工作原理如图 9.5 所示。

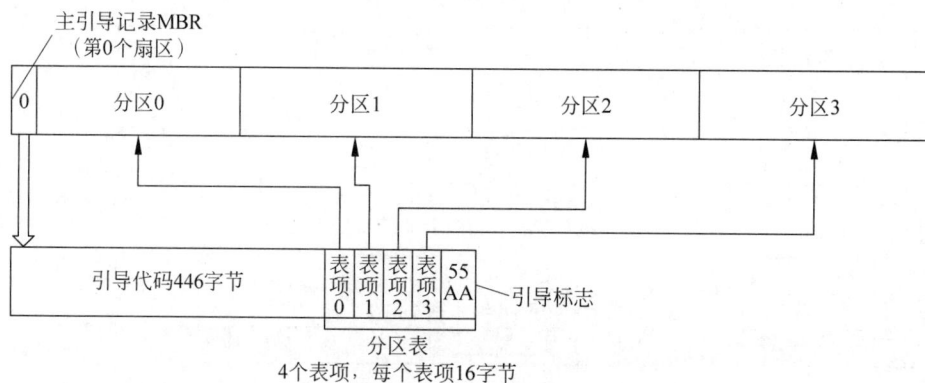

图 9.5 硬盘分区与分区表

如图 9.5 所示,硬盘的第 0 个扇区用于存储 MBR。具体而言,该扇区的前 446 个字节用于存储引导代码;之后的 64 字节用于存储分区表;最后 2 字节用于存放引导标志 0x55、0xAA。其中,分区表中的表项格式说明如下。

- 引导标志(1 字节):0x80 表示该分区是活动分区,0x00 表示非活动分区。
- 起始磁头(1 字节):分区起始的磁头号。
- 起始扇区(6 位):分区起始的扇区号。
- 起始柱面(10 位):分区起始的柱面号。
- 分区类型(1 字节):分区类型。
- 结束磁头(1 字节):分区结束的磁头号。
- 结束扇区(6 位):分区结束的扇区号。
- 结束柱面(Ending Cylinder,10 位):分区结束的柱面号。
- 相对扇区(4 字节):分区的起始扇区地址。
- 总扇区数(4 字节):分区包含的扇区总数。

分析该表项格式可知,通过相对扇区和总扇区数,可以得知某个分区在硬盘上的起始位置和大小。由于 MBR 共 64 字节,每个表项占 16 字节,因此,最多可支持 4 个表项。也就是说,只能创建最多 4 个分区。而如果想要创建更多分区,则需要使用扩展分区。本书并未使用扩展分区,故不作介绍。

2. 分区分析

对于本书工程中所使用的硬盘,采用的是 MBR 分区方案。利用一些硬盘管理工具,如 DiskGenius,可以分析该硬盘上的分区状态,分析结果如图 9.6 所示。从图 9.6 中可知,硬盘 disk. vhd 总容量约 48MB,仅有一个 FAT16 分区,从扇区号 4096 开始,总扇区数量为 98 304。

分区参数 浏览文件 扇区编辑											
卷标	序号(状态)	文件系统	标识	起始柱面	磁头	扇区	终止柱面	磁头	扇区	容量	属性
⌐ 主分区(0)	0	FAT16	06	0	65	2	6	95	25	48.0MB	A

文件系统类型:	FAT16	卷标:	
总容量:	48.0MB	总字节数:	50331648
已用空间:	212.0KB	可用空间:	47.8MB
簇大小:	1024	总簇数:	48940
已用簇数:	0	空闲簇数:	48940
总扇区数:	98304	扇区大小:	512 Bytes
起始扇区号:	4096		

图 9.6 disk. vhd 分区情况

注:使用 DiskGenius 等工具可以自由地在硬盘上的任意位置创建不同类型的分区。以上分区方案,只是作者根据课程的需求选取的一种简单方案,大家可以自行创建其他类型分区。

该分区主要用于存储应用程序文件和其他文件。操作系统 kernel. bin 并没有放在该分区中,其存储位置如图 9.7 所示。

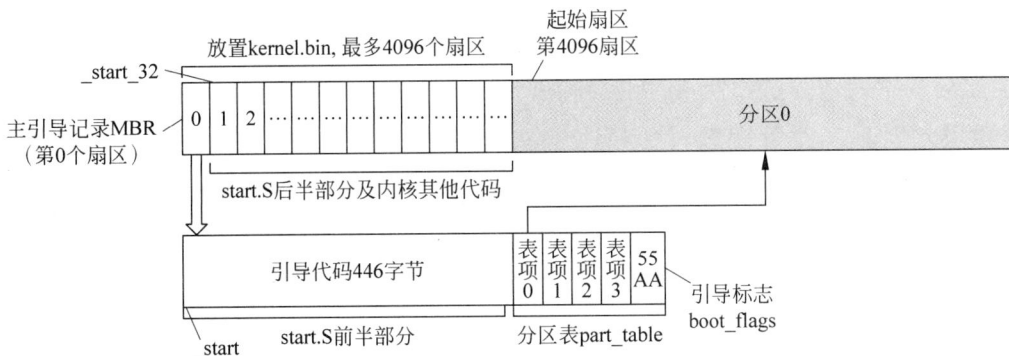

图 9.7 硬盘分区和代码分布

根据工程中 qemu-debug-win. bat 等配置脚本的内容可知,kernel. bin 被写入到硬盘 0 号扇区开始的位置。在分区 0 前面共有 4096 个扇区,即共有约 $4096 \times 512 = 2MB$ 空间(足够大的空间)用于存储 kernel. bin。第 0 扇区存储了 kernel 的 start. S 的代码。其中,前 446 字节存放的是 start. S 中从_start 开始的部分代码,其余部分分别为分区表 part_table 和引导标志 boot_flags。_start_32 之后的所有汇编代码以及 C 语言代码均从第 1 扇区开始存放。

基于以上分析,我们现在可以回答第 3 章中的疑问:start. S 中的 part_table 实际上为 MBR 分区表。而之所以要在 start. S 中包含 part_table,是因为 kernel. bin 会覆盖掉第 0 扇区,导致硬盘上已有的分区表被破坏。因此,为了避免出现该问题,可以预先将分区表的内容复制到 part_table 中,这样一来,分区表的内容将保持不变。对于本书提供的 disk 硬盘文件而言,分区表的内容如程序清单 9.3 所示。

程序清单 9.3　　c07.01\project\kernel\start.S

```
33:         .org 446
34: part_table:
35: .byte 0x80, 0x41, 0x02, 0x00, 0x06, 0x5F, 0x19, 0x06, 0x00, 0x10, 0x00, 0x00, 0x00, 0x80,
    0x01, 0x00
36: .byte 0x00, 0x00, 0x00, 0x00, 0x00, 0x00, 0x00, 0x00, 0x00, 0x00, 0x00, 0x00, 0x00, 0x00,
    0x00, 0x00
37: .byte 0x00, 0x00, 0x00, 0x00, 0x00, 0x00, 0x00, 0x00, 0x00, 0x00, 0x00, 0x00, 0x00, 0x00,
    0x00, 0x00
38: .byte 0x00, 0x00, 0x00, 0x00, 0x00, 0x00, 0x00, 0x00, 0x00, 0x00, 0x00, 0x00, 0x00, 0x00,
    0x00, 0x00
```

注：上述分区表数值，可以使用 DiskGenius 等工具打开硬盘分析找到。之后，将这些数值手动写入到代码中。特别注意，如果数值不正确，将会导致分区表被破坏，影响工程的调试和操作系统运行！

在上述代码中，使用了 .org 446 指示 part_table 从相对于程序开头的 446（分区表在第 0 扇区中的偏移）字节开始存放，.byte 用于指示放置字节数据，一共存放 4 个 16 字节数组，即分区表的 4 个表项。在这 4 个表项中，仅表项 0 有效，即只有一个分区。

9.2　驱动程序实现

接下来，我们可以着手驱动程序的设计。与 tty 的驱动设计类似，硬盘驱动程序同样需要实现打开、读写等接口。此外，还需要增加识别硬盘数量和解析分区等相关接口。

9.2.1　基本交互接口

无论是识别硬盘，还是读写硬盘，都需要执行相同的基础操作，这些操作如图 9.8 所示。可以看到，这些操作分为两种类型：第一种用于写硬盘，即先发送命令，再写数据，最后等待硬盘忙完；第二种用于读硬盘，即先发送命令，再等数据就绪，最后读数据。

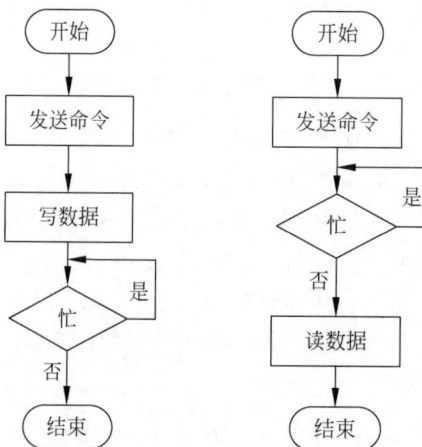

图 9.8　与硬盘基本交互流程

从图 9.8 可知,为实现这两种操作,我们需要实现四种接口功能:发送命令、写数据、读数据、等待非忙。下面将依次介绍这几种接口的实现。

1. 发送命令

向硬盘发送命令的操作由 disk_send_cmd() 完成,其实现如程序清单 9.4 所示。由于本系统仅支持 Primary Bus 上的硬盘,因此,只需要向 0x1F0～0x1F7 等端口写入命令等信息。

程序清单 9.4   c07.01\project\kernel\include\dev\disk.h

```
24: static void disk_send_cmd (int drive, uint32_t start_sector, uint32_t sector_count, int cmd) {
25:        outb(DISK_IO_DRIVE, DISK_DRIVE_BASE | drive);      // 使用 LBA 寻址,并设置驱动器
26:
28:        outb(DISK_IO_SECTOR_COUNT, (uint8_t) (sector_count >> 8));// 扇区数高 8 位
29:        outb(DISK_IO_LBA_LO, (uint8_t) (start_sector >> 24));      // LBA 参数的 24～31 位
30:        outb(DISK_IO_LBA_MID, 0);                                  // 高于 16 位不支持
31:        outb(DISK_IO_LBA_HI, 0);                                   // 高于 16 位不支持
32:        outb(DISK_IO_SECTOR_COUNT, (uint8_t) (sector_count));      // 扇区数量低 8 位
33:        outb(DISK_IO_LBA_LO, (uint8_t) (start_sector >> 0));       // LBA 参数的 0～7
34:        outb(DISK_IO_LBA_MID, (uint8_t) (start_sector >> 8));      // LBA 参数的 8～15 位
35:        outb(DISK_IO_LBA_HI, (uint8_t) (start_sector >> 16));      // LBA 参数的 16～23 位
36:
37:        // 选择对应的主 - 从硬盘
38:        outb(DISK_IO_CMD, (uint8_t)cmd);
39: }
```

在上述函数中,首先设置了驱动器寄存器,指明所用的驱动器号 drive 并使用 LBA 寻址;接下来,写入扇区数量 start_sector、起始扇区号 sector_count;最后,写入命令 cmd。

注意,虽然该函数使用 LBA48 寻址,不过,由于 start_sector 为 32 位整型,实际并未使用全部 48 位地址。即便如此,这对本书而言也是完全够用的。

2. 读写数据

如果需要向硬盘写数据或者从硬盘读数据,可以通过读写硬盘的数据寄存器来实现。针对读取和写入,分别实现了两个接口用于完成这些操作,其实现如程序清单 9.5 所示。

程序清单 9.5   c07.01\project\kernel\dev\disk.c

```
44: static void disk_read_data (void * buf, int size) {
45:        uint16_t * c = (uint16_t *)buf;
46:        for (int i = 0; i < size / 2; i++) {
47:                * c++ = inw(DISK_IO_DATA);
48:        }
49: }
50:
54: static void disk_write_data (void * buf, int size) {
55:        uint16_t * c = (uint16_t *)buf;
56:        for (int i = 0; i < size / 2; i++) {
57:                outw(DISK_IO_DATA, * c++);
58:        }
59: }
```

在上述代码中,读取和写入的数据放在缓冲区 buf 中,总字节量为 size。注意,由于数据寄存器为 16 位,因此,每次读写时,需要使用 inw 指令以 16 位的方式来访问数据寄存器。

3. 等待非忙

硬盘在接收到命令之后,需要一些时间来执行该命令。在这期间,硬盘处于忙状态,程序需要等待硬盘完成命令后,才能继续执行下一步操作。这种等待操作由 disk_wait_data()完成,其实现如程序清单 9.6 所示。

程序清单 9.6 c07.01\project\kernel\dev\disk.c

```
64: static int disk_wait_data (void) {
65:     uint8_t status;
66:     do {
67:         // 等待数据或者有错误
68:         status = inb(DISK_IO_STATUS);
69:         if ((status & (DISK_STATUS_BUSY | DISK_STATUS_DRQ | DISK_STATUS_ERR))
70:                         != DISK_STATUS_BUSY) {
71:             break;
72:         }
73:     }while (1);
74:
75:     // 检查是否有错误
76:     return (status & DISK_STATUS_ERR) ? -1 : 0;
77: }
```

在该函数中,不断地检查状态寄存器中的各个位,当发现 BSY、DRQ 和 ERR 位置 1 时,立即退出循环。在退出循环后,再次检查 ERR 位是否置 1,从而发现硬盘执行命令时是否出现错误。如果出现错误,返回-1;无错误则返回 0。

9.2.2 硬盘初始化

在对硬盘进行读写之前,需要先进行初始化。由于计算机上电之后,硬盘已经被 BIOS 初始化过,因此,这里的初始化主要指识别硬盘数量和硬盘上的分区。

1. 定义数据结构

为了存储初始化过程中检测到的相关信息,需要定义一些结构体。

对于硬盘本身,可以定义 disk_t 来描述,该结构如程序清单 9.7 所示。在该结构中,包含了硬盘名称 name、驱动器号 drive、扇区字节大小 sector_size、扇区总数量 sector_count 以及分区信息 partinfo。

程序清单 9.7 c07.01\project\kernel\include\dev\disk.h

```
100: typedef struct _disk_t {
101:     char name[DISK_NAME_SIZE];              // 硬盘名称
103:     enum {
104:         DISK_DISK_MASTER = (0 << 4),        // 主设备
105:         DISK_DISK_SLAVE = (1 << 4),         // 从设备
106:     }drive;
107:
108:     int sector_size;                        // 块大小
109:     int sector_count;                       // 总扇区数量
110:     partinfo_t partinfo[DISK_PRIMARY_PART_CNT + 1];
111: }disk_t;
```

其中,drive 用于区分该硬盘是 Master 还是 Slave。在 disk_send_cmd()中,该值会被写

入到驱动器寄存器的 DRV 位。partinfo 用于保存分区信息,整个硬盘最大可支持 DISK_PRIMARY_PART_CNT(4)+1=5 个分区,该数值比分区表的表项数量要多一个。具体原因,将在后面解释。

partinfo_t 的定义如程序清单 9.8 所示。在该结构中,包含分区名称 name、分区类型 type、起始扇区 start_sector 和总扇区数量 total_sector 等字段。由于目前暂不涉及分区的类型,因此,type 仅允许取值 FS_INVALID(无效)。

程序清单 9.8　c07.01\project\kernel\include\dev\disk.h

```
83: typedef struct _partinfo_t {
84:     char name[PART_NAME_SIZE];              // 分区名称
87:     enum {
88:         FS_INVALID = 0x00,                  // 无效文件系统类型
91:     }type;
92:
93:     int start_sector;                       // 起始扇区
94:     int total_sector;                       // 总扇区数量
95: }partinfo_t;
```

2. 命名规则

对于硬盘和分区,我们可以给其唯一的名称进行区分。参考 Linux 等系统的命名方法(不完全相同),本书制定的命令规则如下。

- 对于硬盘,名称以 sd 开头,其后接硬盘序号。序号从 a 开始,依次为 b、c 等。由于本系统最多支持两块硬盘,因此,仅有两种名称:sda 和 sdb。
- 对于分区,名称以硬盘名开头,其后接分区序号,序号从 0 开始,如 sdb0、sdb1 等。其中,序号 0 对应的分区较为特殊,它将整个硬盘作为一个大的分区。其余的 sdb1、sdb2 等分别与分区表中的各表项一一对应,表示大分区下的各个小分区。

根据上述规则,详细的命名示例如图 9.9 所示。对于主盘(Master),其名称为 sda,各分区名称依次为 sda0、sda1、sda2、sda3、sda4;对于从盘(Slave),其名称为 sdb,分区名称依次为 sdb0、sdb1、sdb2、sdb3、sdb4。

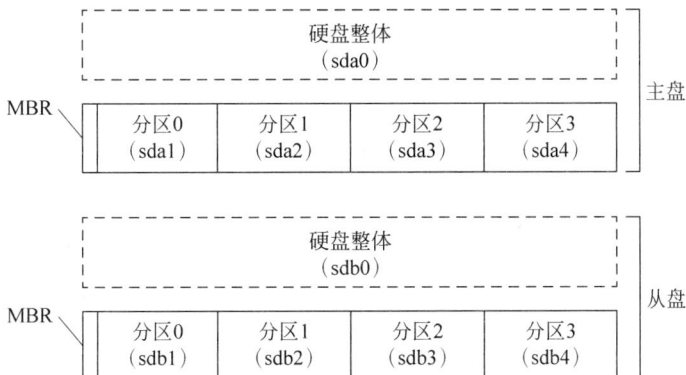

图 9.9　分区命名

由此可知,对于一块硬盘而言,最多需要存储 5 个分区信息。这也就是为什么 disk_t 结构中,partinfo 数组中元素的数量为 5。

3. 初始化

硬盘的初始化由 disk_init() 完成,其实现如程序清单 9.9 所示。该函数的主要作用是识别 Primary Bus 上硬盘。当识别到硬盘时,则将该硬盘的信息保存到对应的 disk 结构中。

程序清单 9.9   c07\c07.01\project\kernel\dev\disk.c

```
17: static disk_t disk_buf[DISK_CNT];                        // 通道结构
19:
177: void disk_init (void) {
178:     log_printf("Checking disk...");
179:
180:     // 清空所有 disk,以免数据错乱
181:     kernel_memset(disk_buf, 0, sizeof(disk_buf));
182:
183:     // 检测各个硬盘,读取硬件是否存在,有其相关信息
184:     for (int i = 0; i < DISK_PER_CHANNEL; i++) {
185:         disk_t * disk = disk_buf + i;
186:
187:         // 先初始化各字段
188:         kernel_sprintf(disk -> name, "sd%c", i + 'a');
189:         disk -> drive = (i == 0) ? DISK_DISK_MASTER : DISK_DISK_SLAVE;
190:
191:         // 识别硬盘,有错不处理,直接跳过
192:         int err = identify_disk(disk);
193:         if (err == 0) {
194:             print_disk_info(disk);
195:         }
196:     }
197: }
```

在上述代码中,首先清零 disk_buf 数组;然后,通过循环遍历 Primary Bus 上的两块硬盘,在对应的 disk 结构中设置名称 name、驱动器号 drive 等信息;最后,调用 identify_disk() 识别硬盘。如果硬盘存在,调用 print_disk_info() 打印出该硬盘的相关信息。

当该函数执行完毕时,在 disk_buf 中应当保存了硬盘的信息。如果某块硬盘不存在,则其对应的 disk 结构中 sector_count 值应为 0。

4. 识别硬盘

为了识别硬盘是否存在,可以向硬盘发送 IDENTIFY(0xEC)命令。通过该命令,可以获取诸如硬盘型号、序列号、扇区大小、容量等多种信息。该命令的使用方法如下。

- 发送 IDENTIFY 命令:除驱动器号寄存器外,其余寄存器全部设置为 0。
- 读取状态寄存器:如果值为 0,表明该硬盘不存在;否则,检查 BSY 位,等待硬盘处于非忙状态。
- 读取数据寄存器:从读取的数据中,解析硬盘的工作参数和特性数据。

在 IDENTIFY 命令执行后,硬盘最多返回 256 个 16 位的数据。由于篇幅限制,本书无法列出所有数据的含义。我们仅需要关注从第 100～103 项,共 8 字节数据。这些数据存放了硬盘的总扇区数。

根据上述流程,识别硬盘的操作由 identify_disk() 完成,其实现如程序清单 9.10 所示。

程序清单 9.10　c07\c07.01\project\kernel\dev\disk.c

```
137: static int identify_disk (disk_t * disk) {
138:     disk_send_cmd(disk->drive, 0, 0, DISK_CMD_IDENTIFY);
139:
140:     // 检测状态,如果为 0,则控制器不存在
141:     int err = inb(DISK_IO_STATUS);
142:     if (err == 0) {
143:         log_printf("%s doesn't exist\n", disk->name);
144:         return -1;
145:     }
146:
147:     // 等待数据就绪,此时中断还未开启,因此暂时可以使用查询模式
148:     err = disk_wait_data();
149:     if (err < 0) {
150:         log_printf("disk[%s]: read failed!\n", disk->name);
151:         return err;
152:     }
153:
154:     // 读取返回的数据,特别是 uint16_t 100 through 103
155:     // 只用大小数据,其余数据不用
156:     uint16_t buf[256];
157:     disk_read_data(buf, sizeof(buf));
158:     disk->sector_count = *(uint32_t *)(buf + 100);    // 没必要取全部 64 位
159:     disk->sector_size = SECTOR_SIZE;                  // 固定为 512 字节大小
160:
161:     // 分区 0 保存了整个硬盘的信息
162:     partinfo_t * part = disk->partinfo + 0;
163:     kernel_sprintf(part->name, "%s%d", disk->name, 0);
164:     part->start_sector = 0;
165:     part->total_sector = disk->sector_count;
166:     part->type = FS_INVALID;
167:
168:     // 接下来识别硬盘上的分区信息
169:     detect_part_info(disk);
170:     return 0;
171: }
```

在该函数中,首先发送 IDENTIFY 命令;之后,检测硬盘是否存在并等待硬盘不忙;接下来,解析扇区的总数量;最后,将该信息保存到 0 号分区结构中。在完成硬盘的识别之后,调用 detect_part_info()进行进一步的分区检测。

5. 分区检测

为了检测分区,我们需要先读取硬盘的第 0 个扇区,再解析其中的分区表。而为了方便解析,需要按照第 0 扇区的格式定义 mbr_t 结构,该结构的实现如程序清单 9.11 所示。

程序清单 9.11　c07.01\project\kernel\include\dev\disk.h

```
47: #pragma pack(1)
52: typedef struct _part_item_t {
53:     uint8_t boot_active;            // 分区是否活动
54:     uint8_t start_header;           // 起始 header
55:     uint16_t start_sector : 6;      // 起始扇区
56:     uint16_t start_cylinder : 10;   // 起始磁道
```

```
57:         uint8_t system_id;                  // 文件系统类型
58:         uint8_t end_header;                 // 结束 header
59:         uint16_t end_sector : 6;            // 结束扇区
60:         uint16_t end_cylinder : 10;         // 结束磁道
61:         uint32_t relative_sectors;          // 相对于该驱动器开始的相对扇区数
62:         uint32_t total_sectors;             // 总的扇区数
63: }part_item_t;
64:
65: # define MBR_PRIMARY_PART_CNT     4        // 4 个分区表
70: typedef   struct _mbr_t {
71:         uint8_t code[446];                  // 引导代码区
72:         part_item_t part_item[MBR_PRIMARY_PART_CNT];
73:         uint8_t boot_sig[2];                // 引导标志
74: }mbr_t;
76: # pragma pack()
```

其中，part_item_t 结构用于描述分区表项，该结构占用 16 字节。虽然该结构定义较为详细，不过，我们只需要使用 relative_sectors 和 total_sectors。对于其他字段，你可以自行合并从而简化实现。

分区的识别工作由 detect_part_info() 完成，其实现如程序清单 9.12 所示。在该函数中，首先向硬盘发送读取命令 DISK_CMD_READ(0x24)；接下来，将第 0 扇区读取到 mbr；最后，解析 mbr 中的分区表，将硬盘各分区信息填入 part_info。

程序清单 9.12   \c07.01\project\kernel\dev\disk.c

```
103: static int detect_part_info(disk_t * disk) {
104:         mbr_t mbr;
105:
106:         // 读取 mbr 区
107:         disk_send_cmd(disk->drive, 0, 1, DISK_CMD_READ);
108:         int err = disk_wait_data();
109:         if (err < 0) {
110:                 log_printf("read mbr failed");
111:                 return err;
112:         }
113:         disk_read_data(&mbr, sizeof(mbr));
114:
115:         // 遍历 4 个主分区描述，不考虑支持扩展分区
116:         part_item_t * item = mbr.part_item;
117:         partinfo_t * part_info = disk->partinfo + 1;
118:         for (int i = 0; i < MBR_PRIMARY_PART_CNT; i++, item++, part_info++) {
119:                 part_info->type = item->system_id;
120:
121:                 // 没有分区，清空 part_info
122:                 if (part_info->type == FS_INVALID) {
123:                     part_info->total_sector = 0;
124:                     part_info->start_sector = 0;
125:                 } else {
126:                     // 在主分区中找到，复制信息
127:                     kernel_sprintf(part_info->name, "%s%d", disk->name, i + 1);
128:                     part_info->start_sector = item->relative_sectors;
129:                     part_info->total_sector = item->total_sectors;
```

```
130:             }
131:         }
132: }
```

6. 识别效果

在完成上述代码后,我们可以尝试在 kernel_start()调用 disk_init(),以检测是否能正确识别硬盘及分区。注意,由于暂未配置硬盘中断,此时不要开启全局中断响应(需注释掉__asm__("sti"))。可以看到,在程序运行起来之后,操作系统能正确识别到 sda1 分区。该分区的信息打印输出结果如图 9.10 所示。

图 9.10 硬盘识别效果

9.2.3 中断配置

在 detect_part_info()中,使用了 disk_wait_data()等待数据就绪(硬盘不忙)。也就是说,在这个过程中,操作系统需要不断地查询硬盘的工作状态,这将导致一定的 CPU 运行时间的浪费。不过,由于 detect_part_info()仅在操作系统初始化时调用,因此,这种浪费不大。但是,如果应用程序读写硬盘仍然采取这种方式,那么,造成的浪费就不能够被忽视。这种浪费的具体表现如图 9.11 所示。

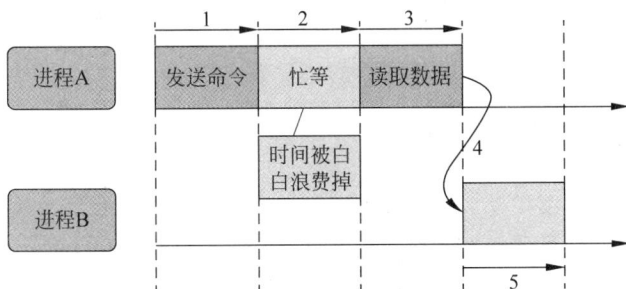

图 9.11 查询方式

进程 A 为了读取硬盘,先发送读命令。在读取数据之前,调用 disk_wait_data()等待数据就绪。在这期间,CPU 在不断地检查硬盘的工作状态。此时,即便进程 B 可以运行,也只能等待进程 A 主动释放 CPU 或者其时间片用完。

能不能改变读取方式,从而提升系统运行效率?一种更为高效的处理方式如图 9.12 所示。

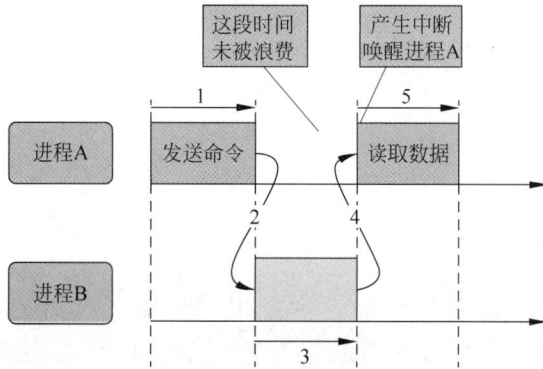

图 9.12 更高效率的方式

当进程 A 发送读命令之后,立即进行进程切换,让 CPU 去执行进程 B。当数据就绪时,切换回进程 A,进程 A 再去读硬盘。在这种方式下,虽然进程 A 读取硬盘的速度并没有提升,但是,CPU 时间并没有浪费,而是用于执行进程 B,从而大幅提升整体运行效率。

为了能够在数据就绪时通知进程 A,需要借助硬盘中断。在中断处理程序中,通过信号量等机制唤醒进程 A。因此,接下来,我们需要对硬盘中断进行配置,该配置由 disk_irq_init()完成,其实现如程序清单 9.13 所示。

程序清单 9.13　c07.02\project\kernel\dev\disk.c

```
177: void disk_init (void) {
        .....省略....
198:    disk_irq_init();
199: }
204: void disk_irq_init (void) {
205:    irq_install(VECTOR14_HARDDISK_PRIMARY, exception_handler_ide_primary);
206:    irq_enable(VECTOR14_HARDDISK_PRIMARY);
207: }
211: void do_handler_ide_primary (exception_frame_t * frame)  {
212:    pic_send_eoi(VECTOR14_HARDDISK_PRIMARY);
213: }
```

在上述代码中,disk_irq_init()负责安装中断处理程序以及开启硬盘中断。该函数被 disk_init()调用。目前,中断处理函数 do_handler_ide_primary()的实现较为简单,仅调用了 pic_send_eoi(),后续我们还会在此添加其他代码。

除此之外,还需要添加中断处理程序的汇编代码,其实现如程序清单 9.14 所示。

程序清单 9.14　c07.02\project\kernel\start.S

```
120: exception_handler ide_primary, 0x2E, 0
```

9.2.4　读写硬盘

进程 A 在发送读命令之后,如何主动放弃 CPU 并切换到进程 B 运行? 在中断处理程序中,如何唤醒进程 A? 这些操作都可以借助信号量来实现。

1. 信号量与中断配合

利用中断与信号量,进程 A 读取硬盘的过程将变得更为复杂一些,该过程如图 9.13 所示。

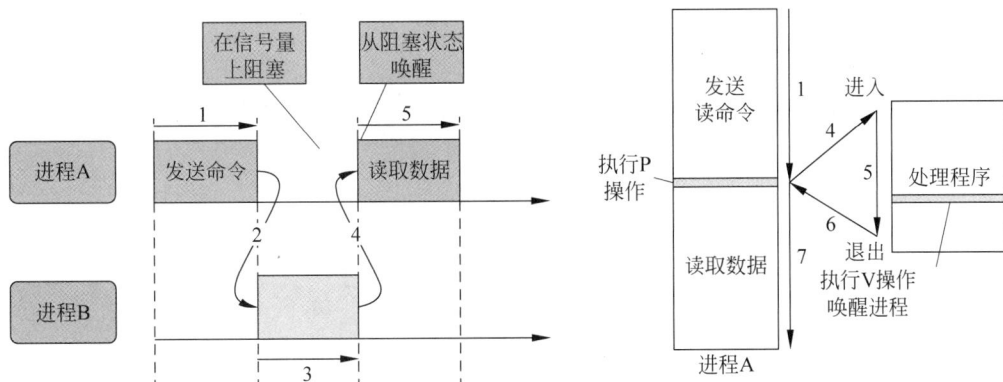

图 9.13   硬盘中断与信号量配合读取

初始情况下,信号量计数值为 0。进程 A 首先发送读命令,并在信号量上执行 P 操作;此时,进程 A 进入阻塞状态,CPU 切换到进程 B 运行。之后,在进程 B 执行期间,硬盘开始准备进程 A 需要的数据。当数据就绪时,硬盘产生中断请求,CPU 转而执行中断处理程序。在中断处理程序中,对信号量执行 V 操作,唤醒处于阻塞状态的进程 A。最后,进程 A 继续运行,立即从硬盘中读取数据。

2. 读取硬盘

基于以上方式,我们可以定义读取接口 disk_read(),其实现如程序清单 9.15 所示。该函数从硬盘分区 dev 中地址为 addr 字节偏移的位置,读取 size 大小的数据到 buf。可以看到,该函数的参数列表与 tty_read() 的相同。之所以这么做,是为了方便后续对设备进行统一管理。

程序清单 9.15   c07.03\project\kernel\dev\disk.c

```
18: static sem_t op_sem;                  // 通道操作的信号量
19: static int task_on_op;                // 是否有进程操作硬盘

177: void disk_init (void) {
       ..... 省略 ......
184:     sem_init(&op_sem, 0);
185:     task_on_op = 0;
       ..... 省略 ......
203: }
255: int disk_read (int dev, int addr, char * buf, int size) {
256:     partinfo_t * part_info = get_part(dev);
257:     if (!part_info) {
258:         log_printf("Get part info failed! device =  % d", dev);
259:         return − 1;
260:     }
261:
262:     disk_t * disk = get_disk(dev);
```

```
263:        if (disk == (disk_t *)0) {
264:            log_printf("No disk for device %d", dev);
265:            return -1;
266:        }
267:
268:        task_on_op = 1;
269:
270:        int read_count = down2(size, disk->sector_size) / disk->sector_size;
271:        int start_sector = down2(addr, disk->sector_size) / disk->sector_size;
272:        disk_send_cmd(disk->drive, part_info->start_sector + start_sector, read_
            count, DISK_CMD_READ);
273:        for (int cnt = 0; cnt < read_count; cnt++, buf += disk->sector_size) {
274:            // 利用信号量等待中断通知,然后再读取数据
275:            sem_wait(&op_sem);
276:
277:            // 这里虽然有调用等待,但是由于已经是操作完毕,所以并不会等
278:            int err = disk_wait_data();
279:            if (err < 0) {
280:                log_printf("disk(%s) read error: start sect %d, count %d", disk->
                    name, start_sector, read_count);
281:                break;
282:            }
283:
285:            disk_read_data(buf, disk->sector_size);
286:        }
287:
288:        return size;
289: }
```

例如,如果需要从 sda2 分区的第 4096 字节处开始读取 10 240 个字节,可以使用 disk_read(0xA2,4096,10240),该读取要求如图 9.14 所示。有某些情况下,如果希望从相对整个硬盘开始的某个字节偏移处读,则可以将 dev 设置成 0xA0,即读取大的硬盘分区。

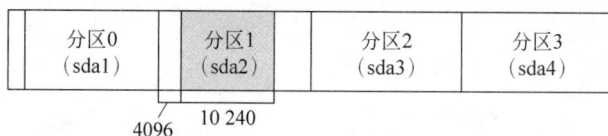

分区0 (sda1)	分区1 (sda2)	分区2 (sda3)	分区3 (sda4)

4096   10 240

图 9.14 读取示例

分析 disk_read() 的实现,可知其执行流程如下。

① 通过 dev 找到分区信息 part_info 以及硬盘信息 disk。

② 将读取的地址转换为扇区号、读取的字节量转换成扇区数量。

③ 发送读取命令,告知读取的起始扇区和扇区数量。

④ 利用循环逐扇区从硬盘的数据寄存器中读出数据。

• 每次取数据之前,在信号量上阻塞,等待中断处理程序通知数据就绪。

• 调用 disk_wait_data() 检查是否有错误。注意,此时数据已经就绪,进程不会在该函数中等待数据就绪。

• 当发现错误时,直接返回;否则,读取扇区数据保存到 buf。

⑤ 返回读取的字节量。

与此同时,还需要修改中断处理程序,添加对信号量的 V 操作,修改效果如程序清单 9.16 所示。

程序清单 9.16　c07.03\project\kernel\dev\disk.c

```
333: void do_handler_ide_primary (exception_frame_t * frame)  {
334:     pic_send_eoi(VECTOR14_HARDDISK_PRIMARY);
335:     if (task_on_op) {
336:         sem_notify(&op_sem);
337:     }
338: }
```

读者可能注意到:在上述代码中,出现了一个特殊的变量 task_on_op。该变量用于指示当前是否由于进程读写硬盘而产生中断,以便和由于操作系统识别硬盘而产生中断进行区分。

在 disk_init() 执行过程中,对硬盘进行了读操作。该操作会触发中断请求,只不过由于关闭了中断响应,CPU 并不会执行中断处理程序,而仅仅是将该中断挂起。但是,一旦开启了中断响应,CPU 就有可能响应这个已经挂起的中断,进而在中断处理程序中错误地执行 sem_notify(&op_sem)。

因此,变量 task_on_op 用于解决这个问题。只有当进程读写硬盘时,task_on_op 值才为 1,中断处理程序才会执行 sem_notify(&op_sem)。

3. 转换设备号

在 disk_read() 中,调用了两个转换函数:get_part() 和 get_disk()。这两个函数分别用于将 dev 转换成对应的分区结构和硬盘结构,其实现如程序清单 9.17 所示。

程序清单 9.17　c07.03\project\kernel\dev\disk.c

```
205: static disk_t * get_disk (int dev) {
206:     int disk_idx = (dev >> 4) - 0xa;
207:     int part_idx = dev & 0xF;
208:     if ((disk_idx >= DISK_CNT) || (part_idx >= DISK_PRIMARY_PART_CNT)) {
209:         log_printf("device minor error: % d", dev);
210:         return (disk_t * )0;
211:     }
212:
213:     disk_t * disk = disk_buf + disk_idx;
214:     if (disk -> sector_size == 0) {
215:         log_printf("disk not exist. device:sd % x", dev);
216:         return (disk_t * )0;
217:     }
218:
219:     return disk;
220: }
221:
222: static partinfo_t * get_part (int dev) {
223:     disk_t * disk = get_disk(dev);
224:     if (disk == (disk_t * )0) {
225:         return (partinfo_t * )0;
226:     }
227:
228:     partinfo_t * part_info = disk -> partinfo + (dev & 0xF);
```

```
229:        if (part_info -> total_sector == 0) {
230:            log_printf("part not exist. device:sd % x", dev);
231:            return (partinfo_t * )0;
232:        }
233:
234:    return part_info;
235: }
```

dev 是分区名称中去掉 sd 名称前缀后形成的十六进制数,如 0xA1。其中,高 4 位指明了所在的硬盘、低 4 位指明了分区号。于是,在上述代码中,使用(dev≫4)-0xA 可计算得到所在的硬盘序号,使用 dev & 0xF 可计算得到所在的分区序号。利用这两个计算结果,便可以找到分区结构 part_info 和硬盘结构 disk。

4. 写硬盘

写硬盘由 disk_write()完成,其实现如程序清单 9.18 所示。该函数执行流程与 disk_read()大致类似。

程序清单 9.18　c07.03\project\kernel\dev\disk.c

```
294: int disk_write (int dev, int addr, char * buf, int size) {
295:        partinfo_t * part_info = get_part(dev);
296:        if (!part_info) {
297:            log_printf("Get part info failed! device = % d", dev);
298:            return -1;
299:        }
300:
301:        disk_t * disk = get_disk(dev);
302:        if (disk == (disk_t * )0) {
303:            log_printf("No disk for device % d", dev);
304:            return -1;
305:        }
306:
307:        task_on_op = 1;
308:
309:        int write_count = up2(size, disk -> sector_size) / disk -> sector_size;;
310:        int start_sector = down2(addr, disk -> sector_size) / disk -> sector_size;
311:        disk_send_cmd(disk -> drive, part_info -> start_sector + start_sector, write_count, DISK_CMD_WRITE);
312:        for (int cnt = 0; cnt < write_count; cnt++, buf += disk -> sector_size) {
313:            // 先写数据
314:            disk_write_data(buf, disk -> sector_size);
315:
316:            // 利用信号量等待中断通知,等待写完成
317:            sem_wait(&op_sem);
318:
319:            // 这里虽然有调用等待,但是由于已经操作完毕,所以并不会等
320:            int err = disk_wait_data();
321:            if (err < 0) {
322:                log_printf("disk( % s) write error: start sect % d, count % d", disk -> name, start_sector, write_count);
323:                break;
324:            }
325:        }
```

```
326:
327:     return size;
328: }
```

不过,与读取略有不同的是:在发送完写命令 DISK_CMD_WRITE(0x34)后,需要先将待写入的数据(每次写一个扇区大小)发送给硬盘;之后,在信号量上阻塞,等待硬盘将接收到的数据写入存储介绍;最后,检查写入的结果是否有错误。

9.2.5 其他接口

除了读取和写入之外,还可以实现其他接口。对于关闭接口,由于操作系统在整个运行期间,不需要关闭硬盘,所以,无须实现该接口。而对于打开接口,由于硬盘已经被 BIOS 初始化过,因此,该接口也不是必须实现的。不过,为了设计的统一,仍然定义打开接口 disk_open(),其实现如程序清单 9.19 所示。

程序清单 9.19   c07.03\project\kernel\dev\disk.c

```
248: int disk_open (int dev) {
249:
250: }
```

9.3   运行效果

为了验证硬盘的读取和写入是否能正常工作,可以在工程中添加一些测试代码,这些代码如程序清单 9.20 所示。

程序清单 9.20   c07.03/project/kernel/init.c

```
16: void kernel_start (void) {
         ...... 省略 ....
26:      disk_init();
27:      __asm__("sti");
28:      disk_open(0xa1);
29:
30:      // 测试读写的代码
31:      // 注意,这里写的是硬盘 0 的第 0 个分区内后面部分的区域
32:      // 这样不至于写到 MBR 或者其他地方,以免把文件系统写坏
33:      uint32_t addr = 40 * 1024 * 1024;                    // 尽量靠后
34:      static char write_buf[1024];
35:      static char read_buf[1024];
36:
37:      // 先写 0
38:      kernel_memset(write_buf, 0, sizeof(write_buf));
39:      disk_write(0xa1, addr, write_buf, sizeof(read_buf));
40:      disk_read(0xa1, addr, read_buf, sizeof(read_buf));
41:
42:      // 再写其他值
43:      for (int i = 0; i < sizeof(write_buf); i++) {
44:          write_buf[i] = i;
45:      }
46:      disk_write(0xa1, addr, write_buf, sizeof(read_buf));
```

```
47:        disk_read(0xa1, addr, read_buf, sizeof(read_buf));
48:        while (1) {
49:            sys_msleep(1000);
50:        }
51: }
```

注：在测试前，请先备份好 disk.vhd，以免程序出现问题时 disk.vhd 中的内容被写乱，导致工程无法进行调试。

在测试代码中，对分区 sda1 中偏移为 40MB 字节的地方进行了两次读写测试。第一次写入 1024 字节数据，数据值全部为 0；第二次写入非 0 值。

在每次写完后，再将数据读到 read_buf 中。我们可以通过工程调试，将 read_buf 的内容与 write_buf 的内容进行对比，从而检查读写操作是否能正常进行。

9.4　互斥问题

试想一下，当多个进程同时读写硬盘时会产生什么问题？

由于驱动程序中没有使用互斥锁等机制，因此，当多进程同时读写硬盘时，可能会造成读写错误。例如，进程 A 在刚刚发送完读命令之后时间片用完，操作系统切换到进程 B 运行。此时，进程 B 试图去写硬盘，这就使得进程 A 的读取过程被打断，导致读取失败。为解决该问题，可以引入互斥锁。

不过，本书仅使用一块硬盘，并且该硬盘上仅有一个分区。为简化起见，并未在驱动程序中使用互斥锁。在后续实现文件系统模块时，有做额外的互斥处理。当然，如有兴趣，你也可以自行在此引入互斥锁。

9.5　本章小结

本章主要介绍了硬盘的工作原理及驱动程序的实现。

硬盘是一种块设备。块设备由很多大小相同的块组成，访问时必须以块为单位进行。在指定访问地址时，可以采用 LBA 寻址。这种寻址不关心硬盘的物理结构，使用起来更加方便。对于较大容量的硬盘，往往会进行分区。本书使用了常见的 MBR 分区。

在驱动程序中，主要实现了初始化、读取和写入接口。为提升硬盘的读写效率，采用了中断与信号量相结合的方式，使得进程能够主动释放 CPU 并避免忙等，从而提升系统运行效率。

第10章

统一管理设备

无论是 tty(字符设备)还是硬盘(块设备),其驱动程序均包含打开、关闭、读取和写入等接口。在实际使用时,需要根据设备类型调用特定的接口。例如,只能使用 tty_open() 打开 tty,而不能打开硬盘。

对于操作系统而言,它需要向应用程序提供一种简单且抽象的接口,使得应用程序不需要知道太多的细节便能访问设备。因此,在本章中,将对设备驱动进行进一步抽象,抽象出一套统一的接口。通过该接口,应用程序对于设备的访问可以更加简单。

10.1 实现原理

由于这套接口应当能同时用于访问 tty 和硬盘,因此,接口的设计需要兼顾抽象和易于使用这两项要求。在这套接口中,各函数原型如程序清单 10.1 所示。

程序清单 10.1 c08.01\project\kernel\include\dev\dev.h

```
43: int dev_open (int major, int minor);
44: int dev_read (int dev, int addr, char * buf, int size);
45: int dev_write (int dev, int addr, char * buf, int size);
46: int dev_ioctl (int dev, int cmd, int arg0, int arg1);
47: void dev_close (int dev);
```

在上述接口中,包含了设备的打开、读取、写入、I/O 控制和关闭等函数。可以看到,这些接口与 tty 驱动程序中的接口类似,但其名称更一般化。

10.1.1 问题分析

虽然新的接口使用起来更加方便,但是,也带来一个问题:如何将其用于访问指定类型的设备?例如,如何使用 dev_open() 打开 tty 设备?

实际上,对上述接口的调用需要进行转换,转换成对设备驱动程序中接口的调用。为实现这种转换,需要构建一个转换层,它能够将对 dev_xxx() 接口的调用转换成对设备驱动程序中相应接口的调用。以打开设备为例,该转换过程如图 10.1 所示。

当使用 dev_open() 打开设备时,该接口首先解析传入的参数,获取要打开的设备类型。

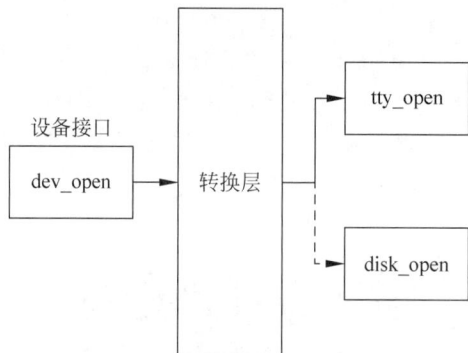

图 10.1 设备访问接口的转换

之后,根据设备类型找到指定驱动程序的打开接口,如 tty_open()或 disk_open()。最后,调用驱动程序中的打开接口,从而打开该设备。

可以看到,一旦构建好转换层,无论打开哪种类型的设备,都只需要调用 dev_open(),无须调用设备驱动程序中的特定打开接口。通过这样的处理,设备访问变得更加简单。

10.1.2 实现原理

1. 设备号

在介绍转换层的实现之前,我们需要先了解两个基本概念:主设备号和次设备号。

- 主设备号(Major Device Number):用于表示设备类型。而一旦确定了设备类型,也就确定了所用的驱动程序。
- 次设备号(Minor Device Number):用于确定是哪一个设备。它可以和主设备号一起,用于确定采用何种驱动程序对哪个设备进行访问。

例如,对于硬盘分区而言,主设备号确定了这是一种硬盘类型的设备,而次设备号可以用于确定具体是哪一个分区。

注:由于本章暂未用到主设备号或次设备号的具体值,因此,关于主设备号和次设备号的取值规则,本章不作介绍,相关内容在下一章中给出。

2. 转换原理

下面以访问 tty0 为例,分析该转换层的工作原理,相关示例代码如程序清单 10.2 所示。

程序清单 10.2 读取示例

```
int dev = dev_open(tty0 的主设备号,tty0 的次设备号);
dev_read (int dev, addr, buf, size);
```

在上述代码中,首先调用 dev_open()打开设备。由于该函数接收主设备号和次设备号参数,因此,我们需要传入 tty0 的主设备号和次设备号。通过 tty0 的主设备号,转换层知道需要调用 tty_open();而通过次设备号,可以知道要打开哪个 tty。

在打开之后,dev_open()返回一个整数标识符,用于唯一标识该设备。虽然可以修改 dev_read()参数列表,将主设备号和次设备号再次传入;不过,这种方式太过烦琐。因此,当需要使用 dev_read()读取设备时,将 dev 中的标识符作为参数传入。操作系统可以自动找到该设备并调用相应的驱动接口,对该设备进行读取。

为了实现上述功能,该转换层的实现如图 10.2 所示。整体共分为三部分:设备接口、转换层和驱动程序。

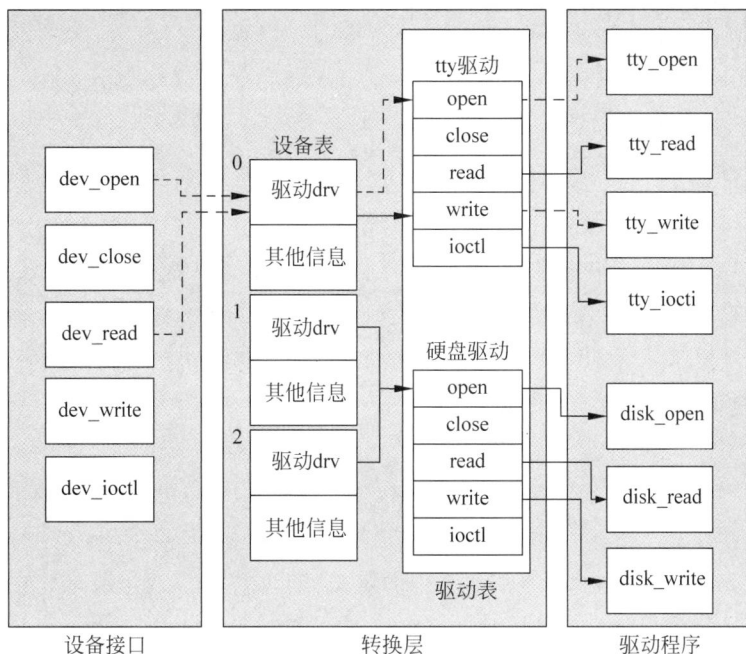

图 10.2 转换机制的实现

- 设备接口:包含以 dev 名称开头的函数。无论对哪种类型的设备进行访问,都通过这些接口进行。
- 转换层:将对设备接口中的各函数调用转换成对驱动程序中函数的调用。
- 驱动程序:特定设备的驱动程序。

其中,转换层包含了两种类型的数据结构:设备表和驱动表。

- 设备表:存储已经打开的设备的信息,如次设备号等。当调用 dev_open()打开设备时,操作系统在该表中分配一个表项,向其中写入该设备的信息,并将表项的索引返回。
- 驱动表:存储不同类型设备的驱动程序接口的指针。当操作系统需要调用设备的驱动接口时,通过该表中的指针间接调用。

在转换层的作用下,如果需要打开并读取 tty0,则具体的工作流程如下。

(1)当调用 dev_open()时,操作系统利用 tty 的主设备号查找驱动表。在驱动表中,找到 tty 驱动中的 open 指针,进而间接调用 tty_open()函数。在调用时,将次设备号 0 作为参数传入,从而打开 tty0。

(2)tty_open()执行成功后,首先在设备表中分配空闲的表项,如第 0 个表项;之后,将 tty0 的相关信息填入该表项,并设置驱动 drv 指向 tty 驱动;最后将表项索引值 0 返回,作为该设备的标识符。

(3)当调用 dev_read()时,将标识符 0 作为参数传入。操作系统利用该值在设备表的第 0 个表项中,找到驱动 drv 指向的 tty 驱动,进而调用 tty_read()进行读取。

对于其他类型的设备,如硬盘等,也遵循这种工作流程。通过转换层,使得对设备的访问只需使用 dev_xxx() 接口,无须直接使用特定类型的驱动程序。

10.2　接口层实现

10.2.1　定义设备结构

根据前面的内容可知,为了实现转换层,需要定义两种类型的结构:设备结构 device_t 和驱动结构 dev_driver_t。基于这两种结构,可以构造出设备表和驱动表。

设备表由多个设备结构组成,设备结构的定义如程序清单 10.3 所示。该结构用于描述一个已经打开的设备,其包含打开次数 open_count、次设备号 minor 和驱动 drv 字段。

程序清单 10.3　c08.01\project\kernel\include\dev\dev.h

```
18: typedef struct _device_t {
19:     struct _dev_driver_t * drv;              // 设备驱动
20:     int minor;                               // 次设备号
21:     int open_count;                          // 打开次数
22: }device_t;
```

驱动表由多个驱动结构组成,驱动结构的定义如程序清单 10.4 所示。在该结构中,包含了该驱动对应设备类型的主设备号 major 以及相关的接口指针。通过使用函数指针,可以使驱动结构不与特定设备类型相关。

程序清单 10.4　c08.01\project\kernel\include\dev\dev.h

```
27: typedef struct _dev_driver_t {
28:     enum {
29:         DEV_TTY = 0,                  // TTY 设备
30:         DEV_DISK,                     // 硬盘设备
31:     }major;
32:
33:     int ( * open) (device_t * dev) ;
34:     int ( * read) (device_t * dev, int addr, char * buf, int size);
35:     int ( * write) (device_t * dev, int addr, char * buf, int size);
36:     int ( * ioctl) (device_t * dev, int cmd, int arg0, int arg1);
37:     void ( * close) (device_t * dev);
38: }dev_driver_t;
```

利用这两个结构,可以定义设备表和驱动表,分别用于存储设备信息和驱动信息。这两个表的定义如程序清单 10.5 所示。其中,dev_tbl 为设备表,用于存储已打开的设备的信息,由 dev_init() 进行清 0 初始化;dev_driver_tbl 为驱动表,是一个指针数组,每个指针指向不同类型设备的驱动结构。驱动表目前暂未初始化,其初始化方法将在后续小节中逐步介绍。

程序清单 10.5　c08.01\project\kernel\dev\dev.c

```
7: #define DEV_TABLE_SIZE                128              // 支持的设备数量
8:
9: static dev_driver_t * dev_driver_tbl[2];
```

```
10: static device_t dev_tbl[DEV_TABLE_SIZE];
11:
12: void dev_init (void) {
13:     kernel_memset(dev_tbl, 0, sizeof(dev_tbl));
14: }
```

10.2.2 实现转换层

在构建完两种表之后,接下来的工作便是实现以 dev 名称开头的各项函数。这些函数并不操作具体的硬件设备,而是通过调用驱动表中的指针,间接调用驱动函数来访问设备。

1. 打开设备

设备的打开由 dev_open()完成,该函数接受两个参数:主设备号和次设备号,其实现如程序清单 10.6 所示。

程序清单 10.6　c08.02\project\kernel\dev\dev.c

```
26: int dev_open (int major, int minor) {
27:     irq_state_t state = irq_enter_protection();
28:
29:     // 遍历:遇到已经打开的直接返回;否则找一个空闲项
30:     device_t * free_dev = (device_t *)0;
31:     for (int i = 0; i < sizeof(dev_tbl) / sizeof(dev_tbl[0]); i++) {
32:         device_t * dev = dev_tbl + i;
33:         if (dev -> open_count == 0) {
34:             free_dev = dev;                // 记录空闲值
35:         } else if ((dev -> drv -> major == major) && (dev -> minor == minor)) {
36:             dev -> open_count++;           // 已经打开的
37:             irq_leave_protection(state);
38:             return i;
39:         }
40:     }
41:
42:     // 从未打开过,建立新项
43:     dev_driver_t * drv = (dev_driver_t *)0;
44:     for (int i = 0; i < sizeof(dev_driver_tbl) / sizeof(dev_driver_tbl[0]); i++) {
45:         dev_driver_t * d = dev_driver_tbl[i];
46:         if (d -> major == major) {
47:             drv = d;
48:             break;
49:         }
50:     }
51:
52:     // 有空闲且有对应的 c 驱动
53:     if (drv && free_dev) {
54:         free_dev -> minor = minor;
55:         free_dev -> drv = drv;
56:         int err = drv -> open(free_dev);
57:         if (err == 0) {
58:             free_dev -> open_count = 1;
59:             irq_leave_protection(state);
60:             return free_dev - dev_tbl;
61:         }
```

```
62:        }
63:
64:        irq_leave_protection(state);
65:        return -1;
66: }
```

在该函数中,首先遍历设备表,查看表项是否有对应的设备打开。如果有且为当前要打开的设备,则增加 open_count 计数,表明重复打开。如果没有,则认为是空闲项,将指针保存到 free_dev 备用。

接下来,遍历驱动表,利用主设备号查找对应的驱动程序。

最后,判断该设备是否为未打开状态。如果没有打开且有对应的驱动程序,则进行打开操作。该操作包含三部分:初始化设备结构、调用 drv-> open()、将 open_count 设置为1。一旦打开成功,返回设备结构在设备表中的索引,将其作为该设备的唯一标识符;否则,返回 -1。

2. 读取和写入

对设备的读取和写入,分别由 dev_read() 和 dev_write() 实现,其实现如程序清单 10.7 所示。可以看到,这些函数的工作流程完全相同,都是先通过 get_dev() 找到设备结构,再通过 drv 找到驱动结构中的读取或写入接口,最后间接调用这些接口来完成读写操作。

程序清单 10.7　c08.02\project\kernel\dev\dev.c

```
71: int dev_read (int devid, int addr, char * buf, int size) {
72:        device_t * dev = get_dev(devid);
73:        if (dev && dev->drv->read) {
74:            return dev->drv->read(dev, addr, buf, size);
75:        }
76:        return -1;
77: }
78:
82: int dev_write (int devid, int addr, char * buf, int size) {
83:        device_t * dev = get_dev(devid);
84:        if (dev && dev->drv->write) {
85:            return dev->drv->write(dev, addr, buf, size);
86:        }
87:        return -1;
88: }
```

注意,如果某些设备不支持读取或者写入,则 read 或 write 可能为空;因此,在调用这些接口之前,需要使用 if (dev && dev->drv->read) 等语句判断接口是否存在。

get_dev() 用于将已打开设备的标识符转换成设备结构,其实现如程序清单 10.8 所示。在该函数中,首先检查标识符的合法性;之后,返回设备结构的地址,如果设备未打开,则该地址为空。

程序清单 10.8　c08.02\project\kernel\dev\dev.c

```
12: static device_t * get_dev (int devid) {
13:        if ((devid < 0) || (devid >=  sizeof(dev_tbl) / sizeof(dev_tbl[0]))) {
14:            return (device_t *)0;
15:        }
16:        return dev_tbl[devid].open_count ? &dev_tbl[devid] : (device_t *)0;
17: }
```

3. I/O 控制

设备的 I/O 控制由 dev_ioctl() 完成，其实现如程序清单 10.9 所示。该函数的工作流程与 dev_read() 相同，此处不再作详细介绍。

程序清单 10.9　c08.02\project\kernel\dev\dev.c

```
 94: int dev_ioctl (int devid, int cmd, int arg0, int arg1) {
 95:     device_t * dev = get_dev(devid);
 96:     if (dev && dev->drv->ioctl) {
 97:         return dev->drv->ioctl(dev, cmd, arg0, arg1);
 98:     }
 99:     return -1;
100:}
```

4. 关闭设备

设备的关闭由 dev_close() 完成，其实现如程序清单 10.10 所示。在关闭设备时，需要检查设备是否被重复打开。当已经重复打开多次时，需要执行相同次数的关闭操作之后，才能真正关闭设备。

程序清单 10.10　c08.02\project\kernel\dev\dev.c

```
105: void dev_close (int devid) {
106:     device_t * dev = get_dev(devid);
107:     if (dev == (device_t *)0) {
108:         return;
109:     }
110:
111:     irq_state_t state = irq_enter_protection();
112:     if (--dev->open_count == 0) {
113:         if (dev->drv->close) {
114:             dev->drv->close(dev);
115:         }
116:         kernel_memset(dev, 0, sizeof(device_t));
117:     }
118:     irq_leave_protection(state);
119: }
```

在设备结构中，open_count 用于记录打开次数。每次 dev_close() 被调用时，都需要对 open_count 减一。当减至 0 时，才调用 close() 执行最终的关闭操作。最后，还需要将设备结构清 0 从而释放该结构。

10.2.3　导入设备驱动

现在，我们需要将 tty 驱动程序和硬盘驱动程序导入转换层，使得转换层能够正确地找到这些设备的驱动程序。

1. 修改驱动接口

对于 tty 驱动程序的各项接口，为了让其能够被转换层识别并调用。需要对其实现做一些调整。具体的调整方法如程序清单 10.11 所示。可以看到，各函数的参数列表与驱动结构中相应函数指针字段的参数列表保持一致。这样一来，我们就可以将这些函数注册到驱动结构 dev_tty_driver 中。

程序清单 10.11   c08.03\project\kernel\dev\tty\tty.c

```
67: int tty_open (device_t * device)  {
68:        int dev = device->minor;
       .... 省略 ......
87: }
88:
92: int tty_write (device_t * device, int addr, char * buf, int size) {
       .... 省略 ......
97:        int dev = device->minor;
       .... 省略 ......
127: }
128:
132: int tty_read (device_t * device, int addr, char * buf, int size) {
       .... 省略 ......
137:        int dev = device->minor;
       .... 省略 ......
169: }
170:
174: int tty_ioctl (device_t * device, int cmd, int arg0, int arg1) {
175:        int dev = device->minor;
       .... 省略 ......
187: }
188:
214:
216: dev_driver_t dev_tty_driver = {
217:     .major = DEV_TTY,
218:     .open = tty_open,
219:     .read = tty_read,
220:     .write = tty_write,
221:     .ioctl = tty_ioctl,
222: };
```

对于硬盘驱动程序，也需要做类似的修改。修改完成之后，具体修改方法如程序清单 10.12 所示。将各项函数注册到驱动结构 dev_disk_driver 中。

程序清单 10.12   c08.03\project\kernel\dev\tty\tty.c

```
249: int disk_open (device_t * device) {
250:        return 0;
251: }
252:
256: int disk_read (device_t * device, int addr, char * buf, int size) {
257:        int dev = device->minor;
       .... 省略 ......
291: }
292:
296: int disk_write (device_t * device, int addr, char * buf, int size) {
297:        int dev = device->minor;
       .... 省略 ......
331: }
332:
344: dev_driver_t dev_disk_driver = {
345:        .major = DEV_DISK,
```

```
346:        .open = disk_open,
347:        .read = disk_read,
348:        .write = disk_write,
349: };
```

读者可能会疑问：在上述两种驱动程序的各函数内部，仅仅是从 device 中取出了次设备号而已，为什么不保留原来的参数形式，直接将 device-> minor 作为参数值传入？

之所以这样做，是为了方便进行功能扩展。试想一下，如果新增加一种设备驱动程序，而该驱动程序内部需要除次设备号之外更多的信息；那么，这些信息就可以直接通过device 获取，而不需要对参数列表作任何修改。

2. 注册驱动程序

对于 dev_tty_driver 和 dev_disk_driver，需要将其注册到转换层中，注册方法如程序清单 10.13 所示。

程序清单 10.13 c08.03\project\kernel\dev\dev.c

```
10: static dev_driver_t * dev_driver_tbl[2] = {
11:        &dev_tty_driver,
12:        &dev_disk_driver,
13: };
```

10.3 运行效果

在完成所有设计工作之后，可以调整测试代码，使其全部采用设备接口中的各函数，调整结果如程序清单 10.14 所示。调整之后，程序的运行效果应当保持不变。

程序清单 10.14 c08.03\project\kernel\init.c

```
17: void kernel_start (void) {
       ..... 略 ......
19:    dev_init();
       ..... 略 ......
29:    int id = dev_open(DEV_DISK, 0xa1);
       ..... 略 ......
34:    uint32_t addr = 40 * 1024 * 1024;
35:    static char write_buf[1024];
36:    static char read_buf[1024];
37:
39:    kernel_memset(write_buf, 0, sizeof(write_buf));
40:    dev_write(id, addr, write_buf, sizeof(read_buf));
41:    dev_read(id, addr, read_buf, sizeof(read_buf));
42:
43:    // 再写其他值
44:    for (int i = 0; i < sizeof(write_buf); i++) {
45:        write_buf[i] = i;
46:    }
47:    dev_write(id, addr, write_buf, sizeof(read_buf));
48:    dev_read(id, addr, read_buf, sizeof(read_buf));
49:
50:    id = dev_open(DEV_TTY, 0);
```

```
51:      dev_write(id, 0, "12345678\n", 9);
52:      dev_ioctl(id, TTY_CMD_ECHO, 0, 0);                    // 禁止回显
53:      while (1) {
54:          char kbd;
55:          dev_read(id, 0, &kbd, 1);
56:          dev_write(id, 0, &kbd, 1);
57:      }
58: }
```

可以看到,无论是对 tty 还是对硬盘的访问,都变得更加简单,全部使用设备接口中的函数,无须再调用特定的驱动函数。

10.4　修改日志输出

由于现在已经有了更加简单的操作接口,因此,日志输出也可以进行调整,调整方法如程序清单 10.15 所示。当然,你也可以保留原有的方式。

程序清单 10.15　c08.03\project\kernel\tools\log.c

```
16: int log_id;
17:
21: void log_init (void) {
22:      log_id = dev_open(DEV_TTY, 0);
23: }
24:
25: static void print_c (char c) {
30:      dev_write(log_id, 0, &c, 1);
32: }
```

10.5　本章小结

本章实现了一种通用的设备接口。通过该接口,可以访问任意类型的设备,而无须直接调用驱动程序中的接口。

为便于确定如何对设备进行访问,引入了主设备号和次设备号。操作系统通过主设备号找到驱动程序,再通过次设备号确定要对哪个设备进行访问。此外,还实现了转换层,转换层中包含设备表和驱动表。基于这两个表,可以构造出与特定设备无关的访问接口。对所有设备的访问,都可以通过该接口来完成。

第11章

读写设备文件

在 Linux 等系统上,设备被看作是一种特殊的文件,可以通过文件系统进行访问。例如,当需要打开 tty0 时,可使用 open("/dev/tty0", O_RDWR)文件系统调用来实现。本书所设计的操作系统最终也会实现类似的功能:它将设备抽象为文件,允许通过文件系统调用对设备进行访问。

上一章已经实现了设备接口。不过,该接口仅可用于访问设备。本章将进一步进行抽象,增加一层接口,使得对于设备的访问能够像访问文件那样进行。

11.1 实现原理

11.1.1 设备命名

对于系统中的每一个文件,其都有相应的文件名。同样地,我们可以为每个设备命名。在之前的章节中,实际上已经给出了 tty 和硬盘的命名规则,这些规则总结如下。

- tty:名称为 ttyx,其中 x 取值为 0~7,例如 tty0、tty1。
- 硬盘:名称为 sdxy,其中 x 取值为 a 或 b,y 取值为 0~4,例如,sda0、sdb1。

11.1.2 转换实现

参考第 10 章中设备接口的实现原理,我们可以新增一层接口:设备文件系统 devfs 接口。该层接口同样提供了打开、关闭、读取和写入等功能,只不过它面向的是设备文件。该接口的工作原理如图 11.1 所示。

devfs 接口的所有函数名均以 devfs 开头。在打开设备时,只需要指定设备名称,无须使用主设备号和次设备号。例如,可以使用 devfs_open(file,"tty0")打开 tty0,而不是 dev_open(DEV_TTY,0)。相比之下,前者使用起来更加简单,可读性也更好。

为了实现该接口,需要引入一种新的结构:文件结构。无论是设备文件还是普通文件(如文本文件),在系统内部都存在着唯一的文件结构与之对应。操作系统在该结构中存储所有关于该文件的信息(如文件大小等)。

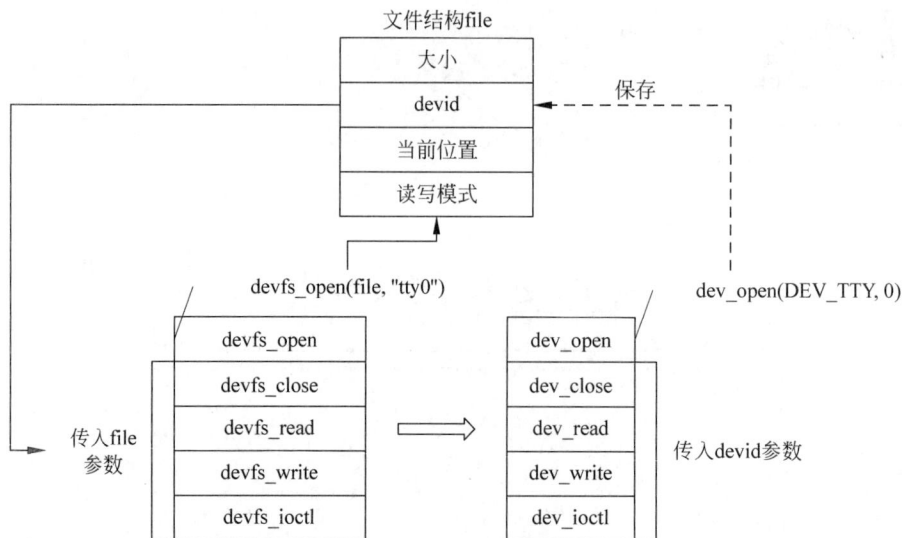

图 11.1 命名转换

基于文件结构，devfs 接口中各函数的原型设计如程序清单 11.1 所示。可以看到，所有函数的第一个参数均为文件结构指针。

程序清单 11.1 设备文件的读写接口

```
int devfs_open (file_t * file, const char * name, int mode);
int devfs_read (file_t * file, char * buf, int size);
int devfs_write (file_t * file, char * buf, int size);
void devfs_close (file_t * file);
int devfs_seek (file_t * file, uint32_t offset, int dir);
int devfs_ioctl(file_t * file, int cmd, int arg0, int arg1);
```

当使用 devfs_open() 打开 tty0 时，该函数首先将设备名 tty0 转换成主设备号 DEV_TTY 和次设备号 0。之后，调用 dev_open() 打开设备；最后，将 dev_open() 的返回值保存到文件结构中的 devid。

在打开完成后，我们便可以使用其他函数对设备进行访问。实际上，对这些函数的调用，最终会被转换成对设备接口中相应函数的调用。

虽然使用 devfs 接口会引入额外的开销，但是，它使得我们可以直接通过设备名称就能访问设备，不需要知道设备号等底层信息。同时，这套接口也有助于将设备纳入到操作系统的文件系统模块管理之下，具体实现方法将在下一章中介绍。

11.2 设计实现

11.2.1 定义文件结构

在使用 C 语言标准库中的 fopen() 函数打开文件时，fopen() 会返回 FILE 结构指针。之后，可以将该指针传入 fread() 等函数，从而对该文件进行访问。在操作系统内部，也需要类似的结构用来标识已打开的文件。该结构为文件结构 file_t，其定义如程序清单 11.2

所示。

程序清单 11.2　c09.02\project\kernel\include\fs\file.h

```
17: typedef enum _file_type_t {
18:     FILE_UNKNOWN = 0,
19:     FILE_DEV,                          // 设备文件
20:     FILE_NORMAL,                       // 普通类型文件
21:     FILE_DIR,                          // 目录
22: } file_type_t;
23:
25: typedef struct _file_t {
26:     file_type_t type;                  // 文件类型
27:     uint32_t size;                     // 文件大小
28:     int ref;                           // 引用计数
29:
30:     int devid;                         // 文件所属的设备号
31:     int pos;                           // 当前位置
32:     int mode;                          // 读写模式
33: } file_t;
```

在文件结构中，包含若干字段。其中，部分字段在本章中未用。所有字段的含义如下。

- type：文件类型，如未知类型 FILE_UNKNOWN、设备文件 FILE_DEV、普通文件 FILE_NORMAL（硬盘上的文件）、目录文件 FILE_DIR。
- size：文件的字节大小，仅用于普通文件，对设备文件而言无意义。
- ref：引用次数（重复打开的次数），用于实现 dup() 系统调用。
- devid：存放 dev_open() 打开设备时的返回值。
- pos：当前读写位置。每次读写时，从 pos 开始读写；之后，自动前移。
- mode：文件的读写模式，如可读、可写等。

11.2.2　接口实现

1. 打开设备文件

设备文件的打开由 devfs_open() 完成，其实现如程序清单 11.3 所示。该函数按照指定的模式 mode（如可读、可写）来打开名为 name 的设备文件，并将相关信息保存到文件结构 file 中。

程序清单 11.3　c09.02\project\kernel\fs\devfs.c

```
34: int devfs_open (file_t * file, const char * name, int mode) {
35:     static devfs_type_t devfs_type_list[] = {
36:         {.name = "tty", .major = DEV_TTY, },
37:         {.name = "sd", .major = DEV_DISK,}
38:     };
39:
40:     // 遍历所有支持的设备类型列表，根据 name 中的路径，找到相应的设备类型
41:     for (int i = 0; i < sizeof(devfs_type_list) / sizeof(devfs_type_list[0]); i++) {
42:         devfs_type_t * type = devfs_type_list + i;
43:
```

```
44:                // 检查名称是否匹配，以及是否有后续的子设备号
45:                int type_name_len = kernel_strlen(type -> name);
46:                if (kernel_strncmp(name, type -> name, type_name_len) == 0) {
47:                    if (kernel_strlen(name) < type_name_len) {
48:                        log_printf("Get device num failed. % s", name);
49:                        break;
50:                    }
51:
52:                    // 打开设备
53:                    int minor = name_to_num(name + type_name_len);
54:                    int devid = dev_open(type -> major, minor);
55:                    if (devid < 0) {
56:                        log_printf("Open device failed: % s", name);
57:                        break;
58:                    }
59:
60:                    kernel_memset(file, 0, sizeof(file_t));
61:                    file -> devid = devid;
62:                    file -> type = FILE_DEV;
63:                    file -> mode = mode;
64:                    return 0;
65:                }
66:            }
67:
68:        return - 1;
69: }
```

该函数主要完成三项工作：将设备名转换成主设备号和次设备号、调用 dev_open() 接口、填写文件结构。对于第一项工作，采用了一种简单的处理方法。

根据命名规则可知，设备名的前半部分指明了设备类型，即可以此确定主设备号；后半部分给出了次设备号。以 sda1 为例，其名称以 sd 开头，可知该设备是一个硬盘分区；而其后的 a1 是次设备号。

而为了将设备名转换成主设备号，使用了查表方法。devfs_type_list 表存储了名称与主设备号之间的转换关系。

在打开设备时，首先使用循环在 devfs_type_list 表中遍历，当发现名称与表项的 name 字段匹配时，从 major 字段中取出主设备号。之后，将设备名的其余部分使用 name_to_num() 转换成次设备号 minor。接下来，使用 dev_open() 打开该设备。最后，将 devid 等信息保存到文件结构 file 中并返回。

name_to_num() 的主要作用是将十六进制数字字符串转换成整数，该函数的实现如程序清单 11.4 所示。在该函数中，不断遍历 name 中的所有字符，将数字字符转换成整数。当发现名称中包含路径分隔符/或者扫描到字符串结尾时，结束扫描并返回转换结果。

程序清单 11.4 c09.02\project\kernel\fs\devfs.c

```
16: int name_to_num (const char * name) {
17:        int n = 0;
18:
19:        const char * c = name;
```

```
20:        while ( * c && * c != '/' ) {
21:          if ( * c >= 'a' ) {
22:              n = n * 16 + * c - 'a' + 10;
23:          } else {
24:              n = n * 16 + * c - '0';
25:          }
26:            c++;
27:        }
28:        return n;
29: }
```

2. 读写设备文件

设备的读写分别由 devfs_read() 和 devfs_write() 完成，其实现如程序清单 11.5 所示。可以看到，这两个函数的实现比较简单，直接调用 dev_read() 和 dev_write() 来完成。每次读写时，从 pos 当前指向的位置开始；读写完之后，再将 pos 前移。

程序清单 11.5　c09.02\project\kernel\fs\devfs.c

```
73: int devfs_read (file_t * file, char * buf, int size) {
74:        int ret = dev_read(file->devid, file->pos, buf, size);
75:        if (ret < 0) {
76:             return ret;
77:        }
78:
79:        file->pos += ret;
80:        return ret;
81: }
82:
86: int devfs_write (file_t * file, char * buf, int size) {\
87:        int ret = dev_write(file->devid, file->pos, buf, size);\
88:        if (ret < 0) {
89:             return ret;
90:        }
91:
92:        file->pos += ret;
93:        return ret;
94: }
```

3. 关闭设备文件

关闭设备文件由 devfs_close() 完成，其实现如程序清单 11.6 完成。该函数实现很简单，只需要调用 dev_close() 即可。

程序清单 11.6　c09.02\project\kernel\fs\devfs.c

```
 99: void devfs_close (file_t * file) {
100:        dev_close(file->devid);
101: }
```

4. 调整当前读写位置

在某些情况下，可能希望从文件中的某个位置开始读写；此时，需要使用 devfs_seek() 设置读写的位置。该函数的实现如程序清单 11.7 所示。

程序清单 11.7　c09.02\project\kernel\fs\devfs.c

```
106: int devfs_seek (file_t * file, uint32_t offset, int dir) {
107:     if (dir == 0) {
108:         file->pos = offset;
109:         return 0;
110:     }
111:
112:     return -1;
113: }
```

该函数的原型设计参考了 Linux 系统中 lseek()系统调用。lseek()的函数原型为：off_t lseek(int fd,off_t offset,int dir)，各个参数含义如下。

- fd：文件描述符，标识要操作的文件。
- offset：偏移量，表示要移动的字节数。
- dir：指定偏移的基准位置，有以下几种取值。
  - SEEK_SET：从文件开头开始计算偏移量。
  - SEEK_CUR：从当前位置开始计算偏移量。
  - SEEK_END：从文件末尾开始计算偏移量。

对于 dir 参数，为简化起见，本书仅支持值为 SEEK_SET(0)时的情况。也就是说，对于设备文件，仅支持将读写位置设置为相对于文件开头的某个偏移处。其中，对于字符设备，由于其不支持随机读取，因此，该函数无意义。

5. 设备文件的 I/O 控制

设备文件的 I/O 控制由 devfs_ioctl()完成，其实现如程序清单 11.8 完成。在该函数内部，直接调用了 dev_ioctl()来完成所需操作。

程序清单 11.8　c09.02\project\kernel\fs\devfs.c

```
119: int devfs_ioctl(file_t * file, int cmd, int arg0, int arg1) {
120:     return dev_ioctl(file->devid, cmd, arg0, arg1);
121: }
```

11.2.3　效果分析

也许你会认为，新增的 devfs 接口价值不大，它仅仅实现了可通过设备名来访问设备。不过，如果从整个系统的设计角度来看，你会看到该接口的价值所在。

利用 devfs 接口，可使得无论是对于设备文件还是普通文件，均通过文件结构进行。该结构是一种非常抽象的结构，它与特定的设备或普通文件无关。操作系统正是利用抽象机制，来管理系统中的所有软硬件资源。在后续的章节中，我们将不断地抽象，最终向应用程序提供文件系统调用。这种机制的实现原理如图 11.2 所示。

首先，为了读写 tty 和硬盘，分别定义了 tty_t 和 disk_t 结构，并实现了相应的驱动程序。

其次，定义了抽象的设备结构 device_t，它与特定的设备类型无关。围绕该结构，实现了 dev 接口。对于设备的访问，只需要使用该接口，无须直接使用驱动程序。

接下来，进一步抽象出文件结构 file_t，它将设备也看作是文件。无论是 tty 还是硬盘，

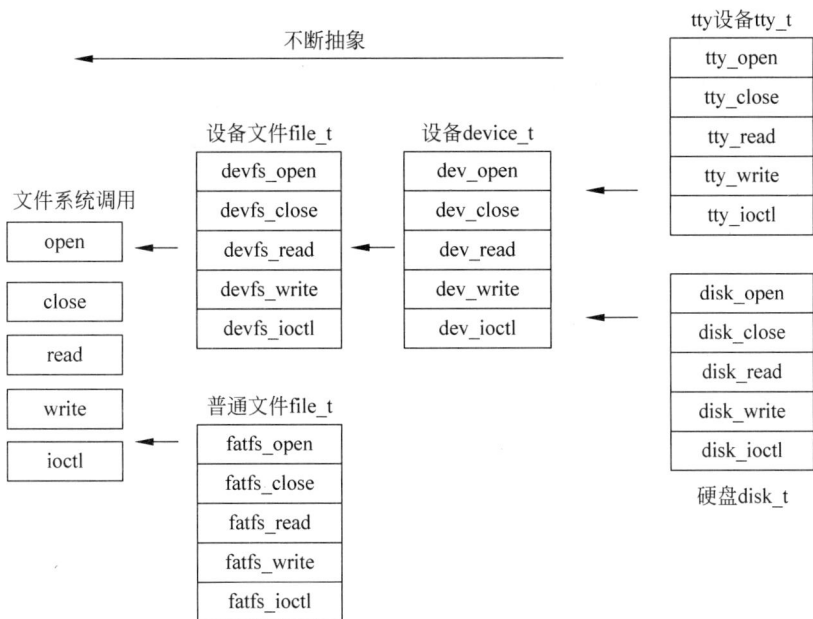

图 11.2　从具体设备到文件的抽象过程

都可以通过 devfs 接口进行访问（在 12 章中，将实现用于普通文件访问的 fatfs 接口）。

在后续章节中，我们将实现文件系统模块。它将设备文件和普通文件统一管理，向应用程序提供文件系统调用。最终，应用程序通过系统调用就能够完成对设备或普通文件的访问。

正是通过这种一步步地抽象，操作系统可以将系统中看起来特性不同的软硬件资源，看作同一种事物，应用程序可通过同一接口进行访问。

11.3　运行效果

为了验证 devfs 接口的工作效果，可以修改原测试代码，修改方法如程序清单 11.9 所示。

程序清单 11.9　c09.02\project\kernel\init. c

```
18: void kernel_start (void) {
      ..... 略 .....
31:     devfs_open(&file, "sda1", 0);     // 设备文件操作中未使用 mode 值，所以填无效的值 0
      ..... 略 .....
40:     // 先写 0
41:     kernel_memset(write_buf, 0, sizeof(write_buf));
42:     devfs_seek(&file, addr, 0);
43:     devfs_write(&file, write_buf, sizeof(read_buf));
44:     devfs_seek(&file, addr, 0);
45:     devfs_read(&file, read_buf, sizeof(read_buf));
46:
47:     // 再写其他值
48:     for (int i = 0; i < sizeof(write_buf); i++) {
```

```
49:          write_buf[i] = i;
50:      }
51:      devfs_seek(&file, addr, 0);
52:      devfs_write(&file, write_buf, sizeof(read_buf));
53:      devfs_seek(&file, addr, 0);
54:      devfs_read(&file, read_buf, sizeof(read_buf));
55:      devfs_close(&file);
56:
57:      devfs_open(&file, "tty0", 0);
58:      devfs_write(&file, "12345678\n", 9);
59:      devfs_ioctl(&file, TTY_CMD_ECHO, 0, 0);   // 禁止回显
60:      while (1) {
61:          char kbd;
62:          devfs_read(&file, &kbd, 1);
63:          devfs_write(&file, &kbd, 1);
64:      }
65: }
```

可以看到,无论是硬盘还是 tty,在打开时均只需要知道设备名称。在打开之后,只需要使用 devfs 接口就能将这些设备当作文件进行访问,无须调用特定驱动程序中的接口。

11.4　本章小结

本章新增了 devfs 接口,它支持将设备当作文件来进行访问。

虽然该接口的引入增加了开销,但是,它使得对设备的访问变得更加简单。我们只需要知道设备名称,就能够打开该设备。同时,devfs 接口后期会被纳入操作系统的文件管理模块中,这使得应用程序可通过文件系统调用就能访问设备。此外,本章还引入了文件结构,该结构用于描述一个已打开的文件,它构成了操作系统的文件系统模块中最重要的结构。

第12章

读写普通文件

除了读写硬件设备，操作系统还需要支持读写普通文件。例如，操作系统需要将应用程序从硬盘上加载到内存中执行。在本章中，将介绍普通文件读写的实现。具体来说，分以下几步。

首先，介绍文件系统的概念和原理；其次，介绍 FAT16 文件系统规范；最后，实现文件访问接口。在该接口中，主要包含以下几种类型的函数。

- 识别文件系统：识别硬盘分区的文件系统类型。
- 目录遍历：对根目录遍历，列举该目录下的所有文件。
- 文件读写：实现文件的创建、打开、删除、读取和写入等操作。

在完成上述工作后，操作系统将具备读写普通文件的能力，这将为后续实现文件系统模块奠定基础。

12.1 基本概念

12.1.1 文件

在日常生活中，我们已经接触过各种各样的文件。不同的文件存储的内容、格式各不相同，并且有不同的文件名。这些文件概念如图 12.1 所示。

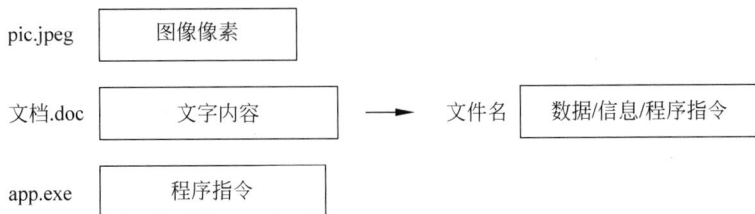

图 12.1 文件的概念

由此可见，文件是计算机系统中用于存储数据、信息或程序指令的有名称的集合。文件的存在使得计算机能够有效地管理和处理大量的数据和信息，为用户提供了方便的数据存储和访问方式。

12.1.2　文件系统

文件需要以特定的方式存储在存储设备中；同时，操作系统需要提供接口用于访问文件。为了实现这两点，需要使用文件系统对文件数据进行管理。所谓的文件系统，是一种数据结构和算法的集合，用于在存储设备上组织、存储、检索和管理文件。

不同类型的文件系统，采用的数据结构和算法不同。大体而言，当谈到文件系统时，往往会涉及以下几个问题。

- 文件组织方式：文件内容如何在设备上进行存储。例如，可以采用连续存储，将文件数据在设备上连续存放；也可以采用链式存储，将文件数据分割成多个块，每个块用链表连接起来，分散存储在不同位置。
- 目录结构：采用哪种目录形式组织来文件。例如，可以采用单级目录，即所有文件放在同一个目录中；也可以采用树形目录，即采用层次化的结构，将文件存储在文件树中的不同位置。
- 文件属性：文件名、类型、大小、创建时间、修改时间和访问权限等。
- 存储空间管理：如何对空闲空间进行有效管理，从而提升存储利用率。
- 数据安全和保护：通过访问权限控制，确保只有授权的用户才能够访问和修改文件。

目前，市面上有大量不同类型的文件系统，如 FAT、NTFS 等。不同文件系统提供的功能和特性不同，实现复杂度也不同。本书采用的是 FAT 文件系统。

12.2　FAT 文件系统

FAT(File Allocation Table)文件系统是微软针对软盘设备开发的文件系统，起源于1980 年。早期的版本为 FAT12，随着存储设备容量的增长，逐渐发展出 FAT16、FAT32、EXFAT 等文件系统。本书采用的是 FAT16，该文件系统相对较简单，易于理解和实现。

12.2.1　链式存储

从逻辑上看，文件是一个大的数据块。该数据块需要通过某种方式存储到硬盘。在存储时，FAT16 并未采用连续存储，而是采用链式存储。而之所以采用链式存储，主要在于FAT16 能够灵活地对硬盘空间加以利用。它可以将硬盘上任意位置的扇区用于存储文件数据，从而实现诸如动态调整文件大小等操作。

为了更好地理解链式存储的工作原理，这里给出一个示例，该示例如图 12.2 所示。

在 FAT16 中，文件数据被视作由多个相同大小的块组成，每个块称之为簇。也就是说，文件被分割成多个簇进行存储。当发现文件的大小不是簇大小的整数倍时，也会分配一个完整的簇用于存储末端数据。例如，当文件大小为 $5 \times 1024 + 200$ 字节，而簇大小为1024 字节时，会为多出来的 200 字节分配一个簇，即共分配 6 个簇用于存储。

簇大小一般在硬盘分区格式化时设置(可用 DiskGenius 等工具完成)，此后不可更改。由于硬盘是块设备，因此，簇大小必须是扇区大小的整数倍，如 512 字节、1024 字节等。在

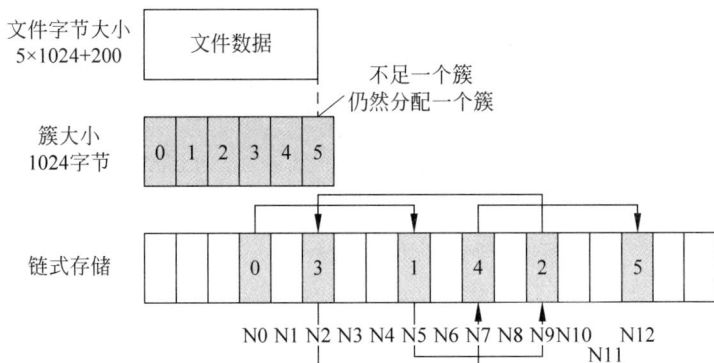

图 12.2 文件组织方式

FAT16 看来,硬盘由很多个簇组成。

在存储文件时,FAT16 将文件数据按簇大小进行分割,分别存储在不同的簇。由于采用了链式存储,这些簇不一定连续或有序。例如,图 12.2 中的文件共占用了 6 个簇,其编号依次为 N0、N5、N9、N2、N7、N12,分别用于存储数据块 0、1、2、3、4、5。

12.2.2 存储结构

如果一个硬盘分区采用了 FAT16 文件系统,那么,在该分区上,除了存储文件数据之外,还需要存储 FAT16 文件系统相关的配置数据。下面,以本书所使用的 disk.vhd 为例,介绍 FAT16 如何对硬盘分区进行管理。

通过前面的章节可知,disk.vhd 中只有分区 0。该分区为 FAT16 类型,其存储组织结构如图 12.3 所示。

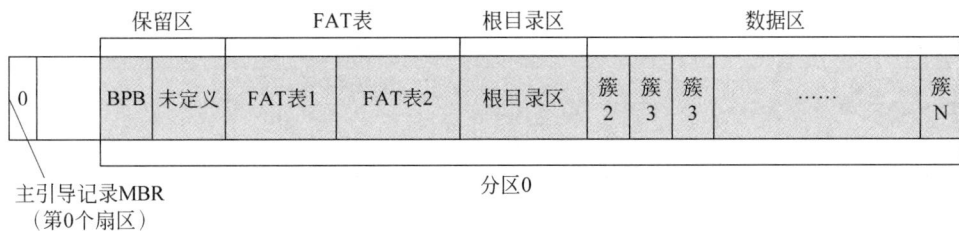

图 12.3 FAT16 存储结构

整个分区被划分成了四个区域,各区域功能如下。

① 保留区:存放文件系统的配置数据以及启动代码。

② FAT 表:存放簇之间的链接关系。

③ 根目录区:存放根目录下的所有文件和子目录的属性信息。

④ 数据区:存储文件数据。该区域被划分成了多个簇,这些簇从 2 开始编号。

可以看到,除数据区外,其余区域均存储了一些特殊数据。下面,将逐个介绍这些区域的内容。

1. 保留区

保留区位于分区(非硬盘)的起始扇区,用于存储 BPB(BIOS Parameter Block)。BPB包含文件系统的配置参数。这些参数可用于告知操作系统一些重要的信息,如簇大小、

FAT 表等区域的位置等。BPB 格式如表 12.1 所示。

表 12.1 BPB 格式

字 段 名 称	偏 移 量	大　小	描　　　　　述
BS_JmpBoot	0	3	跳转到引导代码的跳转指令,用于操作系统启动
BS_OEMName	3	8	"MSWIN 4.1"是推荐值,"MSDOS 5.0"也经常被使用
BPB_BytsPerSec	11	2	每扇区的字节数。该字段的有效取值为 512、1024、2048 或 4096
BPB_SecPerClus	13	1	每簇的扇区数,必须是 2 的幂次方,有效取值为 1、2、4……和 128
BPB_RsvdSecCnt	14	2	保留扇区数,值为 1
BPB_NumFATs	16	1	FAT 表的个数。该字段的值应该始终为 2
BPB_RootEntCnt	17	2	根目录中目录项的数量
BPB_TotSec16	19	2	总扇区数
BPB_Media	21	1	媒体类型
BPB_FATSz16	22	2	FAT 表的扇区数
BPB_SecPerTrk	24	2	每磁道的扇区数
BPB_NumHeads	26	2	磁头数
BPB_HiddSec	28	4	在 FAT 卷之前的隐藏物理扇区数
BPB_TotSec32	32	4	FAT 卷的总扇区数,当扇区数小于 0x10000 时,值为 0,真实值设置到 BPB_TotSec16
BS_DrvNum	36	1	BIOS 使用的驱动器号
BS_Reserved	37	1	保留(被 Windows NT 使用)。创建卷时应设置为 0
BS_BootSig	38	1	扩展引导签名(0x29)
BS_VolID	39	4	卷序列号
BS_VolLab	43	11	11 字节的卷标
BS_FilSysType	54	8	"FAT12"、"FAT16"或"FAT "
BS_BootCode	62	448	引导程序。与平台相关,不使用时填充为 0
BS_Sign	510	2	0xAA55。引导签名,表示这是一个有效的引导扇区

注:有关 FAT 16 文件系统的详细规范,请参考《Microsoft Extensible Firmware Initiative FAT32 File System Specification》。

在表 12.1 中,大多数字段与本书无关,我们仅需关注其中一小部分。利用某些字段,可计算出各区域的位置(相对于分区开始的扇区号),计算方法如图 12.4 所示。

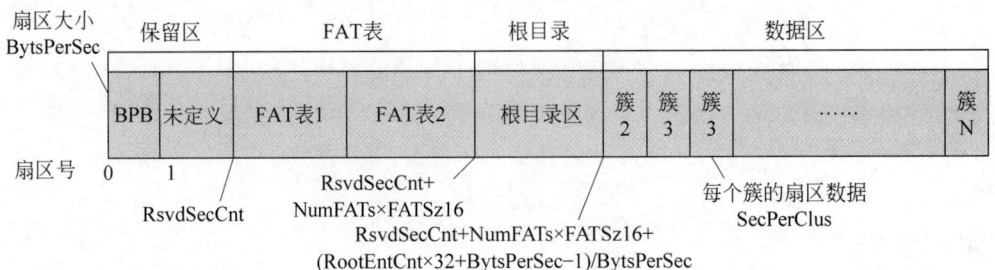

图 12.4 BPB 与 FAT 分区对应关系

具体来说,这些区域的位置和大小计算如下。

① 保留区位置＝分区的第 0 个扇区。

② FAT 表位置 ＝ RsvdSecCnt,2 个表总大小＝NumFATs×FATSz16。

③ 根目录区位置 ＝ RsvdSecCnt＋NumFATs×FATSz16,大小＝(RootEntCnt×32＋BytsPerSec－1)/BytsPerSec。

④ 数据区位置 ＝ RsvdSecCnt ＋ NumFATs × FATSz16 ＋ (RootEntCnt × 32 ＋ BytsPerSec－1)/BytsPerSec。

2. FAT 表

FAT 表位于保留区之后。该表有两种用途:记录簇的使用情况(空闲或占用),存储簇之间的链接关系。

通常情况下,FAT16 使用两个完全相同的表:FAT 表 1 和 FAT 表 2。在对 FAT 表更新时,需要同时更新两个表,使得两个表内容完全相同。之所以使用两个表,主要出于提高文件系统完整性、减少数据丢失风险的考虑。例如,如果对一个 FAT 表的更新出现错误(电源故障或系统崩溃等),可以使用另一个未受影响的 FAT 表来恢复。

每个 FAT 表由多个 FAT 表项组成,表项大小为 2 字节,并从 0 开始编号。为了方便起见,本书使用 FAT[N]表示第 N 个表项。在所有的 FAT 表项中,FAT[0]和 FAT[1]较特殊,它们用于存储某些特殊的数值(如卷脏标志、硬错误等,本书未用)。对于其他 FAT 表项,假设其编号为 N,则 FAT[N]表示数据簇 N 的使用状态。这些取值主要有以下几种类型:

- 0:表示簇为空闲状态,即未被使用。
- 0x0002～0xFFF6:表示着簇已经分配出去,表项的值表示下一个簇号。
- 0xFFF7:表示该簇已经损坏。
- 0xFFF8～0xFFFF(典型值 0xFFFF):结束标志,表示该簇为簇链的结尾。

为了理解上述表项值的含义,这里仍然以前面的文件存储为例,分析文件的数据簇与 FAT 表之间的关系,该示例如图 12.5 所示。

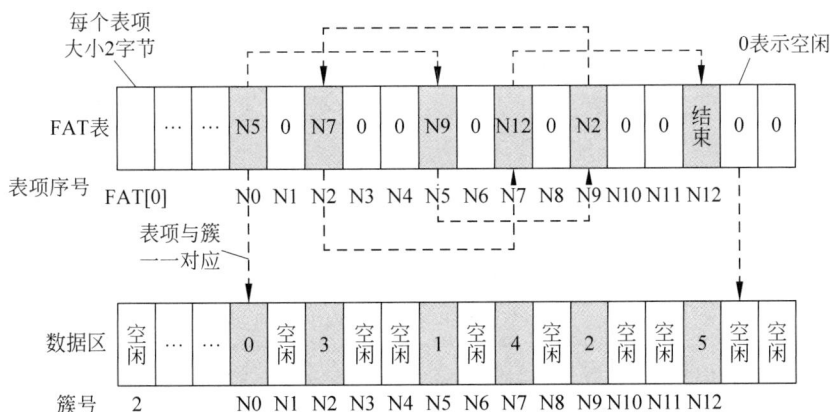

图 12.5　FAT 表作用示例

从图 12.5 中可知，文件数据被分割成 6 个簇，分散存储在不同的簇中。由于数据区只存储文件数据，因此，簇之间的链接关系存储在 FAT 表中。

当读取该文件时，首先需要知道起始簇。假设已知起始簇号为 N0，可从 FAT 表中读出 FAT[N0]，从而得到下一簇号 N5。之后，读出 FAT[N5]，可知下一簇为 N9。通过这样反复地读取 FAT 表项，直到发现 FAT[N12] 为结束标志为止。此时，没有后续簇，结束查找。这样一来，可知该文件占用的簇依次为 N0、N5、N9、N2、N7、N12。根据该顺序，将数据区中的这些簇依次读取出来，即可正确地读出该文件的所有内容。

那么，如何得知一个文件的起始簇号？实际上，该簇号存储在目录项中。通过读取目录项，我们可以获知该文件的所有属性信息。

3. 根目录区

当我们在 Windows 上打开 C 盘时，首先看到的是顶层目录下的文件和子目录。这个顶层目录也叫做根目录。操作系统如何知道根目录下有哪些文件和子目录？为解决该问题，我们需要了解根目录区的结构。

根目录区由多个目录项结构组成，这些结构记录了一个文件或目录的所有属性信息，如文件名、大小、起始簇号等。通过遍历根目录区，可以得知该目录下有哪些文件及子目录。根目录区中目录项结构的组织如图 12.6 所示。

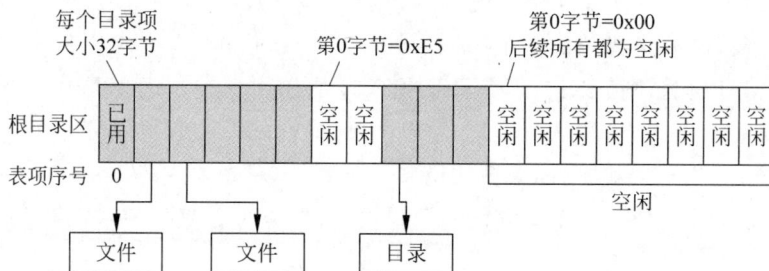

图 12.6 根目录区结构

每个目录项结构的大小为 32 字节。目录项数量由 BPB_RootEntCnt 决定，但最多不超过 65 536 个。在遍历根目录区时，需要从第 0 个目录项开始遍历，根据目录项的第 0 字节值做不同的处理。

- 当值为 0xE5 时，表示该目录项空闲，未对应任何文件或目录。
- 当值为 0x00 时，表示该目录项及其后续所有项均为空闲。
- 当值为其他时，表示该目录项对应某个文件或目录。

如果需要在根目录下创建文件，则只找出一个空闲的目录项，并向该目录项中写入文件相关的属性信息，即可完成文件的创建。

具体而言，对于每一个根目录项，其格式如表 12.2 所示。

表 12.2 目录项结构

字段名称	偏移量	大小	描述
DIR_Name	0	11	短文件名(含扩展名)，以 ASCII 码存储 如果文件名不足 8 个字符，剩余部分用空格填充

续表

字段名称	偏移量	大小	描述
DIR_Attr	11	1	文件属性,例如只读、隐藏、系统、卷标等 • 0x01:ATTR_READ_ONLY(只读) • 0x02:ATTR_HIDDEN(隐藏) • 0x04:ATTR_SYSTEM(系统) • 0x08:ATTR_VOLUME_ID(卷标) • 0x10:ATTR_DIRECTORY(目录) • 0x20:ATTR_ARCHIVE(归档) • 0x0F:ATTR_LONG_FILE_NAME(长文件名)
DIR_NTRes	12	1	可选标志,用于指示短文件名的大小写 • 0x08:文件名主体部分中的每个字母都是小写 • 0x10:文件扩展名中的每个字母都是小写
DIR_CrtTimeTenth	13	1	文件创建时间的 1/10 秒。其有效值范围是从 0~199
DIR_CrtTime	14	2	文件创建时间,以小时、分钟、秒表示
DIR_CrtDate	16	2	文件创建日期,以年、月、日表示
DIR_LstAccDate	18	2	文件最后访问日期
DIR_FstClusHI	20	2	文件起始簇号的高 16 位(对 FAT16 而言总是 0)
DIR_WrtTime	22	2	文件最后修改时间
DIR_WrtDate	24	2	文件最后修改日期
DIR_FstClusLO	26	2	文件起始簇号的低 16 位。如果文件大小为 0,则此值应为 0
DIR_FileSize	28	4	文件大小,以字节为单位

1)短文件名

短文件名存储在 DIR_Name 字段中,共占用 11 个字节。短文件名由主文件名和扩展名组成,主文件名使用前 8 个字节,扩展名使用后 3 个字节。文件名中的字符一般采用 ASCII 编码,且只允许特定的字符(如字母、数字、一些特殊字符等),例如,REPORT. TXT、DOC1. DOC 等。

对于短文件名而言,不区分大小写。也就是说,在 FAT16 中,file. txt 和 FILE. TXT 被操作系统视为相同的名称。不过,在显示文件名时,可通过 DIR_NTRes 字段中的某些可选标志位来指示采用大写还是小写显示。

注意,在存储短文件名时,文件名需要按大写存储且无须存储. 分隔符,举例如下。
• filename. txt:存储为 FILENAMETXT。
• DOG. JPG:存储为 DOG   JPG,中间未用的部分用空格填充。

注:如果需要存储较长的文件名或在文件名中使用中文等字符,可以使用长文件名。长文件名的存储方式相对较复杂,本书不支持长文件名。

2)时间戳

在目录项中,部分字段存储了文件的创建时间、修改时间以及访问日期等时间戳。时间戳采用了特定的格式进行存储,从而节省存储空间。时间戳的存储格式如表 12.3 所示。

表 12.3 时间戳格式

字 段 名 称	位字段描述
DIR_WrtDate DIR_CrtDate DIR_LstAccDate	第 15～9 位：从 1980 年开始的年数计数（0～127，对应 1980～2107） 第 8～5 位：月份（1～12） 第 4～0 位：日期（1～31）
DIR_WrtTime DIR_CrtTime	第 15～11 位：小时数（0～23） 第 10～5 位：分钟数（0～59） 第 4～0 位：2 秒计数（0～29，对应 0～58 秒）

12.3 接口实现

对于设备的访问，我们已经实现了 devfs 接口，而对于普通文件的访问，也需要实现一种类似的访问接口。这种接口的形式应当与 devfs 接口的形式相同，从而能够让操作系统统一管理。

具体而言，可以为 FAT16 文件系统实现 fatfs 接口，该接口的函数列表如程序清单 12.1 所示。

程序清单 12.1　FAT 操作接口

```
int fatfs_mount (fat_t * fat, int dev_major, int dev_minor);
int fatfs_open (fat_t * fat, file_t * file, const char * path, int mode);
int fatfs_read (file_t * file, char * buf, int size);
int fatfs_write (file_t * file, char * buf, int size);
void fatfs_close (file_t * file);
int fatfs_seek (file_t * file, uint32_t offset, int dir);
int fatfs_opendir (fat_t * fat, const char * name, DIR * dir);
int fatfs_readdir (fat_t * fat, DIR * dir, struct dirent * dirent);
int fatfs_closedir (fat_t * fat, DIR * dir);
int fatfs_unlink (fat_t * fat, const char * path);
```

fatfs 接口中的函数可以分为三类：文件系统挂载类，用于识别 FAT16 文件系统；文件操作类，用于打开文件进行读写等操作；目录操作类，用于遍历目录及删除文件等操作。

12.3.1 挂载文件系统

在访问文件之前，需要先将文件所在的文件系统进行挂载。所谓的挂载，指的是对硬盘分区进行解析，检查其是否有 FAT16 文件系统，并从中读取该文件系统的配置信息，以便后续对文件进行访问。

1. 定义数据结构

为了识别指定的分区是否有 FAT16 文件系统，可以检查保留区中的 BPB。BPB 存储了 FAT16 文件系统的重要配置参数信息，如簇大小等。通过检查分区的起始扇区是否存放了有效的 BPB，可以确定该分区是否有 FAT16 文件系统。

为了进行这种检查操作，需要定义 dbr_t 结构用来描述 BPB。该结构的定义如程序清单 12.2 所示。

程序清单 12.2　c10.01\project\kernel\include\fs\fatfs.h

```
17: typedef struct _dbr_t {
18:     uint8_t BS_jmpBoot[3];              // 跳转代码
19:     uint8_t BS_OEMName[8];              // OEM 名称
20:     uint16_t BPB_BytsPerSec;            // 每扇区字节数
21:     uint8_t BPB_SecPerClus;             // 每簇扇区数
22:     uint16_t BPB_RsvdSecCnt;            // 保留区扇区数
23:     uint8_t BPB_NumFATs;                // FAT 表项数
24:     uint16_t BPB_RootEntCnt;            // 根目录项目数
25:     uint16_t BPB_TotSec16;              // 总的扇区数
26:     uint8_t BPB_Media;                  // 媒体类型
27:     uint16_t BPB_FATSz16;               // FAT 表项大小
28:     uint16_t BPB_SecPerTrk;             // 每磁道扇区数
29:     uint16_t BPB_NumHeads;              // 磁头数
30:     uint32_t BPB_HiddSec;               // 隐藏扇区数
31:     uint32_t BPB_TotSec32;              // 总的扇区数
32:     uint8_t BS_DrvNum;                  // 硬盘驱动器参数
33:     uint8_t BS_Reserved1;               // 保留字节
34:     uint8_t BS_BootSig;                 // 扩展引导标记
35:     uint32_t BS_VolID;                  // 卷标序号
36:     uint8_t BS_VolLab[11];              // 硬盘卷标
37:     uint8_t BS_FileSysType[8];          // 文件类型名称
38:     uint8_t BS_BootCode[448];           // 引导程序
39:     uint8_t BS_Sign[2];                 // 引导标志
40: } dbr_t;
40: #pragma pack()
```

BPB 中的大多数字段并不是我们需要的。考虑到该结构占用空间过大，可以额外定义一个较小的结构 fat_t，用于存储所需的数据。fat_t 的结构定义如程序清单 12.3 所示。在进行文件系统的挂载时，操作系统将读取 BPB，做一些必要的计算，再将相关数据写入该结构中保存。

程序清单 12.3　c10.01\project\kernel\include\fs\fatfs.h

```
46: typedef struct _fat_t {
47:     uint32_t tbl_start;                 // FAT 表起始扇区号
48:     uint32_t tbl_cnt;                   // FAT 表数量
49:     uint32_t tbl_sectors;               // 每个 FAT 表的扇区数
50:     uint32_t bytes_per_sec;             // 每扇区大小
51:     uint32_t sec_per_cluster;           // 每簇的扇区数
52:     uint32_t root_ent_cnt;              // 根目录的项数
53:     uint32_t root_start;                // 根目录起始扇区号
54:     uint32_t data_start;                // 数据区起始扇区号
55:     uint32_t cluster_byte_size;         // 每簇字节数
56:     uint8_t * fat_buffer;               // 缓存空间
57:     int devid;                          // 所在的设备 id
58: } fat_t;
```

在该结构中，tbl_start 等字段保存了各区域的位置和大小等信息，这些字段的值可以从 BPB 中获取或者通过计算得出。此外，由于在对文件读写时，需要通过 devfs 接口访问该分区，因此，使用 devid 字段保存分区打开时，由 devfs_open() 返回的值。fat_buffer 用作文件读写时的缓存，具体作用将在后面介绍。

2. 挂载分区

挂载操作由 fatfs_mount() 来完成,其实现如程序清单 12.4 所示。该函数通过分区的主设备号 dev_major 和次设备号 dev_minor 来确定要挂载哪一个分区。

程序清单 12.4   c10.01\project\kernel\fs\fatfs.c

```
18: int fatfs_mount (fat_t * fat, int dev_major, int dev_minor) {
19:     // 打开设备
20:     int devid = dev_open(dev_major, dev_minor);
21:     if (devid < 0) {
22:         log_printf("open disk failed. major: %x, minor: %x", dev_major, dev_minor);
23:         return - 1;
24:     }
25:
26:     // 读取 dbr 扇区并进行检查
27:     dbr_t * dbr = (dbr_t *)memory_alloc_page(0);
28:     ASSERT(dbr);
29:
30:     // 这里需要使用查询的方式来读取,因为此时多进程还没有跑起来,只在初始化阶段
31:     int cnt = dev_read(devid, 0, (char *)dbr, SECTOR_SIZE);
32:     if (cnt < 1) {
33:         log_printf("read dbr failed.");
34:         goto mount_failed;
35:     }
36:
37:     // 解析 DBR 参数,解析出有用的参数
40:     fat -> fat_buffer = (uint8_t *)dbr;
41:     fat -> bytes_per_sec = dbr -> BPB_BytsPerSec;
42:     fat -> tbl_start = dbr -> BPB_RsvdSecCnt;
43:     fat -> tbl_sectors = dbr -> BPB_FATSz16;
44:     fat -> tbl_cnt = dbr -> BPB_NumFATs;
45:     fat -> root_ent_cnt = dbr -> BPB_RootEntCnt;
46:     fat -> sec_per_cluster = dbr -> BPB_SecPerClus;
47:     fat -> cluster_byte_size = fat -> sec_per_cluster * dbr -> BPB_BytsPerSec;
48:     fat -> root_start = fat -> tbl_start + fat -> tbl_sectors * fat -> tbl_cnt;
49:     fat -> data_start = fat -> root_start + fat -> root_ent_cnt * 32 / SECTOR_SIZE;
50:     fat -> devid = devid;
51:
52:         // 简单检查是否是 fat16 文件系统,可以在下边做进一步的更多检查。此处只检查
                做一点点检查
53:         if (fat -> tbl_cnt != 2) {
54:             log_printf("fat table num error, major: %x, minor: %x", dev_major, dev_minor);
55:                 goto mount_failed;
56:         }
57:
58:     if (kernel_memcmp(dbr -> BS_FileSysType, "FAT16", 5) != 0) {
59:         log_printf("not a fat16 file system, major: %x, minor: %x", dev_major, dev_minor);
60:         goto mount_failed;
61:     }
62:     return 0;
63:
64: mount_failed:
65:     if (dbr) {
```

```
66:            memory_free_page(0, (uint32_t)dbr);
67:        }
68:        dev_close(devid);
69:        return - 1;
70: }
```

在该函数中,首先使用 dev_open() 打开分区;之后,将 BPB 读取到缓存 dbr 中;接下来,对 BPB 中的数据进行解析和计算,将扇区大小、各区域位置等信息保存到 fat 结构中;最后,检查该分区是否为 FAT16 分区,如果是,返回;否则,释放缓存并关闭设备。

注意,对于一个分区是否是 FAT16 分区,上述代码中采用的判断方法较简单。你可以根据需要实现更为完善的判断算法。

12.3.2　遍历目录

分区被挂载后,我们便可以进行文件相关的操作。本节先实现一个较简单的功能,该功能可遍历根目录,打印出根目录下所有文件和目录的名称。

1. 实现原理

要遍历根目录,只需从根目录区的第 0 个目录项开始,依次检查所有目录项。如果发现某个目录项已经使用,则可以从其中获取文件名等相关信息;如果发现目录项(第 0 字节为 0xE5)为空闲,则跳过该目录项;如果该目录项(第 0 字节为 0x00)及其后所有目录项均为空闲,则结束遍历。整个遍历过程如图 12.7 所示。

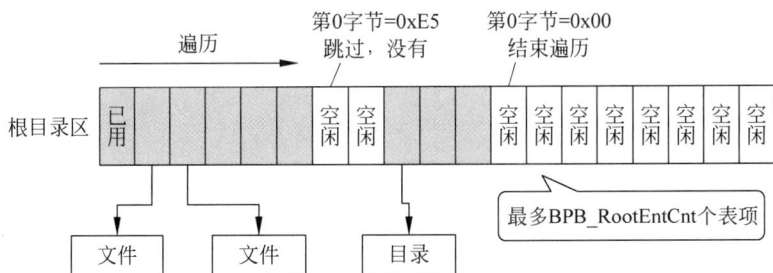

图 12.7　根目录遍历原理

根据工程中 workspace/qemu-debug-???.??? 脚本内容可知:每次启动调试时,该脚本会自动将 workspace 下所有以 .elf 和 .bin 结尾的文件,复制到 disk.vhd 的 FAT16 分区中。如果我们用 DiskGenius 等软件打开 disk.vhd,则可以看到该分区有两个文件:kernel.bin 和 kernel.elf,具体效果如图 12.8 所示。

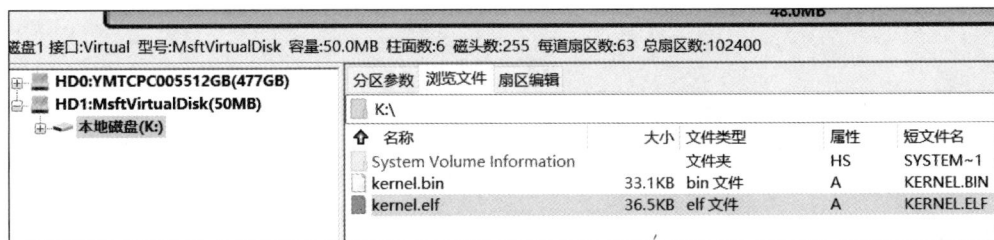

图 12.8　DiskGenius 分析结果

2. 实现遍历

在 Linux 系统中,可以使用如下系统调用进行目录遍历。

- DIR * opendir(const char * name):打开一个目录。成功时,返回指向目录流的指针;失败时,返回 NULL。参数 name 为要打开的目录路径。
- struct dirent * readdir(DIR * dirp):读取目录中的下一个目录项。成功时,返回指向 struct dirent 结构体的指针,该结构体包含了文件名、文件类型等信息;如果到达目录末尾或出错时,返回 NULL。
- int closedir(DIR * dirp):关闭一个目录流。成功时,返回 0;失败时,则返回 −1。

本书将参考上述系统调用,实现针对 FAT 16 文件系统的目录遍历接口:fatfs_opendir()、fatfs_readdir()、fatfs_closedir()。

（1）定义数据结构

在目录遍历过程中,需要用到两个特殊结构:DIR 和 struct dirent。DIR 用于保存已打开目录的相关信息,struct dirent 用于保存子目录或文件的相关信息。这两个结构的定义如程序清单 12.5 所示。

程序清单 12.5　c10.02\project\kernel\include\fs\file. h

```
12: struct dirent {
13:     int index;              // 在目录中的偏移
14:     int type;               // 文件或目录的类型
15:     char name [255];        // 目录或目录的名称
16:     int size;               // 文件大小
17: };
18:
19: typedef struct _DIR {
20:     int index;              // 当前遍历的索引
21: }DIR;
```

在上述两种结构中,均包含了 index 字段,该字段用于表示在根目录区中的目录项索引。在 struct dirent 中,index 表示当前文件或子目录在根目录区中的索引;而在 DIR 中,index 表示下一个待遍历的目录项的索引。

（2）实现遍历函数

基于 DIR 和 struct dirent 结构,可以实现目录遍历相关的函数。这些函数的定义如程序清单 12.6 所示。

程序清单 12.6　c10.02\project\kernel\fs\fatfs. c

```
138: int fatfs_opendir (fat_t * fat, const char * name, DIR * dir) {
139:     dir -> index = 0;
140:     return 0;
141: }
142:
146: int fatfs_readdir (fat_t * fat, DIR * dir, struct dirent * dirent) {
147:     // 做一些简单的判断,检查
148:     while (dir -> index < fat -> root_ent_cnt) {
149:         diritem_t * item = read_dir_entry(fat, dir -> index);
150:         if (item == (diritem_t * )0) {
151:             return - 1;
```

```
152:              }
153:
154:              // 结束项,不需要再扫描了,同时 index 也不能往前走
155:              if (item -> DIR_Name[0] == DIRITEM_NAME_END) {
156:                  break;
157:              }
158:
159:              // 只显示普通文件和目录,其他的不显示
160:              if (item -> DIR_Name[0] != DIRITEM_NAME_FREE) {
161:                  file_type_t type = diritem_get_type(item);
162:                  if ((type == FILE_NORMAL) || (type == FILE_DIR)) {
163:                      dirent -> index = dir -> index++;
164:                      dirent -> type = diritem_get_type(item);
165:                      dirent -> size = item -> DIR_FileSize;
166:                      sfn_to_name(dirent -> name, (char * )item -> DIR_Name);
167:                      return 0;
168:                  }
169:              }
170:
171:              dir -> index++;
172:          }
173:
174:          return - 1;
175: }
176:
180: int fatfs_closedir (fat_t * fat, DIR * dir) {
181:          return 0;
182: }
183:
```

fatfs_opendir()用于打开待遍历的目录。在该函数中,仅仅将索引置 0,表示从第 0 个目录项开始遍历。

fatfs_readdir()用于读取一个目录项。在该函数中,从 dir-> index 开始遍历,直到找到一个有效的目录项。当发现是文件或目录时,从中读取文件名等信息并保存至 dirent。

由于 fatfs_opendir()和 fatfs_readdir()并未有任何内存分配或资源打开等特殊操作,因此,fatfs_closedir()简单地返回 0,表示成功关闭。

（3）支持函数

在 fatfs_readdir()中,调用了若个支持函数。其中,read_dir_entry()用于读取索引为 index 的目录项,其实现如程序清单 12.7 所示。该函数首先检查 index 参数的合法性；之后,使用 bread_sector()将目录项所在的整个扇区读取到 fat-> fat_buffer 缓存；最后,返回该目录项在缓存中的地址。

程序清单 12.7　c10.02\project\kernel\fs\fatfs.c

```
65: static diritem_t * read_dir_entry (fat_t * fat, int index) {
66:          if ((index < 0) || (index >= fat -> root_ent_cnt)) {
67:              return (diritem_t * )0;
68:          }
69:
70:          int offset = index * sizeof(diritem_t);
```

```
71:          int err = bread_sector(fat, fat->root_start + offset / fat->bytes_per_sec);
72:          if (err < 0) {
73:                return (diritem_t *)0;
74:          }
75:          return (diritem_t *)(fat->fat_buffer + offset % fat->bytes_per_sec);
76: }
```

bread_sector()用于读取指定FAT16分区中的指定扇区,其实现如程序清单12.8所示。在该函数中,sector指的是相对分区开始的扇区号,而非相对整个硬盘开始。类似地,我们可以实现写入函数 bwrite_sector()。

程序清单 12.8   c10.02\project\kernel\fs\fatfs.c

```
15: static int bread_sector (fat_t * fat, int sector) {
16:          return dev_read(fat->devid, sector * fat->bytes_per_sec, fat->fat_buffer,
                 fat->bytes_per_sec);
17: }
18:
19: static int bwrite_secotr (fat_t * fat, int sector) {
20:          return dev_write(fat->devid, sector * fat->bytes_per_sec, fat->fat_buffer,
                 fat->bytes_per_sec);
21: }
```

当需要从目录项解析文件类型时,可通过 diritem_get_type()完成,其实现如程序清单12.9所示。该函数仅支持解析文件和目录类型,对于其他类型,返回 FILE_UNKNOWN。这样使得在遍历根目录时,仅将文件和目录给遍历出来。

程序清单 12.9   c10.02\project\kernel\fs\fatfs.c

```
51: file_type_t diritem_get_type (diritem_t * item) {
52:          file_type_t type = FILE_UNKNOWN;
53:
54:          // 长文件名和 volum id
55:          if (item->DIR_Attr & (DIRITEM_ATTR_VOLUME_ID | DIRITEM_ATTR_HIDDEN | DIRITEM_ATTR_
                 SYSTEM)) {
56:                return FILE_UNKNOWN;
57:          }
58:
59:          return item->DIR_Attr & DIRITEM_ATTR_DIRECTORY ? FILE_DIR : FILE_NORMAL;
60: }
```

此外,还需要获取文件名。不过,由于文件名按照特殊的格式存储在 DIR_Name 中,因此,需要将其转换成用户可读的字符串。该转换操作由 sfn_to_name()完成,其实现如程序清单12.10所示。

程序清单 12.10   c10.02\project\kernel\fs\fatfs.c

```
26: void sfn_to_name (char * name, char * sfn) {
27:          char * c = name;
28:          char * ext = (char *)0;
29:
30:          kernel_memset(name, 0, SFN_LEN + 1);                    // 最多 12 个字符
31:          for (int i = 0; i < 11; i++) {
32:                if (sfn[i] != ' ') {
33:                      * c++ = to_lower(sfn[i]);
```

```
34:        }
35:
36:        if (i == 7) {
37:            ext = c;
38:            * c++ = '.';
39:        }
40:    }
41:
42:    // 没有扩展名的情况
43:    if (ext && (ext[1] == '\0')) {
44:        ext[0] = '\0';
45:    }
46: }
```

在该函数中,不断地遍历 sfn 指向的各个字符,将文件名(8 个字符)和扩展名(3 个字符)转换成小写,保存到 name 指向的字符串缓冲区。在转换过程中,还需要注意在文件名和扩展名之间加入分隔符(.)。当遍历完毕时,将得到可读的文件名字符串,如 kernel. elf。

3. 运行效果

在完成目录遍历函数的实现后,可以写一小段测试代码来验证这些函数能否正常工作,测试代码如程序清单 12.11 所示。

程序清单 12.11 c10. 02\project\kernel\init. c

```
19: void kernel_start (void) {
       ..... 省略 .....
38:    DIR dir;
39:    struct dirent dirent;
40:    ret = fatfs_opendir(&fat, "test_dir", &dir);
41:    ASSERT(ret == 0);
42:    while ((ret = fatfs_readdir(&fat, &dir, &dirent)) == 0) {
43:        log_printf("Directory entry: % s", dirent.name);
44:    }
45:    fatfs_closedir(&fat, &dir);
       ..... 省略 .....
56: }
```

如果一切顺利,则可以看到遍历结果:kernel. elf 和 kernel. bin 文件名被打印出来,显示效果如图 12.9 所示。

你可能会疑问:如何对其他目录进行遍历?为简化实现,本书采用单级目录,即仅支持遍历根目录。至于如何遍历树形目录,相关的原理和设计思路将在后面小节中介绍。

12.3.3 删除文件

1. 实现原理

在某些情况下,需要删除一个文件。为了删除文件,需要做哪些工作?

首先,由于文件可能有数据,因此,需要释放数据区中的簇,即修改 FAT 表,将相应的表项清 0,从而设置簇为空闲状态。其次,需要找到文件的目录项结构,将其设置为空闲状态。通过这两步操作,便可以删除文件。这里给出一个文件的删除示例,该示例如图 12.10 所示。

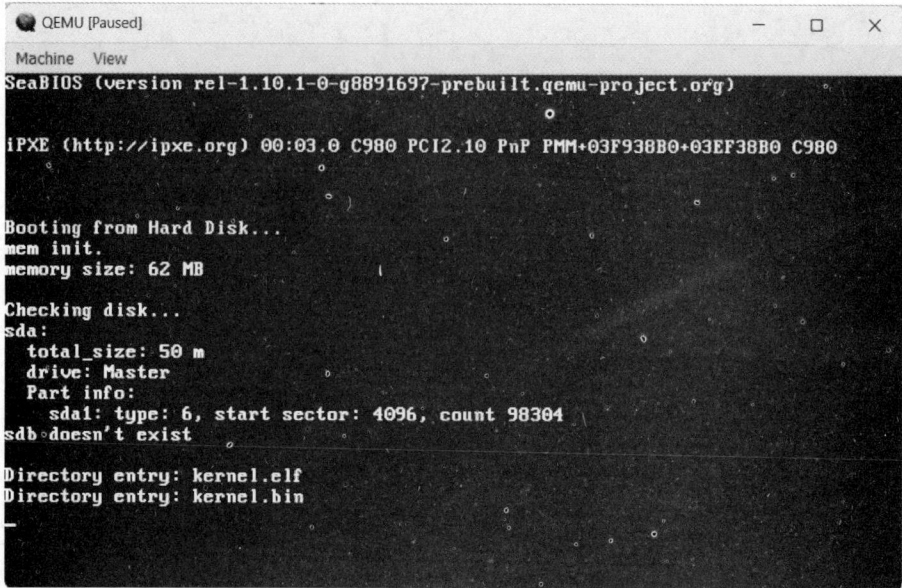

图 12.9　目录遍历效果

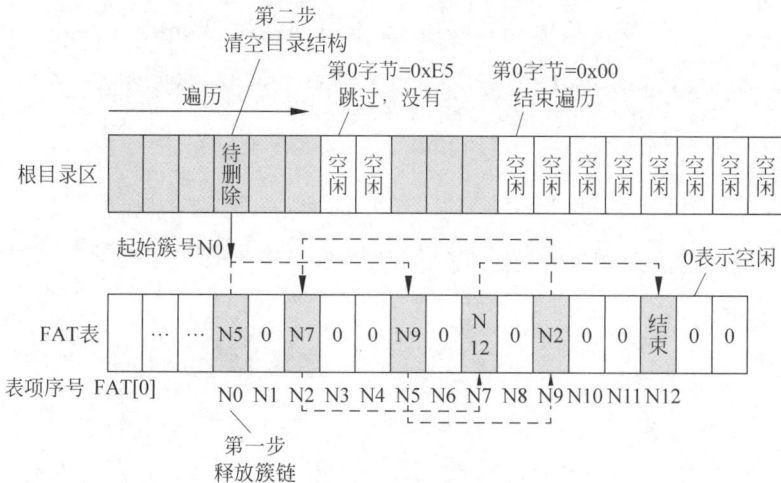

图 12.10　删除文件原理

在删除之前,先遍历根目录区,找到该文件的目录项结构,并从中获取起始簇号,如 N0。接下来,从簇号 N0 开始,在 FAT 表中遍历找到所有的簇,即 N0、N5、N9、N2、N7、N12,同时将这些簇对应的 FAT 表项值全部设置为 0,从而释放掉这些簇。最后,将目录项结构设置成空闲状态,即将第 0 字节设置成 0xE5。

2. 删除实现

删除操作由 fatfs_unlink()完成,其实现如程序清单 12.12 所示。在该函数中,不断遍历所有目录项,直到找到待删除文件的目录项为止。之后,计算该文件的起始簇号,并调用 cluster_free_chain()释放所有簇,最后,将目录项第 0 字节设置为 0xE5,使用 write_dir_entry()回写,从而释放该目录项。

程序清单 12.12　c10.03\project\kernel\fs\fatfs.c

```
325: int fatfs_unlink(fat_t * fat, const char * path) {
326:      // 遍历根目录的数据区,找到已经存在的匹配项
327:      for (int i = 0; i < fat->root_ent_cnt; i++) {
328:          diritem_t * item = read_dir_entry(fat, i);
329:          if (item == (diritem_t *)0) {
330:              return -1;
331:          }
332:
333:          // 结束项,不需要再扫描了,同时 index 也不能往前走
334:          if (item->DIR_Name[0] == DIRITEM_NAME_END) {
335:              break;
336:          }
337:
338:          // 空闲,跳过
339:          if (item->DIR_Name[0] == DIRITEM_NAME_FREE) {
340:              continue;
341:          }
342:
343:          // 找到要删除的目录
344:          if (diritem_name_match(item, path)) {
345:              // 释放簇
346:              int cluster = (item->DIR_FstClusHI << 16) | item->DIR_FstClusLO;
347:              cluster_free_chain(fat, cluster);
348:
349:              // 写 diritem 项
350:              diritem_t item;
351:              kernel_memset(&item, 0, sizeof(diritem_t));
352:              item.DIR_Name[0] = DIRITEM_NAME_FREE;
353:              return write_dir_entry(fat, &item, i);
354:          }
355:      }
356:
357:      return -1;
358: }
```

（1）查找文件

在遍历过程中,通过检查文件名是否匹配来判断是否找到目录项。由于文件名的存储采用了特殊的格式,因此,匹配过程较复杂。

文件名匹配的判断由 diritem_name_match()完成,该函数的实现如程序清单 12.13 完成。在函数内部,首先使用 name_to_sfn()将文件名 name 转换成与目录项中 DIR_Name 相同的存储格式；之后,使用 kernel_memcmp()进行逐字节比较。

程序清单 12.13　c10.03\project\kernel\fs\fatfs.c

```
107: static void name_to_sfn(char * sfn, const char * name) {
108:      kernel_memset(sfn, ' ', SFN_LEN);
109:
110:      // 不断生成直到遇到分隔符和写完缓存
111:      char * curr = sfn;
112:      char * end = sfn + SFN_LEN;
113:      while (*name && (curr < end)) {
```

```
114:            char c = * name++;
115:
116:            switch (c) {
117:            case '.':                  // 隔附,跳到扩展名区,不写字符
118:                curr = sfn + 8;
119:                break;
120:            default:
121:                * curr++ = to_upper(c);
122:                break;
123:            }
124:        }
125: }
155: int diritem_name_match (diritem_t * item, const char * path) {
156:        char buf[SFN_LEN];
157:        name_to_sfn(buf, path);
158:        return kernel_memcmp(buf, item->DIR_Name, SFN_LEN) == 0;
159: }
```

name_to_sfn()负责文件名的转换。该函数遍历 name 中的所有字符,将每个字符转换成大写并存储到 sfn 缓存中。在转换时,如果发现. 分隔符,则将后续字符当作扩展名进行处理。

(2)释放所有簇

释放所有簇的操作 cluster_free_chain()完成,其实现如程序清单 12.14 所示。在该函数中,对簇链进行遍历,依次找到各个簇,将其设置为空闲状态。

程序清单 12.14   c10.03\project\kernel\fs\fatfs.c

```
 96: void cluster_free_chain(fat_t * fat, cluster_t start) {
 97:     while (cluster_is_valid(start)) {
 98:         cluster_t next = cluster_get_next(fat, start);
 99:         cluster_set_next(fat, start, FAT_CLUSTER_FREE);
100:         start = next;
101:     }
102: }
```

可以看到,为了遍历簇链,需要不断地在 FAT 表进行查找;为了释放簇,需要利用 cluster_set_next()将 FAT 表项的值设置为 FAT_CLUSTER_FREE(0x00)。不过,在释放簇之前,需要先使用 cluster_get_next(fat,start)获取其后续簇号,以便后续能够继续遍历。

cluster_get_next()的实现如程序清单 12.15 所示。该函数用于获取簇 curr 的后续簇号。为获取该簇号,需要计算表项 FAT[curr]所在的扇区号 sector 和在扇区中字节偏移 offset。之后,将 sector 扇区读取出来,再从偏移 offset 处取出簇号。

程序清单 12.15   c10.03\project\kernel\fs\fatfs.c

```
33: int cluster_get_next (fat_t * fat, cluster_t curr) {
34:     if (!cluster_is_valid(curr)) {
35:         return FAT_CLUSTER_INVALID;
36:     }
37:
38:     // 取 fat 表中的扇区号和在扇区中的偏移
39:     int offset = curr * sizeof(cluster_t);
```

```
40:        int sector = offset / fat->bytes_per_sec;
41:        int off_sector = offset % fat->bytes_per_sec;
42:        if (sector >= fat->tbl_sectors) {
43:            log_printf("cluster too big. %d", curr);
44:            return FAT_CLUSTER_INVALID;
45:        }
46:
47:        // 读扇区,然后取其中簇数据
48:        int err = bread_sector(fat, fat->tbl_start + sector);
49:        if (err < 0) {
50:            return FAT_CLUSTER_INVALID;
51:        }
52:
53:        return *(cluster_t *)(fat->fat_buffer + off_sector);
54: }
```

同样地,在设置指定簇的后续簇号时,也需要进行类似的计算处理。该操作由 cluster_set_next()完成,其实现如程序清单 12.16 所示。

程序清单 12.16   c10.03\project\kernel\fs\fatfs.c

```
59: int cluster_set_next (fat_t * fat, cluster_t curr, cluster_t next) {
60:     if (!cluster_is_valid(curr)) {
61:         return -1;
62:     }
63:
64:     int offset = curr * sizeof(cluster_t);
65:     int sector = offset / fat->bytes_per_sec;
66:     int off_sector = offset % fat->bytes_per_sec;
67:     if (sector >= fat->tbl_sectors) {
68:         log_printf("cluster too big. %d", curr);
69:         return -1;
70:     }
71:
72:     // 读缓存
73:     int err = bread_sector(fat, fat->tbl_start + sector);
74:     if (err < 0) {
75:         return -1;
76:     }
77:
78:     // 改 next
79:     *(cluster_t *)(fat->fat_buffer + off_sector) = next;
80:
81:     // 回写到多个表中
82:     for (int i = 0; i < fat->tbl_cnt; i++) {
83:         err = bwrite_secotr(fat, fat->tbl_start + sector);
84:         if (err < 0) {
85:             log_printf("write cluster failed.");
86:             return -1;
87:         }
88:         sector += fat->tbl_sectors;
89:     }
90:     return 0;
91: }
```

在写入过程中,为了避免影响同一扇区中的其他 FAT 表项,需要先将 curr 所在的扇区

读取到 fat-> fat_buffer 缓存；之后，将后续簇号 next 写入表项 FAT[curr]；最后，再将整个扇区内容回写到所有 FAT 表。

（3）写目录项

目录项的写入由 write_dir_entry()完成，其实现如程序清单 12.17 所示。该函数用于将目录项 item 的内容写入到根目录区中第 index 个目录项。

程序清单 12.17　c10.03\project\kernel\fs\fatfs.c

```
194: static int write_dir_entry (fat_t * fat, diritem_t * item, int index) {
195:        if ((index < 0) || (index >= fat-> root_ent_cnt)) {
196:             return - 1;
197:        }
198:
199:        diritem_t new_item = * item;                    // 创建一个副本
200:
201:        int offset = index * sizeof(diritem_t);
202:        int sector = fat-> root_start + offset / fat-> bytes_per_sec;
203:        int err = bread_sector(fat, sector);
204:        if (err < 0) {
205:             return - 1;
206:        }
207:        kernel_memcpy(fat -> fat_buffer + offset % fat -> bytes_per_sec, &new_item,
             sizeof(diritem_t));
208:        err = bwrite_secotr(fat, sector);
209:        if (err < 0) {
210:             return err;
211:        }
212:        return 0;
213: }
```

该函数的实现原理与 cluster_set_next()类似。首先，计算目录项所在的扇区 sector 和扇区偏移 offset。之后，将目录项所在的扇区读取到 fat-> fat_buffer 缓存；接下来，利用 kernel_memcpy()将数据复制至缓存；最后，回写到原扇区。

注意，在读取扇区到 fat-> fat_buffer 之前，创建了一个目录项的副本 new_item。后续写入扇区时，使用的是该副本。之所以这么做，是因为传入的 item 参数实际上指向了 fat-> fat_buffer 缓存中的某个位置；由于接下来的 bread_sector()会将 item 数据给覆盖，我们需要将 item 的数据事先保存到 new_item 中。

3. 运行效果

在完成删除函数后，可以写一小段测试代码来验证该函数能否正常工作，测试代码如程序清单 12.18 所示。

程序清单 12.18　c10.03\project\kernel\init.c

```
19: void kernel_start (void) {
       ..... 省略 .....
37:      ret = fatfs_unlink(&fat, "kernel.elf");
38:      ASSERT(ret == 0);
39:
40:      // 目录遍历
       ..... 省略 .....
60: }
```

运行上述代码,观察删除之后的遍历效果,该效果如图 12.11 所示。可以看到,由于 kernel.elf 已经被删除,只有 kernel.bin 文件名被打印出来。

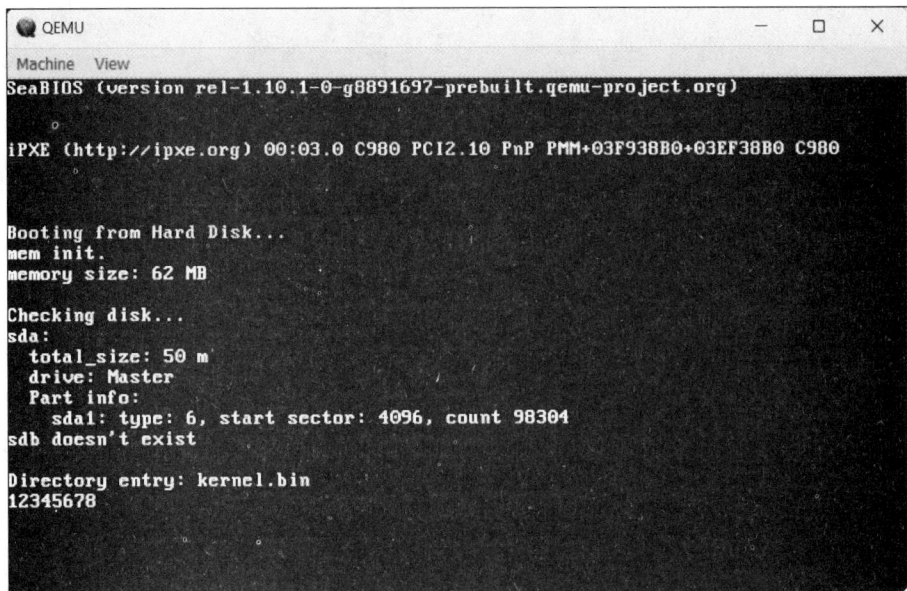

图 12.11 文件删除效果

12.3.4 打开和关闭文件

在对文件进行读写之前,需要先打开文件;读写完毕之后,需要关闭文件。接下来,将介绍这两种操作的实现。

1. 打开文件

打开文件操作由 fatfs_open()完成,其实现如程序清单 12.19 所示。该函数可按照指定的模式 mode,打开名为 path 的文件。在某些情况下,如果文件不存在,用户可能会要求创建文件后再打开。由于 fatfs_open()能完成创建文件的操作;因此,本书并未实现创建文件的接口。

程序清单 12.19 c10.04\project\kernel\fs\fatfs.c

```
308: int fatfs_open (fat_t * fat, file_t * file, const char * path, int mode) {
309:        diritem_t * file_item = (diritem_t * )0;
310:        int p_index = -1;
311:
312:        // 遍历根目录的数据区,找到已经存在的匹配项
313:        for (int i = 0; i < fat->root_ent_cnt; i++) {
314:            diritem_t * item = read_dir_entry(fat, i);
315:            if (item == (diritem_t * )0) {
316:                return -1;
317:            }
318:
319:            // 结束项,不需要再扫描了,同时 index 也不能往前走
320:            if (item->DIR_Name[0] == DIRITEM_NAME_END) {
321:                p_index = i;
```

```
322:                    break;
323:            }
324:
325:            // 空闲,跳过
326:            if (item->DIR_Name[0] == DIRITEM_NAME_FREE) {
327:                    p_index = i;
328:                    continue;
329:            }
330:
331:            // 找到要打开的目录
332:            if (diritem_name_match(item, path)) {
333:                    file_item = item;
334:                    p_index = i;
335:                    break;
336:            }
337:        }
338:
339:     if (file_item) {
340:            read_from_diritem(fat, file, file_item, p_index);
341:
342:            // 如果要截断,则清空
343:            if (mode & FS_O_CREAT) {
344:                    cluster_free_chain(fat, file->sblk);
345:                    file->cblk = file->sblk = FAT_CLUSTER_INVALID;
346:                    file->size = 0;
347:            }
348:            file->devid = fat->devid;
349:            file->data = fat;
350:            file->mode = mode & 0xFF;
351:            return 0;
352:     } else if ((mode & FS_O_CREAT) && (p_index >= 0)) {
353:            // 创建一个 diritem 项
354:            diritem_t item;
355:            diritem_init(&item, 0, path);
356:            int err = write_dir_entry(fat, &item, p_index);
357:            if (err < 0) {
358:                    log_printf("create file failed.");
359:                    return -1;
360:            }
361:
362:            read_from_diritem(fat, file, &item, p_index);
363:            file->data = fat;
364:            file->devid = fat->devid;
365:            file->mode = mode & 0xFF;
366:            return 0;
367:     }
368:
369:     return -1;
370: }
```

为了打开文件,需要遍历整个根目录区,检查该文件是否存在。考虑到文件不存在时可能需要创建新文件,在遍历过程中,需要预先记录空闲目录项的索引 p_index。

在循环中,使用 read_dir_entry() 读取根目录区中的目录项,并跳过其中空闲的目录项。对于非空闲的目录项,使用 diritem_name_match() 检查文件名是否匹配。当文件名匹配时,则意味着文件存在,将位置保存到 p_index。

如果文件已经存在,则使用 read_from_diritem() 将目录项读取出来,解析其中的信息并存放至 file 结构。在某些情况下,可能希望截断文件(FS_O_CREAT);此时,使用 cluster_free_chain() 释放所有簇,并将文件大小 size 设置为 0、起始簇号 sblk 和当前正在访问的簇号 cblk 设置为无效值。

如果文件不存在时要求创建文件(FS_O_CREAT),则利用之前找到的空闲目录项进行创建。创建之后,该文件的大小为 0。

最后,在返回之前,需要将分区的 fat-> devid、打开模式 mode(仅使用低 8 位)等保存到 file 结构中,将 fat 指针保存到 file-> data 中,以便后续实现文件读写等操作。

2. 支持函数

在打开文件时,参数 mode 指定了打开模式。该值的低 16 位指明了读写方式,如只读 FS_O_RDONLY 等,高 16 位指明了其他操作,如创建文件 FS_O_CREAT。这些宏的定义如程序清单 12.20 所示。

程序清单 12.20 c10.04\project\kernel\include\fs\file.h

```
12: #defineFS_O_RDONLY      0              /* +1 == FREAD */
13: #defineFS_O_WRONLY      1              /* +1 == FWRITE */
14: #defineFS_O_RDWR        2              /* +1 == FREAD|FWRITE */
15: #defineFS_O_CREAT       0x0200         /* open with file create */
```

注:以上宏的值并不是随意取值,而是与 Newlib 库中的值一致。在本书后续章节中,将介绍 Newlib 库的相关内容。

此外,还需要在文件结构中增加一些字段,用于文件的读写等操作。这些字段的添加方法如程序清单 12.21 所示。

程序清单 12.21 c10.04\project\kernel\include\fs\file.h

```
41: typedef struct _file_t {
       ..... 省略 .....
48:     int sblk;                 // 内部起始块位置
49:     int cblk;                 // 当前块
50:     int p_index;              // 在父目录中的索引
       ..... 省略 .....
53:     void * data;
54: } file_t;
```

为了理解这些新增加字段的作用,这里给出其工作原理的示例,该示例如图 12.12 所示。sblk 和 cblk 分别保存文件的起始簇号和当前读写簇号;p_index 保存目录项在根目录区中的索引;pos 用于指明当前的读写位置,该位置为相对于文件开头的字节偏移。

read_from_diritem() 函数用于将文件信息从目录项 item 中读取出来,并存放到文件结构 file 中。该函数的实现如程序清单 12.22 所示。由于文件打开后,读写位置应当为文件的开头,因此,pos 被设置为 0,cblk 指向起始簇。

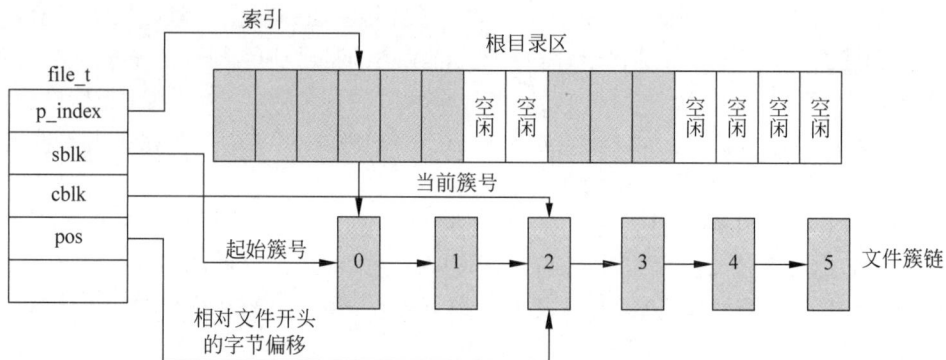

图 12.12　新增字段的作用

程序清单 12.22　\c10.04\project\kernel\fs\fatfs.c

```
296: static void read_from_diritem (fat_t * fat, file_t * file, diritem_t * item, int index) {
297:        file->type = diritem_get_type(item);
298:        file->size = (int)item->DIR_FileSize;
299:        file->pos = 0;
300:        file->sblk = (item->DIR_FstClusHI << 16) | item->DIR_FstClusL0;
301:        file->cblk = file->sblk;
302:        file->p_index = index;
303: }
```

diritem_init()用于初始化目录项结构,其实现如程序清单 12.23 所示。该函数主要用于创建新文件。对于新创建的文件而言,文件大小应当为 0、起始簇号应当为无效值。而至于时间戳,由于本系统不提供时间功能,因此,这些值全部填 0。

程序清单 12.23　\c10.04\project\kernel\fs\fatfs.c

```
164: int diritem_init(diritem_t * item, uint8_t attr,const char * name) {
165:        name_to_sfn((char *)item->DIR_Name, name);
166:        item->DIR_FstClusHI = (uint16_t )(FAT_CLUSTER_INVALID >> 16);
167:        item->DIR_FstClusL0 = (uint16_t )(FAT_CLUSTER_INVALID & 0xFFFF);
168:        item->DIR_FileSize = 0;
169:        item->DIR_Attr = attr;
170:        // item->DIR_NTRes = 0x08 | 0x10;   // 可选:指示文件名全部用小写
171:
172:        // 时间写固定值,简单方便
173:        item->DIR_CrtTime = 0;
174:        item->DIR_CrtDate = 0;
175:        item->DIR_WrtTime = item->DIR_CrtTime;
176:        item->DIR_WrtDate = item->DIR_CrtDate;
177:        item->DIR_LastAccDate = item->DIR_CrtDate;
178:        return 0;
179: }
```

注:根据 FAT 文件系统规范可知,即便时间戳值为 0,该时间值仍然是有效的。只不过,采用这种值,将使得文件的访问时间、修改时间等总是固定值,不会随文件访问而发生变化。

3. 关闭文件

当完成对文件的访问之后,需要关闭文件。在关闭文件时,需要对文件的状态进行更

新(如文件大小等)。关闭文件由 fatfs_close()完成,其实现如程序清单 12.24 所示。该函数的实现比较简单,仅仅是更新文件大小和起始簇号。

程序清单 12.24 c10.04\project\kernel\fs\fatfs.c

```
375: void fatfs_close (file_t * file) {
380:     fat_t * fat = (fat_t *)file->data;
381:
382:     diritem_t * item = read_dir_entry(fat, file->p_index);
383:     if (item == (diritem_t *)0) {
384:         return;
385:     }
386:
387:     item->DIR_FileSize = file->size;
388:     item->DIR_FstClusHI = (uint16_t)(file->sblk >> 16);
389:     item->DIR_FstClusLO = (uint16_t)(file->sblk & 0xFFFF);
390:     write_dir_entry(fat, item, file->p_index);
391: }
```

4. 运行效果

在完成文件的打开和关闭之后,可以编写一段测试代码来验证这些函数能否正常工作,测试代码如程序清单 12.25 所示。

程序清单 12.25 c10.04\project\kernel\init.c

```
19: void kernel_start (void) {
     ..... 省略 .....
38:     file_t file;
39:     ret = fatfs_open(&fat, &file, "test.txt", FS_O_CREAT | FS_O_RDWR);
40:     ASSERT(ret == 0);
41:     fatfs_close(&file);
42:
43:     // 目录遍历
     ..... 省略 .....
63: }
```

在这段代码中,以读写的模式打开名为 test.txt 的文件。如果文件不存在,则创建该文件。打开之后,立即关闭文件。运行程序,应当可以在窗口中看到 test.txt 文件名被打印出来。

12.3.5 读取和写入文件

在打开文件后,可以对文件进行读写。无论是读取还是写入,其实现都相对较为复杂。主要原因在于:文件数据采用链式存储,在读取或写入时,需要遍历簇链。接下来,将分别介绍读取和写入的实现。

1. 读取文件

(1)实现原理

为了读取文件的所有内容,需要遍历整个簇链,将每个簇中的数据读取出来。不过,这个看似简单的过程,实际却有一些特殊情况需要考虑。

① 如果文件大小为 0,不进行任何读取操作。

② 如果起始位置位于某个簇的中间,应当跳过该簇的前面部分数据。

③ 如果结束位置位于某个簇的中间,应当跳过该簇的后面部分数据。

其中,第②和第③种情况较为复杂,对这两种情况的处理方法如图 12.13 所示。

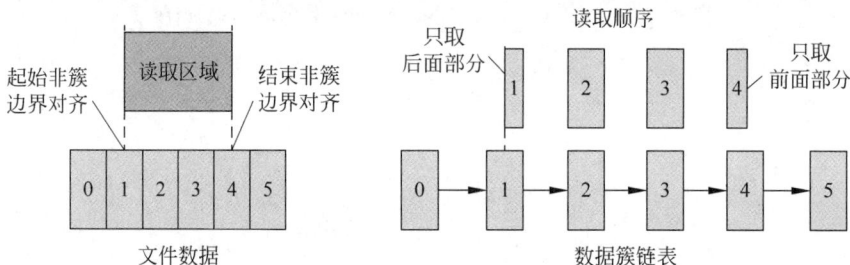

图 12.13 文件读取原理

假设文件共占用 6 个簇,读取的起始位置为第 1 簇的中间,结束位置为第 4 簇的中间。在这种情况下,读取这两个簇时需特别注意,不能将簇中的内容全部取出,而应当只取其中一部分。对于第 1 个簇,只取该簇中后面部分数据;对于第 4 簇,只取该簇中前面部分数据;而对于其余簇,取簇中所有数据。

(2)读取实现

读取操作由 fatfs_read()完成,其实现如程序清单 12.26 所示。读取的起始位置和大小分别由 file-> pos 决定和参数 size 决定。

程序清单 12.26 c10.05\project\kernel\fs\fatfs.c

```
488: int fatfs_read(file_t * file, char * buf, int size) {
489:     fat_t * fat = (fat_t *)file->data;
490:
491:     // 调整读取量,不要超过文件总量
492:     uint32_t nbytes = size;
493:     if (file->pos + nbytes > file->size) {
494:         nbytes = file->size - file->pos;
495:     }
496:
497:     uint32_t total_read = 0;
498:     while (nbytes > 0) {
499:         uint32_t curr_read = nbytes;
500:         uint32_t cluster_offset = file->pos % fat->cluster_byte_size;
501:         uint32_t start_sector = fat->data_start + (file->cblk - 2) * fat->sec_per_
         cluster;  // 从 2 开始
502:
503:         // 如果是整簇,只读一簇
504:         if ((cluster_offset == 0) && (nbytes >= fat->cluster_byte_size)) {
505:             int err = dev_read(fat->devid, start_sector * fat->bytes_per_sec,
             buf, fat->cluster_byte_size);
506:             if (err < 0) {
507:                 return total_read;
508:             }
509:
510:             curr_read = fat->cluster_byte_size;
511:         } else {
512:             // 如果跨簇,只读第一个簇内的一部分
513:             if (cluster_offset + curr_read > fat->cluster_byte_size) {
```

```
514:                        curr_read = fat -> cluster_byte_size - cluster_offset;
515:                    }
516:
517:                    // 读取整个簇,然后从中拷贝
518:                    int err = dev_read(fat -> devid, start_sector * fat -> bytes_per_sec,
                        fat -> fat_buffer, fat -> cluster_byte_size);
519:                    if (err < 0) {
520:                        return total_read;
521:                    }
522:                    kernel_memcpy(buf, fat -> fat_buffer + cluster_offset, curr_read);
523:            }
524:
525:        buf += curr_read;
526:        nbytes -= curr_read;
527:        total_read += curr_read;
528:
529:        // 前移文件指针
530:            int err = move_file_pos(file, fat, curr_read, 0);
531:            if (err < 0) {
532:                return total_read;
533:            }
534:        }
535:
536:    return total_read;
537: }
```

在读取时,首先检查读取的字节量,判断读取是否会超过文件末尾,如果是,则缩减读取量,限制最多只能读到文件末尾。之后,通过循环遍历簇链,将数据从各个簇中依次取出,直至读取的字节量满足要求为止。

在每次循环中,首先计算当前位置在簇中的偏移 cluster_offset、在分区中的扇区号 start_sector。接下来,检查当前位置是否位于簇的开头(cluster_offset == 0)且读取的字节量是否超过簇大小(nbytes >= fat-> cluster_byte_size)。如果条件满足,则直接将该簇的数据全部取出。

而对于其他情况,即当前位置位于簇的中间或者读取的字节量不过一个簇大小,只需要从簇中取出部分数据。不过,由于硬盘是块设备,我们不得不先将整簇的内容读到 fat-> fat_buffer 缓存,再使用 kernel_memcpy() 将需要的数据提取出来。

最后,在每次循环中,还需要使用 move_file_pos() 对 file-> pos 进行调整。该函数的实现将在后面小节中介绍。

2. 写入文件

1) 实现原理

对于文件写入,同样需要考虑起始位置和结束位置位于簇中间的问题。此外,在写入过程中,写入位置有可能会超出文件末尾;此时,需要扩充文件的簇链,以便继续写入。这两种现象如图 12.14 所示。

可以看到,原簇链无法放下所有的数据,需要新增两个簇(第 6 簇和第 7 簇)。并且,由于结束位置位于第 7 簇的中间,只能往第 7 个簇的前面部分写入数据。

在某些情况下,可能存在写入超出文件末尾但不需要扩充簇链的现象。这种现象如

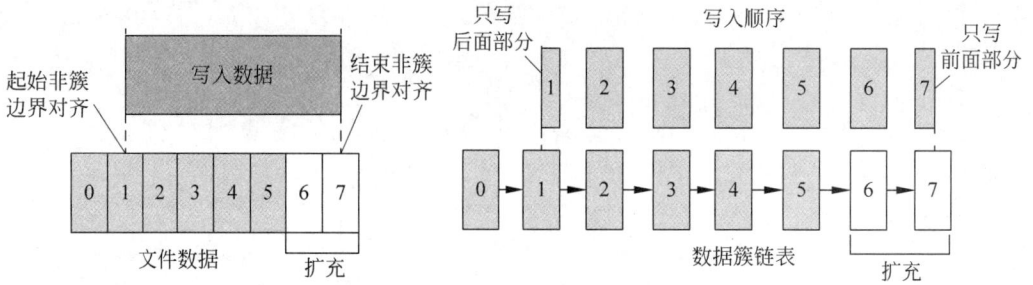

图 12.14 文件写入时扩充簇链

图 12.15 所示。当继续往该文件写入少量数据时,由于第 7 簇中只使用了前面一小部分空间,因此,可以将数据写入后半部分,从而避免分配新簇。

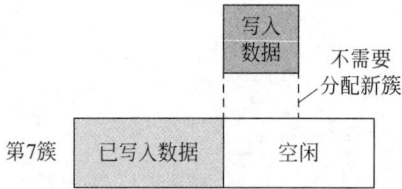

图 12.15 文件写入时无扩充簇链

2) 写入实现

写入操作由 fatfs_write() 完成,其实现如程序清单 12.27 所示。写入的起始位置由 file-> pos 决定,大小由参数 size 决定。

程序清单 12. 27 c10. 05\project\kernel\fs\fatfs. c

```
542: int fatfs_write(file_t * file, char * buf, int size) {
543:     fat_t * fat = (fat_t *)file->data;
544:
545:     // 如果文件大小不够,则先扩展文件大小
546:     if (file->pos + size > file->size) {
547:         int inc_size = file->pos + size - file->size;
548:         int err = expand_file(file, inc_size);
549:         if (err < 0) {
550:             return 0;
551:         }
552:     }
553:
554:     uint32_t nbytes = size;
555:     uint32_t total_write = 0;
556:     while (nbytes) {
557:         // 每次写的数据量取决于当前簇中剩余的空间,以及 size 的量综合
558:         uint32_t curr_write = nbytes;
559:         uint32_t cluster_offset = file->pos % fat->cluster_byte_size;
560:         uint32_t start_sector = fat->data_start + (file->cblk - 2) * fat->sec_per_
         cluster;  // 从 2 开始
561:
562:         // 如果是整簇,写整簇
563:         if ((cluster_offset == 0) && (nbytes >= fat->cluster_byte_size)) {
564:             int err = dev_write(fat->devid, start_sector * fat->bytes_per_sec,
             buf, fat->cluster_byte_size);
565:             if (err < 0) {
566:                 return total_write;
567:             }
568:
569:             curr_write = fat->cluster_byte_size;
```

```
570:          } else {
571:              // 如果跨簇，只写第一个簇内的一部分
572:              if (cluster_offset + curr_write > fat -> cluster_byte_size) {
573:                  curr_write = fat -> cluster_byte_size - cluster_offset;
574:              }
575:
576:              int err = dev_read(fat -> devid, start_sector * fat -> bytes_per_sec,
                  fat -> fat_buffer, fat -> cluster_byte_size);
577:              if (err < 0) {
578:                  return total_write;
579:              }
580:              kernel_memcpy(fat -> fat_buffer + cluster_offset, buf, curr_write);
581:
582:              // 写整个簇，然后从中拷贝
583:              err = dev_write(fat -> devid, start_sector * fat -> bytes_per_sec, fat ->
                  fat_buffer, fat -> cluster_byte_size);
584:              if (err < 0) {
585:                  return total_write;
586:              }
587:          }
588:
589:          buf += curr_write;
590:          nbytes -= curr_write;
591:          total_write += curr_write;
592:
593:          // 不考虑不截断文件的写入，这样计算文件大小略麻烦
594:          file -> size += curr_write;
595:
596:          // 前移文件指针
597:          int err = move_file_pos(file, fat, curr_write, 1);
598:          if (err < 0) {
599:              return total_write;
600:          }
601:      }
602:
603:      return total_write;
604: }
```

在写入时，首先检查写入的字节量，判断写入是否会超过文件末尾。如果是，则调用 expand_file()扩充文件大小。之后，通过循环将数据依次写入文件，直至写入的字节量满足要求为止。

在每次循环中，首先计算当前位置在簇中的偏移 cluster_offset、在分区中的扇区号 start_sector。接下来，检查当前位置是否是簇的开头（cluster_offset == 0）且写入的字节量是否超过簇大小（nbytes >= fat-> cluster_byte_size）；如果是，则向该簇写入一簇大小数据。

而对于其他情况，即当前位置位于簇的中间或者写入的字节量不超过一个簇大小，只需要写簇中的部分区域。不过，由于硬盘是块设备，我们不得不先将整簇的内容读取到 fat-> fat_buffer 缓存，并使用 kernel_memcpy()将数据写入缓存；最后，再回写整个缓存。

最后，在每次循环中，还需要使用 move_file_pos()对 file-> pos 进行调整。该函数的实现将在后面小节中介绍。

3）扩充簇链

簇链的扩充由 expand_file() 完成，其实现如程序清单 12.28 所示。在该函数中，首先计算当前需要扩充的簇数量；之后，使用 cluster_alloc_free() 分配簇，将这些簇组织成簇链；最后，将该簇链作为文件的新簇链或者使用 cluster_set_next() 加入原有簇链。

程序清单 12.28　c10.05\project\kernel\fs\fatfs.c

```
283: static int expand_file(file_t * file, int inc_bytes) {
284:     fat_t * fat = (fat_t *)file->data;
285:
286:     int cluster_cnt;
287:     if ((file->size == 0) || (file->size % fat->cluster_byte_size == 0)) {
288:         // 文件为空,或者刚好达到的簇的末尾
289:         cluster_cnt = up2(inc_bytes, fat->cluster_byte_size) / fat->cluster_byte_size;
290:     } else {
291:         // 文件非空,当前簇的空闲量,如果空间够增长,则直接退出了
292:         // 例如: 大小为 2048,再扩充 1024,簇大小为 1024
293:         int cfree = fat->cluster_byte_size - (file->size % fat->cluster_byte_size);
294:         if (cfree > inc_bytes) {
295:             return 0;
296:         }
297:
298:         cluster_cnt = up2(inc_bytes - cfree, fat->cluster_byte_size) / fat->cluster_byte_size;
299:         if (cluster_cnt == 0) {
300:             cluster_cnt = 1;
301:         }
302:     }
303:
304:     cluster_t start = cluster_alloc_free(fat, cluster_cnt);
305:     if (!cluster_is_valid(start)) {
306:         log_printf("no cluster for file write");
307:         return -1;
308:     }
309:
310:     // 在文件关闭时,回写
311:     if (!cluster_is_valid(file->sblk)) {
312:         file->cblk = file->sblk = start;
313:     } else {
314:         // 建立链接关系
315:         int err = cluster_set_next(fat, file->cblk, start);
316:         if (err < 0) {
317:             return -1;
318:         }
319:     }
320:
321:     return 0;
322: }
```

在计算簇的数量时，需要考虑如下两种情况。

（1）如果文件大小为 0 或者为文件大小为簇大小的整数倍，只需根据 inc_bytes 的大小

计算需要占用多少个簇。注意,计算时要向上取整,使得分配的空间不能小于 inc_bytes。

(2)对于其他情况,需要先计算原文件中,末尾簇中空闲空间大小 cfree。当该空间足够时,直接在该簇中分配,无须分配新簇;否则,先减掉 cfree,再计算需要分配多少个簇。

4)分配簇链

簇链的分配由 cluster_alloc_free()完成,其实现如程序清单 12.29 所示。该函数采用了一种低效但简单的算法。

程序清单 12.29 c10.05\project\kernel\fs\fatfs.c

```
107: cluster_t cluster_alloc_free (fat_t * fat, int cnt) {
108:     cluster_t pre, curr, start;
109:     int c_total = fat->tbl_sectors * fat->bytes_per_sec / sizeof(cluster_t);
110:
111:     pre = start = FAT_CLUSTER_INVALID;
112:     for (curr = 2; (curr < c_total) && cnt; curr++) {
113:         cluster_t free = cluster_get_next(fat, curr);
114:         if (free == FAT_CLUSTER_FREE) {
115:             // 记录首个簇
116:             if (!cluster_is_valid(start)) {
117:                 start = curr;
118:             }
119:
120:             // 前一簇如果有效,则设置。否则忽略掉
121:             if (cluster_is_valid(pre)) {
122:                 // 找到空表项,设置前一表项的链接
123:                 int err = cluster_set_next(fat, pre, curr);
124:                 if (err < 0) {
125:                     cluster_free_chain(fat, start);
126:                     return FAT_CLUSTER_INVALID;
127:                 }
128:             }
129:
130:             pre = curr;
131:             cnt --;
132:         }
133:     }
134:
135:     // 最后的结点
136:     if (cnt == 0) {
137:         int err = cluster_set_next(fat, pre, FAT_CLUSTER_INVALID);
138:         if (err == 0) {
139:             return start;
140:         }
141:     }
142:
143:     // 失败,空间不够等问题
144:     cluster_free_chain(fat, start);
145:     return FAT_CLUSTER_INVALID;
146: }
```

注:如果你觉得这个算法实现过于简单,可以自行尝试实现更高效的算法。

在函数内部,从 FAT 表中的第 2 个表项开始查找,每找到一个空闲表项,使用 cluster_

set_next()将对应的簇加入簇链中。对于最后一个表项,将其值设置为 FAT_CLUSTER_INVALID,表示无后续簇。当函数返回时,返回该簇链的起始簇号。

3. 调整读写位置

文件读写位置指明了在对文件进行读写操作时,应当从哪个位置开始读写。在每次读写之后,应当将该位置前移,以便实现对文件的连续读写。

文件读写位置由文件结构中的 pos 字段决定,表示相对于文件开头的字节偏移量。如果要对该位置进行调整,除了修改 pos 的值之外,还需要修改 cblk,以便后续快速找到相应的簇进行读写。这种修改方式如图 12.16 所示。

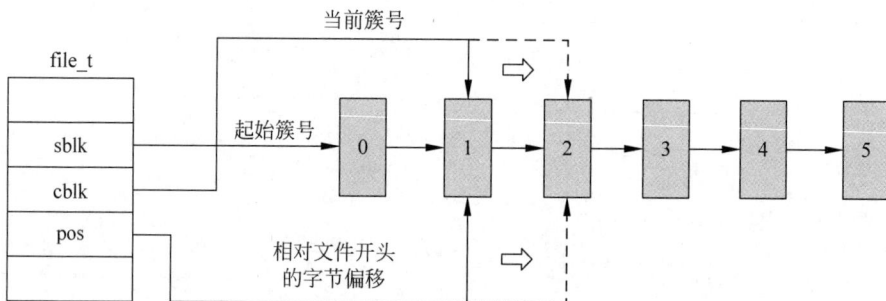

图 12.16 文件簇链调整

在图 12.16 中,当读写位置前移时,由于出现了跨簇现象,因此,cblk 也需要进行调整,使其指向下一个簇。这种前移过程由 move_file_pos()完成,该函数的实现代码如程序清单 2.30 所示。

程序清单 12.30　c10.05\project\kernel\fs\fatfs.c

```
327: static int move_file_pos(file_t * file, fat_t * fat, uint32_t move_bytes, int expand) {
328:     uint32_t c_offset = file->pos % fat->cluster_byte_size;
329:
330:     // 跨簇,则调整 curr_cluster。注意,如果已经是最后一个簇了,则 curr_cluster 不会调整
331:     if (c_offset + move_bytes >= fat->cluster_byte_size) {
332:         cluster_t next = cluster_get_next(fat, file->cblk);
333:         if ((next == FAT_CLUSTER_INVALID) && expand) {
334:             int err = expand_file(file, fat->cluster_byte_size);
335:             if (err < 0) {
336:                 return -1;
337:             }
338:
339:             next = cluster_get_next(fat, file->cblk);
340:         }
341:
342:         file->cblk = next;
343:     }
344:
345:     file->pos += move_bytes;
346:     return 0;
347: }
```

在 fatfs_read()和 fatfs_write()的循环中,每次读写的数据量均不超过一个簇大小,因此,前移读写位置时,不会出现跨多个簇的现象。这样一来,move_file_pos()可简化实现。

在该函数内部,首先判断是否存在跨簇的现象。如果存在,则将 cblk 指向下一个簇。对于不存在后续簇且需要扩充文件(expand 为 1,文件写入时)的情况,调用 expand_file() 扩充一个簇。如果不存在跨簇的现象,只需要将 pos 前移。

4. 运行测试

我们可以编写一小段测试代码来验证文件读写是否正常工作,该代码如程序清单 12.31 所示。在这段代码中,首先向 test. txt 写入了测试数据;之后,重新打开文件并读取文件。通过比较写入和读取的数据值是否相同,从而判断文件读写是否正常工作。

程序清单 12.31   c10.05\project\kernel\init. c

```
19: void kernel_start (void) {
      ..... 省略 .....
38:    file_t file;
39:    ret = fatfs_open(&fat, &file, "test.txt", FS_O_CREAT | FS_O_RDWR);
40:    ASSERT(ret == 0);
42:    static uint16_t wbuf[1024], rbuf[1024];
43:    for (int i = 0; i < 1024; i++) {
44:        wbuf[i] = i;
45:    }
46:
47:    ret = fatfs_write(&file, (char * )wbuf, sizeof(wbuf));
48:    ASSERT(ret >= 0);
49:    fatfs_close(&file);
50:
51:    ret = fatfs_open(&fat, &file, "test.txt", FS_O_RDWR);
52:    ASSERT(ret == 0);
53:    ret = fatfs_read(&file, (char * )rbuf, sizeof(rbuf));
54:    ASSERT(ret >= 0);
55:    ret = kernel_memcmp(rbuf, wbuf, sizeof(rbuf));
56:    ASSERT(ret == 0);
57:    fatfs_close(&file);
      ..... 省略 .....
79: }
```

12.3.6   文件定位

在前面的测试代码中,为了能够读取文件,必须重新打开文件,以便将读取位置调整为文件的开头。显然,这种方法复杂且烦琐。本小节将实现 fatfs_seek() 函数,该函数可直接调整读写位置。

1. 实现原理

与 move_file_pos() 相比,为了调整文件读写位置,fatfs_seek() 同样需要修改 pos 以及 cblk;不同之处在于,fatfs_seek() 在调整过程中可能会跨多个簇。

fatfs_seek() 的工作原理如图 12.17 所示。由于簇链是单向链表,在移动 cblk 时,只能将其沿着簇链前移,无法反向移动。例如,cblk 指向簇 N9 时,只能前移至簇 N7,无法反向移至簇 N5。如果必须移至簇 N5,则只能从簇 N0 开始前移。

2. 移动实现

文件读写位置的调整由 fatfs_seek() 完成,该函数的实现如程序清单 12.32 所示。为简

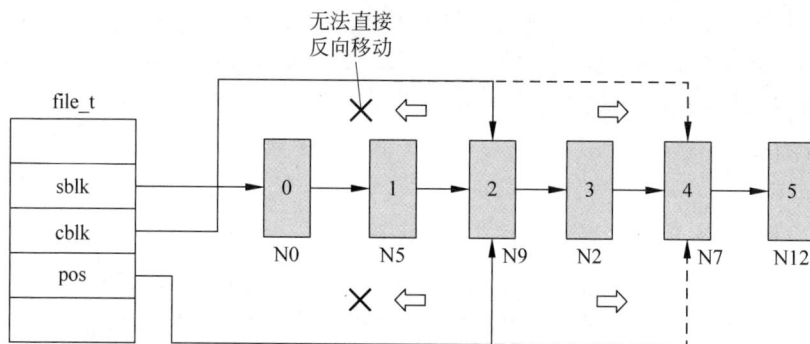

图 12.17 文件定位原理

化实现,该函数仅支持参数 dir 的值为 0(类似 devfs_seek())的情况,即必须从相对文件的起始处进行移动。

程序清单 12.32　c10.05\project\kernel\fs\fatfs.c

```
630: int fatfs_seek (file_t * file, uint32_t offset, int dir) {
631:     // 只支持基于文件开头的定位
632:     if (dir != 0) {
633:         return - 1;
634:     }
635:
636:     fat_t * fat = (fat_t * )file-> data;
637:     cluster_t curr_cluster = file-> sblk;
638:     uint32_t curr_pos = 0;
639:     uint32_t offset_to_move = offset;
640:
641:     while (offset_to_move > 0) {
642:         uint32_t c_off = curr_pos % fat-> cluster_byte_size;
643:         uint32_t curr_move = offset_to_move;
644:
645:         // 不超过一簇,直接调整位置,无须跑到下一簇
646:         if (c_off + curr_move < fat-> cluster_byte_size) {
647:             curr_pos += curr_move;
648:             break;
649:         }
650:
651:         // 超过一簇,只在当前簇内移动
652:         curr_move = fat-> cluster_byte_size - c_off;
653:         curr_pos += curr_move;
654:         offset_to_move -= curr_move;
655:
656:         // 取下一簇
657:         curr_cluster = cluster_get_next(fat, curr_cluster);
658:         if (!cluster_is_valid(curr_cluster)) {
659:             return - 1;
660:         }
661:     }
662:
663:     // 最后记录一下位置
664:     file-> pos = curr_pos;
```

```
665:            file->cblk = curr_cluster;
666:            return 0;
667: }
```

在该函数中,从起始簇号 sblk 开始,不断地在簇链中向前移动。每次移动时,计算当前簇号 curr_cluster、当前移动的位置 curr_pos,直至移动量满足要求为止。移动结束后,将当前簇号和位置保存到文件结构中。

3. 运行测试

我们可以编写测试代码来验证 atfs_seek()是否正常工作,该测试代码如程序清单 12.33 所示。

程序清单 12.33　c10.06\project\kernel\init.c

```
19: void kernel_start (void) {
        ..... 省略 .....
42:        static uint16_t wbuf[1024], rbuf[1024];
43:        for (int i = 0; i < 1024; i++) {
44:            wbuf[i] = i;
45:        }
46:        ret = fatfs_write(&file, (char *)wbuf, sizeof(wbuf));
47:        ASSERT(ret >= 0);
48:
49:        int offset = 624;
50:        ret = fatfs_seek(&file, offset, 0);
51:        ASSERT(ret == 0);
52:        ret = fatfs_read(&file, (char *)rbuf, sizeof(rbuf) - offset);
53:        ASSERT(ret >= 0);
54:        ret = kernel_memcmp(rbuf, &wbuf[624/sizeof(uint16_t)], sizeof(rbuf) - offset);
55:        ASSERT(ret == 0);
56:        fatfs_close(&file);
        ..... 省略 .....
78: }
```

在这段代码中,首先使用 fatfs_seek()将读写位置定位到 624 字节处;之后,读取数据到缓存 rbuf 中;最后,将读取的值与写入的值进行对比,从而判断 fatfs_seek()是否正常工作。

12.4　多级目录

通过前面的内容可知,操作系统仅支持访问根目录下的文件。如果想访问更深层次目录下的文件,应该怎么做?

我们可以借助遍历子目录这一示例来了解相关原理。目录结构如图 12.18 所示。可以看到,在根目录下,有 hello 目录;在 hello 目录下,有 tty、dev.c、disk.c 和 time.c 目录。

借助 DiskGenius 等软件,我们可以查看 hello 目录的数据,其数据如图 12.19 所示。可以看到,目录也是有数据的,并且这些数据实际上是一个个的目录项。例如,在这些数据中,可以看到 dev.c、disk.c 等文件的目录项值。

实际上,在 FAT16 文件系统中,目录被视为一种特殊的文件。该文件也有数据,数据

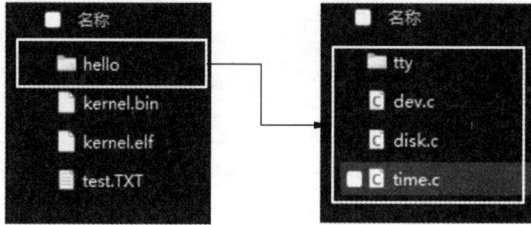

图 12.18　目录结构

图 12.19　Hello 文件的数据

的格式与根目录区数据的格式相同,都由很多个目录项组成。只不过,根目录区大小固定且连续存储;而目录则使用簇链来存储,其大小可以灵活变化。也就是说,根目录下能够容纳的文件和子目录数量在分区创建时就已经固定了下来;而目录则无此限制,只要簇链能扩充,就能在该目录下创建更多的文件和子目录。

因此,为了遍历更深层次的目录或者打开文件,就需要从根目录区开始解析,该过程如图 12.20 所示。

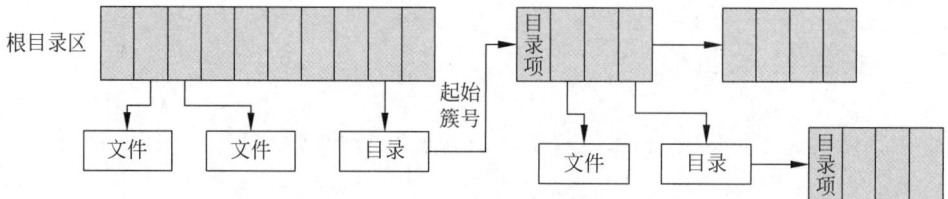

图 12.20　目录的数据组织

首先,在根目录区中找到子目录的目录项,并从该目录项中取出起始簇号;接下来,在数据区中找到起始簇号对应的簇链,遍历该簇链中的所有目录项,直到找到更低层次的目录项;之后,从中取出起始簇号,继续遍历。如此反复,直至找到需要访问的文件或目录的目录项为止。

例如,当需要打开/hello/a/b/c/d.c 时,首先在根目录区中找到 hello 的目录项;之后,在 hello 的数据簇链中遍历,找到 a 的目录项;接下来,在 a 的数据簇链中找到 b 的目录项。如此不断地查找,直至在 c 的数据簇链中找到 d.c 的目录项。最后,便可以执行打开操作。

本书并不支持多级目录。如有兴趣,可以自行尝试修改相关代码。

12.5　本章小结

本章主要介绍 FAT16 文件系统的工作原理以及文件读写等接口的实现。

文件系统是一种数据结构和算法的集合,用于在存储设备上组织、存储、检索和管理文件。本书采用的是微软的 FAT16 文件系统。该文件系统将文件数据划分为多个簇,这些簇采用链式结构进行存储。操作系统在访问文件之前,需要先挂载文件系统。

对于文件的访问,实现了文件的打开、关闭、读写和 I/O 控制等接口。这些接口与 devfs 接口类似。在下一章中,这两种接口将会统一纳入操作系统的管理之下。

第13章

文件系统的实现

目前,我们已经实现了用于访问设备的 devfs 接口和用于访问普通文件的 fatfs 接口。这两套接口提供了相似的功能,如打开设备和文件等。在使用时,需要根据场合选用特定的接口,例如,只能使用 fatfs_open() 打开普通文件。对应用程序来说,无论是访问设备还是访问文件,最好只需要通过一种接口就能进行。此外,不同的进程会各自打开文件进行读写,操作系统应当允许进程管理自己的文件,避免相互干扰。

本章将实现两项功能:让进程管理自己的文件、提供统一的文件访问接口。

13.1　让进程管理自己的文件

在 Linux 系统中,应用程序可通过文件系统调用来访问文件,部分系统调用如程序清单 13.1 所示。例如,当进程需要读写文件时,首先需要使用 open() 打开文件;之后,再使用 read() 或 write() 对文件进行读写。

程序清单 13.1　Linux 中部分文件系统调用

```
int open(const char * pathname, int flags);
int open(const char * pathname, int flags, mode_t mode);
int close(int fd);
ssize_t read(int fd, void * buf, size_t count);
ssize_t write(int fd, const void * buf, size_t count);
```

当使用 open() 打开文件时,该系统调用会返回整数类型的文件描述符,用于唯一标识该文件。后续所有对该文件的操作,都通过使用该描述符来表明是操作该文件。

不同进程使用 open() 打开文件时,获得的文件描述符值可能相同。不过,这并不意味着这些进程在访问同一文件。实际上,某个文件描述符值对应哪个被打开的文件,由每个进程自行管理。至于具体如何管理,将在接下来的内容中介绍。

13.1.1　实现原理

在操作系统内部,使用文件结构来管理已经打开的文件。也就是说,对于每一个已经打开的文件,都有相应的文件结构与之唯一对应。由于每个进程管理着自己的文件,因此,这些文件结构由打开该文件的进程拥有,其他进程无权访问。

不过,到目前为止,这些文件结构并没有与任何进程关联。为了让进程能够拥有文件结构的所有权,并且可通过文件描述符来访问文件,需要修改进程控制块,在其中加入与文件相关信息。具体的修改方法如图 13.1 所示。

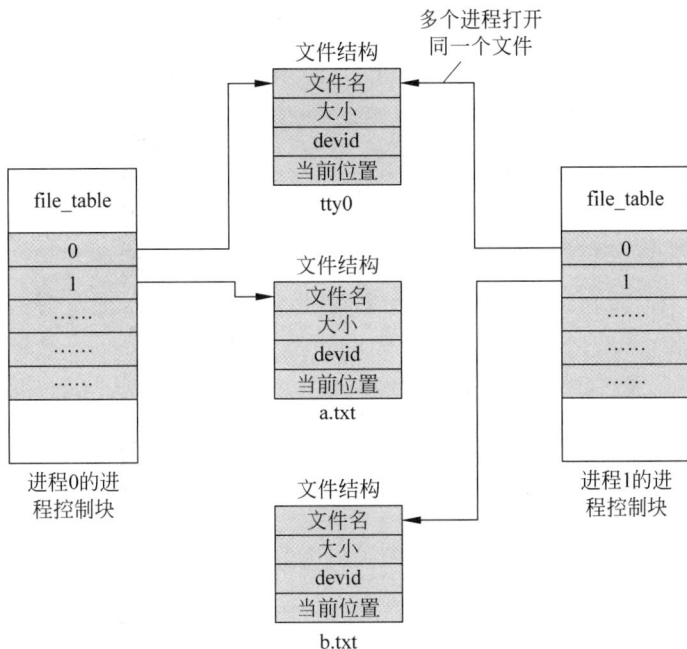

图 13.1 进程文件管理结构

在进程控制块中,增加文件描述符表 file_table。每个表项指向该进程打开的文件的文件结构。例如,当进程打开 tty0 时,第 0 个项指向 tty0 对应的文件结构;而当打开 a.txt 时,第 1 个表项指向 a.txt 对应的文件结构。由此可见,文件描述符表的索引可以当作文件描述符。因此,当使用 open()打开 tty0 时,返回 0;当打开 a.txt 时,返回 1。

如果要访问文件,可以将文件描述符传入 write()等系统调用。在系统调用内部,操作系统将文件描述符用作文件描述符表的索引,找到相应的文件结构。之后,就可以对该文件进行访问。

在某些情况下,可能出现多个进程同时访问同一个文件的情况。例如,进程 0 和进程 1 同时向 tty0 打印信息,此时,无须重复打开 tty0,只需配置这两个进程的文件描述符表,使其表项同时指向 tty0 的文件结构。通过这种方式,可实现同一文件被多个进程共享。

此外,即便不同进程拥有相同的文件描述符值,这并不意味着它们在共享同一个文件。例如,对于进程 0,文件描述符 1 对应的是 a.txt;而对于进程 1,文件描述符 1 对应的是 b.txt。

13.1.2 具体实现

为了让进程能够管理自己的文件,需要在进程控制块中添加文件描述符表,并建立表项与文件结构之间的关联。

1. 添加文件描述表符

文件描述符表实际上是一个指针数组,每一个表项为指向文件结构的指针。该表被添加至进程控制块,添加方法如程序清单 13.2 所示。表项数量限定为 128 个,即进程最多可同时打开 128 个文件,这对于本书而言完全够用。

程序清单 13.2   c11.01\project\kernel\include\core\task.h

```
 17: #define TASK_FILE_CNT              128            // 最多支持打开的文件数量
        ......省略......
 26: typedef struct _task_t {
        ......省略......
 43:     file_t * file_table[TASK_FILE_CNT];          // 任务最多打开的文件数量
        ......省略......
 49: }task_t;
```

文件描述符表需要在 task_create() 中初始化。在该函数中,通过简单地将整个表清 0 来完成初始化操作,初始化代码如程序清单 13.3 所示。

程序清单 13.3   c11.01\project\kernel\core\task.c

```
 88: int task_create (task_t * task, const char * name, int flag, uint32_t entry, uint32_t esp) {
        ......省略......
104:     kernel_memset(task->file_table, 0, sizeof(task->file_table));
        ......省略......
107: }
```

基于文件描述符表,可以实现三个基本的操作接口,这些接口的实现如程序清单 13.4 所示。task_file() 用于获取指定的文件描述符 fd 指向的文件结构。task_alloc_fd() 用于分配一个表项并建立与指定文件结构 file 之间的关联。task_remove_fd() 通过清 0 指定的表项,解除 fd 与文件结构之间的关联。

程序清单 13.4   c11.01\project\kernel\core\task.c

```
261: file_t * task_file (int fd) {
262:     if ((fd >= 0) && (fd < TASK_FILE_CNT)) {
263:         file_t * file = task_current()->file_table[fd];
264:         return file;
265:     }
266:
267:     return (file_t *)0;
268: }
269:
273: int task_alloc_fd (file_t * file) {
274:     task_t * task = task_current();
275:
276:     for (int i = 0; i < TASK_FILE_CNT; i++) {
277:         file_t * p = task->file_table[i];
278:         if (p == (file_t *)0) {
279:             task->file_table[i] = file;
280:             return i;
281:         }
282:     }
283:
284:     return -1;
```

```
285: }
286:
290: void task_remove_fd (int fd) {
291:     if ((fd >= 0) && (fd < TASK_FILE_CNT)) {
292:         task_current()->file_table[fd] = (file_t *)0;
293:     }
294: }
```

2. 管理文件结构

目前,操作系统并没有为文件结构的分配和释放实现相关的接口。因此,可以添加全局的文件结构表 file_table,用于文件结构的分配和释放。该表的定义及相关操作函数的实现如程序清单 13.5 所示。

程序清单 13.5 c11. 02\project\kernel\fs\file. c

```
12: #define FILE_TABLE_SIZE         1024
14: static file_t file_table[FILE_TABLE_SIZE];          // 系统中可打开的文件表
15:
19: file_t * file_alloc (void) {
20:     file_t * file = (file_t *)0;
21:
22:     irq_state_t state = irq_enter_protection();
23:     for (int i = 0; i < FILE_TABLE_SIZE; i++) {
24:         file_t * f = file_table + i;
25:         if (f->ref == 0) {
26:             kernel_memset(f, 0, sizeof(file_t));
27:             f->ref = 1;
28:             file = f;
29:             break;
30:         }
31:     }
32:     irq_leave_protection(state);
33:     return file;
34: }
35:
39: void file_free (file_t * file) {
40:     irq_state_t state = irq_enter_protection();
41:     if (file->ref) {
42:         file->ref--;
43:     }
44:     irq_leave_protection(state);
45: }
59: void file_init (void) {
60:     kernel_memset(&file_table, 0, sizeof(file_table));
61: }
```

在上述代码中,file_alloc()用于分配文件结构,file_free()用于释放文件结构。file_init()用于初始化整个表,由于可能存在多个进程同时打开或关闭文件,进而同时操作 file_table,因此,采用了关中断保护。

考虑到存在多个进程共享同一文件的现象(如多个进程同时往 tty0 打印信息),我们需要在文件结构中增加 ref 字段,用于表示当前有多少个进程在共享该文件。当没有进程使用该文件结构时,引用计数值为 0;当有多个进程使用该文件结构时,引用计数等于进程的数量。此外,在特殊情况下,还可能存在同一进程多次引用同一文件结构的情况。因此,判断文件结构是否可以分配出去,只需要看 ref 是否为 0,即该文结构没有被任何进程使用才可以分配出去;而在释放时,仅当没有进程使用该文件结构时,文件结构才能被释放。引用计数的使用示例如图 13.2 所示。

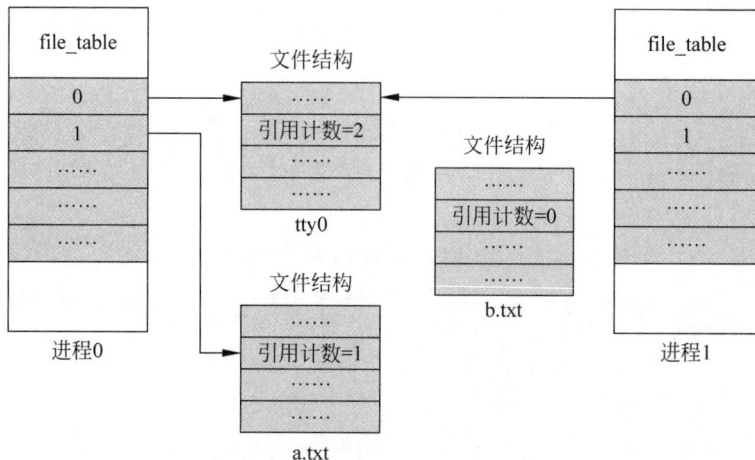

图 13.2 引用计数的应用

对于 tty0,有两个进程共享该文件,引用计数为 2;对于 a.txt,只有进程 0 访问该文件,引用计数为 1;对于 b.txt,引用计数为 0,没有进程访问该文件,该文件结构需要被释放掉。

引用计数的递增,由 file_inc_ref() 完成,其实现如程序清单 13.6 所示。该函数将被用于实现 dup() 系统调用(不在本章中完成)。而引用计数的递减,由 sys_close() 完成,该函数的实现将在后续小节中介绍。

程序清单 13.6   c11.02\project\kernel\fs\file.c

```
50: void file_inc_ref (file_t * file) {
51:     irq_state_t state = irq_enter_protection();
52:     file->ref++;
53:     irq_leave_protection(state);
54: }
```

13.2 提供统一的文件访问接口

通过前面的内容可知,操作系统利用抽象机制,将不同的设备统一视作文件,并提供 devfs 接口用于访问。接下来,我们将进一步利用抽象机制,提供更高层次的访问接口。

13.2.1 实现原理

在访问硬件设备时,需要使用 devfs 接口;而在访问普通文件时,需要使用 fatfs 接口。虽然这两套接口的使用方法基本类似,但是,在实际使用时,仍然需要根据访问对象的不同,调用相应的接口。为了避免这种麻烦,可以借鉴之前的做法,额外增加转换层,从而实现一套新的接口。这种处理方式的工作原理如图 13.3 所示。

可以看到,无论是访问设备文件还是普通文件,都可以通过 sys 接口来完成。操作系统

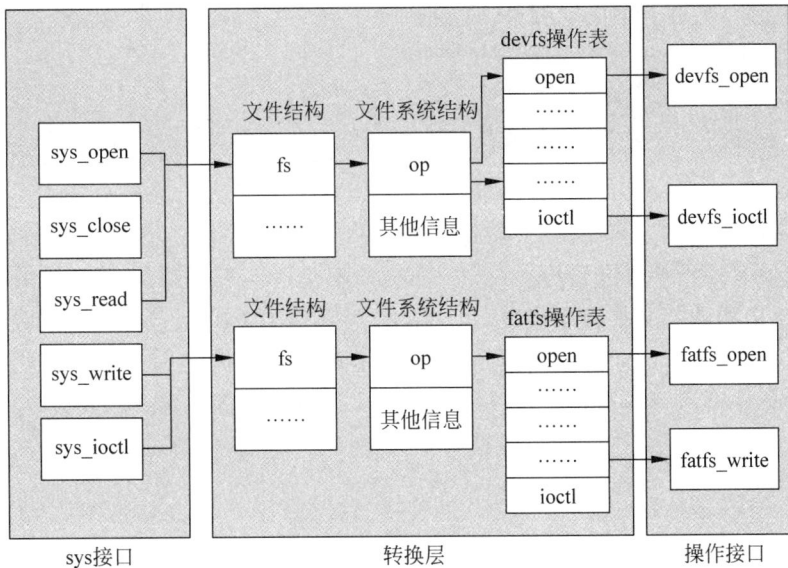

图 13.3　文件系统转换

对 sys 接口的调用,将转换为对 devfs 或 fatfs 接口的调用。

在转换层中,需要为每种类型的接口提供一张操作表,每一个表项指向了被调接口。例如,在 devfs 操作表中,open 表项指向 devfs_open();而在 fatfs 操作表中,open 表项指向 fatfs_open()。此外,还增加了文件系统结构,用于包含操作表的指针 op 等信息。

当进程需要访问文件时,只需要使用 sys 接口中的函数。这些函数的操作对象为文件结构。在文件结构中,包含 fs 字段,该字段用于指向某个文件系统结构。这样一来,进程可以通过 fs 字段找到文件系统结构;再从文件系统结构中的 op 字段,找到操作表;最后,在操作表中找到指定表项,间接调用相应的接口函数。

通过这种转换过程,进程只需要通过 sys 接口就能完成对设备文件或普通文件的访问,无须再调用其他特定的接口。

13.2.2　具体实现

接下来,我们将根据前面的原理分析,完成三项重要的工作:定义文件系统结构,增加操作表,实现 sys 接口。

1. 定义文件系统结构

在定义文件系统结构之前,需要先定义操作表。操作表的实现如程序清单 13.7 所示。

程序清单 13.7　c11.03\project\kernel\include\fs\fs.h

```
17: typedef struct _fs_op_t {
18:     int ( * mount) (struct _filesystem_t * fs,int major, int minor);
19:     int ( * open) (struct _filesystem_t * fs, file_t * file, const char * name, int mode);
20:     int ( * read) (file_t * file, char * buf, int size);
21:     int ( * write) (file_t * file, char * buf, int size);
22:     void ( * close) (file_t * file);
23:     int ( * seek) (file_t * file, uint32_t offset, int dir);
24:     int ( * ioctl) (file_t * file, int cmd, int arg0, int arg1);
25:
```

```
26:        int ( * opendir)(struct _filesystem_t * fs,const char * name, DIR * dir);
27:        int ( * readdir)(struct _filesystem_t * fs, DIR* dir, struct dirent * dirent);
28:        int ( * closedir)(struct _filesystem_t * fs,DIR * dir);
29:        int ( * unlink) (struct _filesystem_t * fs, const char * path);
30: }fs_op_t;
```

在该表中,包含了文件访问、目录遍历等函数指针,各函数的原型与 devfs 接口或 fatfs 接口中的函数原型类似。其中,部分指针的第一个参数为 struct _filesystem_t * fs。在函数执行时,可通过该指针得知最终使用 devfs 接口还是 fatfs 接口。

文件系统结构的定义如程序清单 13.8 所示。在该结构中,除包含操作表指针 op 外,还包含文件系统类型 type 和自定义数据 data。关于 data 的具体用途,将在后面介绍。

程序清单 13.8   c11.03\project\kernel\include\fs\fs.h

```
33: typedef enum _fs_type_t {
34:        FS_FAT16,
35:        FS_DEVFS,
36: }fs_type_t;
37:
38: typedef struct _filesystem_t {
39:        fs_type_t type;                           // 文件系统类型
41:        fs_op_t * op;                             // 文件系统操作接口
42:        void * data;                              // 文件系统的操作数据
43: }filesystem_t;
```

2. 增加操作表

接下来,需要为 devfs 接口和 fatfs 接口添加操作表。由于操作表中各函数指针的类型与这些接口中函数的原型在形式上略有不同,因此,需要对这些函数做少许修改。对于 fatfs 接口,修改效果如程序清单 13.9 所示。

程序清单 13.9   c11.03\project\kernel\fs\fatfs.c

```
352: int fatfs_mount (struct _filesystem_t * fs, int dev_major, int dev_minor) {
          ......省略.....
372:        fat_t * fat =   (fat_t *)memory_alloc_page(0);
 26:        ......省略.....
396:        fs -> type = FS_FAT16;
397:        fs -> data = (void *)fat;
          ......省略.....
406: }

423: int fatfs_open (struct _filesystem_t * fs, file_t * file, const char * name, int mode) {
424:        fat_t * fat = (fat_t *)fs -> data;
          ......省略.....
486: }

675: int fatfs_opendir (struct _filesystem_t * fs,const char * name, DIR * dir) {
          ......省略.....
678: }
679:
683: int fatfs_readdir (struct _filesystem_t * fs, DIR* dir, struct dirent * dirent) {
684:        fat_t * fat = (fat_t *)fs -> data;
          ......省略.....
```

```
714: }

719: int fatfs_closedir (struct _filesystem_t * fs, DIR * dir) {
720:     return 0;
721: }
722:
726: int fatfs_unlink (struct _filesystem_t * fs, const char * path) {
727:     fat_t * fat = (fat_t *)fs -> data;
        ......省略.....
761: }
762:
763: fs_op_t fatfs_op = {
764:     .mount = fatfs_mount,
765:     .open = fatfs_open,
        ......采用和上面相同的方法,填充 fs_op_t 其余字段。为节省篇幅,省略.....
774: };
```

在上述代码中,fatfs_mount()不再接受 fat_t 结构指针作为参数,而是按要求使用文件系统结构指针 fs。在函数内部,使用 memory_alloc_page()分配一页内存用于存放 fat_t 结构,并将其地址保存至 fs-> data 备用。通过种方式,其他函数就可以从 fs-> data 中取出值并强制转换成 fat_t ＊类型。在修改完成之后,定义操作表 fatfs_op,并将上述各函数注册至该操作表。

对于 devfs 接口,也需要做类似的修改,修改结果如程序清单 13.10 所示。

程序清单 13.10　c11.03\project\kernel\fs\devfs.c

```
35: int devfs_open (struct _filesystem_t * fs, file_t * file, const char * name, int mode) {
        ......省略.....
70: }
129: int devfs_mount (struct _filesystem_t * fs, int major, int minor) {
130:     fs -> type = FS_DEVFS;
131:     return 0;
132: }
133:
134: // 设备文件系统
135: fs_op_t devfs_op = {
136:     .mount = devfs_mount,
137:     .open = devfs_open,
        ......采用和 fatfs 相同的方法,填充其余字段。为节省篇幅,略.....
143: };
```

3. 实现 sys 接口

sys 接口的实现较为复杂,其操作的对象为文件结构、文件系统结构和操作表,不直接访问设备文件和普通文件。

1) 路径前缀

当应用程序需要访问设备文件或普通文件时,可通过名称指定要访问的是哪一个对象。对于普通文件,可使用文件名;对于设备文件,可使用设备名。不过,当文件名和设备名相同时,应用程序访问的究竟是普通文件还是设备文件? 对于名称冲突的问题,操作系统需要制定一套规则,用于区分某个名称对应的是普通文件还是设备文件。

我们可以借助路径前缀进行区分,这种方式的工作原理如图 13.4 所示。对于设备文件,要求访问时使用/dev前缀;而对于普通文件,则使用/root前缀。例如,打开设备文件tty0时,使用路径/dev/tty0;而打开普通文件 tty0(假设是一个文本文件)时,使用/root/tty0。

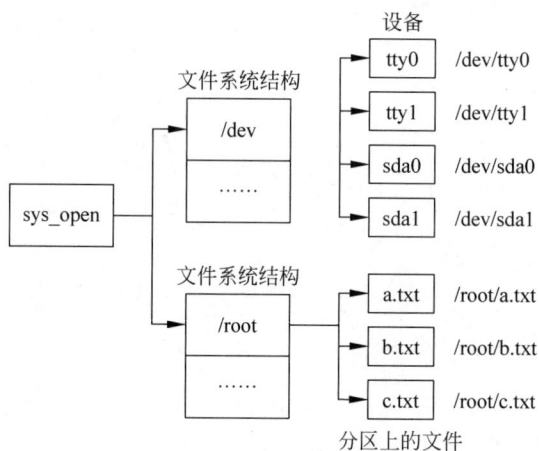

图 13.4 使用名称前缀

综上所述,对于文件访问时的路径,遵循如下规则。

(1)对于设备文件,路径前缀必须为/dev,如/dev/tty0 等。

(2)对于普通文件,不同的分区采用不同的前缀,前缀名称可自定义,如/home/a.txt、/work/b.txt 等。

(3)如果没有给出路径前缀,则访问缺省分区(路径前缀为/root)中的文件,如/root/a.txt、/root/b.txt 等。

为了支持路径前缀,需要在文件系统结构中增加相关字段,这些字段如程序清单 13.11所示。

程序清单 13.11　c11.04\project\kernel\include\fs\fs.h

```
43: typedef struct _filesystem_t {
44:    char mount_point[FS_MOUNTP_SIZE];          // 挂载点
       ......省略......
50:    list_node_t node;                          // 下一结点
51:    mutex_t * mutex;                           // 文件系统操作互斥锁
52: }filesystem_t;
```

其中,mount_point用于存放路径前缀。为了管理操作系统内部的多个文件系统结构,引入了 node用于将这些结构组织成链表。此外,考虑到多个进程可能同时访问同一个分区,引入了互斥锁 mutex进行互斥。

2)挂载文件系统

由于计算机中有多种不同的设备文件,对其访问也需要采用特定的算法,因此,我们可以将这些设备看作被设备文件系统进行管理。与 FAT16 文件系统不同,它是一种虚拟出来的文件系统。在设备文件系统下,有很多硬件设备,需通过路径前缀/dev访问指定的设备。

对于这些不同类型的文件系统,由文件系统结构 filesystem_t 进行描述。在操作系统初始化时,需要将文件系统结构注册到系统内部。为了便于管理,这些文件系统结构被挂载至 mounted_list 链表,挂载效果如图 13.5 所示。

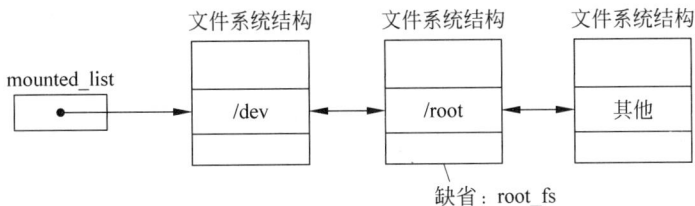

图 13.5 文件系统链表

在该链表中,包含了所有已经被挂载的文件系统。例如,对于设备文件系统,路径前缀为/dev 的文件系统结构被加入其中。我们还可以根据实际需要,挂载其他的文件系统。

当需要访问指定的文件时,操作系统将扫描该链表,找到路径前缀匹配的文件系统结构。之后,通过结构中的 op 字段(文件系统操作接口)调用 devfs 接口或者 fatfs 接口的函数。如果未指定路径前缀,则直接使用由 root_fs 指向的缺省文件系统结构。

综上所述,我们需要定义 mounted_list 链表并增加相关支持函数,实现代码如程序清单 13.12 所示。

程序清单 13.12 c11.04\project\kernel\fs\fs.c

```
18: static list_t mounted_list;                          // 已挂载的文件系统
19: static filesystem_t fs_tbl[FS_TABLE_SIZE];           // 空闲文件系统列表大小

89: static void mount_init (void) {
90:       list_init(&mounted_list);
91:       kernel_memset(fs_tbl, 0, sizeof(fs_tbl));
92: }
49: static filesystem_t * mount (fs_type_t type, char * mount_point, int dev_major, int dev_
    minor) {
50:       log_printf("mount fd system, name: % s, dev: % x", mount_point, dev_major);
51:
52:       // 找一个空闲的
53:       filesystem_t * fs = (filesystem_t * )0;
54:       for (int i = 0; i < FS_TABLE_SIZE; i++) {
55:               filesystem_t * curr = fs_tbl + i;
56:               if (curr -> op == (fs_op_t * )0) {
57:                       fs = curr;
58:                       break;
59:               }
60:       }
61:
62:       if (fs) {
63:               // 检查是否支持挂载的类型
64:               fs_op_t * op = get_fs_op(type);
65:               if (!op) {
66:                       log_printf("unsupported fs type: % d", type);
67:                       return (filesystem_t * )0;
68:               }
69:
70:               // 给定数据一些缺省的值
```

```
71:                          kernel_memset(fs, 0, sizeof(filesystem_t));
72:                          kernel_strncpy(fs->mount_point, mount_point, FS_MOUNTP_SIZE);
73:                          fs->mutex = (mutex_t *)0;
74:                          if (op->mount(fs, dev_major, dev_minor) < 0) {
75:                                  log_printf("mount fs %s failed", mount_point);
76:                                  return (filesystem_t *)0;
77:                          }
78:                          fs->op = op; // 标记为占用
79:                          list_insert_last(&mounted_list, &fs->node);
80:                          return fs;
81:          }
82:
83:      return (filesystem_t *)0;
84: }
```

mount_init()函数用于初始化挂载列表。在该函数中,首先初始化链表 mounted_list;之后,清 0 用于文件系统结构分配的表 fs_tbl。

mount()用于挂载指定的文件系统,共接受四个参数:文件系统类型 type、路径前缀 mount_point、主设备号 dev_major 和次设备号 dev_minor。其中,主设备号和次设备号仅在挂载硬盘分区时使用。

在该函数内部,首先在 fs_tbl 中寻找一个空闲(操作表 op 为空)的文件系统结构 fs;接下来,对该结构进行初始化。整个初始化工作包含以下几项。

(1) 利用 get_fs_op()将文件系统类型 type 转换成操作表 op。

(2) 初始化路径前缀 mount_point、互斥锁 mutex、操作表 op。其中,mutex 的缺省值设置为 0,以便由该文件系统自行决定是否要配置互斥锁。例如,设备文件系统无须配置,而硬盘分区则需要配置。

(3) 调用 op->mount()来完成文件系统的具体挂载操作,如调用 devfs_mount()或者 fatfs_mount()。

(4) 使用 list_insert_last()将 fs 加入 mounted_list 中。

在操作系统初始化时,需要将所有的文件系统挂载完毕。为实现该目标,需要增加文件系统初始化函数 fs_init()。该函数的实现如程序清单 13.13 所示。

程序清单 13.13   c11.04\project\kernel\fs\fs.c

```
20: static filesystem_t * root_fs;                        // 根文件系统
97: void fs_init (void) {
98:     mount_init();
99:     file_init();
100:
101:       // 挂载设备文件系统,待后续完成。挂载点名称可随意
102:       filesystem_t * fs = mount(FS_DEVFS, "/dev", 0, 0);
103:       ASSERT(fs != (filesystem_t *)0);
104:
105:       // 挂载 FAT16 文件系统
106:       root_fs = mount(FS_FAT16, "/root", ROOT_DEV);
107:       ASSERT(root_fs != (filesystem_t *)0);
108: }
```

在 fs_init()中,首先调用 mount_init()初始化挂载;其次,调用 file_init()初始化文件

结构表 file_table；最后，调用 mount() 挂载设备文件系统和 FAT16 分区。由于 FAT16 分区被设置成了缺省的文件系统，因此，当应用程序访问文件时，如果未指定路径前缀，则默认访问该分区中的文件。

最后，还需要修改 fatfs_mount，为多进程的访问增加互斥处理，修改方法如程序清单 13.14 所示。之所以要做如此修改，是因为多个进程可能同时读写硬盘。

程序清单 13.14　c11.04\project\kernel\fs\fatfs.c

```
352: int fatfs_mount (struct _filesystem_t * fs, int dev_major, int dev_minor) {
     ......省略.....
399:     mutex_init(&fat->mutex);
400:     fs->mutex = &fat->mutex;
     ......省略.....
409: }
```

3）打开文件

在文件系统初始化之后，应用程序便可以打开文件。文件的打开由 sys_open() 完成，其实现如程序清单 13.15 所示。该函数共接受 2 个参数：文件路径 name、打开模式 mode。

程序清单 13.15　c11\c11.04\project\kernel\fs\fs.c

```
149: int sys_open(const char * name, int mode) {
150:     file_t * file = file_alloc();
151:     if (!file) {
152:             log_printf("no file desc");
153:             return -1;
154:     }
155:
156:     int fd = task_alloc_fd(file);
157:     if (fd < 0) {
158:             log_printf("no fd");
159:             goto sys_open_failed;
160:     }
161:
162:     // 检查名称是否以挂载点开头，如果没有，则认为在根目录下
163:     filesystem_t * fs = root_fs;
164:     list_node_t * node = list_first(&mounted_list);
165:     while (node) {
166:             filesystem_t * curr = list_entry(node, filesystem_t, node);
167:             if (path_begin_with(name, curr->mount_point)) {
168:                     fs = curr;
169:                     break;
170:             }
171:             node = list_node_next(node);
172:     }
173:
174:     if (fs != root_fs) {
175:             name = path_next_child(name);
176:     }
177:
178:     fs_protect(fs);
179:     int err = fs->op->open(fs, file, name, mode);
180:     fs_unprotect(fs);
```

```
181:
182:        file->fs = fs;
183:        return (err < 0) ? -1 : fd;
184: sys_open_failed:
185:        file_free(file);
186:        task_remove_fd(fd);
187:        return -1;
188: }
```

在该函数中,首先分配文件结构 file 以及文件描述符 fd;之后,搜索挂载列表 mounted_list,查找路径匹配的文件系统结构 fs,如果没有找到,则使用缺省的 root_fs;最后,调用 fs->op->open()来完成具体的打开操作。当成功打开后,返回文件描述符 fd。

例如,当使用 sys_open("/dev/tty0",FS_O_RDWR)打开 tty0 时,操作系统首先在 mounted_list 找到设备文件系统结构;之后,调用 devfs_open()来打开 tty0。而如果使用 sys_open("a. txt",FS_O_RDWR),则会使用 root_fs,并调用 fatfs_open()打开 a. txt。

此外,在调用 fs->op->open()的前后,使用了 fs_protect()和 fs_unprotect()。这两个函数主要用于实现多进程访问同一文件系统的互斥。这两个函数的实现如程序清单 13.16 所示。

程序清单 13.16 c11\c11.04\project\kernel\fs\fs.c

```
134: static void fs_protect (filesystem_t * fs) {
135:        if (fs->mutex) {
136:                mutex_lock(fs->mutex);
137:        }
138: }
139:
140: static void fs_unprotect (filesystem_t * fs) {
141:        if (fs->mutex) {
142:                mutex_unlock(fs->mutex);
143:        }
144: }
```

在这两个函数中,均预先检查 fs->mutex 是否有效。只有在 fs->mutex 有效时,才进行互斥锁的操作。结合之前的内容可知,由于仅在 fatfs_mount()中设置了互斥锁,因此,这两项操作仅对访问 FAT16 分区中的文件有效。

4)关闭文件

在完成文件的访问之后,需要关闭文件。文件的关闭由 sys_close()完成,其实现如程序清单 13.17 所示。

程序清单 13.17 c11\c11.04\project\kernel\fs\fs.c

```
304: int sys_close(int fd) {
305:        if (is_fd_bad(fd)) {
306:                log_printf("fd error");
307:                return -1;
308:        }
309:
310:        file_t * file = task_file(fd);
311:        if (file == (file_t *)0) {
```

```
312:                          log_printf("fd not opened. % d", fd);
313:                          return - 1;
314:             }
315:
316:        task_remove_fd(fd);
317:        if ( -- file -> ref == 0) {
318:                     filesystem_t * fs = file -> fs;
319:                     if (fs -> op -> close) {
320:                              fs_protect(fs);
321:                              fs -> op -> close(file);
322:                              fs_unprotect(fs);
323:                     }
324:             file_free(file);
325:        }
326:        return 0;
327: }
```

在该函数中,首先检查文件描述符 fd 是否有效以及文件是否已经打开(file 不为空);
接下来,释放文件描述符;最后,递减引用计数 file-> ref。当发现引用计数 file-> ref 等于 0
时,调用 fs-> op-> close()执行文件关闭操作,并释放文件结构。

5) 读写文件

文件的读取由 sys_read()完成,该函数用于读取指定长度 len 的数据至缓存 ptr 中。文
件的写入由 sys_write()完成,该函数用于将缓存 ptr 中的数据写入文件。这两个函数的实
现如程序清单 13.18 所示。

程序清单 13.18　c11\c11.04\project\kernel\fs\fs. c

```
219: int sys_read( int fd, char * ptr, int len) {
220:        if (is_fd_bad(fd) || !ptr || !len) {
221:                 log_printf("fd error");
222:                 return - 1;
223:        }
224:
225:        file_t * file = task_file(fd);
226:        if (!file) {
227:                 log_printf("fd not opened. % d", fd);
228:                 return - 1;
229:        }
230:
231:        if (file -> mode == FS_O_WRONLY) {
232:                 log_printf("fd is write only");
233:                 return - 1;
234:        }
235:
236:        filesystem_t * fs = file -> fs;
237:        if (fs -> op -> read) {
238:                 fs_protect(fs);
239:                 int err = fs -> op -> read(file, ptr, len);
240:                 fs_unprotect(fs);
241:                 return err;
242:        }
243:        return - 1;
```

```
244: }
245:
249: int sys_write(int fd, char * ptr, int len) {
            ……省略……
261:        if (file->mode == FS_O_RDONLY) {
262:                log_printf("fd is write only");
263:                return -1;
264:        }
265:
            ……省略……
269:                int err = fs->op->write(file, ptr, len);
            ……省略……
273:        return -1;
274: }
```

上述两个函数的实现流程几乎相同,主要完成以下操作。

(1)检查文件描述符、读写大小以及缓存等是否有效。

(2)将文件描述符 fd 转换成文件结构指针 file。

(3)检查读写模式是否有效。对于读取,不允许读取按只写方式打开的文件;而对于 sys_write(),不允许写入按只读方式打开的文件。

(4)调用 fs->op 中的相应函数(read()或者 write()),完成读取或写入操作。

6) I/O 控制与文件定位

文件的 I/O 控制由 sys_ioctl()完成,其实现如程序清单 13.19 所示。该函数的实现与 sys_read()函数类似。首先进行参数检查;之后,调用 fs->op->ioctl()完成 I/O 控制操作。

程序清单 13.19   c11.04\project\kernel\fs\fs.c

```
193: int sys_ioctl(int fd, int cmd, int arg0, int arg1) {
194:        if (is_fd_bad(fd)) {
195:                log_printf("fd error");
196:                return -1;
197:        }
198:
199:        file_t * file = task_file(fd);
200:        if (!file) {
201:                log_printf("fd not opened. %d", fd);
202:                return -1;
203:        }
204:
205:        filesystem_t * fs = file->fs;
206:        if (fs->op->seek) {
207:                fs_protect(fs);
208:                int err = fs->op->ioctl(file, cmd, arg0, arg1);
209:                fs_unprotect(fs);
210:                return err;
211:        }
212:
213:        return -1;
214: }
```

文件的定位由 sys_lseek()完成,其实现如程序清单 13.20 所示。该函数采用了与 sys_ioctl()完全相同的处理方式,只不过最终调用了 fs->op->seek()函数。

程序清单 13.20　c11.04\project\kernel\fs\fs.c

```
279: int sys_lseek(int fd, int ptr, int dir) {
          ......与 sys_ioctl()相同,省略.....
294:        int err = fs->op->seek(file, ptr, dir);
          ......与 sys_ioctl()相同,省略.....
299: }
```

7）目录遍历和删除

在 sys 接口中,目录遍历与文件删除主要用于 FAT16 分区,不适用于设备文件系统。不同于普通文件,设备文件无法被删除。且由于我们没有采取某种结构将这些设备文件组织起来,因此,无法对设备进行遍历。因此,这些函数的实现如程序清单 13.21 所示。

程序清单 13.21　c11.04\project\kernel\fs\fs.c

```
329: int sys_opendir(const char * name, DIR * dir) {
330:        if (root_fs->op->opendir) {
331:                fs_protect(root_fs);
332:                int err = root_fs->op->opendir(root_fs, name, dir);
333:                fs_unprotect(root_fs);
334:                return err;
335:        }
336:        return -1;
337: }
338:
339: int sys_readdir(DIR * dir, struct dirent * dirent) {
          ......与 sys_opendir()相同,省略.....
342:        int err = root_fs->op->readdir(root_fs, dir, dirent);
          ......与 sys_opendir()相同,省略.....
347: }
348:
349: int sys_closedir(DIR * dir) {
          ......与 sys_opendir()相同,省略.....
352:                int err = root_fs->op->closedir(root_fs, dir);
          ......与 sys_opendir()相同,省略.....
357: }
358:
359: int sys_unlink (const char * path) {
          ......与 sys_opendir()相同,省略.....
362:                int err = root_fs->op->unlink(root_fs, path);
          ......与 sys_opendir()相同,省略.....
367: }
```

可以看到,在上述函数中,仅仅支持对缺省的文件系统 root_fs 进行遍历。当然,你也可以对代码进行修改,以便在硬盘存在多分区的情况下,支持遍历其他分区和删除其他分区中的文件。如有兴趣,可自行实现。

13.3　运行效果

在完成所有代码的实现之后,可以修改之前的测试代码,使用 sys 接口进行文件相关的操作,修改方法如程序清单 13.22 所示。

程序清单 13.22 c11.04\project\kernel\init.c

```
19:  void kernel_start (void) {
        ......省略.....
30:      fs_init();
        ......省略.....
33:      // 文件读写
34:      int file = sys_open("test.txt", FS_O_CREAT | FS_O_RDWR);
35:      ASSERT(file >= 0);
36:
37:      static uint16_t wbuf[1024], rbuf[1024];
38:      for (int i = 0; i < 1024; i++) {
39:          wbuf[i] = i;
40:      }
41:      int ret = sys_write(file, (char *)wbuf, sizeof(wbuf));
42:      ASSERT(ret == sizeof(wbuf));
43:
44:      int offset = 624;
45:      sys_lseek(file, offset, 0);
46:      sys_read(file, (char *)rbuf, sizeof(rbuf) - offset);
47:      ret = kernel_memcmp(rbuf, &wbuf[624/sizeof(uint16_t)], sizeof(rbuf) - offset);
48:      ASSERT(ret == 0);
49:      sys_close(file);
50:
51:      // 目录遍历
52:      DIR dir;
53:      struct dirent dirent;
54:      ret = sys_opendir("test_dir", &dir);
55:      ASSERT(ret == 0);
56:      while ((ret = sys_readdir(&dir, &dirent)) == 0) {
57:          log_printf("Directory entry: % s", dirent.name);
58:      }
59:      sys_closedir(&dir);
60:      ret = sys_unlink("kernel.elf");
61:      ASSERT(ret == 0);
62:
63:      file = sys_open("/dev/tty0", FS_O_RDWR);
64:      ASSERT(file >= 0);
65:      sys_write(file, "12345678\n", 9);
66:      sys_ioctl(file, TTY_CMD_ECHO, 0, 0);           // 禁止回显
67:      while (1) {
68:          char kbd;
69:          sys_read(file, &kbd, 1);
70:          sys_write(file, &kbd, 1);
71:      }
72:  }
```

可以看到，无论是访问普通文件还是设备文件，都可通过 sys 接口进行。在打开文件时，只需要传入文件路径，之后，对于文件的访问，只需使用文件描述符便可引用该文件。

虽然上述所有代码均在 first 进程中执行，不过，你也可以在其他进程中使用 sys 接口读写文件，操作系统目前已经支持多个进程同时打开不同的文件进行读写。

13.4　本章小结

本章主要实现了文件系统管理模块,完成了两项功能:让进程管理自己的文件、提供统一的文件访问接口。

为了让进程能够管理自己的文件,需要在进程控制块中增加文件描述符表。当打开文件时,操作系统分配文件结构,并建立该结构与文件描述符表中表项的关联。后续对文件的所有操作,可通过文件描述符进行。

sys 接口将系统中普通文件和设备文件视为同一类型。应用程序对于文件的访问变得更加简单。为实现该接口,增加了转换层,并引入了操作表和文件系统结构。通过间接调用操作表指向的函数,进程无须调用该文件类型相关的特定操作函数。

第**14**章

从硬盘加载程序执行

目前,不仅进程的代码均位于操作系统内部,而且,当进程运行时,进程和操作系统共享同一块内存区域。这种方式极大地限制了系统的灵活性。当需要增强进程的功能时,在修改代码之后必须重新构建整个工程。为解决该问题,我们需要让操作系统具备从硬盘上动态加载应用程序到内存中执行的能力。

由于操作系统已经能够读取文件以及创建进程,因此,将位于硬盘上的应用程序加载到内存中执行这一过程,将变得易于实现。具体而言,需要完成以下几项工作。

- 构建应用程序:创建应用程序工程,该工程可构建生成可执行程序文件。
- 加载应用程序:将可执行程序文件中的指令和数据加载到内存,创建进程执行。
- 向进程传递参数:在进程执行前,将参数传递给进程,从而控制进程的执行过程。

14.1 构建应用程序

在操作系统启动之后,第一个运行的应用程序应当是图形化桌面管理器或者命令行解释器,从而向用户提供与操作系统进行交互的接口。本书将构建一个命令行解释器 shell,它能解析用户输入的命令,并执行相应的请求。不过,在本章中,shell 什么都不做,将被用于实现应用程序的加载功能。

14.1.1 构建流程

在 Linux 等系统中,如果要创建一个应用程序,只需要创建包含 main() 函数的 C 文件,再调用 GCC 工具链进行构建。整个流程如图 14.1 所示。

对于功能复杂的应用程序,需要编写多个 C 源文件,甚至还会在汇编文件中编写汇编代码。这两种类型的源文件分别通过汇编或编译,生成目标文件。如果有使用 C 语言库函数,如 memcpy(),还需要与 C 语言标准库一起链接,生成可执行程序。在链接过程中,一些必要的链接配置(如程序入口地址)可通过命令行参数或链接脚本等方式传递给链接器。

相比之下,本章构建 shell 的过程要相对更复杂,主要原因在于:在 Linux 等系统中,GCC 工具链默认给出了应用程序的构建配置,这使得我们只需要编写 main() 就能生成可

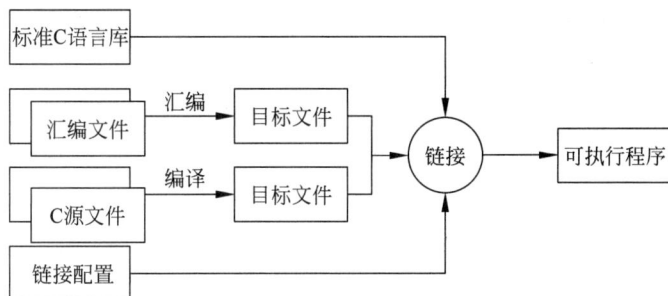

图 14.1 应用程序构建流程

执行应用程序。然而,在我们的操作系统中,所有的配置都需要自行提供。

14.1.2 创建工程

为了生成 shell 可执行程序,首先需要创建工程。在工程中,需要添加源文件并导入 C 语言标准库。此外,还需要添加 CMake 配置文件 CMakeLists.txt。

1. 创建工程结构

在工程 project 下,创建 shell 子目录,并在其中依次创建 start.S、start_c.c、main.c 和 CMakeLists.txt。与此同时,从本章附带的源码包中,复制 Newlib 目录(包含 C 语言标准库相关文件)至该目录。在完成这些工作之后,整个工程组织结构如图 14.2 所示。

除此之外,还需要配置 project 目录下的 CMakeLists.txt,告知其新增了 shell 子工程,以便在工程构建时对 shell 子工程也进行构建。修改方法如程序清单 14.1 所示。

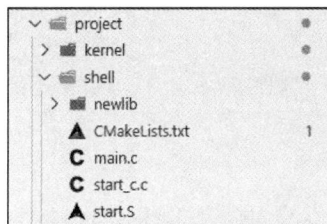

图 14.2 工程组织结构

程序清单 14.1 c12.01\CMakeLists.txt

```
22: add_subdirectory(./project/shell)
```

2. 编写源代码

由于目前并不关心 shell 的功能,因此,只需保证 shell 能正常运行即可。首先,在汇编文件 start.S 中,编写应用程序的启动代码,该代码如程序清单 14.2 所示。这些启动代码可使得应用程序在进入到 main() 函数执行前,执行某些必须用汇编代码才能完成的初始化工作。

程序清单 14.2 c12.01\project\shell\start.S

```
1:       .text
2:       .global _start
3: _start:
6:       call cstart
7:loop:  jmp  loop                      // 原地死循环
```

除汇编代码之外,还有一部分初始化工作可以使用 C 代码来完成。这部分代码放在 start_c.c 中,其实现如程序清单 14.3 所示。在 start.S 中,通过 call cstart 指令跳转到 cstart() 函数中运行。

程序清单 14.3　c12.01\project\shell\start_c.c

```
 7: int main (void);
 8:
12: void cstart (void) {
13:     main();
14: }
```

在 cstart()函数中,可以通过函数调用的方式进入 main()函数中执行。目前,main()函数什么都不做,只是简单地返回 0。main()函数的实现代码如程序清单 14.4 所示。

程序清单 14.4　c12.01\project\shell\main.c

```
 8: int main (void) {
 9:     return 0;
10: }
```

通过上述内容可知,shell 的执行流程如图 14.3 所示。当 shell 被加载到内存中执行时,进程首先跳转到_start 执行;之后,调用 cstart()函数;最后,进入 main()函数。正常情况下,当从 main()返回之后,shell 应当终止执行。不过,由于目前暂未实现进程退出的功能,所以,只好让 shell 进入死循环。

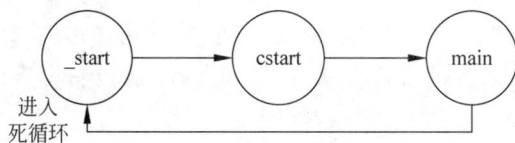

图 14.3　当前程序执行流程

3. 编写 CMakeLists.txt

shell 的 CMakeLists.txt 与 kernel 的略有差别。我们可以复制 kernel/CMakeLists.txt 并以此为基础稍作修改,修改方法如程序清单 14.5 所示。

程序清单 14.5　c12.01\project\shell\CMakeLists.txt

```
        ......省略.....
24: project(shell LANGUAGES C)
        ......省略.....
31: set(CMAKE_EXE_LINKER_FLAGS " - m elf_i386   - e _start   - Ttext = 0x80000000  - L
    ${PROJECT_SOURCE_DIR}/Newlib/i686 - elf/lib - lm - lc")
        ......省略.....
44: add_executable( ${PROJECT_NAME} ${SOURCE_LIST})
        ......省略.....
35: include_directories(
        ......省略.....
38:     ${PROJECT_SOURCE_DIR}/Newlib/i686 - elf/include
39: )
        ......省略.....
```

在上述代码中,project(shell LANGUAGES C)用于配置工程名为 shell。链接参数-Ttext=0x80000000 用于告知链接器,该应用程序运行前需要被加载到地址 0x80000000 处。-L ${PROJECT_SOURCE_DIR}/Newlib/i686-elf/lib -lm -lc 指示在工程目录的 Newlib/i686-elf/lib 中寻找 C 语言标准库(-lc)和数学库(-lm),并将这两个库导入链接过程

中。＄{PROJECT_SOURCE_DIR}/Newlib/i686-elf/include 指明了在编译 C 文件时，头文件的路径为工程目录的 Newlib/i686-elf/include。

在 add_executable(＄{PROJECT_NAME} ＄{SOURCE_LIST})中，没有将汇编文件 start.S 放在开头（可以仍然采用与 kernel 相同的方式）。这样一来，应用程序的入口并不一定位于整个程序的开始，即地址 0x80000000 处。操作系统会通过某种方式找到 shell 程序的入口地址，即_start 的地址。

通过以上内容可知，shell 工程中导入了 Newlib 库。Newlib 是 C 语言标准库的一种实现。除此之外，C 语言标准库有很多种不同的实现，如 glibc 等，相对而言，Newlib 是一个轻量级、高效且可定制的 C 语言标准库，其具有小巧高效、可移植性强、支持多种目标架构、功能丰富等特点。关于该库的更多信息，可以访问其官网查询。

缺省情况下，Newlib 以源码的形式提供下载，无法直接使用。在实际使用时，通常会将其编译成库，再与应用程序一起链接。本书提供了已经编译好的版本，其文件组织结构如图 14.4 所示。

注：关于如何将 Newlib 源码编译成库的方法，请参考本书资源包中的相关文档。

在 Newlib/i686-elf/include 下，存储了 C 语言标准库的头文件，例如 stdio.h 等。而在 lib 目录下，存储已经编译好的库文件。其中，libc.a 是 C 语言标准库的静态链接库，

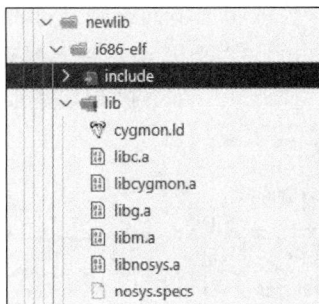

图 14.4　Newlib 库结构

包含了许多常见的 C 函数的实现，如 printf()等；libm.a 是数学库的静态链接库，包含了许多数学运算的实现。在构建应用程序时，GCC 将在 Newlib/i686-elf/include 搜索 stdio.h 等头文件，并将这两个库与应用程序一起链接，生成可执行程序。如此一来，应用程序可以直接使用这些库中的功能，避免重复实现相同功能的代码。

14.1.3　构建结果

构建整个工程，在 workspace 目录下将新生成若干文件，这些文件如图 14.5 所示。其中，shell.bin 为二进制格式的可执行程序；shell.elf 为 ELF 格式的可执行程序。当需要将 shell 加载到内存中执行时，可以选择加载 shell.bin（本书未用）或者 shell.elf。

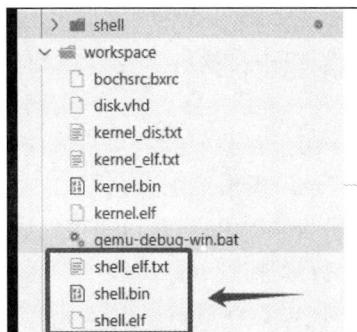

图 14.5　shell 编译结果

14.2　加载应用程序

在加载应用程序的可执行文件之前，我们需要先了解进程地址空间的概念以及 ELF 文件格式，之后，才能编写实现加载的代码。

14.2.1　进程地址空间

当可执行程序被加载到内存中之后，操作系统将创建进程从而执行程序中的指令。在进程的执行过程中，程序指令以及读写的数据均需占用内存。由于开启了分页机制，进程访问的是虚拟内存，使用的地址为虚拟地址。

为了实现不同进程之间相互隔离等目标，操作系统会为每个进程创建进程地址空间。在该地址空间中，似乎只有操作系统和进程自己在使用整个虚拟内存。每个进程都在各自的虚拟地址空间中执行代码和读写数据，互不干扰，整个地址空间的使用示例如图 14.6 所示。

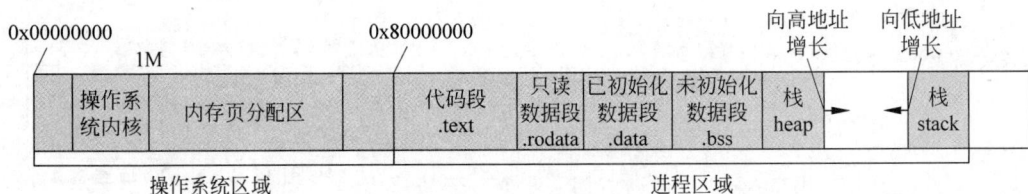

图 14.6　进程地址空间

对于该地址空间中各区域的起始地址及其功能，本书作了如下规定：

地址 0x80000000 以下的区域由操作系统使用，应用程序无权限直接访问。其中，第 0～1MB 用于存放操作系统的代码和数据；1MB 以上用于内存页分配，末端地址不超过 0x80000000。

地址 0x80000000 以上的区域由进程使用，可执行程序将被操作系统解析并加载至该区域。该区域主要分为以下几部分。

（1）代码段(.text)：用于存储程序中的机器指令。

（2）只读数据段(.rodata)：用于存储程序中的常量，如字符串字面量、编译时确定的常量。

（3）已初始化数据段(.data)：用于存储已经给定初始值(非零值)的全局变量和静态变量。

（4）未初始化数据段(.bss)：用于存储未给定初始值或初始值为 0 的全局变量和静态变量。在应用程序被加载时，该区域由操作系统清 0。

（5）堆(heap)：用于动态分配和释放内存，从而使得程序可使用 malloc() 和 free()。该区域可以通过系统调用 sbrk() 进行管理，使其随着程序的运行需求向高地址增长。

（6）栈(stack)：用于存储局部变量、函数参数和返回地址等。该区域也是动态变化的，随着函数调用和局部变量的使用而向低地址增长(在本书中，栈大小是固定的，不支持增长)。

为了更好地理解上述内容，我们可以观察 shell 的进程地址空间中各区域的实际分布情况。由于已经在 CMakeLists.txt 中使用了-Ttext＝0x80000000，因此，在链接过程中，GCC 将从 0x80000000 开始依次存放.text、.rodata、.bss 和.data 等内容。

注：你也可以通过链接脚本(Link Script)，对各段进行更为详细的自定义配置，如配置先后顺序及大小、使用多个.text 段等。有关链接脚本的使用方法，请自行查找 GCC 链接器的相关资料。

.text、.rodata、.bss 和.data 等各段是否存在，取决于程序中代码的编写情况。我们可以修改 main.c，在其中添加一些测试性的数据和代码，修改方法如程序清单 14.6 所示。

程序清单 14.6　c12\c12.02\project\shell\main.c

```
 7: char array[] = {1, 2, 3, 4, 5, 6};
 8: char zero[4096];
 9:
10: const char msg[] = "Hello, World!";
11:
12: int main (void) {
13:     for (int i = 0; i < sizeof(zero); i++) {
14:         zero[i] = i;
15:     }
16:     return 0;
17: }
```

完成代码修改之后，可以构建整个工程。在构建过程中，GCC 工具链中的 readelf 命令将对 shell.elf 进行解析，生成 shell_elf.txt。该文件内容如程序清单 14.7 所示。可以看到，ELF Header 区域给出了该可执行程序运行的机器架构(Machine)、入口地址(Entry point address)等信息。Section Headers 区域给出了各段的起始地址(Addr)和大小(Size)等信息。符号表(Symbol table)区域给出了程序中函数和变量等符号的地址和大小等信息。

程序清单 14.7　workspace/shell_elf.txt

```
ELF Header:
    Magic:   7f 45 4c 46 01 01 01 00 00 00 00 00 00 00 00 00
    Class:                             ELF32
    Data:                              2's complement, little endian
    Version:                           1 (current)
    OS/ABI:                            UNIX - System V
    ABI Version:                       0
    Type:                              EXEC (Executable file)
    Machine:                           Intel 80386
    Version:                           0x1
    Entry point address:               0x80000033
    Start of program headers:          52 (bytes into file)
    Start of section headers:          6392 (bytes into file)
    Flags:                             0x0
    Size of this header:               52 (bytes)
    Size of program headers:           32 (bytes)
    Number of program headers:         2
    Size of section headers:           40 (bytes)
    Number of section headers:         15
    Section header string table index: 14
```

```
Section Headers:
  [Nr] Name                Type            Addr      Off    Size   ES Flg Lk Inf Al
  [ 0]                     NULL            00000000 000000 000000 00        0   0  0
  [ 1] .text               PROGBITS        80000000 001000 000045 00  AX    0   0  1
  [ 2] .rodata             PROGBITS        80000048 001048 00000e 00   A    0   0  4
  [ 3] .eh_frame           PROGBITS        80000058 001058 000054 00   A    0   0  4
  [ 4] .data               PROGBITS        800010ac 0010ac 000006 00  WA    0   0  4
  [ 5] .bss                NOBITS          800010c0 0010b2 001000 00  WA    0   0 32
    ...... 省略一些用不到的内容 ........
Program Headers:
  Type        Offset     VirtAddr    PhysAddr    FileSiz MemSiz  Flg Align
  LOAD        0x001000 0x80000000 0x80000000 0x000ac 0x000ac R E 0x1000
  LOAD        0x0010ac 0x800010ac 0x800010ac 0x00006 0x01014 RW  0x1000

 Section to Segment mapping:
  Segment Sections...
   00      .text .rodata .eh_frame
   01      .data .bss


    ...... 省略一些用不到的内容 ........
Symbol table '.symtab' contains 23 entries:
  Num:    Value  Size Type      Bind   Vis        Ndx Name
    ...... 省略一些用不到的内容 ........
   14: 80000048    14 OBJECT   GLOBAL DEFAULT      2 msg
   15: 80000033     0 NOTYPE   GLOBAL DEFAULT      1 _start
   16: 80000038    13 FUNC     GLOBAL DEFAULT      1 cstart
   17: 800010b2     0 NOTYPE   GLOBAL DEFAULT      5 __bss_start
   18: 80000000    51 FUNC     GLOBAL DEFAULT      1 main
   19: 800010c0  4096 OBJECT   GLOBAL DEFAULT      5 zero
   20: 800010ac     6 OBJECT   GLOBAL DEFAULT      4 array
   21: 800010b2     0 NOTYPE   GLOBAL DEFAULT      4 _edata
   22: 800020c0     0 NOTYPE   GLOBAL DEFAULT      5 _end
```

注：上述内容受源码内容、编译器版本、优化等级多方面因素影响；因此，你的文件内容可能与上面的略有差异。

将以上各项信息综合后进行绘图，绘制效果如图 14.7 所示。可以看到，shell 的各段分布顺序和图 14.6 中的基本相同。不过，由于内存对齐等要求，GCC 链接器并未将这些区域连续存储。此外，还多出了 eh_frame 段，该段用于支持调试器和异常处理器在程序运行时进行栈回溯和异常处理，本书并未使用该段，可以忽略。

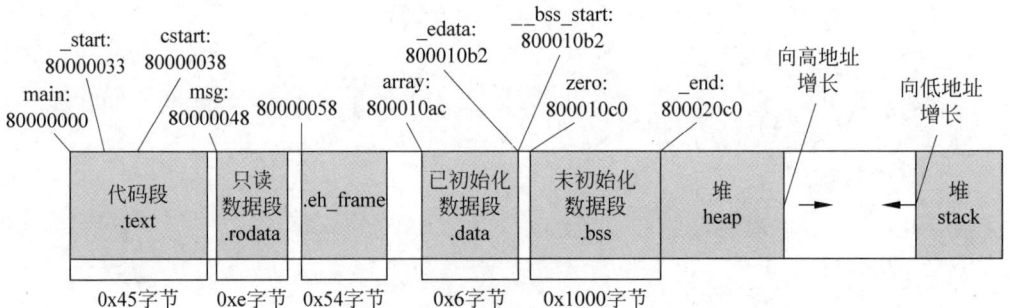

图 14.7　shell 中各段分区

在图 14.7 中,还可以观察到函数与全局变量在这些段中的分布。例如,在 .text 段中,存放了_start、cstart、main 等函数。在 .rodata 段中,存放了字符串数组常量 msg。在 .data 段中,存放了数组 array。在 .bss 段中,存放了数组 zero。

可以看到,程序的入口_start 并非位于地址 0x80000000,而是 0x80000033,0x80000000 存放的是 main 函数。至于为什么是 main 函数,这是由 GCC 链接器自行决定的。当我们在工程中加入其他源文件或函数时,有可能 0x80000000 处存储的是其他函数。因此,操作系统需要想办法得到程序的入口地址。具体如何得知,将在下一节中介绍。

此外,我们还可以看到图 14.7 中出现了符号_edata、_bss_start 和_end。这些符号由链接器自行加入,分别用于表示 .data 段的结束地址、.bss 区的起始地址和 .bss 区的结束地址。

14.2.2 ELF 文件格式

为了让 shell 能够正常运行,操作系统应当按照 shell_elf.txt 给出的信息,将可执行程序中的指令和数据加载到相应位置。由于该文件通过 shell.elf 转换得到,因此,操作系统可以直接解析 shell.elf,从中提取相应信息。

1. 文件格式选择

在工程构建时,一共生成了两个可执行程序文件: shell.bin 和 shell.elf。操作系统应当使用哪一个文件? 本书使用的是 shell.elf,并未使用 shell.bin。由于 shell.bin 仅包含了程序指令和数据,不包含 shell_elf.txt 中给出的信息,因此,使用该文件将导致一些问题。

(1) 无法知道程序的加载地址。操作系统在加载程序时,需要加载到链接参数-Ttext=???? 中给定的地址,否则程序运行可能出现问题(位置有关的代码,见下方注)。本书仅规定了程序的加载地址在 0x80000000 以上即可,并未要求必须从 0x80000000 开始,这就导致操作系统可能将程序加载到错误的地址处。

(2) 无法知道程序的入口地址。从之前的内容可知,shell 的入口地址并非 0x80000000 而是 0x80000033。

(3) 未包含 .bss 的起始地址和大小信息。操作系统无法得知如何对 .bss 进行清 0。

综合上述问题,操作系统只能使用 shell.elf 来完成程序的加载。基于相同的原因,现代主流操作系统的可执行程序也不采用二进制格式,而是采用某种特定的格式,如 ELF 格式(Unix 类系统)和 PE 格式(Windows 系统)等。

注: 位置有关的代码(Position-Dependent Code,PDC)指的是在编译时硬编码了绝对地址的代码,因此在运行时只能在指定的内存地址中执行。相对而言,位置无关的代码(Position-Independent Code,PIC)在运行时不依赖于特定的地址,可以加载到不同的内存位置执行,通常用于动态链接库(shared libraries)中。关于这两种类型的更多代码,可以自行查阅更多资料。

2. ELF 格式简介

ELF(Executable and Linkable Format)是一种常见的可执行程序格式,广泛应用于 Linux 等操作系统。该文件可用于描述可执行程序、目标文件、共享库和核心转储文件。当用于描述可执行程序时,文件中包含了程序的代码、数据和元数据。如果忽略掉与程序加载无关的部分,则其格式如图 14.8 所示。

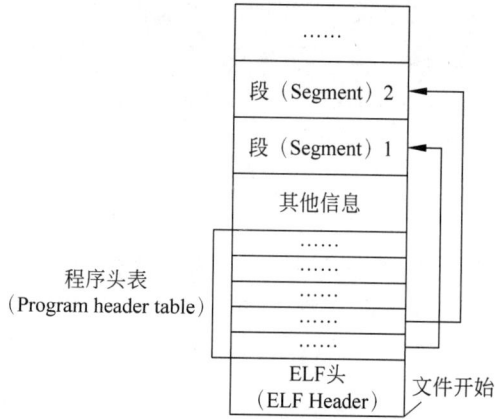

图 14.8　ELF 文件格式

在该文件中,与程序加载有关的部分主要有:ELF 头、程序头表和段。其中,ELF 头位于文件开始,其余部分在文件中的位置和大小均是不固定的。程序头表由很多个表项组成,每个表项映射到某个段,段中包含了程序代码和数据等内容。

注:有关 ELF 文件格式的完整规范说明,请阅读本书配套文档"Executable and Linkable Format（ELF）"。

1）ELF 头

ELF 头位于文件开始,通过解析该头可以获取架构、版本和入口地址等信息。该结构可用 Elf32_Ehdr 描述,其实现如程序清单 14.8 所示。

程序清单 14.8　c12.02/project/kernel/include/core/task.h

```
084: typedef uint32_t Elf32_Addr;
085: typedef uint16_t Elf32_Half;
086: typedef uint32_t Elf32_Off;
087: typedef uint32_t Elf32_Sword;
088: typedef uint32_t Elf32_Word;
089:
090: # pragma pack(1)
093: # define EI_NIDENT              16
094: # define ELF_MAGIC              0x7F
095: # define ET_EXEC        2        // 可执行文件
096: # define ET_386        3        // 80386 处理器
097: # define PT_LOAD       1        // 可加载类型
098:
099: typedef struct {
100:     char e_ident[EI_NIDENT];
101:     Elf32_Half e_type;
102:     Elf32_Half e_machine;
103:     Elf32_Word e_version;
104:     Elf32_Addr e_entry;
105:     Elf32_Off e_phoff;
106:     Elf32_Off e_shoff;
107:     Elf32_Word e_flags;
108:     Elf32_Half e_ehsize;
109:     Elf32_Half e_phentsize;
```

```
110:       Elf32_Half e_phnum;
111:       Elf32_Half e_shentsize;
112:       Elf32_Half e_shnum;
113:       Elf32_Half e_shstrndx;
114: }Elf32_Ehdr;
127: #pragma pack()
```

该结构的各字段含义如表 14.1 所示。通过该表可知,如果要获取整个程序的入口,则只需要读取 e_entry 的值;通过 e_phoff、e_phentsize、e_phnum 可分别得知程序头表的起始位置、每个表项的大小以及一共有多少个表项。

表 14.1   ELF 头各字段含义

字 段 名	大小(字节)	含义及可能的值
e_ident	16	ELF 标识符 e_ident[0-3]固定为 0x7F、'E'、'L'、'F' e_ident[4]:文件类,0x01 表示 ELF32(32 位),0x02 表示 ELF64(64 位) e_ident[5]:数据编码,0x01 表示小端序(LSB),0x02 表示大端序(MSB) e_ident[6]:文件版本,通常为 0x01
e_type	2	文件类型,表示 ELF 文件的用途。0x01 表示可重定位文件,0x02 表示可执行程序,0x03 表示共享对象文件,0x04 表示核心转储文件
e_machine	2	文件适用的处理器架构。0x03 表示 Intel 80386
e_version	4	文件版本,通常为 0x01
e_entry	4	程序入口地址
e_phoff	4	程序头表在文件中的字节偏移
e_shoff	4	节头表在文件中的字节偏移
e_flags	4	处理器特定标志,通常与处理器架构相关
e_ehsize	2	ELF 头的大小,通常为 52 字节(ELF32)或 64 字节(ELF64)
e_phentsize	2	每个程序头表项的字节大小
e_phnum	2	程序头中表项的数量
e_shentsize	2	每个节头表项的大小
e_shnum	2	节头表中表项的数量
e_shstrndx	2	节头字符串表的索引,用于获取节的名字

注:在程序清单 14.7 中的 ELF Header 部分,给出了 shell.elf 中上述字段的解析结果,可以拿来参考对比理解。

2)程序头表

程序头表包含了多个表项,每个表项描述了如何将对应段中的内容加载到内存等信息,如段在文件中的位置、加载到内存中的位置和大小等。可以定义 Elf32_Phdr 用于描述表项,具体实现如程序清单 14.9 所示。

程序清单 14.9   c12.02/project/kernel/include/core/task.h

```
116: typedef struct {
117:       Elf32_Word p_type;
118:       Elf32_Off p_offset;
119:       Elf32_Addr p_vaddr;
120:       Elf32_Addr p_paddr;
```

```
121:      Elf32_Word p_filesz;
122:      Elf32_Word p_memsz;
123:      Elf32_Word p_flags;
124:      Elf32_Word p_align;
125: } Elf32_Phdr;
```

该结构各字段的含义如表 14.2 所示。可以看到,每个表项指定了 ELF 文件某个段的起始位置(p_offset)、大小(p_filesz)和类型(p_type)等信息。

表 14.2   程序头表项各字段含义

字 段 名	大小(字节)	含 义
p_type	4	段类型 0x1 (PT_LOAD)表示可加载段,0x2(PT_DYNAMIC)表示动态链接信息段,0x3 (PT_INTERP)表示解释器路径段,0x4(PT_NOTE)表示辅助信息段
p_offset	4	段在文件中的字节偏移
p_vaddr	4	段在内存中的虚拟地址
p_paddr	4	段在内存中的物理地址(对于大多数系统通常忽略)
p_filesz	4	段在文件中的大小
p_memsz	4	段在内存中的大小
p_flags	4	段的标志位,表示节的属性。0x01 (PF_X)表示可执行,0x02 (PF_W)表示可写,0x04(PF_R)表示可读
p_align	4	段在文件和内存中的对齐方式。必须是 2 的幂,0 和 1 表示不对齐

注:在程序清单 14.7 中的 Program Headers 部分,给出了 shell.elf 中上述字段的解析结果,可以拿来参考对比理解。

3. 加载原理

由于 ELF 文件包含了很多可用于程序加载的信息,因此,操作系统只需要使用该文件即可。一般而言,为完成 ELF 可执行文件的加载,需要完成以下几项工作。

(1)读取 ELF 头:从文件开始读取 ELF 头并检查其中的部分字段,验证该文件是否是合法的 ELF 文件。

(2)查找程序头表:根据 ELF 头中的 e_phoff 偏移和 e_phnum 条目数,定位程序头表的位置及大小。

(3)复制段中的数据:遍历程序头表,找到类型为可加载(PT_LOAD)的段,将段中的内容从文件读取至内存。对于表中的每一个表项,执行以下两步操作:

① 从文件位置 p_offset 开始处读取 p_filesz 大小的数据,写入到内存 p_vaddr 起始处。

② 如果 p_memsz 大于 p_filesz,则将内存中多余部分清 0。

(4)跳转到程序入口:跳转到 ELF 头中的 e_entry 指向的地址处执行。

我们可以再次结合 shell_elf.txt 来分析如何完成 shell.elf 的加载。在该文件中,Program Headers 区域列举了程序头表中每个表项的解析结果,其内容如程序清单 14.10 所示。

程序清单 14.10   workspace/shell_elf.txt

```
Program Headers:
  Type           Offset   VirtAddr  PhysAddr   FileSiz MemSiz  Flg Align
```

```
LOAD            0x001000 0x80000000 0x80000000 0x000ac 0x000ac R E 0x1000
LOAD            0x0010ac 0x800010ac 0x800010ac 0x00006 0x01014 RW   0x1000
Section to Segment mapping:
Segment Sections...
 00     .text .rodata .eh_frame
 01     .data .bss
```

根据程序头表的内容,可知其加载过程如图 14.9 所示。

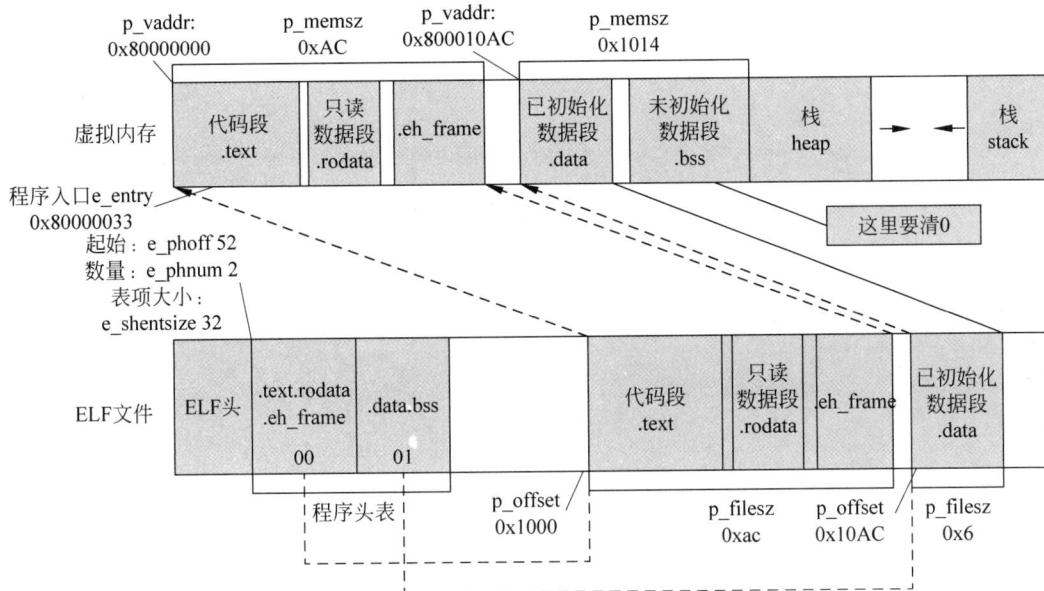

图 14.9　ELF 文件加载示例

分析上图可知,操作系统加载 shell.elf 到内存的分为如下几个步骤。

（1）读取 ELF 头：从文件开始读取 ELF 头,进行必要的检查,确认文件合法性。

（2）查找程序头表：程序头表位于文件偏移 52 字节处,共 2 个表项,每个表项大小为 32 字节。

（3）复制段中的数据：遍历程序头表,进行 2 次复制工作。

① 加载第 00 段：该段存储.text、.rodata、.eh_frame,位于文件 0x1000 处,大小为 0xac 字节,需要复制到内存 0x80000000 处。由于 p_filesz 等于 p_memsz,无须进行清 0 操作。

② 加载第 01 段：该段存储.data 和.bss,位于文件 0x10ac 处,大小为 0x6 字节,需要复制到内存 0x800010AC 处。由于 p_filesz(0x6)小于 p_memsz(0x1014);因此,需要进行清 0 操作。

（4）跳转到程序入口：从 ELF 头中的 e_entry 中取出地址 0x80000033,跳转到该入口执行。

你可能会疑问：为什么会出现 p_filesz 小于 p_memsz 的现象,并且要进行清 0? 这是因为：.bss 中的值全部为 0,为减小可执行文件的大小,该区域的数据并未包含在 ELF 文件中,而是在加载过程中对内存清 0。当发现 p_filesz 小于 p_memsz 时,意味着有部分区域存放的是.bss,因此,需要进行清 0 操作。

14.2.3 加载过程实现

1. 创建 shell 进程

在理解了加载原理和实现步骤之后,可以着手实现 shell.elf 的加载。该项工作应当在操作系统初始化时进行。我们可以创建 task_shell_create( )函数来完成此工作,其实现如程序清单 14.11 所示。

程序清单 14.11   c12.02\project\kernel\core\task.c

```
516: void task_shell_create (void) {
517:     for (int i = 0 ; i < 1; i++) {              // 暂时改用一个: TTY_COUNT
518:         task_t * shell_task = (task_t *)memory_alloc_page(0);
519:         if (shell_task == (task_t *)0) {
520:             goto load_failed;
521:         }
522:
523:         task_create(shell_task, "shell", 0, 0, 0);
524:
525:         // 加载 elf 文件到内存中。要放在开启新页表之后,这样才能对相应的内存区域写
526:         uint32_t entry = load_elf_file(shell_task, "shell.elf", shell_task -> tss.cr3);
527:         if (entry == 0) {
528:             task_uninit(shell_task);
529:             goto load_failed;
530:         }
531:
532:         // 准备用户栈空间
533:         uint32_t stack_top = MEM_TASK_STACK_TOP;
534:         int err = memory_alloc_for(shell_task -> tss.cr3,
535:                                   MEM_TASK_STACK_TOP - MEM_TASK_STACK_SIZE,
536:                                   MEM_TASK_STACK_SIZE, PTE_P | PTE_U | PTE_W);
537:         if (err < 0) {
538:             task_uninit(shell_task);
539:             goto load_failed;
540:         }
541:
542:         // 入口地址和运行参数
543:         shell_task -> tss.eip = entry;
544:         shell_task -> tss.esp = stack_top;
545:
546:         task_start(shell_task);
547:     }
548:     return;
549:
550: load_failed:
551:     log_printf("create shell proc failed", 0);
552: }
```

在上述函数中,使用循环对 shell.elf 进行多次加载,以便为每一个 tty 创建相应的 shell 进程。不过,为了方便调试和观察,目前暂时将循环计数设置为1。在循环中,依次完成以下几项工作。

(1)使用 memory_alloc_page( )分配一页内存,用于存放进程控制块。

（2）使用 task_create()初始化进程控制块。由于 shell 并不运行在操作系统内部，因此，无须设置 TASK_FLAG_SYSTEM 标志。对于进程的入口地址和栈指针参数，暂时设置为 0，后续会进行具体的设置。

（3）使用 load_elf_file()将 shell.elf 文件加载到内存。注意，这里使用的页目录表地址为 shell_task-> tss.cr3，即加载到 shell 进程的进程地址空间。

（4）调用 memory_alloc_for()分配用户栈（特权级 3 栈）空间：栈的顶端为 MEM_TASK_STACK_TOP、大小为 MEM_TASK_STACK_SIZE、应用程序可读写。

（5）将入口地址 entry 和栈顶指针 stack_top 写入 TSS，并调用 task_start()将进程控制块加入就绪队列。

在上述代码中，有两个问题需要特别注意：加载的进程地址空间和用户栈的创建。对于这两个问题，可以结合图 14.10 来理解。

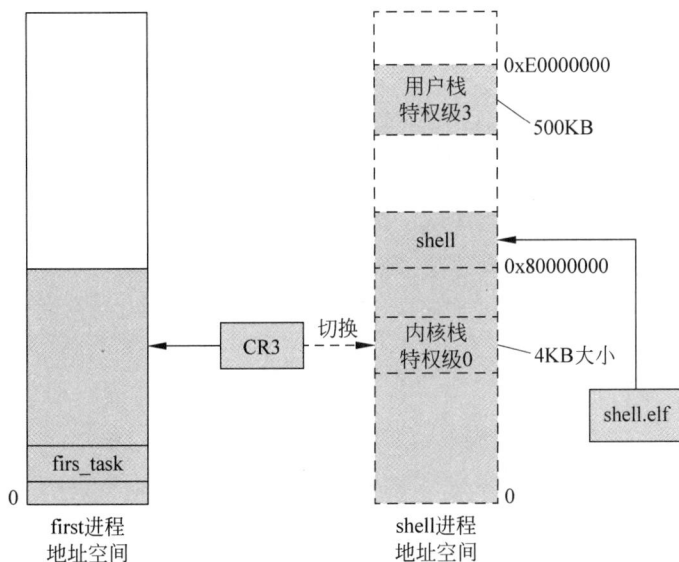

图 14.10 创建 shell 进程时地址空间

在加载时，应当选择 shell 的进程地址空间。当 task_shell_create()函数被 first 调用，CR3 此时指向 first 的页目录表，即当前使用的是 first 的进程地址空间。对该地址空间进行的写入操作，将只影响到 first。如果强行将 shell.elf 加载到 first 的进程地址空间，那么，当切换到 shell 进程执行时，由于进程切换时 CPU 也会切换页目录表，导致进程地址空间发生切换，进而使得 shell 开始执行时，0x80000000 以上没有加载的代码和数据。因此，我们需要做的是在 first 运行的情况下，向未运行的 shell 进程地址空间写入数据。

此外，还需要为 shell 的运行配置用户栈空间。与 first 不同，shell 将工作在权限较低的特权级 3 模式下。根据前面章节中的内容可知，应用程序的运行需要配置两块栈：特权级 0 栈（用于处理中断和执行系统调用）和特权级 3 栈（用于执行程序自身的代码）。由于在 task_create()中，已经为特权级 0 栈分配了栈空间，因此，还需要为特权级 3 栈分配一块区域。该区域被设置为地址 0xE0000000 以下，大小为 500KB。该区域的位置和大小不一定要遵循此要求，你也可以自行灵活定义，只需要在地址 0x80000000 以上且不影响应用程序的代码和数据中即可。

2. 解析 ELF 头

ELF 文件的加载由 load_elf_file() 完成,该函数的实现如程序清单 14.12 完成。由于该函数的实现较长,因此,省略了一些无关紧要的错误检查代码。

程序清单 14.12　c12.02\project\kernel\core\task.c

```
432: static uint32_t load_elf_file (task_t * task, const char * name, uint32_t page_dir) {
433:        Elf32_Ehdr elf_hdr;
434:        Elf32_Phdr elf_phdr;
435:
436:        // 以只读方式打开
437:        int file = sys_open(name, 0);                          // todo: flags 暂时用 0 替代
       ...... 省略错误代码 ......
442:
443:        // 先读取文件头
444:        int cnt = sys_read(file, (char * )&elf_hdr, sizeof(Elf32_Ehdr));
       ...... 省略错误代码 ......
449:
450:        // 做点必要性的检查。当然可以再做其他检查
451:        if ((elf_hdr.e_ident[0] != ELF_MAGIC) || (elf_hdr.e_ident[1] != 'E')
452:            || (elf_hdr.e_ident[2] != 'L') || (elf_hdr.e_ident[3] != 'F')) {
                ...... 省略错误代码 ......
455:        }
456:
457:        // 必须是可执行程序和针对 386 处理器的类型,且有入口
458:        if ((elf_hdr.e_type != ET_EXEC) || (elf_hdr.e_machine != ET_386) || (elf_hdr.e_
       entry == 0)) {
                ...... 省略错误代码 ......
461:        }
462:
463:        // 必须有程序头部
464:        if ((elf_hdr.e_phentsize == 0) || (elf_hdr.e_phoff == 0)) {
                ...... 省略错误代码 ......
467:        }
468:
469:        // 然后从中加载程序头,将内容拷贝到相应的位置
470:        uint32_t e_phoff = elf_hdr.e_phoff;
471:        for (int i = 0; i < elf_hdr.e_phnum; i++, e_phoff += elf_hdr.e_phentsize) {
472:            if (sys_lseek(file, e_phoff, 0) < 0) {
                    ...... 省略错误代码 ......
475:            }
476:
477:            // 读取程序头后解析,这里不用读取到新进程的页表中,因为只是临时使用
478:            cnt = sys_read(file, (char * )&elf_phdr, sizeof(Elf32_Phdr));
479:            if (cnt < sizeof(Elf32_Phdr)) {
                    ...... 省略错误代码 ......
482:            }
483:
484:            // 简单做一些检查,如有必要,可自行加更多
485:            // 主要判断是否是可加载的类型,并且要求加载的地址必须是用户空间
486:            if ((elf_phdr.p_type != PT_LOAD) || (elf_phdr.p_vaddr < MEMORY_TASK_BASE)) {
                    ...... 省略错误代码 ......
488:            }
```

```
489:
490:        // 加载当前程序头
491:        int err = load_phdr(file, &elf_phdr, page_dir);
492:        if (err < 0) {
            ……省略错误代码……
495:        }
496:
497:        // 简单起见,不检查了,以最后的地址为bss的地址
498:        task->heap_start = elf_phdr.p_vaddr + elf_phdr.p_memsz;
499:        task->heap_end = task->heap_start;
500:    }
501:
502:    sys_close(file);
503:    return elf_hdr.e_entry;
504:
505: load_failed:
506:    if (file >= 0) {
507:        sys_close(file);
508:    }
509:
510:    return 0;
511: }
```

在该函数中,首先打开文件并读取 ELF 头到 elf_hdr 结构中。

接下来,对 ELF 头进行必要的检查,以验证该文件是否有效,如检查 e_indent[0..3]、类型、架构、程序入口以及是否有程序头表。

之后,使用循环不断读取程序头表中的各个表项,检查表项是否为 PT_LOAD 型且地址在 0x80000000 以上。一旦检查通过,则调用 load_phdr() 加载该表项对应的段到内存。为了能比较简单地获取堆的起始地址,在每次循环结束前,将当前段的末端地址保存到 task->heap_start。这样一来,当退出循环时,task->heap_start 将指向堆的起始位置。

最后,关闭文件,返回程序的入口地址。

3. 加载段

在将段从文件复制到内存时,会有点麻烦。由于 shell 的进程地址空间并未启用,这就使得无法直接进行复制。例如,在 first 中对 0x80000000 进行写入时,实际是向 first 自己的地址空间进行写入,并且由于该地址并未存在有效的虚拟内存页,写入时将导致异常。

为解决该问题,这里采用了一个小的处理技巧,该技巧的工作原理如图 14.11 所示。

假设某个段(如 .text)正好占用 4 个页大小,需要将其从文件中复制到 shell 进程的 0x80000000 处。在复制之前,可以预先在 shell 进程地址空间的 0x80000000 处分配 4 页虚拟内存。对于这 4 页内存,我们无法直接在 first 中写,因为这些虚拟页对于 first 而言并不存在。

不过,我们可以先将这些虚拟页对应的物理页地址取出来。由于在进程创建时,使用了 memory_create_map(pgdir,0,0,memory_size * 1024 / MEM_PAGE_SIZE,PTE_W) 创建恒等映射,使得物理地址等于虚拟地址;这就导致在 first 的进程地址空间中,存在相同地址的虚拟页与这些物理页恒等映射。这样一来,向 shell 进程地址空间中的这些虚拟页进行写入将变得非常简单:只需要获取这些虚拟页的物理地址,再将该物理地址当作

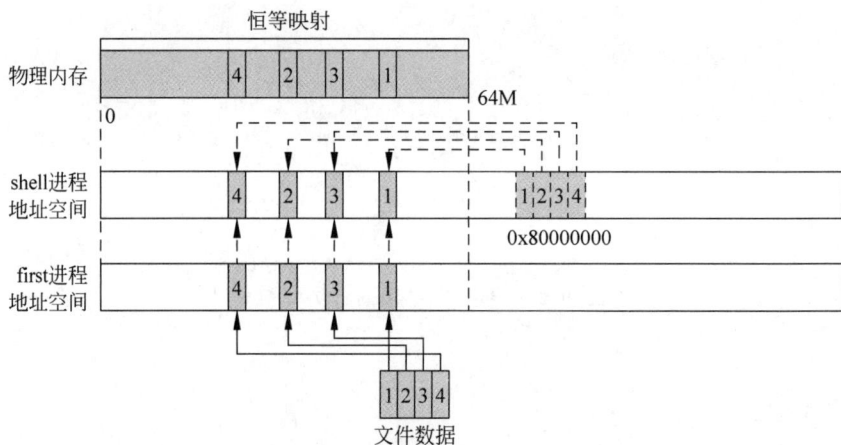

图 14.11　复制文件内容

first 中的虚拟页地址,将文件数据写入这些虚拟页即可。

借助该技巧,可以实现段的加载。该项工作由 load_phdr()完成,其实现如程序清单 14.13 所示。

程序清单 14.13　c12.02\project\kernel\core\task.c

```
369: static int load_phdr(int file, Elf32_Phdr * phdr, uint32_t page_dir) {
370:     // 调整当前的读写位置
371:     if (sys_lseek(file, phdr->p_offset, 0) < 0) {
372:         log_printf("read file failed");
373:         return -1;
374:     }
375:
376:     uint32_t vaddr = phdr->p_vaddr;
377:     uint32_t size = phdr->p_filesz;
378:     uint32_t paddr = 0;
379:     while (size > 0) {
380:         // 如果当前虚拟页无效,则分配一页地址
381:         paddr = memory_get_paddr(page_dir, vaddr);
382:         if (paddr == 0) {
383:             // 分配空间
384:             int err = memory_alloc_for(page_dir, vaddr, MEM_PAGE_SIZE, PTE_P | PTE_
U | PTE_W);
385:             if (err < 0) {
386:                 log_printf("no memory");
387:                 return -1;
388:             }
389:             paddr = memory_get_paddr(page_dir, vaddr);
390:         }
391:
392:         // 计算当前页的字节量
393:         uint32_t curr_size = size;
394:         int more_size = paddr + curr_size - up2(paddr + 1, MEM_PAGE_SIZE);
395:         if (more_size > 0) {
396:             // 如果当前写入的量太多,超出了当前页大小,则减掉多出的数量
397:             curr_size -= more_size;
```

```
398:            }
399:
400:        // 注意,这里用的页表仍然是当前的
401:        if (sys_read(file, (char *)paddr, curr_size) <  curr_size) {
402:            log_printf("read file failed");
403:            return - 1;
404:        }
405:
406:        size -= curr_size;
407:        vaddr += curr_size;
408:    }
409:
410:    // 清除 bss 区域: vaddr ~ memsiz - filesize
411:    if (phdr - > p_memsz > phdr - > p_filesz) {
412:        // 计算 vaddr 到当前页末端有多少空间
413:        uint32_t page_bytes = vaddr % MEM_PAGE_SIZE;
414:        if (page_bytes) {
415:            page_bytes = MEM_PAGE_SIZE - page_bytes;
416:        }
417:
418:        vaddr = up2(vaddr, MEM_PAGE_SIZE);        // 向上对齐到下一页起始
419:        size = phdr - > p_memsz - phdr - > p_filesz - page_bytes;  // 需要清 0 的字节量
420:        int err = memory_alloc_for(page_dir, vaddr, size, PTE_P | PTE_U | PTE_W);
421:        if (err < 0) {
422:            log_printf("no memory");
423:            return - 1;
424:        }
425:    }
426:    return 0;
427: }
```

该函数主要完成了三项功能:定位读取位置、复制段数据、清 0 内存。其中,在实现后两项功能时,需要考虑起始地址和末端地址非页边界对齐的问题。

例如,对于 shell.elf 程序头表的第 01 项,其内存分布如图 14.12 所示。该区域横跨两个虚拟页,起始地址和结束地址均为非页边界对齐。其中,前 0x6 字节需要从文件中复制数据;后 0x100E 字节,需要清 0。由于地址非页边界对齐,load_phdr()中采用的加载算法略复杂。

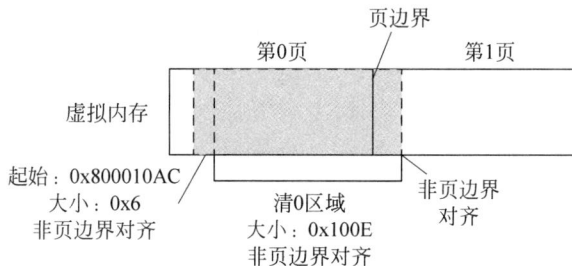

图 14.12 ELF 区域非对齐情况

在 load_phdr()中,首先使用 sys_lseek()调整读写位置,使其指向段在文件的 p_offset 处。

接下来,通过循环遍历所占用的各个虚拟页,将文件数据复制至其中。具体而言,在每次循环中,首先使用 memory_get_paddr()获取物理地址。如果发现页不存在,则分配页。

在往虚拟页中写入数据之前,先计算需要写入的字节量 curr_size,以避免写到当前虚拟页之外。具体的计算方法为:通过 paddr + curr_size 计算出末端地址,再减掉当前虚拟页的 up2(paddr + 1, MEM_PAGE_SIZE)末端地址,从而得出超出多少字节并存放到 more_size 中。如果有超出,则将写入的字节量减去 more_size。在计算完成后,使用 sys_read()将数据读取到当前虚拟页。

在循环结束之后,可能还需要对虚拟内存进行清 0。清 0 操作的实现可以采用更为简单的方法,该方法将在下一节中介绍。为了简化起见,这里仅提前分配虚拟内存。

在分配虚拟内存时,需要先计算应当分配多大的空间,计算方法为:先计算当前地址 vaddr 所在的页中还有多少剩余空间,并保存到 page_bytes。由于这部分空间已经在上一步的文件数据复制时分配了内存,因此,这块空间需要扣除掉。之后,就可以通过 phdr-> p_memsz-phdr-> p_filesz-page_bytes 计算还需要分配多大的空间。

在计算完成后,使用 memory_alloc_for()分配虚拟页。

4. 对 .bss 区清 0

.bss 的清 0 操作,可由进程自行完成。由于 GCC 链接器引入了 __bss_start 和 _end 符号,因此,我们可以使用这些符号来获取 .bss 区的起始地址和结束地址,从而实现对该区域的清 0。对 bss 进行清 0 实现代码如程序清单 14.14 所示。

程序清单 14.14　c12.02\project\shell\start_c. c

```
 9: extern char __bss_start[], _end[];
10:
14: void cstart (void) {
15:     // 清空 bss 区
16:     char * start = __bss_start;
17:     while (start < _end) {
18:         * start++ = 0;
19:     }
20:
21:     main();
22:     for (;;) {}
23: }
```

在上述代码中,使用 extern char __bss_start[],_end[]将这两个符号引入到程序中。也就是说,.bss 区被看作是 char 型数组,通过 __bss_start 和 _end 可以分别获得该数组的起始地址和结束地址。这样一来,就可以使用循环对该区域进行清 0。

注:虽然在代码中并没有定义 __bss_start 和 _end,但是,GCC 支持使用 extern 来引用由链接器自动引入的符号。

14.2.4　运行效果

在完成上述所有代码的编写之后,修改 kernel_start()的实现,在其中加入对 task_shell_create()的调用,修改结果如程序清单 14.15 所示。

程序清单 14.15　c12.02\project\kernel\init.c

```
19: void kernel_start (void) {
        .... 省略 ......
33:     task_shell_create();
        .... 省略 ......
38: }
```

由于 shell 并不像 first 那样位于操作系统内部,这导致其无法调用 log_printf()打印日志信息,进而使得我们无法直观地查看 shell 是否运行。不过,我们可以对 shell 工程进行调试,从而观察其执行流程。为了实现对 shell 工程的调试,需要修改工程配置,修改方法如程序清单 14.16 所示。

程序清单 14.16　c12\c12.02\.vscode\launch.json

```
 1: {
 2:     "version": "0.2.0",
 3:     "configurations": [
 4:         {
             .... 省略 ......
19:         "postRemoteConnectCommands": [
20:             // 以下是调试应用程序时使用的配置项
21:             {
22:                 "text": "add – symbol – file ./build/project/shell/shell.elf 0x80000000",
23:                 "ignoreFailures": false
24:             },
             .... 省略 ......
31:         ],
32:         }
33:     ]
34: }
```

在 launch.json 配置文件中,加入了配置项 add-symbol-file ./build/project/shell/shell.elf 0x80000000。该语句用于告诉 GDB 调试器导入 shell.elf 中的调试信息,并且 shell 运行在地址 0x80000000 处。GDB 在获知这些信息之后,就可以使得 VSCode 支持调试 shell 的所有代码。

注意:由于 workspace/shell.elf 并不包含调试信息,因此,不能使用该文件,而是需要使用带调试信息的./build/project/shell/shell.elf。实际上,前者由后者通过 objcopy 去掉调试信息后生成,目的是获得一个体积更小的文件。

启动工程调试,qemu-debug-xxx.xx 脚本会自动将 shell.elf 复制至 disk.vhd 中的 FAT 分区。在操作系统初始完成后,shell.elf 被加载到内存执行。我们可以在 shell 工程中设置断点,观察 shell 是否会在该断点处停下来。如果一切顺利,可以看到如图 14.13 的运行效果。

如果发现 shell 没能成功运行,而是进入某种异常,则需要根据系统运行日志分析问题发生的原因。通常情况下,shell 加载失败的原因有:disk.vhd 中没有 shell.elf,shell.elf 没有被成功加载到内存中,TSS 结构中的某些字段有问题。

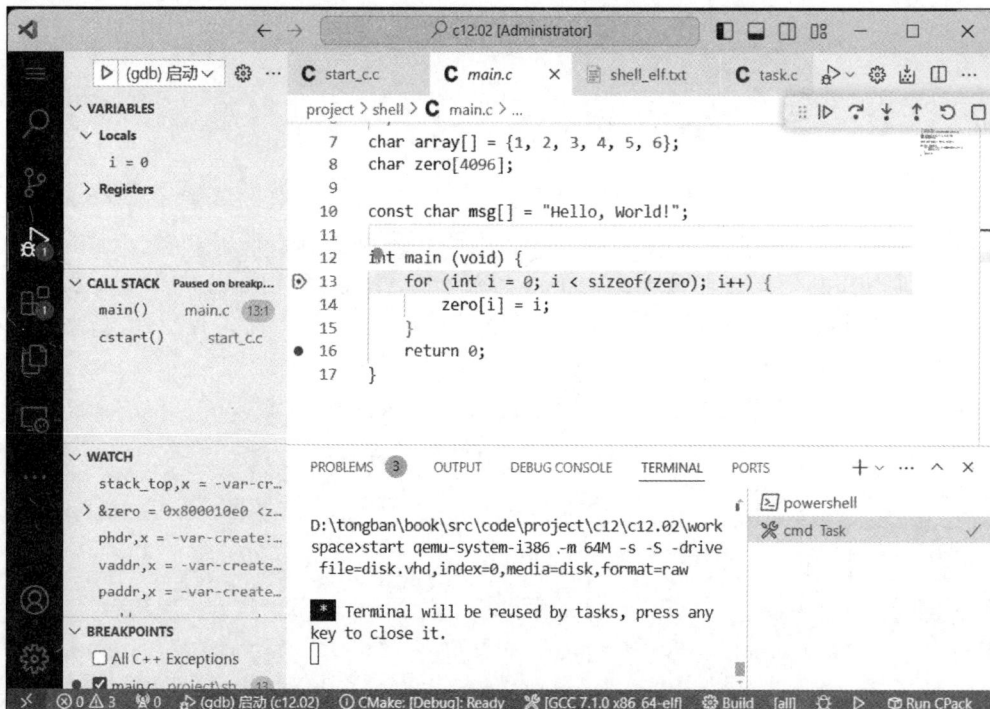

图 14.13　shell 运行效果

14.3　向进程传递参数

在某些情况下,可能希望向进程传递参数,使得进程可以根据参数值的不同采取不同的动作。例如,在 Linux 的命令行中,向 ls 命令传递-la 参数(即 ls -la 命令),可使得 ls 将当前目录下的所有文件以列表的方式显示。

同样地,我们可以向 shell 传递参数,从而告诉其使用哪个 tty 来打印信息。例如,可以将/dev/tty0 字符串传给 shell,使得其使用 tty0。

14.3.1　参数传递原理

向进程传递参数的原理及其实现较为复杂。为了更好地理解其实现机制,我们需要先了解如何在程序中取出参数。

1. 参数获取过程

如果要获取运行参数,首先需要修改 main 函数的原型,变成 int main (int argc,char ** argv)。该函数有两个参数:argc 存放参数的个数,argv 存放参数数组的地址。通过遍历 argv 指向的数组,便可以获得各参数的地址。在 shell 中,获取各个参数的示例如程序清单 14.17 所示。

程序清单 14.17　c12.03\project\shell\main. c

```
12: int main (int argc, char ** argv) {
        ....省略......
```

```
16:     char * arg0 = argv[0];                // 值为 shell.elf
17:     char * arg1 = argv[1];                // 值为/dev/tty0
        ……省略……
19: }
```

对于 argc 和 argv 这两个参数的含义,可以借助图 14.14 来进一步理解。可以看到,所有参数均为字符串。由于无法将字符串直接传递给 main(),因此,使用了字符串指针数组,再将该指针数组的地址通过 argv 传递给 main()。在所有参数中,argv[0]较为特殊,其指向应用程序的名称(shell.elf 字符串)。

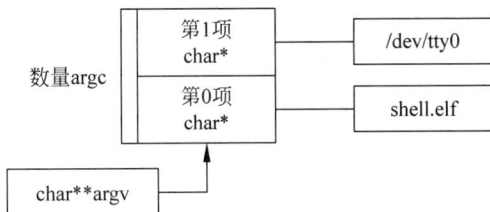

图 14.14 main 的参数含义

那么,操作系统应当如何将这些参数传递给 main()? 由于 main()被 cstart()调用,因此,需要先通过某种方式向 cstart()传递参数。这里对 cstart()的函数进行修改,修改方法如程序清单 14.18 所示。

程序清单 14.18 c12.03\project\shell\start_c.c

```
14: void cstart (int argc, char ** argv) {
        ……省略……
21:     main(argc, argv);
23: }
```

经过上述修改,问题就变成了如何向 cstart()传入参数? 由于 cstart()是在 start.S 中通过 call cstart 调用进入,那么,只需要在执行 call cstart 指令前,按照函数调用的要求准备好参数即可。

2. 参数传递原理

向 cstart()传递参数的原理,与向异常处理程序 do_handler_xxx()传递参数的原理相同,均通过栈进行,只不过 cstart()的参数为 2 个。

根据 C 函数的参数传递规则,在函数调用前,需要将参数按照从右向左的顺序依次压栈,每次压入 32 位数据。因此,为了向 cstart()传递参数,需要在 call cstart 执行前将相关参数压栈。经过压栈后,栈空间的内容如图 14.15 所示。

如图 14.15 所示,在 call start 执行前,需要在栈中准备好 argv 和 argc 这两个参数。其中,argc 被设置为 2(2 个参数),argv 指向参数字符串指针数组。指针数组以及参数字符串都可以放在栈中,同时将参数字符串的地址写入至指针数组中相应的位置。需要注意的是,根据 C 语言标准库的要求,argv 的最后一个元素需要设置为 0 值,以表示该指针数组结束。

通过上述配置,栈中就已经准备好了所有的内容。接下来,就只需要在 cstart()执行前,配置寄存器 esp 指向 argc 所在的位置即可。

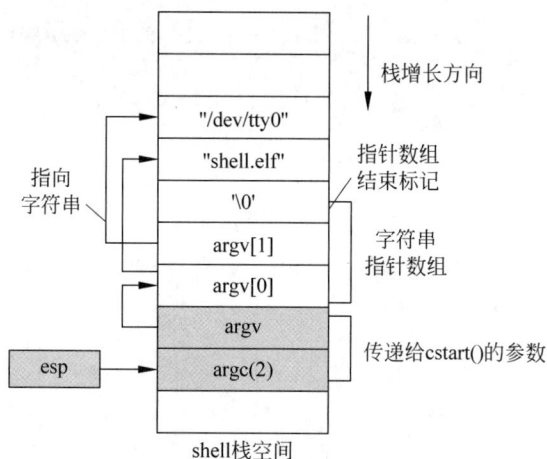

图 14.15   通过栈传递运行参数

14.3.2　参数传递实现

接下来,我们将根据参数传递原理,依次完成两项工作:预留参数空间,写入参数值。

1. 预留参数空间

由于参数字符串、字符串指针数组、argc 和 argv 均需要存储在栈中,因此,我们需要在加载 shell 时,调整栈顶指针 stack_top,将其下移 MEM_TASK_ARG_SIZE 字节,从而预留出一部分空间。该调整操作的实现如程序清单 14.19 所示。其中,MEM_TASK_ARG_SIZE 值为 4096 字节,该大小对参数传递来说是完全够用的。

程序清单 14.19   c12.03\project\kernel\core\task.c

```
557: void task_shell_create (void) {
558:     for ( int i = 0 ; i < 1; i++) {              // 暂时改用一个: TTY_COUNT
          ...... 省略 ......
573:         // 准备用户栈空间,预留环境及参数的空间
574:         uint32_t stack_top = MEM_TASK_STACK_TOP - MEM_TASK_ARG_SIZE;
          ...... 省略 ......
583:         char tty_num[] = "/dev/tty?";
584:         tty_num[sizeof(tty_num) - 2] = i + '0';
585:         char * argv[] = {"shell.elf", tty_num, (char *)0};
586:
587:         // 复制参数,写入到栈顶的后边
588:         err = copy_task_args((char *) stack_top, shell_task -> tss.cr3, sizeof
             (argv)/sizeof(argv[0]), argv);
          ...... 省略 ......
598:     }
          ...... 省略 ......
603: }
```

在预留参数空间之后,为便于将参数传给 shell,构造了 argv 指针数组。该数组依次存储了 shell.elf、/dev/tty0 字符串的地址。之后,将该数组传递给 copy_task_args(),由其将参数写入栈中。

2. 写入参数值

copy_task_args()的主要功能是将当前进程地址空间中的 argc 和 argv 参数,写入至另

一进程地址空间 to_pgdir 中的 to_addr 地址处。换言之，这个函数在两个不同的进程地址空间中进行数据复制。该函数的实现如程序清单 14.20 所示。

程序清单 14.20　　c12.03\project\kernel\core\task.c

```
516: static int copy_task_args (char * to_addr, uint32_t to_pgdir, int argc, char ** argv) {
518:        task_args_t task_args;
519:        task_args.argc = argc;
520:        task_args.argv = (char **)(to_addr + sizeof(task_args_t));
521:
522:        // 复制各项参数，跳过 task_args 和参数表
523:        // 各 argv 参数写入的内存空间
524:        char * dest_arg = to_addr + sizeof(task_args_t) + sizeof(char *) * (argc + 1);
            // 留出结束符
525:
526:        // argv 表
527:        char ** dest_argv_tb = (char **)memory_get_paddr(to_pgdir, (uint32_t)(to_addr +
            sizeof(task_args_t)));
528:        ASSERT(dest_argv_tb != 0);
529:
530:        for (int i = 0; i < argc; i++) {
531:            char * from = argv[i];
532:
533:            // 不能用 kernel_strcpy，因为 to 和 argv 不在一个页表里
534:            int len = kernel_strlen(from) + 1;     // 包含结束符
535:            int err = memory_copy_vm((uint32_t)dest_arg, to_pgdir, (uint32_t)from, len);
536:            ASSERT(err >= 0);
537:
538:            // 关联 arg
539:            dest_argv_tb[i] = dest_arg;
540:
541:            // 记录下位置后，复制的位置前移
542:            dest_arg += len;
543:        }
544:
545:        // 写入结束符
546:        if (argc) {
547:            dest_argv_tb[argc] = (char *)0;
548:        }
549:
550:         // 写入 task_args
551:        return memory_copy_vm((uint32_t)to_addr, to_pgdir, (uint32_t)&task_args, sizeof
            (task_args_t));
552: }
```

为便于理解上述过程，我们可以借助图 14.16 来分析。其中，to_addr 指向参数写入的起始位置，dest_argv_tb 指向指针数组，dest_arg 指向参数字符串存储的起始位置。

在函数的开始，构建了 task_args_t 结构体变量 task_args，并初始化 argc 和 argv 字段值；接下来，计算 dest_arg 和 dest_argv_tb 的起始地址；之后，调用 memory_copy_vm() 将所有参数从 first 的 argv 复制到 shell 中的 dest_arg；与此同时，更新 dest_argv_tbl 的表项值，使其指向相应的字符串；最后，将 task_args 复制至 to_addr。通过这个过程，实现了在 shell 的栈空间中准备参数的工作。

值得注意的是，在复制 dest_arg 和 task_args 时，并没有采用 kernel_strncpy() 等复制函数；并且，在写 dest_argv_tb 表项时，先调用了 memory_get_paddr() 获取写入地址。之

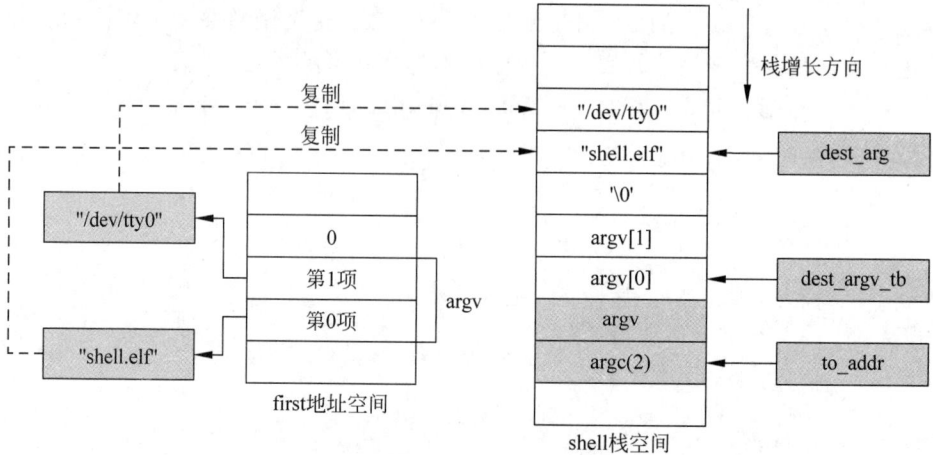

图 14.16　参数写入过程分析

所以出现这些现象,是因为我们在向另一个进程地址空间中写入数据。

3. 不同地址空间数据拷贝

与 load_phdr() 面临的问题类似,我们无法在两个不同的进程地址空间中直接进行数据的复制。例如,当进程 A 正在运行时,需要将/dev/tty0 字符串复制给进程 B 的 0x80001000 地址处;此时,往 0x80001000 写入实际上是写进程 A 自己的地址空间。当进程 B 运行时,由于 0x80001000 处的页映射到了不同的物理页,导致该位置并没有/dev/tty0 字符串。进程 A 向 0x80001000 复制数据如图 14.17 所示。

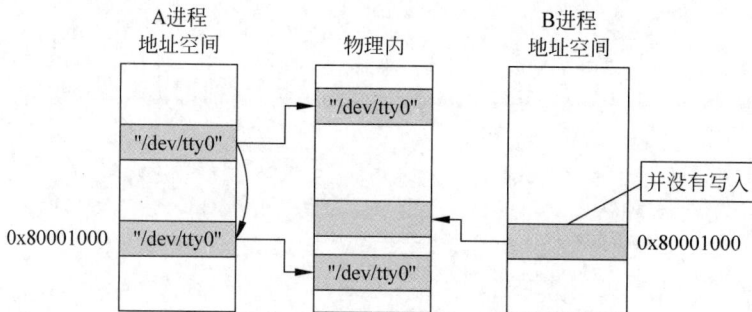

图 14.17　进程 A 向 0x80001000 复制数据

因此,这里参考了 load_phdr() 的实现方法。在写 dest_argv_tb 表项时,利用恒等映射机制,首先调用 memory_get_paddr() 获得表项在 first 中的虚拟地址;之后,才能使用 dest_argv_tb[i] = dest_arg 语句进行写入。

而针对数据复制工作,实现了专门的复制函数 memory_copy_vm(),其实现如程序清单 14.21 所示。该函数用于将当前进程中起始地址为 from_vaddr、大小为 bytes 的数据块,复制至目标进程地址空间 to_pgdir 中地址为 to_vaddr 的位置处。

程序清单 14.21　c12.03\project\kernel\core\memory.c

```
155: int memory_copy_vm(uint32_t to_vaddr, uint32_t to_pgdir, uint32_t from_vaddr, uint32_t
     bytes) {
156:     char * buf, * pa0;
157:
```

```
158:        while(bytes > 0){
159:            // 获取目标的物理地址，也即其另一个虚拟地址
160:            uint32_t to_paddr = memory_get_paddr(to_pgdir, to_vaddr);
161:            if (to_paddr == 0) {
162:                return - 1;
163:            }
164:
165:            // 计算当前可复制的大小
166:            uint32_t offset_in_page = to_paddr & (MEM_PAGE_SIZE - 1);
167:            uint32_t curr_size = MEM_PAGE_SIZE - offset_in_page;
168:            if (curr_size > bytes) {
169:                curr_size = bytes;        // 如果比较大,超过页边界,则只复制此页内的
170:            }
171:
172:            kernel_memcpy((void *)to_paddr, (void *)from_vaddr, curr_size);
173:
174:            bytes -= curr_size;
175:            to_vaddr += curr_size;
176:            from_vaddr += curr_size;
177:        }
178:
179:        return 0;
180: }
```

在函数内部的循环中,首先获取目的虚拟地址 to_vaddr 在当前进程地址空间中的虚拟地址 to_paddr (由于恒等映射的存在,该地址可作为虚拟地址使用);之后,计算从 to_vaddr 开始到所在的页末尾有多少字节可以复制;最后,调用 kernel_memcpy() 进行复制。

14.3.3 运行效果

在完成上述所有代码的编写之后,启动工程调试。当运行到 shell 的 main() 函数时,可以将 argc、arg0 和 arg1 加入到 VSCode 的 WATCH(观察)窗口中。可以看到,这三个变量的值分别为 2、shell.elf 和/dev/tty0,具体显示效果如图 14.18 所示。

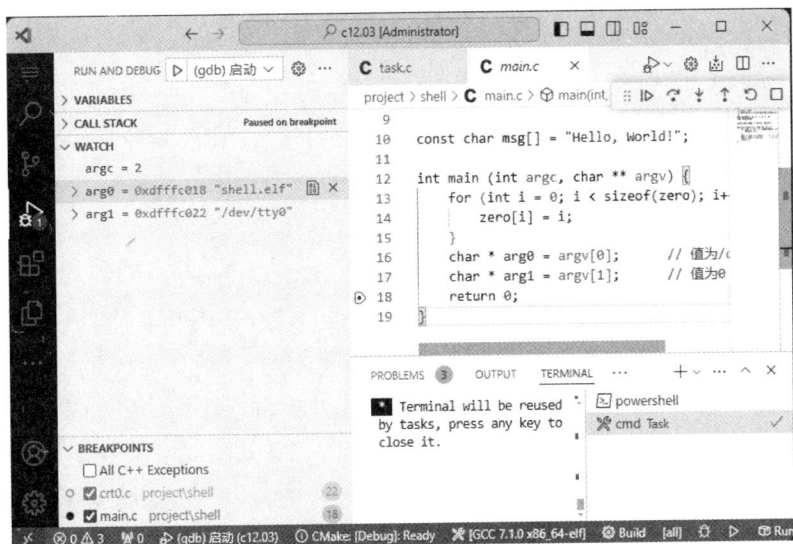

图 14.18 参数传递效果

14.4　本章小结

本章主要介绍如何从硬盘上加载 shell. elf 文件到内存中执行。

为了增加系统的灵活性,需要单独为 shell 创建工程,并在工程中包含汇编代码和 C 源代码,同时引入 C 语言标准库。当构建该工程时,将生成 ELF 格式的可执行程序。这种格式的文件可被操作系统解析并加载至内存中执行。

在加载程序时,操作系统需要为进程的运行创建地址空间,将可执行文件中的数据复制至进程的地址空间。为了在进程执行前将参数传递给进程,需要将参数预先写入栈中。

实际上,本章实现的相关代码,也可以用于其他应用程序的加载。

第15章

实现系统调用

虽然 shell 可以被加载至内存执行,但是,它无法调用操作系统内部的函数。例如,shell 无法调用 sys_msleep() 来实现睡眠。为了解决该问题,操作系统需要向 shell 提供系统调用接口。通过该接口,shell 可以请求操作系统完成一些自己无法完成的功能。

具体而言,本章将依次介绍这些内容:首先,介绍系统调用的概念及其作用;其次,分析系统调用的实现原理;最后,实现系统调用。在完成这些工作之后,shell 就可以通过系统调用完成睡眠等操作。

15.1 基本概念

15.1.1 系统调用

在操作系统启动时,我们利用了 BIOS 中断来获取物理内存的容量以及读取硬盘。BIOS 是固化在主板上的程序,在计算机上电后,该程序代码被映射到地址 0xC0000 处。我们并不需要知道是 BIOS 中哪一个地址处的代码如何完成这些功能,只需要在寄存器中填好参数并执行 int 指令即可。通过传入不同的参数以及在执行 int 指令时指定不同的值(如 int 0x13、int 0x15),可以请求 BIOS 完成不同的功能。

系统调用也实现了类似的机制,其工作方式如图 15.1 所示。当应用程序需要睡眠时,可以通过系统调用向操作系统发起请求,请求操作系统调用 sys_msleep(),无须了解睡眠是如何实现的。

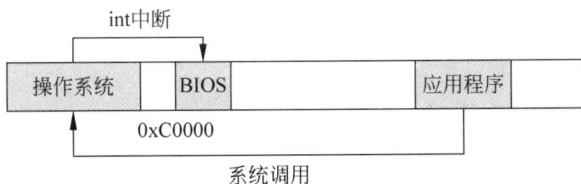

图 15.1　BIOS 中断与系统调用

由此可见,系统调用是操作系统向应用程序提供的一种交互方式,它允许应用程序请求操作系统完成某些功能。通过系统调用,应用程序只需要专心完成与应用相关的工作,无须了解底层的实现细节,从而简化应用程序的实现。

15.1.2　用户态与内核态

实际上,系统调用不仅能简化应用程序的实现,还能够避免应用程序直接访问操作系统的代码和数据等。在整个系统运行期间,程序的运行分为两种不同的模式:用户态和内核态。这两种工作模式分别介绍如下。

- 用户态:低权限,用于运行应用程序。在该模式下,程序无法直接访问硬件设备或操作系统的核心数据,无法执行某些特殊的系统指令。
- 内核态:高权限,用于运行操作系统。在该模式下,程序拥有对硬件设备的完全访问权限,可执行所有指令。

通过工作模式的划分,可以使得对于硬件设备的访问、特殊系统指令(如 cli 指令)的执行以及操作系统代码或数据的访问等操作,只能由操作系统而非应用程序来完成。为了更好地理解这一点,可以借助图 15.2 来分析。

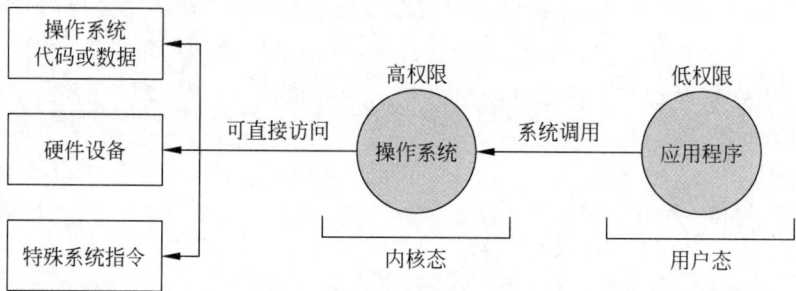

图 15.2　用户态与内核态

从图 15.2 可知,运行在用户态中的应用程序权限较低。当需要执行某些需要高权限才能完成的操作时,可通过系统调用向操作系统发起请求。操作系统在接收到该请求之后,由于其工作在内核态,有足够的权限完成请求的操作。

通过这种方式,应用程序无法执行非法操作。操作系统可以对应用程序的系统调用请求进行检查,仅完成合理且安全的操作请求。

15.2　特权级设置

为了让应用程序与操作系统运行在不同的特权下,需要借助 CPU 的硬件级支持。x86 实现了较为复杂的权限处理机制,本章仅使用其中一部分机制来实现所需的功能。接下来,将介绍这些机制是如何工作的。

15.2.1　特权级划分

我们已经知道,CPU 共支持 4 种特权级:特权级 0、1、2、3。本书仅使用特权级 0 和特权级 3,分别用于运行操作系统和应用程序。这种特权级分配方式如图 15.3 所示。在用户态,使用低权限的特权级3;而在内核态,使用高权限的特权级0。

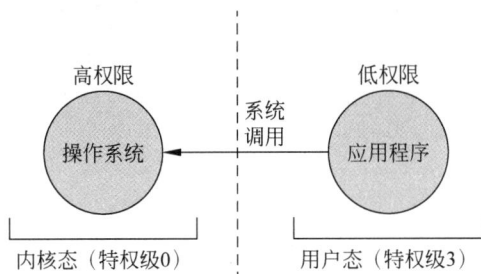

图15.3　特权级划分

通过这样的配置,可限制应用程序执行某些特殊的操作,而操作系统则不受任何限制。

15.2.2　特权级机制

1. 三种不同的特权级

当操作系统配置CPU进入保护模式后,特权级机制便开始发挥作用。具体而言,有3个地方会影响到处理器对特权级检查的处理。

(1) CPL(Current Privilege Level):即当前正在运行的程序的特权级,该值保存在CS和SS的第0位和第1位。通常情况下,CPL等于CPU取址地址所在代码段的特权级(DPL)。当程序控制转移到不同特权级的代码段运行时(如系统调用),CPL将会发生改变。

(2) DPL(Descriptor Privilege Level):即一个段或者门的特权级,它存储在段或者门描述符中的DPL字段中。根据当前访问的段或门类型的不同,DPL的含义也有所不同。

① 数据段:指示能够被允许访问该段的任务或程序应具有的最大特权级别数值。例如,如果数据段的DPL为1,那么,只有在CPL为0或1的程序才能访问该段。

② 非一致性代码段(不使用调用门):指示了访问该段的程序或任务必须具有的特权级。例如,如果非一致性代码段的DPL是0,那么,只有CPL为0的程序才能访问该段。

③ 一致性代码段和通过调用门访问的非一致性代码段:指示了允许访问该段的程序或任务所具有的数值上最低的特权级别。例如,一致性代码段的DPL是2,那么,CPL为0或1的程序不能访问该段。

④ 任务状态段:与数据段的访问规则相同。

(3) RPL(Requested Privilege Level):RPL是分配给段选择子的一个覆盖特权级别。它存储在段选择子的第0位和第1位。处理器会结合CPL一起检查RPL,以确定是否允许对一个段进行访问。即使请求访问一个段的程序或任务具有足够的特权来访问该段,但如果RPL没有足够的特权级别,访问也会被拒绝。也就是说,如果一个段选择子的RPL在数值上大于CPL,那么RPL会覆盖CPL,反之亦然。

从上述内容可知,当应用程序运行时,将CPL设置为3,便可以让其运行在特权级3;而当操作系统运行时,将CPL设置为0,便可以让其运行在特权级0。如果我们想限制应用程序对某个数据段或中断门的访问,则可以调整DPL的值。至于RPL,本书做了简化处理,具体在后面内容中介绍。

2. 访问数据段时的权限检查

当访问数据段时,数据段的选择子必须被加载到数据段寄存器(DS、ES 等)或者栈段寄存器(SS)中。在加载之前,CPU 会通过比较当前正在运行的程序或任务的 CPL、RPL 以及 DPL 来进行特权检查,该检查机制如图 15.4 所示。

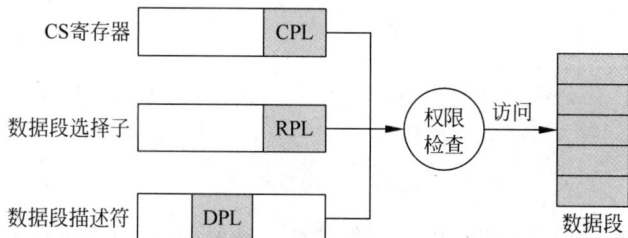

图 15.4　数据段访问时的特权级检查

如果 DPL 在数值上大于或等于 CPL 和 RPL(即权限足够),处理器就会将段选择子加载到段寄存器中,从而允许访问该数据段;否则,会产生一个通用保护异常(♯GP)。

3. 访问代码段时的权限检查

当程序控制从一个代码段转移到另一个代码段,目标代码段的段选择子必须被加载到代码段寄存器 CS 中。在加载时,处理器会检查目标代码段的段描述符,如界限、类型和特权级。如果检查通过,选择子将被加载至 CS 寄存器,程序控制被转移到新的代码段,且程序开始执行 EIP 寄存器指向的指令。具体而言,处理器会检查四种特权级别和类型信息(见图 15.5)。

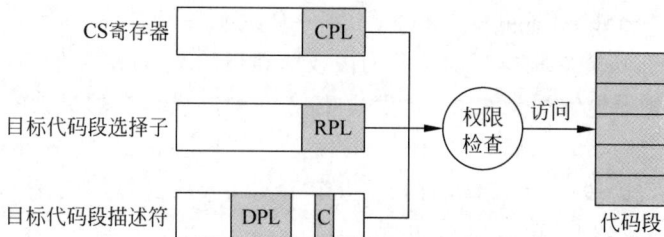

图 15.5　代码段切换时的特权级检查

- CPL:调用代码段的特权级,即包含进行调用过程的代码段。
- DPL:被调用过程所在的目标代码段的特权级。
- RPL:访问目标代码段的 RPL。
- C:用于确定该段是一致性代码段还是非一致性代码段。

当访问非一致性代码段时,调用过程的 CPL 必须等于目标代码段的 DPL;否则,处理器会产生一个通用保护异常(♯GP)。此时,RPL 对特权检查的影响有限。为了成功进行控制转移,RPL 在数值上必须小于或等于调用过程的 CPL。当非一致性代码段的段选择子被加载到代码段寄存器 CS 中时,特权级别字段不会改变,仍然保持在 CPL(即调用过程的特权级别)。即使段选择子的 RPL 与 CPL 不同,情况也是如此。

而当访问一致性代码段时,调用过程的 CPL 在数值上可以等于或大于(特权较低)目标代码段的 DPL;只有当 CPL 小于 DPL 时,处理器才会产生一个通用保护异常(♯GP)。(如果段是一致性代码段,则不检查目标代码段的段选择子的 RPL。)当程序控制转移到一致性代码段时,CPL 不会改变,即使目标代码段的 DPL 小于 CPL。这种情况是 CPL 可能与当前代码段的 DPL 不同的唯一情况。此外,由于 CPL 不改变,所以不会发生栈切换。

大多数代码段都是非一致性的。对于这些段,程序控制只能转移到具有相同特权级别的代码段,除非使用调用门等机制。

4. 通过中断门访问代码段

如果访问 IDT 中的中断门,CPU 将对 CPL、中断门描述符的 DPL、异常处理程序所在代码段描述符的 DPL 和 C 标志进行权限检查,以确定控制转移的有效性。该检查机制如图 15.6 所示。

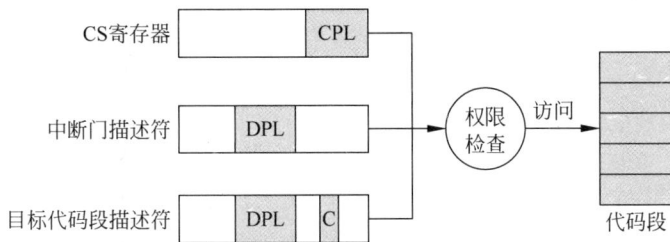

图 15.6 访问中断门时的特权级检查

由于中断或异常向量没有 RPL,因此,RPL 不被检查。

当使用 int n、int 3 或 into 等指令产生异常或中断时,处理器会检查 DPL。此时,CPL 必须小于或等于中断门的 DPL。该限制可防止在特权级别 3 下运行的应用程序或过程使用软件中断来访问关键的异常处理程序,例如页错误处理程序。而对于硬件产生的中断和处理器检测到的异常,处理器将忽略 DPL。

由于异常和中断通常不会在可预测的时间发生,所以这些特权级规则有效地对异常和中断处理程序能够运行的特权级别施加了限制。我们可以使用以下两种技术中的任意一种来避免特权级别违规。

(1) 异常或中断处理程序可以放置在一致性代码段中。这种技术可用于那些只需要访问栈上可用数据的处理程序(例如,除法错误异常)。如果处理程序需要来自数据段的数据,那么,该数据段需要从特权级别 3 访问,这将使其不受保护。

(2) 处理程序可以放置在特权级别为 0 的非一致性代码段中。这个处理程序将始终执行,不受被中断程序或任务的 CPL 影响。

15.2.3 特权级配置

虽然前面有关特权级的内容较为复杂,不过,好在出于简化实现的目的,本书仅使用了其中一小部分的功能。利用这种特权级机制,整个系统的特权级配置如图 15.7 所示。

由于采用了平坦模型,程序通过代码段或数据段均可访问整个内存空间。也就是说,我们仅仅借助分段机制让不同程序运行在不同的特权级下,并不用于实现存储访问的保护。

对于图 15.7 中的各项配置,我们已经在 project/kernel/start.S 等文件中通过代码完成。接下来,将结合图 15.7 详细介绍各项配置的功能。

1. 系统初始配置

在进入保护模式时,gdt_table 中配置了 4 个段描述符:DPL 等于 0 的代码段描述符和

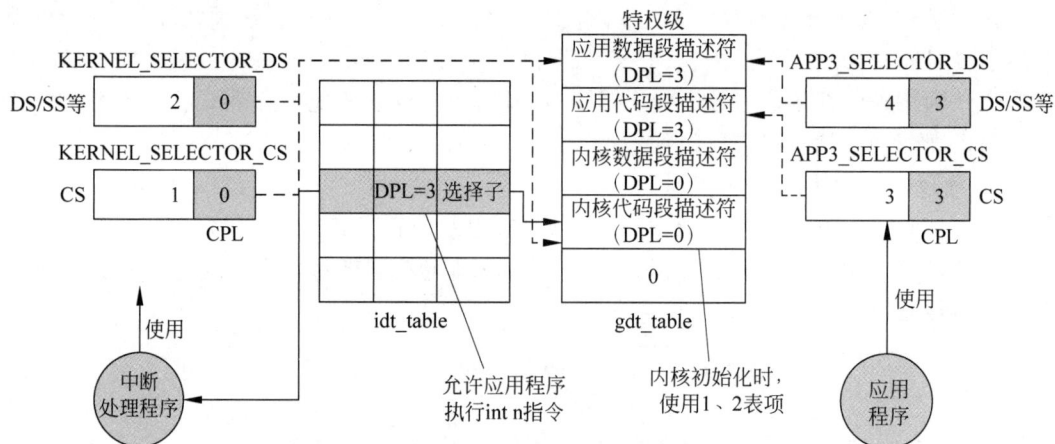

图 15.7　系统的特权级配置

数据段描述符,给操作系统使用;DPL 等于 3 的代码段描述符和数据段描述符,给应用程序使用。选择子 KERNEL_SELECTOR_CS 和 KERNEL_SELECTOR_DS 分别被加载到 CS 和 DS 等段寄存器。由于 CPL 等于 0,操作系统运行在特权级 0,即程序进入到内核态。

2. 创建进程时的配置

在创建进程时,对于 shell 等非系统进程,tss_init()将 TSS 中的代码段选择子设置为 APP3_SELECTOR_CS,数据段选择子设置为 APP3_SELECTOR_DS。当进程运行时,CPU 自动从 TSS 中加载这两个选择子到 CS、DS 等段寄存器中。此时,由于 CPL 等于 3,进程运行在特权级 3,即程序进入到用户态。

而对于 first 等系统进程,TSS 中的代码段选择子和数据段选择子分别被设置为 KERNEL_SELECTOR_CS 和 KERNEL_SELECTOR_DS。由于 CPL 等于 0,进程运行在特权级 0,即程序进入到内核态(注意,图 15.7 并未画出系统进程的配置)。

3. 中断配置

当中断发生时,CPU 从 idt_table 中取出选择子加载到 CS 寄存器,因此,段描述符中的选择子应当配置为 KERNEL_SELECTOR_CS(由 irq_install()完成),从而使得中断处理程序运行在特权级 0(CPL 等于 0),即进入内核态执行。而对于 DS 等寄存器,可以继续使用原值,如 APP3_SELECTOR_DS。根据特权级规则,中断处理程序可以使用 APP3_SELECTOR_DS 对数据段进行访问。

在某些情况下,运行在用户态的应用程序想要通过 int n 指令来触发软中断(用于实现系统调用,后面介绍)。根据特权级规则(CPL 必须小于或等于中断门的 DPL),需要将相应中断门描述符的 DPL 修改为 3。

15.2.4　保护机制

通过上述特权级配置,应用程序无法执行某些系统指令,如 cli。但是,如何限制应用程序只能访问自己的代码和数据?

在这里,我们需要将分段机制和分页机制结合起来,了解其如何共同作用,从而限制应用程序对内存的访问。这两种机制的组合使用方法如图 15.8 所示。

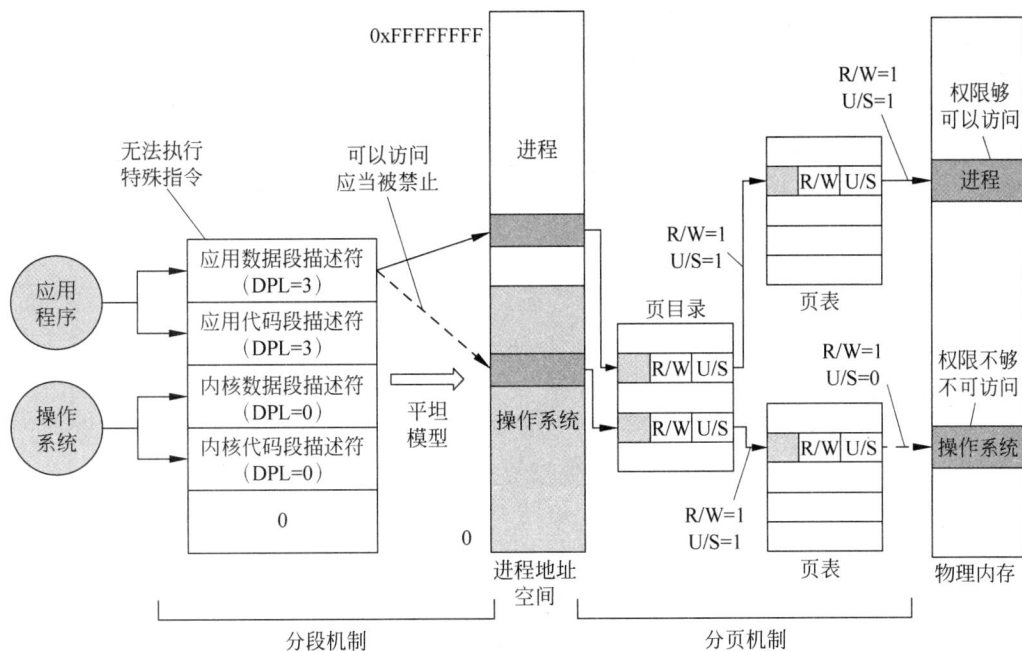

图 15.8 分段与分页保护的组合

1. 分段保护

利用分段机制,应用程序工作在特权级 3,而操作系统工作在特权级 0。虽然有着不同的权限,但是,由于系统采用了平坦模型,即所有段的基地址为 0、界限为 0xFFFFFFFF,进程可以通过任意段访问整个地址空间。

也就是说,即便应用程序的特权级较低,它也可以直接访问操作系统的代码和数据。显然,这种情况下应当是被禁止的,我们需要采取其他方法解决这个问题。

2. 分页保护

对于存储访问的保护,可以借助分页机制来实现。这种保护可通过配置 PDE 和 PTE 中的 R/W 标志和 U/S 标志来实现。

- U/S 标志:用于控制页访问的特权级。当 CPL 为 0、1 或 2 时,即处于管理模式,可以访问所有页;当 CPL 为 3,则处于用户模式,只能访问用户级页。也就是说,对于应用程序而言,它只能访问 U/S 等于 1 的页。

- R/W 标志:用于控制是否可对页进行写入。当处理器处于管理模式且寄存器 CR0 中的 WP 标志为清除状态(复位初始化后的状态)时,所有页都是可读可写的(即 R/W 被忽略)。而当处于用户模式时,只能写 R/W 等于 1 的页。任何试图违反保护规则的行为都会产生页错误异常。也就是说,操作系统可以对任意的页进行写入,而应用程序则只能对 R/W 等于 1 的页进行写入。

对于任意物理页,由于对应的 PDE 和 PTE 都有 U/S 和 R/W 标志位,因此,程序最终能否访问由二者共同控制,相关规则如表 15.1 所示。

表 15.1 页目录项与页表项的组合控制

页目录项 PDE		页表项 PTE		组合效果		页目录项 PDE		页表项 PTE		组合效果	
特权级	读写	特权级	读写	特权级	读写	特权级	读写	特权级	读写	特权级	读写
用户	只读	用户	只读	用户	只读	管理	只读	用户	只读	管理	读/写
用户	只读	用户	读写	用户	只读	管理	只读	用户	读写	管理	读/写
用户	读写	用户	只读	用户	只读	管理	读写	用户	只读	管理	读/写
用户	读写	用户	读写	用户	读写	管理	读写	用户	读写	管理	读/写
用户	只读	管理	只读	管理	读/写	管理	只读	管理	只读	管理	读/写
用户	只读	管理	读写	管理	读/写	管理	只读	管理	读写	管理	读/写
用户	读写	管理	只读	管理	读/写	管理	读写	管理	只读	管理	读/写
用户	**读写**	**管理**	**读写**	**管理**	**读/写**	管理	读写	管理	读写	管理	读/写

由于我们希望禁止应用程序访问操作系统的代码和数据；因此，可以选择如表 15.1 粗体部分所示的配置：对于页目录项 PDE，配置为用户可读写；对于页表项 PTE，配置为管理可读写。这些配置已经在之前的章节中通过相关函数完成。

- 对于任意页目录项 PDE，由 find_pte() 配置 U/S＝1 且 R/W＝1，即用户可读写。
- 对于操作系统所在区域的 PTE，由 memory_create_pgdir() 配置 U/S＝0 且 R/W＝1，即禁止应用程序读写。对于进程所在区域对应的 PTE，在 load_phdr() 等函数中，配置 U/S＝1 和 R/W＝1，即用户可读写。

3. 系统调用与保护

在分段机制和分页机制的共同作用下，应用程序无法直接访问操作系统的任何代码和数据，从而避免应用程序恶意破坏操作系统的正常运行。

如果应用程序希望完成某些需要较高权限才能完成的操作，就只能通过系统调用向操作系统发起请求。只要在系统调用中对应用程序的请求进行检查，就能在较大程度上保证系统的稳定运行。

15.3 实现原理

系统调用实质上是一组接口函数，可像普通函数那样被调用。不过，系统调用的执行流程要复杂得多，该流程如图 15.9 所示。

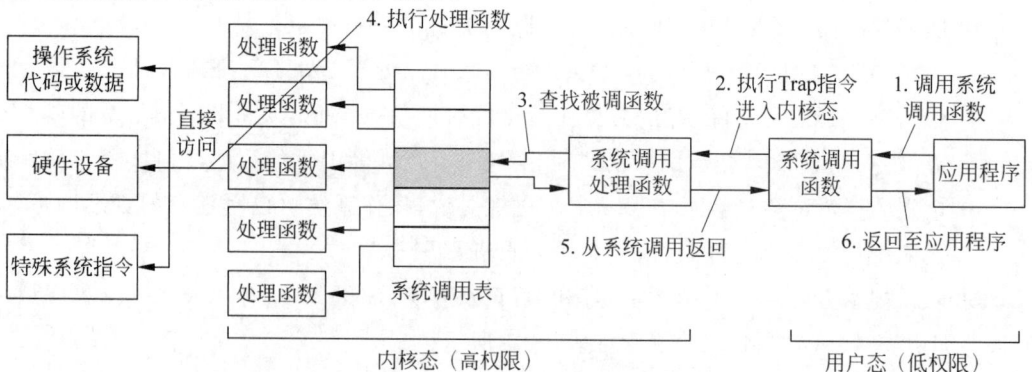

图 15.9 系统调用执行流程

从图 15.9 可以看出,系统调用的执行流程分为以下几个步骤。

(1) 调用系统调用函数:当应用程序需要请求操作系统完成某项功能(如打开文件)时,调用相应的系统调用函数。在该函数中,通过系统调用号来标识请求的操作,相关参数可通过栈或寄存器传递。

(2) 执行 Trap 指令:通过某种特殊指令(如 int 0x80、syscall 等),触发系统从用户态切换至内核态,进入到操作系统的系统调用处理函数中执行。

(3) 查找处理函数:在系统调用处理函数中,使用系统调用号在系统调用表中查找对应的处理函数。

(4) 执行处理函数:根据参数的要求,完成指定的功能。

(5) 从系统调用返回:在处理函数执行完毕后,通过特殊指令(如 iret)返回至用户态,即回到系统调用函数。

(6) 返回至应用程序:从系统调用函数中返回,应用程序取出执行结果。

综上所述,为了实现系统调用流程,最关键的是准备好系统调用表和处理函数。系统调用表是一个指针数组,每一个表项指向了某个处理函数。

15.4　添加 msleep()

下面以进程睡眠为例,介绍系统调用的实现方法。由于 shell 无法直接调用 sys_msleep(),因此,我们可以实现 msleep()系统调用。

15.4.1　构造系统调用函数

msleep()系统调用的实现如程序清单 15.1 所示。

程序清单 15.1　c13.01\project\shell\syscall.c

```
36: int msleep (int ms) {
37:     return __syscall(SYS_msleep, ms, 0, 0, 0);
38: }
```

在该函数内部,通过调用__syscall()宏向操作系统发起系统调用请求。

__syscall()共接受 5 个参数,第 1 个参数为系统调用号,其余为系统调用参数,最多支持传入 4 个参数。对于 msleep()而言,系统调用号为 SYS_msleep(值为 0),只传入一个参数 ms,其余参数值设置为 0。

15.4.2　执行 Trap 指令

Trap 指令用于实现从用户态切换至内核态。也就是说,通过这条指令,可以从特权级 3 的应用程序切换至特权级 0 的操作系统执行。CPU 提供了多种方式实现这种切换,如 int 指令、syscall 指令、调用门等。不同方式的执行效率及使用方法有所不同。本书使用的是 int 指令,这种方式与 BIOS 中断类似,并且易于实现。

int 指令是一种软件中断指令,可主动触发 CPU 跳转到中断处理程序执行。该指令的格式为:int n,其中 n 是中断向量号(0~255),表示触发向量号为 n 的中断处理程序执行。

对于系统调用而言,n 应该取何值? 我们可以选择一个未被使用的向量号,如 0x60。

考虑到还需要传递参数,因此,创建 sys_call() 函数用于执行该指令,该函数的实现如程序清单 15.2 所示。

程序清单 15.2   c13.01\project\shell\syscall.c

```
13: int sys_call (int id, int arg0, int arg1, int arg2, int arg3) {
14:      int ret;
15:
16:      __asm__ __volatile__(
17:              "push %[arg3]\n\t"
18:              "push %[arg2]\n\t"
19:              "push %[arg1]\n\t"
20:              "push %[arg0]\n\t"
21:              "push %[id]\n\t"
22:              "int $0x60\n\t"
23:              "add $(5 * 4), %%esp\n\t"
24:              :" = a"(ret)
25:              :[arg3]"r"(arg3), [arg2]"r"(arg2), [arg1]"r"(arg1),
26:     [arg0]"r"(arg0), [id]"r"(id));
27:     return ret;
28: }
29:
30: #define __syscall(id, arg0, arg1, arg2, arg3)   sys_call((int)id, (int)arg0, (int)arg1,
    (int)arg2, (int)arg3)
```

该函数使用内联汇编来使用 int 0x60 指令。在执行指令前,利用 push 指令将 5 个参数按参数列表的顺序从右往左依次入栈。在执行指令之后,调整 esp 为压栈之前的值。最后,从 eax 寄存器中取出执行结果放到 ret 中。

注:除借助栈传递参数外,还可以借助 CPU 内核寄存器来传递。如有兴趣,可自行实现。

15.4.3   执行系统调用

当 int 0x60 执行时,CPU 会跳转到中断处理程序中执行。于是,我们需要新增相应的中断处理程序,其实现如程序清单 15.3 所示。

程序清单 15.3   c13.01\project\kernel\start.S

```
121: exception_handler syscall, 0x60, 0
```

为了将该中断处理程序注册到 IDT 中,可以实现 sysycall_init() 来完成此功能。该函数的实现如程序清单 15.4 所示。

程序清单 15.4   c13.01\project\kernel\core\syscall.c

```
49: void syscall_init (void) {
50:        void exception_handler_syscall (void);
51:        irq_install(0x60, exception_handler_syscall);
52: }
```

根据特权级规则,由于需要允许应用程序通过 int 指令触发该中断,因此,中断门描述符中的 DPL 应当设置为 3。为此,对 irq_instal() 进行修改,修改方法如程序清单 15.5 所示。

程序清单 15.5   c13.01\project\kernel\cpu\irq.c

```
239: void irq_install(int irq_num, irq_handler_t handler) {
240:        if (irq_num < IDT_TABLE_NR) {
```

```
241:             gate_desc_set(idt_table + irq_num, KERNEL_SELECTOR_CS, (uint32_t) handler,
242:                     GATE_P_PRESENT | GATE_DPL3 | GATE_TYPE_IDT);
243:         }
244: }
```

最后，还需要实现 C 处理函数 do_handler_syscall()，该函数的实现如程序清单 15.6 所示。在函数中，首先取出系统调用参数列表的地址 args；然后，根据系统调用号 args->id 查找被调函数的指针 handler；最后，执行被调函数并返回。

程序清单 15.6　c13.01\project\kernel\core\syscall.c

```
17: typedef int ( * syscall_handler_t)(uint32_t arg0, uint32_t arg1, uint32_t arg2, uint32_t arg3);

20: static const syscall_handler_t sys_table[] = {
21:         [SYS_msleep] = (syscall_handler_t)sys_msleep,
22: };

28: void do_handler_syscall (exception_frame_t * frame) {
29:         struct args_t {
30:                 int id, arg0, arg1, arg2, arg3;
31:         } * args = (struct args_t * )frame->esp3;
32:
33:         // 超出边界，返回错误
34:     if (args->id < sizeof(sys_table) / sizeof(sys_table[0]))) {
35:                 syscall_handler_t handler = sys_table[args->id];
36:                 if (handler) {
37:                         // 设置系统调用的返回值，由 eax 传递
38:                         frame->eax = handler(args->arg0, args->arg1,
                            args->arg2, args->arg3);
39:                         return;
40:                 }
41:         }
42:
43:         frame->eax = -1;          // 不支持的系统调用，返回-1
44: }
```

在上述代码中，涉及两个较复杂的问题：如何取出系统调用参数，如何返回执行结果。对于这两个问题，可以借助图 15.10 来分析如何解决。

在执行 int 0x60 指令之前，应用程序使用的是 TSS 中的 SS 和 ESP 指向的特权级 3 栈。系统调用的所有参数，均通过 push 指令压入到该栈中。当 CPU 进入中断处理程序执行时，由于特权级发生变化，CPU 将使用 SS0 和 ESP0 指向的特权级 0 栈。此时，寄存器 SS 和 ESP 原来的值被自动保存到特权级 0 栈内的 SS3 和 ESP3。

虽然系统调用参数保存在特权级 3 栈中，但是，通过 frame->esp3 可以找到这些参数的地址 args。如果将这些参数列表看作是 struct args_t 结构，那么，便可以方便地进行解析。

至于返回值，在 do_handler_syscall()中被存储到特权级 0 栈内的 EAX 中。当从中断处理程序返回时，该值被恢复到 CPU 的 EAX 寄存器。这样一来，sys_call()便可以从 EAX 寄存器中取出该值。

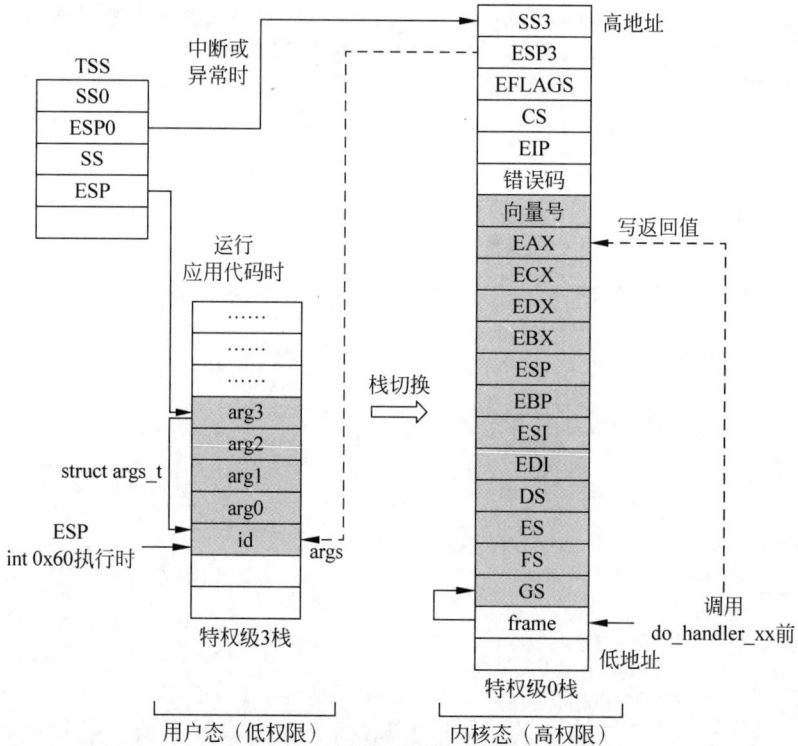

图 15.10　系统调用参数传递与结果返回

15.4.4　运行效果

在完成上述所有代码的编写之后，需要在 kernel_start() 中调用 syscall_init()（略），从而完成系统调用的初始化。之后，修改 shell 的 main() 函数，加入对 msleep() 的调用，如让 shell 每隔 1 秒对计数器 cnt 增加 1。运行效果如图 15.11 所示。

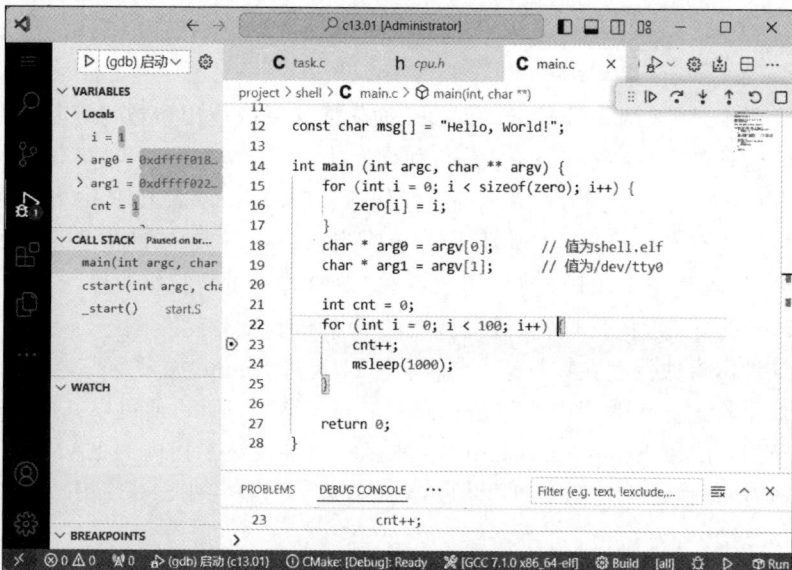

图 15.11　运行效果

启动调试，跟踪运行过程，可以看到：当 shell 调用 msleep( )时，由于 int 0x60 指令的作用，程序跳转到 do_handler_syscall( )处执行，并最终调用 sys_msleep( )，从而实现进程的睡眠。当睡眠结束后，将返回到 do_handler_syscall( )，再退出中断处理程序，最后从 msleep( )返回。

15.5　添加更多系统调用

接下来，我们将进一步增加系统调用接口的数量，为系统中所有名称以 sys 开头的函数添加对应的系统调用接口。

15.5.1　添加方法

目前，名称以 sys 开头的函数主要有两部分：用于文件访问的 sys 接口和 sys_yield( )。对于这些函数，参考 msleep( )的实现方法，添加系统调用接口函数的实现，实现代码如程序清单 15.7 所示。

程序清单 15.7　c13.02\project\shell\syscall.c

```
36: int yield (void) {
37:     return __syscall(SYS_yield, 0, 0, 0, 0);
38: }
39:
40: int open(const char * name, int flags, ...) {
41:     return __syscall(SYS_open, name, flags, 0, 0);
42: }
43:
44: int read(int file, char * ptr, int len) {   …… 以下部分实现，与 open 的实现类似，略 ….
47: int write(int file, char * ptr, int len) {
50: int close(int file) {
53: int lseek(int file, int ptr, int dir) {
57: int ioctl(int fd, int cmd, int arg0, int arg1) {
60: int unlink(const char * pathname) {
63:
64: DIR * opendir(const char * name) {
65:     static DIR  dir;
66:
67:     int err = __syscall(SYS_opendir, (int)name,  (int)&dir, 0, 0);
68:     if (err < 0) {
69:         return (DIR * )0;
70:     }
71:     return &dir;
72: }
73:
74: struct dirent * readdir(DIR * dir) {
75:      static struct dirent d;
76:
77:     int err = __syscall(SYS_readdir, (int)dir,  (int)&d, 0, 0);
78:     if (err < 0) {
79:         return (struct dirent * )0;
80:     }
```

```
81:     return &d;
82: }
83:
84: int closedir(DIR * dir) {...... 实现与 open 的实现类似,略 ....
```

接下来,还需要在系统调用表注册对应的处理函数,注册方法如程序清单 15.8 所示。

程序清单 15.8   c13.02\project\kernel\core\syscall.c

```
20: static const syscall_handler_t sys_table[] = {
        ...... 省略 ......,
22:     [SYS_yield] = (syscall_handler_t)sys_yield,
23:
24:     [SYS_open] = (syscall_handler_t)sys_open,
25:     [SYS_read] = (syscall_handler_t)sys_read,
26:     [SYS_write] = (syscall_handler_t)sys_write,
27:     [SYS_close] = (syscall_handler_t)sys_close,
28:     [SYS_lseek] = (syscall_handler_t)sys_lseek,
29:
30:     [SYS_ioctl] = (syscall_handler_t)sys_ioctl,
31:     [SYS_opendir] = (syscall_handler_t)sys_opendir,
32:     [SYS_readdir] = (syscall_handler_t)sys_readdir,
33:     [SYS_closedir] = (syscall_handler_t)sys_closedir,
34:     [SYS_unlink] = (syscall_handler_t)sys_unlink,
35: };
```

对于每一个新增的系统调用,需要添加相应的系统调用号,添加方法如程序清单 15.9 所示。

程序清单 15.9   c13.02\project\kernel\include\core\syscall.h

```
11: # define SYS_yield          1        // 可以自行选择合适的值,只要不冲突即可
12:
13: # define SYS_open           50
14: # define SYS_read           51
15: # define SYS_write          52
16: # define SYS_close          53
17: # define SYS_lseek          54
18: # define SYS_ioctl          55
19: # define SYS_sbrk           56
20:
21: # define SYS_opendir        60
22: # define SYS_readdir        61
23: # define SYS_closedir       62
24: # define SYS_unlink         63
```

这些系统调用号的值必须唯一,以便操作系统区分当前执行的是哪种系统调用。通常情况下,这些值一旦确定好,就不得修改。如果必须修改,就不得不对使用了该系统调用的应用程序重新编译,以使用修改后的值。

15.5.2   运行效果

在完成了上述工作之后,应用程序便可以使用这些新增的系统调用。例如,可以在 shell 中打开文件进行读写,相关实现代码如程序清单 15.10 所示。

程序清单 15.10   c13.02\project\shell\main.c

```
14: # define ASSERT(expr)   if (!(expr)) while (1);
15:
16: int main (int argc, char ** argv) {
        …… 省略 ……
24:     // 文件读写
25:     int file = open("test.txt", FS_O_CREAT | FS_O_RDWR);
26:     ASSERT(file >= 0);
27:
28:     static uint16_t wbuf[1024], rbuf[1024];
29:     for (int i = 0; i < 1024; i++) {
30:         wbuf[i] = i;
31:     }
32:     int ret = write(file, (char *)wbuf, sizeof(wbuf));
33:     ASSERT(ret == sizeof(wbuf));
34:
35:     int offset = 624;
36:     lseek(file, offset, 0);
37:     read(file, (char *)rbuf, sizeof(rbuf) - offset);
38:     ret = memcmp(rbuf, &wbuf[624/sizeof(uint16_t)], sizeof(rbuf) - offset);
39:     ASSERT(ret == 0);
40:     close(file);
41:
42:     file = open(argv[1], FS_O_RDWR);
43:     ASSERT(file >= 0);
44:     write(file, "12345678\n", 9);
45:     ioctl(file, TTY_CMD_ECHO, 0, 0);        // 禁止回显
46:     while (1) {
47:         char kbd;
48:         read(file, &kbd, 1);
49:         write(file, &kbd, 1);
50:     }
51:     return 0;
52: }
```

在上述代码中,还使用了 C 语言标准库中的 memcmp()函数。由此可见,通过使用 C 语言标准库函数和系统调用,应用程序的实现得到简化,应用程序无须自行实现这些功能。

不过,由于 Newlib 库依赖某些系统调用,所以,shell 暂时不能使用 printf()和 malloc() 等函数。在下一章中,我们将继续增加系统调用接口,以允许 shell 使用这些函数。

15.6   本章小结

本章主要介绍了系统调用的实现。系统调用允许应用程序请求操作系统完成某些自己无法完成的事情。通过系统调用,应用程序只需关注与应用相关的实现,同时也降低了恶意代码影响系统运行的风险。

在系统调用内部,通过 Trap 指令触发系统从用户态切换至内核态。进入内核态后,操作系统通过系统调用号找到相应的处理程序。在处理程序执行完毕后,再返回至用户态继续执行。一般情况下,系统调用号不可更改,以便和应用程序使用的系统调用号保持一致。

第16章

支持内存分配和printf()打印

借助新增的系统调用 read() 和 write(),shell 能够读写 tty0,从而打印字符串和读取键盘输入。不过,这些函数使用起来并不方便,我们更倾向于使用 C 语言标准库中的 printf() 等函数。此外,如果 shell 需要动态分配及释放内存,还需要用到 malloc() 和 free()。虽然 shell 工程已经导入了 Newlib 库,但是,由于 printf() 和 malloc() 等函数依赖底层操作系统的支持,我们目前仍然无法使用这些函数。

在本章中,将进一步增加系统调用接口,从而使得上述函数可用。首先,介绍 Newlib 依赖的系统调用;其次,介绍 sbrk() 系统调用的实现;最后,介绍 dup() 系统调用的实现。

16.1　Newlib 的底层依赖

16.1.1　什么是 C 语言标准库

所谓的 C 语言标准库,是一组函数和宏的集合。一般情况下,并不直接将 C 语言标准库的源文件与应用程序源文件一起编译链接,而是将其编译成库文件,再将该库文件加入应用程序工程中一起链接,从而生成可执行程序。

我们可以创建一个小型的 C 语言标准库。例如,将 project/kernel/tools/klib.c 中的所有字符串函数的名称去掉 kernel_前缀后,复制到新创建的 string.h 和 string.c 中。这样一来,应用程序就得到了一个非常小型的 C 语言标准库。在该库中,包含了 strncpy() 等函数的实现。在此基础上,我们可以加入更多的函数及宏,从而使这个库的功能更加丰富。

16.1.2　桩函数

在 Newlib 中,有些函数可以直接独立执行,而有些必须依赖系统调用,库函数对系统调用的依赖如图 16.1 所示。对于 strlen() 等函数,由于其仅对字符串进行操作;因此,可以直接使用 C 代码实现。而对于 printf() 等函数,由于需要访问硬件设备,因此,需要借助系统调用。例如,printf() 需要通过 write() 系统调用才能将字符串打印到屏幕上。

具体而言,Newlib 依赖约 20 个桩函数,这些函数如程序清单 16.1 所示。桩函数主要

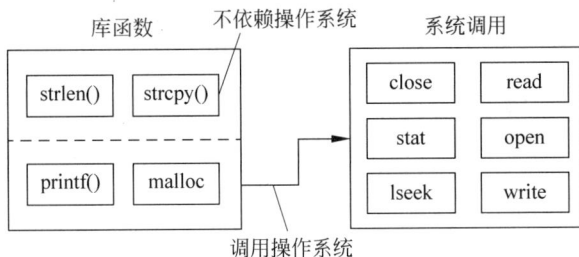

图 16.1　库函数对系统调用的依赖

用于实现 Newlib 自身无法实现的功能。

程序清单 16.1　Newlib 依赖的桩函数

```
void _exit();
int close(int file);
char ** environ; /* pointer to array of char * strings that define the current environment
variables */
int execve(char * name, char ** argv, char ** env);
int fork();
int fstat(int file, struct stat * st);
int getpid();
int isatty(int file);
int kill(int pid, int sig);
int link(char * old, char * new);
int lseek(int file, int ptr, int dir);
int open(const char * name, int flags, ...);
int read(int file, char * ptr, int len);
void * sbrk(ptrdiff_t incr);
int stat(const char * file, struct stat * st);
clock_t times(struct tms * buf);
int unlink(char * name);
int wait(int * status);
int write(int file, char * ptr, int len);
int gettimeofday(struct timeval * p, struct timezone * z);
```

这些桩函数按功能可以分为如下几种。

- I/O 和文件系统访问：open、close、read、write、lseek、stat、fstat、fcntl、link、unlink、rename。
- 堆管理：sbrk。
- 获取当前的日期和时间：gettimeofday、times。
- 进程管理函数：execve、fork、getpid、kill、wait、_exit。

　　我们并不需要实现上述所有桩函数，而是可以根据实际需要实现指定的桩函数。那么，如何判断需要实现什么桩函数？通过分析工程构建时的日志信息，可以解决这个问题。

　　例如，如果在 shell 中调用库函数 exit(−1)，工程构建时可能会提示 undefined reference to '_exit'，该现象如图 16.2 所示。通过该日志可知：exit(−1)依赖桩函数_exit()；只要实现_exit()，就可解决该构建问题。

　　在上述桩函数中，部分函数已经在前面的章节中实现。在接下来的内容中，将介绍 malloc()和 printf()依赖的桩函数实现。

图 16.2　使用 exit()构建错误

16.2　支持动态内存分配

应用程序在运行的过程中,可能需要直接调用 malloc()进行动态内存分配。在某些情况下,C 语言标准库中的某些函数也会申请分配内存。动态内存的分配以及释放,均在进程的堆空间中进行。在本节中,将介绍进程堆的管理机制以及 sbrk()系统调用的实现。

16.2.1　基本原理

在进程地址空间中,堆和栈是两块比较特殊的区域,都用于内存的分配和释放。

通常情况下,栈中的内存分配与释放由编译器或者运行时管理。例如,对于函数调用,编译器可以生成相应的指令,用于函数调用前参数压栈以及在函数调用后释放栈空间。

而堆中的内存分配和释放,则需要应用程序主动调用 malloc()和 free()等函数来完成。为了有效地管理堆空间,需要采取某种管理算法。一般情况下,我们会直接使用 C 语言标准库提供的堆管理算法。不同 C 语言标准库对于堆的管理算法不同,一种非常简单的管理算法如图 16.3 所示。

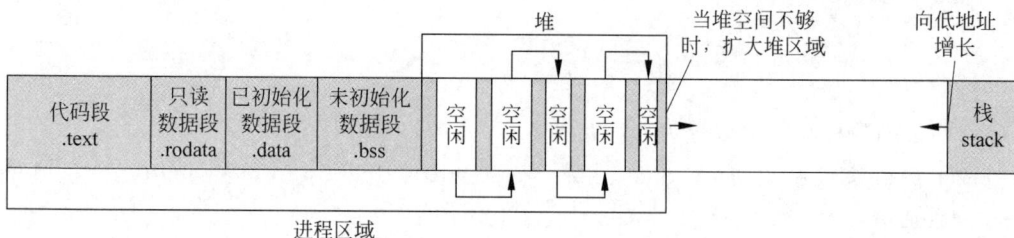

图 16.3　进程地址空间与堆

由于应用程序分配和释放内存的时机、内存大小不固定,因此,由于反复地分配和释放内存,可能导致堆中有很多大小不同的空闲内存块。C 语言标准库通过某种数据结构(如链表)将这些内存块组织起来。当需要分配内存时,从中找到大小合适的内存块返回;当释放内存块时,将该内存块放回原处,必要时可与相邻的内存块合并,变成更大的空闲内存块。

如果在分配内存时,堆中没有足够大的空闲内存,C 语言标准库将会调用 sbrk(),通过扩大堆空间从而获得更多的空闲空间。

由此可见,为了让 shell 能够使用 malloc(),需要实现 sbrk()系统调用。

16.2.2　实现 sbrk() 系统调用

1. 功能简介

sbrk() 主要用于动态调整进程的堆大小,其工作原理如图 16.4 所示。该系统调用允许进程通过调整 program break(程序断点)来扩展或缩减堆的大小。program break 指的是堆结束地址,即进程控制块中的 heap_end。

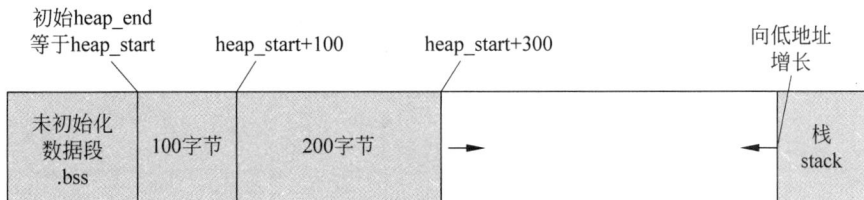

图 16.4　堆扩大时 program break 的变化

当 shell 被加载至内存时,堆大小为 0。此时,heap_end 等于 heap_start,并且 heap_end 指向 .bss 的结束位置。

当 shell 调用 malloc() 时,由于没有足够多的空闲内存,C 语言标准库将调用 sbrk() 扩展堆空间。至于堆增长多大,由 C 语言标准库自行决定,如 100 字节。sbrk() 负责分配新的虚拟内存页,使得堆末端地址变成 heap_start+100。之后,malloc() 就可以从增长出来的 100 字节中,分配所需大小的内存块。如果 shell 继续调用 malloc(),导致这 100 字节空间也用完,那么,sbrk() 将再次被调用以增长堆空间,最终使得堆末端地址变为 heap_start+300。

由此可见,如果想让 shell 能够使用 malloc(),则必须实现 sbrk() 系统调用。

2. 具体实现

sbrk() 的函数原型为 void * sbrk(ptrdiff_t incr)。该函数接受 incr 参数,将堆增长至少 incr 字节数大小。如果操作成功,则返回之前的 heap_end;如果失败,则返回 -1,并设置全局错误码 errno。当 incr 为 0,需返回当前 heap_end 的值。

我们可以在 shell 的 syscall.c 中添加 sbrk() 的实现,代码如程序清单 16.2 所示。

程序清单 16.2　c14.01\project\shell\syscall.c

```
63: void * sbrk(ptrdiff_t incr) {
64:     uint32_t pb = __syscall(SYS_sbrk, incr, 0, 0, 0);
65:     if (pb == 0) {
66:         errno = ENOMEM;
67:         return (void * ) - 1;
68:     }
69:     return (void * )pb;
70: }
```

注:errno 是 C 语言标准库中定义的全局变量,用于表示在 C 语言的标准库函数或系统调用中发生的错误原因。当标准库函数或系统调用执行失败时,会通过设置 errno 来指示具体的错误类型。在使用 errno 前,需要包含<errno.h>头文件。

接下来,需要在系统调用表 sys_table 中注册 sys_sbrk()。注册方法比较简单,此处不再赘述。最后,完成 sys_sbrk() 的实现,其代码见程序清单 16.3。

程序清单 16.3   c14.01\project\kernel\core\task.c

```
609: uint32_t sys_sbrk(int incr) {
610:     task_t * task = task_manager.curr_task;
611:     uint32_t pre_heap_end = task->heap_end;
612:     int pre_incr = incr;
613:
614:     ASSERT(incr >= 0);
615:
616:     // 如果地址为 0,则返回有效的 heap 区域的顶端
617:     if (incr == 0) {
618:         // log_printf("sbrk(0): end = 0x%x", pre_heap_end);
619:         return pre_heap_end;
620:     }
621:
622:     uint32_t start = task->heap_end;
623:     uint32_t end = start + incr;
624:
625:     // 起始偏移非 0
626:     int start_offset = start % MEM_PAGE_SIZE;
627:     if (start_offset) {
628:         // 不超过 1 页,只调整
629:         if (start_offset + incr <= MEM_PAGE_SIZE) {
630:             task->heap_end = end;
631:             return pre_heap_end;
632:         } else {
633:             // 超过 1 页,先只调本页的
634:             uint32_t curr_size = MEM_PAGE_SIZE - start_offset;
635:             start += curr_size;
636:             incr -= curr_size;
637:         }
638:     }
639:
640:     // 处理其余的,起始对齐的页边界的
641:     if (incr) {
642:         uint32_t curr_size = end - start;
643:         int err = memory_alloc_for(task->tss.cr3, start, curr_size, PTE_P | PTE_U |
         PTE_W);
644:         if (err < 0) {
645:             log_printf("sbrk: alloc mem failed.");
646:             return 0;
647:         }
648:     }
649:
650:     //log_printf("sbrk(%d): end = 0x%x", pre_incr, end);
651:     task->heap_end = end;
652:     return pre_heap_end;
653: }
```

在上述代码中,首先获取当前进程的 heap_end 并保存到 pre_head_end 中。接下来,判断 incr 是否为 0。如果为 0,则将 pre_head_end 返回;如果大于 0,则进行堆空间的增长。

为了增长堆空间,除了调整 heap_end 的值,可能还需要分配内存页。而是否要分配内存页,则需要先计算出 heap_end 在页内的偏移 start_offset,之后,根据 start_offset 和 incr

的值做不同的处理,处理方法如图16.5所示。

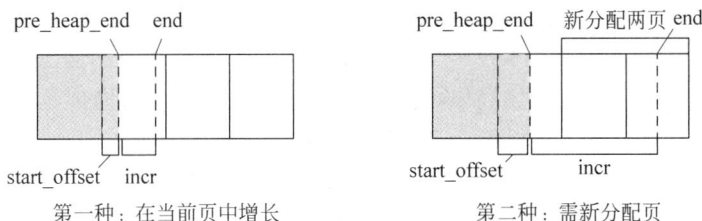

第一种：在当前页中增长　　　　第二种：需新分配页

图16.5 两种不同的堆增长方式

在第一种情况下,由于 start_offset ＋ incr 不超过当前内存页,此时,只需要在当前页内增长即可,无须再分配新的页。而在第二种情况下,由于当前页内空间不足,需要额外调用 memory_alloc_for() 分配新的虚拟页用于堆增长。

在分配完成后,将末端地址 end 保存至 task-> heap,再返回 pre_heap_end。

16.2.3 运行效果

在完成 sbrk() 的实现后,修改 shell 的代码,调用 malloc() 和 free() 进行动态内存的分配和释放的测试,测试代码如程序清单16.4所示。

程序清单16.4 c14.01\project\shell\main.c

```
20: int main (int argc, char ** argv) {
21:     // 动态内存分配测试
22:     void * array1 = (void *)malloc(128);
23:     ASSERT(array1);
24:     memset(array1, 32, sizeof(array));
25:     void * array2 = (void *)malloc(128);
26:     ASSERT(array2);
27:     memset(array2, 44, sizeof(array));
28:     free(array2);
29:     free(array1);
        ......省略......
72: }
```

启动程序运行,应当可以看到内存的分配和释放工作能够正常完成。如果希望更深入地了解堆增长的变化过程,可以取消 sys_sbrk() 中日志输出的注释,以便将堆变化过程用日志输出显示。

16.3 支持 printf()打印

如果希望 shell 能够使用 C 语言标准库中的 getchar() 和 printf() 等函数,那么,还需要额外实现部分系统调用。接下来,我们将研究这些系统调用如何实现。

16.3.1 基本原理

1. 预定义文件流

在 C 语言标准库中,对于键盘读取和打印输出,均通过读写文件来完成。标准库提供了三种预定义的文件流：标准输入（stdin）、标准输出（stdout）和标准错误输出（stderr）。这些文件流的作用分别说明如下。

- stdin：用于键盘读取。例如，使用 fgets() 等函数读取用户的键盘输入。
- stdout：用于打印输出。例如，使用 printf() 等函数可实现向屏幕打印显示。
- stderr：用于输出错误消息或调试信息。例如，fprintf(stderr,...) 等函数可实现向屏幕打印错误显示。

虽然通过系统调用也可以读取键盘和打印显示，但是，在实际使用时，我们更倾向于使用 C 语言标准库中的函数。具体示例如程序清单 16.5 所示。

程序清单 16.5　使用预定义文件流示例

```
gets(buf, sizeof(buf), stdin);
printf("stdout: % s\n", "12345678");
fprintf(stderr, "stderr: % s\n", "12345678");
```

注：虽然 gets() 和 printf() 的参数列表中并未指明使用某种文件流，但是，其内部分别使用的是 stdin 和 stdout。

相比之下，使用 C 语言标准库中的函数更具有优势。

- 易用性：标准库提供了更高级别的接口，使用起来更加方便。例如，printf() 提供了更灵活的字符串格式化输出及打印功能；而 write() 系统调用只能将格式化好的字符串写入至 tty。
- 缓存处理：标准库 I/O 函数通常使用缓存机制来提高效率。例如，printf() 并不会立即打印数据，而是先将数据缓存，直到缓存满、显式调用 fflush() 或者遇到\n 时，才将所有数据打印输出。对于次数频繁但每次只打印少量数据的场合，使用 printf() 可以大大减少写 tty 的次数。

2. 文件流与文件描述符

无论是 stdin、stdout 还是 stderr，操作的对象均是 tty。读 stdin，实际是读键盘；而写 stdout 或 stderr，实际是将数据显示到计算机屏幕上。在 C 语言标准库中，stdin 等文件流是 FILE 类型结构体的实例。操作系统是如何将对这些文件流的读写，转换成对 tty 的读写？

对于 shell 进程，如果想访问 tty，只能通过系统调用进行，并且，在读写之前，需要先使用 open() 打开设备，获得文件描述符。之后，才能使用 read() 或 write() 访问 tty。

Newlib 在内部会自动将对文件流的操作转换成对指定文件描述符的操作，这种转换规则如图 16.6 所示。其中，stdin 对应文件描述符 0，stdout 对应文件描述符 1，stderr 对应文件描述符 2。

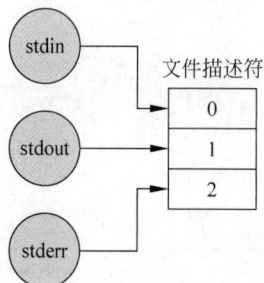

图 16.6　文件流到描述符之间的转换

也就是说，当使用 gets() 从 stdin 读取时，gets() 会调用 read() 读取文件描述符 0；而当使用 printf() 打印时，会调用 write() 写入文件描述符 1；如果使用 fprintf(stderr,...) 时，则会写入文件描述符为 2。

3. 实现原理

根据上述转换关系，为了让进程能够使用 C 语言标准库的 I/O 函数，我们需要连续三次打开同一 tty 设备。具体而言,文件打开后的状态应当如图 16.7 所示。

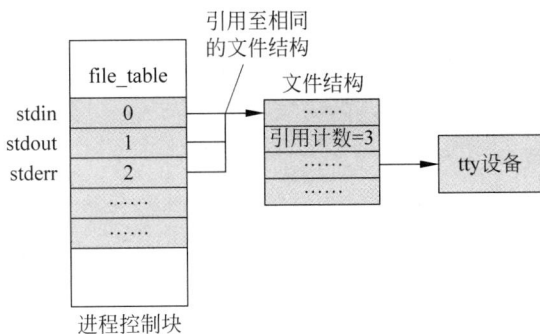

图 16.7 多文件描述符引用同一文件结构

在文件描述符表中,第 0~2 项均指向同一文件结构,该文件结构对应某个 tty。通过引用同一个文件结构,不仅可以减少所需文件结构的数量,也可以避免多次同时打开同一个设备时可能带来的其他问题。

为实现上述要求,可以在 shell 刚开始运行时,调用 open()打开 tty。此时,根据文件系统的内部实现机制可知,open()返回文件描述符 0。不过,对于文件描述符 1 和 2,不再使用open()打开,而是借助 dup()系统调用来完成。

dup()系统调用用于复制一个文件描述符,函数原型为:int dup(int file)。它会创建一个新的文件描述符,该文件描述符与原始文件描述符 file 指向同一个文件或设备。

于是,我们可以连续两次调用 dup(0),使得这三个文件描述符都指向同一个 tty 设备。

16.3.2 具体实现

dup()的实现较为简单,代码如程序清单 16.6 所示。该函数接受需要复制的文件描述符 file,并返回新的文件描述符。

程序清单 16.6 c14.01\project\shell\syscall.c

```
73: int dup (int file) {
74:     return __syscall(SYS_dup, file, 0, 0, 0);
75: }
```

dup()的处理函数为 sys_dup(),该函数的实现如程序清单 16.7 所示。在函数内部,首先调用 task_file()获取文件结构指针 p_file;然后,调用 task_alloc_fd()分配新文件描述符 fd 并将其与 p_file 进行关联;最后,调用 file_inc_ref()增加引用计数。

程序清单 16.7 c14.01\project\kernel\fs\fs.c

```
193: int sys_dup (int file) {
194:     // 超出进程所能打开的全部,退出
195:     if (is_fd_bad(file)) {
196:         log_printf("file(%d) is not valid.", file);
197:             return -1;
198:     }
199:
200:     file_t * p_file = task_file(file);
201:     if (!p_file) {
```

```
202:                        log_printf("file not opened");
203:                        return -1;
204:          }
205:
206:          int fd = task_alloc_fd(p_file);              // 新 fd 指向同一描述符
207:          if (fd >= 0) {
208:                      file_inc_ref(p_file);
209:                      return fd;
210:          }
211:
212:          log_printf("No task file avaliable");
213:        return -1;
214: }
```

此外,C 语言标准库中的 I/O 函数可能会调用 isatty() 和 fstat()。isatty()用于检查指定的文件描述符是否指向 tty 类型的设备;fstat()函数用于获取文件的状态信息。这两个函数的实现如程序清单 16.8 所示。本书并不支持 fstat(),因此,将 errno 错误变量设置为 ENOSYS 并返回-1。

程序清单 16.8   c14.01\project\shell\syscall.c

```
57: int isatty(int file) {
58:        return __syscall(SYS_isatty, file, 0, 0, 0);
59: }
60: int fstat(int file, struct stat * st) {
61:        errno = ENOSYS;            // 表示该系统调用在当前系统中未实现
62:        return -1;
63: }
```

注:根据 Newlib 的要求,当系统调用的功能未实现时,需要设置错误值为 ENOSYS。

sys_isatty()用于处理 isatty()系统调用,该函数的实现如程序清单 16.9 所示。在函数中,仅检查文件类型 file-> type 是否为 FILE_DEV。虽然这种检查方法并不完善,不过,对于本书而言,是完全够用的。

程序清单 16.9   c14.01\project\kernel\fs\fs.c

```
359: int sys_isatty(int fd) {
360:        if (is_fd_bad(fd)) {
361:                    log_printf("fd error");
362:                    return -1;
363:        }
364:
365:        file_t * file = task_file(fd);
366:        if (file == (file_t *)0) {
367:                    log_printf("fd not opened. %d", fd);
368:                    return -1;
369:        }
370:
371:        return file-> type == FILE_DEV;
372: }
```

16.3.3   运行效果

在完成上述所有工作之后,可以编写测试代码进行验证,测试代码如程序清单 16.10 所示。

程序清单 16.10 c14.01\project\shell\main.c

```
20: int main (int argc, char ** argv) {
          ......省略.....
31:        int fd = open(argv[1], FS_O_RDWR);
32:        dup(fd);
33:        dup(fd);
34:        printf("stdout: % s\n", "12345678");
35:        fprintf(stderr, "stderr: % s\n", "12345678");
36:
37:        while (1) {
38:            int kbd = getchar();
39:            putchar(kbd);
40:        }
41:        return 0;
42: }
```

启动程序运行,如果一切正常,则程序运行效果如图 16.8 所示。可以看到,shell 不仅能够使用 printf()和 fprintf()打印输出,也能使用 getchar()读取键盘输入。

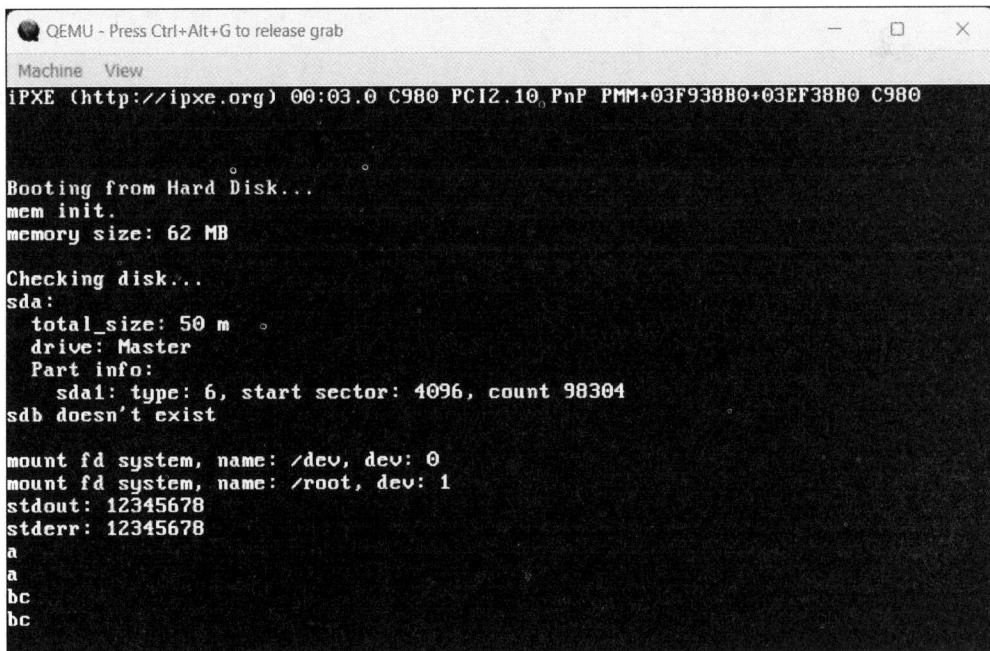

图 16.8 使用 I/O 函数的运行效果

16.4 本章小结

本章主要介绍了 sbrk()和 dup()等系统调用的实现。

通过这些系统调用,shell 能够使用 malloc()和 printf()等库函数。可以看到,C 语言标准库的引入在很大程度上简化了应用程序的开发工作量。对于常见的功能,只需要使用标准库中的函数即可,无须重复实现。

第**17**章

实现命令行解释器

有了 C 语言标准库以及系统调用的支持，shell 就可以完成更多的工作。shell 作为命令行解释器，它应当提供用户与操作系统交互的接口。用户可以向 shell 输入命令，请求 shell 完成各种工作。

目前，shell 几乎没有完成什么有价值的工作。在本章中，我们将重点放在 shell 的功能实现上，使得它能够读取用户输入的命令和参数，并根据命令执行相应的操作。

17.1　shell 的功能

在不同的操作系统中，通常会自带 shell，如 Linux 的 Bash、Windows 的 PowerShell 等。虽然这些 shell 的特性和使用方法各不相同，但是，都提供了以下几种功能。

（1）命令解析：读取并解析用户输入，根据命令做相应的处理。

（2）进程管理：根据用户命令，加载可执行程序执行。

（3）脚本执行：可使用脚本包含批量命令，shell 将按顺序执行这些命令。

（4）输入/输出管理：允许用户重定向输入输出，如将命令的输出保存到文件等。

本书仅实现第 1 和第 2 项功能。其中，第 1 项功能在本章中实现，第 2 项功能在第 18 章中实现。在本章中，shell 支持的命令列表如表 17.1 所示。

表 17.1　**shell 支持的命令列表**

命 令 名 称	用　　　法	说　　　明
help	help	显示 shell 支持的所有命令
clear	clear	清除屏幕上的所有输出
echo	echo ［－n count］ msg	打印指定的消息，可使用参数－n count 控制重复打印
ls	ls	列出当前目录中的文件和子目录
less	less filename	分页查看文本文件的内容，方便浏览较大文件
cp	cp from to	复制源文件到目标位置
rm	rm file	删除指定的文件

这些命令均为内置命令。内置命令由 shell 直接解释执行，不需要从文件系统中加载某个可执行程序来完成。

17.2 实现原理

shell 作为应用程序,其实现原理并不复杂,只需以系统调用和 C 语言标准库为基础,编写相关代码即可。根据 shell 的功能特点,可知其执行流程如图 17.1 所示。

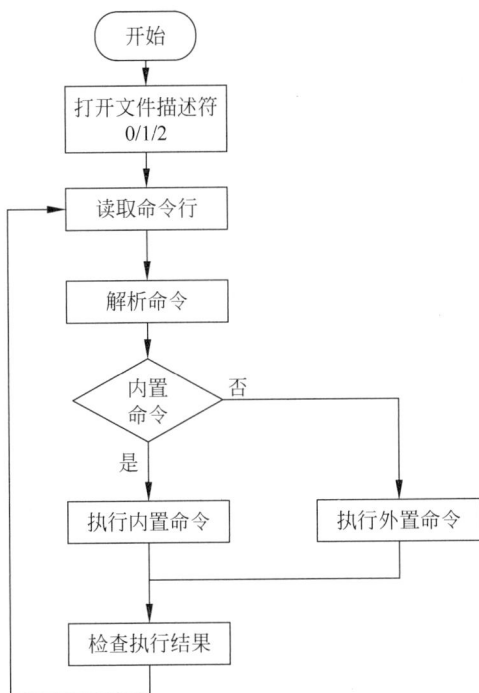

图 17.1 shell 程序执行流程

作为用户与操作系统的交互接口,shell 会一直运行且永不退出。shell 的整个执行流程介绍如下。

（1）打开文件描述符:为了能够使用 C 语言标准库中的 I/O 函数,需要打开 tty 且使得文件描述符 0～2 指向该设备。

（2）读取命令行:读取用户输入的字符串,将其存储至内部缓存。

（3）解析命令:解析缓存中的命令,拆分成命令名和参数。

（4）判断是否为内置命令:在内置的命令列表中查找,判断是否是内置命令。

（5）执行内置命令:如果是内置命令,则直接执行。

（6）执行外置命令:如果是外置命令,则从文件系统加载可执行程序执行。

（7）检查执行结果:检查命令的执行结果,如果出现错误,则打印错误信息。

（8）进入下一循环:跳转至第（2）步,继续读取用户输入。

17.3 具体实现

接下来,将按照 shell 的执行流程,实现除执行外置命令外的其余功能。在实现过程中,将调用 C 语言标准库中的某些函数。关于这些函数的功能说明,请自行查阅相关资料。

17.3.1　打开文件描述符

shell 需要读取用户输入、打印结果和错误信息。这些操作可以通过调用 C 语言标准库中的 I/O 函数来完成。为实现这点,需要将文件描述符 0～2 指向某个 tty;因此,在 main()的开始,使用 open()和 dup()使得文件描述符 0～2 指向同一个 tty,实现代码如程序清单 17.1 所示。

程序清单 17.1　c15.01\project\shell\main.c

```
301: int main (int argc, char ** argv) {
302:      open(argv[1], O_RDWR);
303:      dup(0);                        // 标准输出
304:      dup(0);                        // 标准错误输出
          ……省略……
358: }
```

分析上述代码可知,shell 打开哪个 tty 由参数 argv[1]决定。在后续章节中,我们将创建多个 shell,通过传递不同的 tty 名称参数,可使得这些 shell 分别使用 tty0～tty7。

17.3.2　读取命令行

接下来,shell 需要读用户的命令行输入,读取代码如程序清单 17.2 所示。首先,使用 memset()清空命令行缓存;之后,打印提示符≫并使用 fgets()读取用户输入;最后,使用 strchr()找到\n 和\r,并向该位置写入\0,从而去掉字符串末尾的\n 和\r。

程序清单 17.2　c15.01\project\shell\main.c

```
 25: static char input[CLI_INPUT_SIZE];              // 当前输入缓存
 26:
301: int main (int argc, char ** argv) {
          ……省略……
306:      memset(input, 0, CLI_INPUT_SIZE);
307:      for (;;) {
308:          printf("%s", ">>");
309:          fflush(stdout);
310:
311:          // 获取输入的字符串,然后进行处理
312:          // 注意,读取到的字符串结尾中会包含换行符和0
313:          char * str = fgets(input, CLI_INPUT_SIZE, stdin);
314:          if (str == (char *)0) {
315:              break;
316:          }
317:
318:          // 读取的字符串中结尾可能有换行符,去掉之
319:          char * cr = strchr(input, '\n');
320:          if (cr) {
321:              * cr = '\0';
322:          }
323:          cr = strchr(input, '\r');
324:          if (cr) {
325:              * cr = '\0';
326:          }
```

```
      ......省略......
355:    }
356:
357:    return 0;
```

注意,在上述代码中,使用了 fflush(stdout) 函数刷新输出缓存。在 C 语言标准库中,为提升 I/O 效率,printf() 的输出可能会被缓存而不是立即写入至 tty,这将导致 >> 不会立即显示出来。通过调用 fflush(stdout),可以强制将缓存中的内容立即写入至 tty,从而使得 >> 能够及时显示在用户面前。

17.3.3 解析命令

在缓存 input 中,存储了用户输入的字符串,如 echo -n 100 hello。该字符串同时包含了命令和参数。为了便于处理,需要对该字符串进行分割。分割之后,将形成多个字符串,每个字符串的地址保存至 argv 数组,最终的存储效果如图 17.2 所示。

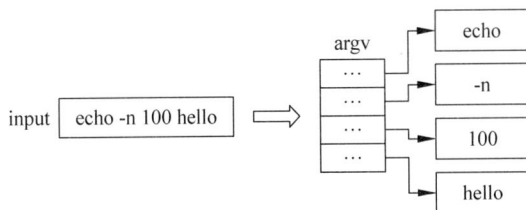

图 17.2 命令分割处理

对字符串进行分割的实现方法如程序清单 17.3 所示。首先,创建字符串指针数组 argv 并清空;之后,在循环中利用 strtok() 将字符串使用空格进行分割,将子字符串的地址保存至 argv;最后,检查输入是否无效(argc 等于 0),若无效,则重新读取用户输入。

程序清单 17.3 c15.01\project\shell\main.c

```
301: int main (int argc, char ** argv) {
         ......省略......
307:    for (;;) {
            ......省略......
328:       int argc = 0;
329:       char * argv[CLI_MAX_ARG_COUNT];
330:       memset(argv, 0, sizeof(argv));
331:
332:       // 提取出命令,找命令表
333:       const char * space = " ";                // 字符分割器
334:       char * token = strtok(input, space);
335:       while (token) {
336:          argv[argc++] = token;
337:          token = strtok(NULL, space);
338:       }
339:
340:       // 没有任何输入,则继续循环
341:       if (argc == 0) {
342:          continue;
343:       }
```

```
            ......省略.....
355:        }
356:
357:        return 0;
358: }
```

在分割字符串时,使用了 strtok() 函数。该函数是 C 语言标准库中的函数,用于将字符串分割成一系列的标记(tokens),可用于解析字符串中的单词或子字符串。该函数的原型为:char * strtok(char * str,const char * delim),其参数及返回值的含义介绍如下。

- str:被分割的字符串。首次调用时,传入要被分割的字符串;之后的每次调用,传入 NULL,以指示继续分割同一字符串。
- delim:分隔符字符串,包含所有用于分隔标记的字符。例如,使用" "可以按空格分割字符串。
- 返回值:下一个标记的指针。如果没有更多标记可用,返回 NULL。

为了理解 strtok() 的工作过程,这里以 echo -n 100 hello 为例,介绍其分割过程。该处理过程如图 17.3 所示。

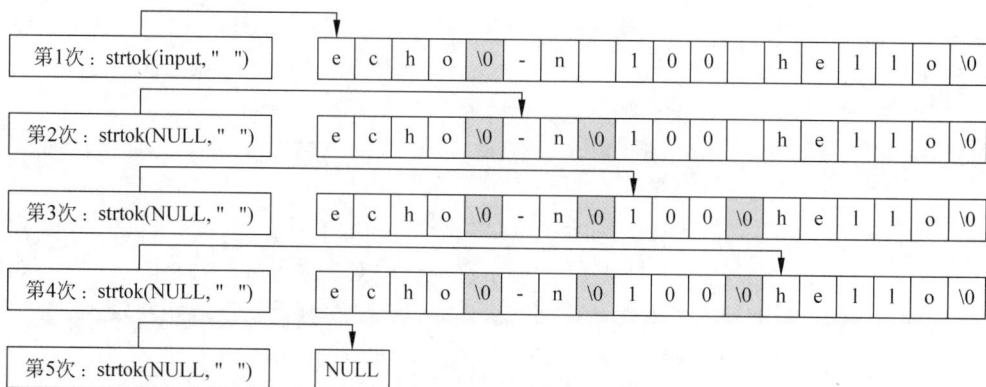

图 17.3　strtok 处理过程示例

当第 1 次使用 strtok() 时,需传入 input,strtok() 将向 input 中第一个空格所在的位置写入\0,并返回字符 e 的地址。第 2 次调用时,需传入 NULL 参数指示继续往后查找,找到下一个空格所在的位置并写入\0,并返回字符-的地址;第 3 次调用时,返回字符 1 的地址;第 4 次调用时,返回字符 h 的地址;第 5 次调用时,由于没有发现空格,返回 NULL。

可以看到,每次调用完 strtok(),都会获得一个分割后的子字符串地址,并且,在函数内部,会记录下一次扫描的起始位置。通过反复调用该函数,最终可获得 echo、-n、100、hello 字符串。

17.3.4　判断是否是内置命令

在完成字符串的解析之后,就可以从 argv[0] 取得用户输入的命令名。接下来,需要判断该命令是否是内置命令,判断方法如程序清单 17.4 所示。

程序清单 17.4　c15.01\project\shell\main.c

```
301: int main (int argc, char ** argv) {
            ......省略.....
```

```
307:        for (;;) {
           ......省略.....
346:            const cli_cmd_t * cmd = find_builtin(argv[0]);
347:            if (cmd) {
348:                run_builtin(cmd, argc, argv);
349:                optind = 1;                // getopt 需要多次调用,需要重置
350:                continue;
351:            }
352:
353:            // 找不到命令,提示错误
354:            fprintf(stderr, "Unknown command: % s\n", input);
355:        }
356:
357:        return 0;
358: }
```

在上述代码中,利用 find_builtin() 找到 argv[0] 对应的命令信息结构 cmd。如果 cmd 不为空,则说明该命令是内置命令,可以调用 run_builtin() 执行该命令;否则,使用 fprintf() 打印错误信息,提示该命令未知。此外,还有对 optind 变量设置为 1 的操作。关于 optind 的作用以及为何要设置为 1,将在后面介绍。

命令信息结构用于保存命令的相关信息,该结构的定义如程序清单 17.5 所示。在该结构中,包含了命名名称、使用方法以及用于处理命令的回调函数。

程序清单 17.5　c15.01\project\shell\main. h

```
20: typedef struct _cli_cmd_t {
21:        const char * name;                       // 命令名称
22:        const char * useage;                     // 使用方法
23:        int( * do_func)(int argc, char ** argv); // 回调函数
24: }cli_cmd_t;
```

利用命令信息结构,可以定义 cmd_list 数组,用于存放所有内置命令的信息。该数组的定义如程序清单 17.6 所示。

程序清单 17.6　c15.01\project\shell\main. c

```
29: static const cli_cmd_t cmd_list[] = {
30:        {
31:            .name = "help",
32:            .useage = "help -- list support command",
33:            .do_func = do_help,
34:        },
       ......省略其他的命令.....
65: };
```

当需要查找命令时,可以遍历 cmd_list 数组,找到同名的表项。该功能由 find_builtin() 完成,其实现如程序清单 17.7 所示。

程序清单 17.7　c15.01\project\shell\main. c

```
281: static const cli_cmd_t * find_builtin (const char * name) {
282:        for (int i = 0; i < sizeof(cmd_list) / sizeof(cmd_list[0]); i++) {
283:            const cli_cmd_t * cmd = cmd_list + i;
284:            if (strcmp(cmd -> name, name) == 0) {
```

```
285:                    return cmd;
286:                }
287:            }
288:        return (const cli_cmd_t * )0;
289: }
```

17.3.5　执行内置命令

在找到命令信息结构后,可以调用 run_builtin()执行命令。该函数的实现如程序清单 17.8 所示。在函数中,从命令信息结构中取出回调函数指针并调用,之后检查执行结果。

程序清单 17.8　c15.01\project\shell\main.c

```
294: static void run_builtin (const cli_cmd_t * cmd, int argc, char ** argv) {
295:        int ret = cmd->do_func(argc, argv);
296:        if (ret < 0) {
297:            fprintf(stderr,"error: %d\n", ret);
298:        }
299: }
```

图 17.4　help 命令执行效果

1. help 命令的实现

help 命令用于列举所有内置命令的名称和使用方法,该命令的执行效果如图 17.4 所示。

help 命令的处理由 do_help()完成,该函数的实现如程序清单 17.9 所示。在 do_help()中,遍历 cmd_list 数组中的信息结构,逐行打印各结构中的命令名称和使用方法。

程序清单 17.9　c15.01\project\shell\main.c

```
270: int do_help(int argc, char ** argv) {
271:        for (int i = 0; i < sizeof(cmd_list) / sizeof(cmd_list[0]); i++) {
272:            const cli_cmd_t * cmd = cmd_list + i;
273:            printf("%s %s\n",  cmd->name, cmd->useage);
274:        }
275:        return 0;
276: }
```

2. clear 命令的实现

clear 命令用于清空整个屏幕,并将光标上移至屏幕右上角。之后,打印命令行提示符并等待用户输入。该命令的执行效果如图 17.5 所示。

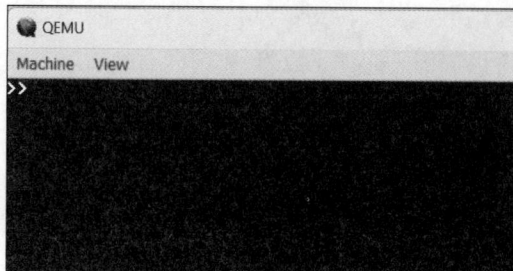

图 17.5　clear 命令执行效果

clear 命令的执行由 do_clear()完成,该函数实现如程序清单 17.10 所示。为了实现清屏操作,需要往 tty 写 CSI 2 J 序列(由 ESC_CLEAR_SCREEN 定义)。之后,再写入 CSI 0;0 H 序列(由 ESC_MOVE_CURSOR(0,0)定义),将光标位置移动到屏幕右上角。

程序清单 17.10 c15.01\project\shell\main.c

```
70: int do_clear (int argc, char ** argv) {
71:     printf("%s", ESC_CLEAR_SCREEN);          // \x1b[2J
72:     printf("%s", ESC_MOVE_CURSOR(0, 0));      // \x1b[0;0H
73:     return 0;
74: }
```

3. ls 命令的实现

ls 命令用于列出指定目录下的文件和子目录。不过,由于本书仅支持访问 FAT16 文件系统中根目录,因此,ls 仅能够列出根目录下的文件和子目录。该命令的执行效果如图 17.6 所示。

图 17.6 ls 命令执行效果

ls 命令的处理由 do_ls()完成,该函数的实现如程序清单 17.11 所示。在 do_ls()中,首先打开根目录;之后,遍历所有目录项,打印其名称、类型和大小;最后,关闭目录。

程序清单 17.11 c15.01\project\shell\main.c

```
197: int do_ls (int argc, char ** argv) {
198:     DIR * p_dir = opendir("temp");        // 参数传递任意值都行,内部未使用
199:     if (p_dir == NULL) {
200:             printf("open dir failed\n");
201:             return -1;
202:     }
203:
204:     struct dirent * entry;
205:     while((entry = readdir(p_dir)) != NULL) {
206:     strlwr(entry->name);
207:             printf("%c %s %d\n",
208:             entry->type == FILE_DIR ? 'd' : 'f',
209:             entry->name,
210:             entry->size);
211:     }
212:     closedir(p_dir);
213:     return 0;
214: }
```

4. remove 命令的实现

remove 命令用于删除指定的文件。该操作由 do_remove()完成,do_remove()的实现如程序清单 17.12 所示。在函数内部,调用 unlink()来完成删除操作。

程序清单 17.12 c15.01\project\shell\main.c

```
253: int do_remove (int argc, char ** argv) {
254:     if (argc < 2) {
255:             fprintf(stderr, "no file");
256:             return -1;
257:     }
258:
```

```
259:        int err = unlink(argv[1]);
260:        if (err < 0) {
261:            fprintf(stderr, "rm file failed: %s", argv[1]);
262:            return err;
263:        }
264:        return 0;
265: }
```

5. cp 命令的实现

cp 命令用于复制文件，即创建指定文件的副本。该操作由 do_cp()完成，do_cp()的实现见程序清单 17.13。

程序清单 17.13　c15.01\project\shell\main.c

```
219: int do_cp (int argc, char ** argv) {
220:        if (argc < 3) {
221:            puts("no [from] or no [to]");
222:            return -1;
223:        }
224:
225:        FILE * from, * to;
226:        from = fopen(argv[1], "rb");
227:        to = fopen(argv[2], "wb");
228:        if (!from || !to) {
229:            puts("open file failed.");
230:            goto ls_failed;
231:        }
232:
233:        char * buf = (char *)malloc(255);
234:        int size = 0;
235:        while ((size = fread(buf, 1, 255, from)) > 0) {
236:            fwrite(buf, 1, size, to);
237:        }
238:        free(buf);
239:
240: ls_failed:
241:        if (from) {
242:            fclose(from);
243:        }
244:        if (to) {
245:            fclose(to);
246:        }
247:        return 0;
248: }
```

文件复制的原理比较简单，只需读取源文件中的所有内容并写入目标文件。首先，使用 fopen()打开源文件和目标文件；之后，在循环中使用 fread()读取源文件数据到缓存，再调用 fwrite()将缓存中的数据写入目标文件；最后，关闭源文件和目标文件。

图 17.7　echo 命令执行效果

6. echo 命令的实现

1) echo 的实现

echo 命令用于回显字符串，即将指定的字符串重复打印多次。该命令的执行效果如图 17.7 所示。

该命令的执行由 do_echo()完成，do_echo()的实现如程序清单 17.14 所示。

程序清单 17.14　c15.01\project\shell\main.c

```
 79: int do_echo (int argc, char ** argv) {
 80:     // 只有一个参数,需要先手动输入,再输出
 81:     if (argc == 1) {
 82:         char msg_buf[128];
 83:         fgets(msg_buf, sizeof(msg_buf), stdin);
 84:         puts(msg_buf);
 85:         return 0;
 86:     }
 87:
 88:     // optind 是下一个要处理的元素在 argv 中的索引
 89:     // 当没有选项时,变为 argv 第一个不是选项元素的索引
 90:     int count = 1;                   // 缺省只打印一次
 91:     int ch;
 92:     while ((ch = getopt(argc, argv, "n:h")) != -1) {
 93:         switch (ch) {
 94:             case 'h':
 95:                 puts("echo echo any message");
 96:                 puts("Usage: echo [-n count] msg");
 97:                 return 0;
 98:             case 'n':
 99:                 count = atoi(optarg);
100:                 break;
101:             case '?':
102:                 if (optarg) {
103:                     fprintf(stderr, "Unknown option: -%s\n", optarg);
104:                 }
105:                 return -1;
106:         }
107:     }
108:
109:     // 索引已经超过了最后一个参数的位置,意味着没有传入要发送的信息
110:     if (optind > argc - 1) {
111:         fprintf(stderr, "Message is empty \n");
112:         return -1;
113:     }
114:
115:     // 循环打印消息
116:     char * msg = argv[optind];
117:     for (int i = 0; i < count; i++) {
118:         puts(msg);
119:     }
120:     return 0;
121: }
```

在该函数中,首先检查参数个数。如果发现只有一个参数,即用户只输入了 echo,没有要打印的字符串,那么,等待用户输入,再进行打印。如果带有其他参数,则使用 getopt() 对参数列表进行解析,解析出其中的选项与值。如果发现其中有-h 选项,则打印出命令的使用方法后立即退出;如果有-n 选项,则将选项后面的数字字符串利用 atoi() 转换成整数并存储至 count。

在解析完选项之后,通过 optind＞argc － 1 检查是否有需要打印的字符串。如果没有,则立即退出;否则,使用循环按照选项的要求,将字符串打印指定次数。

在上述代码中,getopt()函数对于命令行中选项的解析发挥了至关重要的作用。接下来,将给出 getopt()的使用方法说明。

2) getopt()介绍

getopt()不是 C 语言标准库中的函数,而是 Newlib 额外提供的函数,主要用于解析命令行参数中的选项。所谓的选项,是指用于修改程序行为或配置的命令行参数,通常以短格式(破折号-加字母,如-a)形式出现。

该函数的原型为: int getopt(int argc,char ＊ const argv[],const char ＊ optstring),参数和返回值说明如下:

(1) 参数

① argc:命令行参数个数。

② argv:命令行参数指针数组。

③ optstring:解析的选项配置。例如,"abc" 表示要解析三种类型选项: -a、-b 和-c。如果某个选项后跟:,则表示该选项需要一个额外的值。

(2) 返回值

① ?:表示解析到未知的选项。

② －1:表示所有选项已经处理完毕。

③其他:表示解析到有效的选项字符。

在解析过程中,还会用到两个内置的全局变量:optind 和 optarg。optind 用于跟踪当前解析的位置。在遍历之前,optind 指向 argv 数组中下一个要处理的元素的索引,其初值始默认为 1,即跳过 argv[0],从 argv[1]开始。

当 getopt()完成所有选项的解析后,optind 指向 argv 中第一个非选项参数。optarg 用于存储当前选项的值。由于 getopt()会在每次用户输入命令后调用,而在解析完之后,optind 的值并不恢复为 1,因此,在前面的内容中可以看到:当 find_builtin()找到内置命令后,需要通过 optind = 1 语句,将该变量值重新设置为 1。

3) 使用 getopt()解析 echo 参数

这里以 echo -n 5 hello,world 为例,分析 getopt()对该选项的解析过程。

在 do_less()中,使用了 getopt(argc,argv,"n:h")对 argv 中的参数列表进行解析。其中,n:h 表示要解析-n 和-h 选项,并且-n 选项带有值。

(1) 在 do_less()刚开始执行时,optind 初始值为 1,即跳过 echo,从-n 开始解析。

(2) 第 1 次执行 getopt():找到-n 选项。getopt()返回字符 n,optind 等于 3(下一个要处理的参数索引,即 hello,world),且 optarg 指向字符串 5。通过 atoi(optarg),将该字符串转换为要打印的次数。

(3) 第 2 次执行 getopt():由于没有选项,返回－1。optind 保持原值 3。

(4) 由于还有其他参数(optind＜argc － 1),可知该参数便是要打印的字符串(位于 argv[optind])。

通过上述解析过程,可以得知:需要将字符串 hello,world 连续打印 5 次。

7. less 命令的实现

1) less 的实现

less 命令用于将指定文件的内容以字符串的形式打印出来。该函数主要用于文本文件的打印,共支持两种打印模式:全部打印和行打印。

默认情况下,采用全部打印模式,也就是将文件内容一次性全部读出并打印。如果带有-l 选项,则采用行打印,即每次只打印一行,如果用户按下 n 键,则继续打印下一行。在行打印模式下,打印效果如图 17.8 所示。

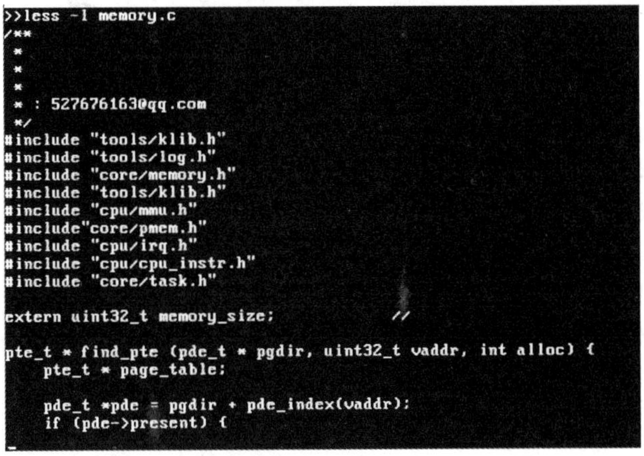

图 17.8 less 命令执行效果

less 命令的执行由 do_less()完成,该函数的实现如程序清单 17.15 所示。在函数内部,首先利用 getopt()解析选项,检查是否采用行打印模式,如果是,将 line_mode 设置为1。之后,进行打印。在打印完成后,释放资源并关闭文件。

程序清单 17.15 c15.01\project\shell\main.c

```
126: int do_less (int argc, char ** argv) {
127:     int line_mode = 0;
128:
129:     int ch;
130:     while ((ch = getopt(argc, argv, "lh")) != -1) {
131:         switch (ch) {
132:             case 'h':
133:                 puts("show file content");
134:                 puts("less [-l] file");
135:                 puts("-l show file line by line.");
136:                 break;
137:             case 'l':
138:                 line_mode = 1;
139:                 break;
140:             case '?':
141:                 if (optarg) {
142:                     fprintf(stderr, "Unknown option: -%s\n", optarg);
143:                 }
144:                 return -1;
145:         }
146:     }
```

```
147:
148:        // 索引已经超过了最后一个参数的位置,意味着没有传入要发送的信息
149:        if (optind > argc - 1) {
150:            fprintf(stderr, "no file\n");
151:            return -1;
152:        }
153:
154:        FILE * file = fopen(argv[optind], "r");
155:        if (file == NULL) {
156:            fprintf(stderr, "open file failed. %s", argv[optind]);
157:            return -1;
158:        }
159:
160:        char * buf = (char *)malloc(255);
161:
162:        if (line_mode == 0) {
163:            while (fgets(buf, 255, file) != NULL) {
164:                fputs(buf, stdout);
165:            }
166:        } else {
167:            // 不使用缓存,这样能直接立即读取到输入而不用等回车
168:            setvbuf(stdin, NULL, _IONBF, 0);
169:            ioctl(0, TTY_CMD_ECHO, 0, 0);
170:            while (1) {
171:                char * b = fgets(buf, 255, file);
172:                if (b == NULL ) {
173:                    break;
174:                }
175:                fputs(buf, stdout);
176:
177:                int ch;
178:                while ((ch = fgetc(stdin)) != 'n') {
179:                    if (ch == 'q') {
180:                        goto less_quit;
181:                    }
182:                }
183:            }
184:    less_quit:
185:        // 恢复为行缓存
186:            setvbuf(stdin, NULL,_IOLBF, BUFSIZ);
187:            ioctl(0, TTY_CMD_ECHO, 1, 0);
188:        }
189:        free(buf);
190:        fclose(file);
191:        return 0;
192: }
```

在解析完选项之后,根据不同的打印模式做不同的处理。

- 全部打印:不断使用 fgets() 读取文件,再使用 fputs() 打印,直至所有内容打印完毕。

- 行打印:每次仅打印一行,等待按下 N 键后打印下一行;如果按下 Q 键,则退出。

在行打印过程中,调用了 ioctl() 和 setvbuf()。之所以使用 ioctl(),是希望用户按下按

键 N 时,不回显字符 n,以避免该字符与文件内容混合显示。而之所以使用 setvbuf(),是希望 fgetc()能够立即取得键值而不是等待用户按下回车键。

2) setvbuf()的作用

由于 C 语言标准库对文件流施加的缓冲处理机制,缺省情况下,fgetc()不会立即返回,而是等待用户按下回车键。这就导致在行打印模式下,用户必须依次按下 N 键和回车键,才能继续显示下一行。

为解决该问题,需要使用 setvbuf()修改 stdin 的缓冲模式。该函数的原型为:int setvbuf(FILE * stream,char * buf,int mode,size_t size)。对于 stdin 而言,其参数说明如下。

(1) stream:指向 FILE 对象的指针,表示要设置缓冲的文件流。

(2) buf:指向用户提供的缓冲区。如果传递 NULL,则内部自动分配缓冲区。

(3) mode:指定缓冲模式,可以是以下三种之一。

① _IOFBF:全缓冲模式。数据在缓冲区满了后才从标准输入流中读取。

② _IOLBF:行缓冲模式。数据在遇到换行符(用户按下回车键)时从缓冲区读取。

③ _IONBF:无缓冲模式。不使用缓冲区,数据立即从标准输入流中读取,不需要等待用户按下回车键。

(4) size:缓冲区的大小,以字节为单位(如果 mode 为_IONBF,此参数会被忽略)。

根据上述内容可知,我们需要在打印前将 stdin 设置为无缓冲模式(_IONBF);在打印结束之后,恢复为默认的行缓冲模式(_IOLBF)。

17.4　运行效果

在完成上述所有代码的编写之后,启动工程运行。当 shell 开始运行时,屏幕上将显示命令行提示符≫,shell 开始等待用户输入。此时,可以输入内置命令名及参数,请求 shell 执行不同的操作。可以看到,在 shell 中执行 help 命令的效果如图 17.9 所示。

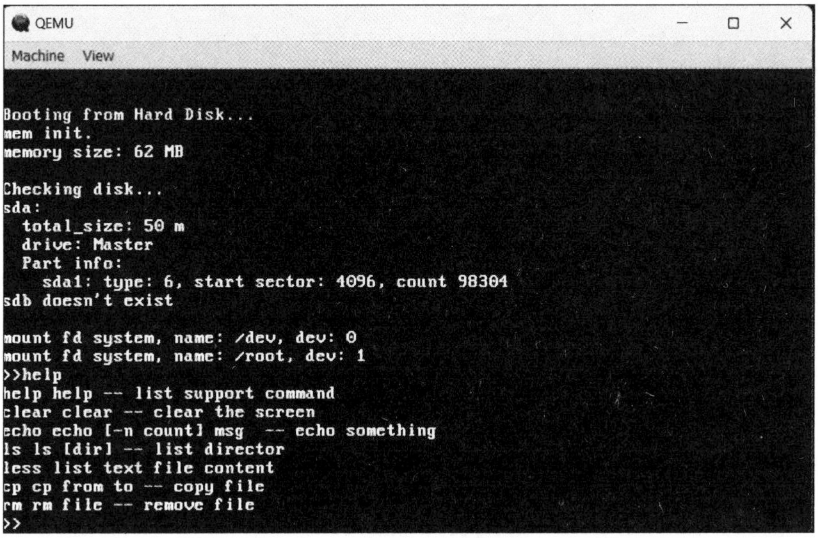

图 17.9　shell 运行效果

17.5　本章小结

本章主要介绍了命令行解释器 shell 的实现。shell 是系统中第一个可与用户进行交互的应用程序。用户可以向其输入命令及参数,请求 shell 完成指定的操作。

shell 的实现比较简单,主要借助系统调用以及 C 语言标准库中的函数来完成。目前,shell 提供的功能较少,仅支持若干内置命令。在下一章中,将允许 shell 加载外部应用程序执行,从而在不修改 shell 的前提下扩展其功能。

第**18**章

进程的创建与退出

除了支持执行内置命令外，shell 还需支持加载可执行程序运行。通过这种方式，有助于减少 shell 的功能复杂度和代码量。当需要新增功能时，无须对 shell 做任何修改，只需要创建新的应用程序并放到硬盘上即可。

本章将进一步增强 shell 的功能。首先，增加 fork() 的系统调用，使得 shell 能够创建子进程；第二，增加 execve() 系统调用，支持加载应用程序执行；第三，增加 wait() 和 exit() 系统调用，支持进程的退出和资源回收。

18.1 创建测试工程

为方便测试，需要创建一个新的应用程序。该应用程序名为 loop，提供与 echo 命令完全相同的功能。

18.1.1 创建工程结构

loop 工程的创建与 shell 工程的创建类似。可以简单地将 shell 工程复制一份，修改目录名为 loop。修改完成之后，整个工程组织结构如图 18.1 所示。

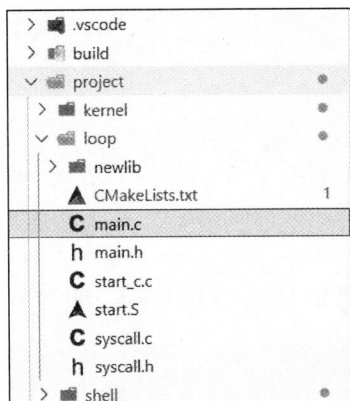

图 18.1 loop 工程组织结构

打开 loop/main.c 文件,将 shell 代码中的 do_echo()函数体复制至 main(),修改结果如程序清单 18.1 所示。

程序清单 18.1　c16.01\project\loop\main.c

```
16: int main (int argc, char ** argv) {
17:     if (argc == 1) {
18:         char msg_buf[128];
19:
20:         fgets(msg_buf, sizeof(msg_buf), stdin);
21:         msg_buf[sizeof(msg_buf) - 1] = '\0';
22:         puts(msg_buf);
23:         return 0;
24:     }
25:
26:     int count = 1;                    // 缺省只打印一次
27:     int ch;
28:     while ((ch = getopt(argc, argv, "n:h")) != -1) {
29:         switch (ch) {
30:             case 'h':
31:                 puts("echo echo any message");
32:                 puts("Usage: echo [ - n count] msg");
33:                 return 0;
34:             case 'n':
35:                 count = atoi(optarg);
36:                 break;
37:             case '?':
38:                 if (optarg) {
39:                     fprintf(stderr, "Unknown option: - % s\n", optarg);
40:                 }
41:                 return -1;
42:         }
43:     }
44:
45:     // 索引已经超过了最后一个参数的位置,意味着没有传入要发送的信息
46:     if (optind > argc - 1) {
47:         fprintf(stderr, "Message is empty \n");
48:         return -1;
49:     }
50:
51:     // 循环打印消息
52:     char * msg = argv[optind];
53:     for (int i = 0; i < count; i++) {
54:         puts(msg);
55:     }
56:     return 0;
57: }
```

接下来,还需要修改顶层的 CMakeLists.txt 文件,使得 CMake 识别该工程,修改结果见程序清单 18.2。

程序清单 18.2　c16.01\CMakeLists.txt

```
21: add_subdirectory(./project/kernel)
22: add_subdirectory(./project/shell)
23: add_subdirectory(./project/loop)
```

之后，修改 loop 工程的 CMakeLists.txt，配置工程名称为 loop。对于链接参数，建议修改-Text 中的地址，使其与 shell 的不同（只需在 0x80000000 以上，如 0x81000000）。修改结果如程序清单 18.3 所示。

程序清单 18.3 c16.01\project\loop\CMakeLists.txt

```
25: project(loop LANGUAGES C)
          ······省略·····
32: set(CMAKE_EXE_LINKER_FLAGS "-m elf_i386  -e _start  -Ttext = 0x81000000 -L
    ${PROJECT_SOURCE_DIR}/newlib/i686-elf/lib -lm -lc")
```

之所以要修改链接参数，主要是为了方便调试。在调试过程中，GDB 会根据 EIP 寄存器中的地址值，在工程中找该地址对应的源码行。如果 shell 与 loop 的起始地址均为 0x80000000，当 CPU 在 0x80000000 处停下来时，GDB 将无法判断当前运行的究竟是 shell 还是 loop。这就导致在 VSCode 界面中，不能准确地定位显示在哪行源码处停下。

因此，如果希望能够正常调试 shell 和 loop，需要让 shell 和 loop 的起始地址不同，避免出现重叠的情况。当然，如果无须进行调试，则二者的地址可以设置为相同。

最后，还需要配置 launch.json，告知 GDB 支持调试 loop.elf，修改效果如程序清单 18.4 所示。注意，配置项中的地址也需要调整为 0x81000000。

程序清单 18.4 c16.01\.vscode\launch.json

```
19:            "postRemoteConnectCommands": [
                   ······省略·····
25:                {
26:                    "text": "add-symbol-file ./build/project/loop/loop.elf 0x81000000",
27:                    "ignoreFailures": false
28:                },
29:            ],
```

18.1.2 编译结果分析

构建工程，在 workspace 目录下将新生成若干文件，这些文件如图 18.2 所示。其中，loop.elf 为 ELF 格式的可执行程序。当我们在 shell 中执行 loop.elf 命令时，操作系统将加载 loop.elf 到内存中执行。

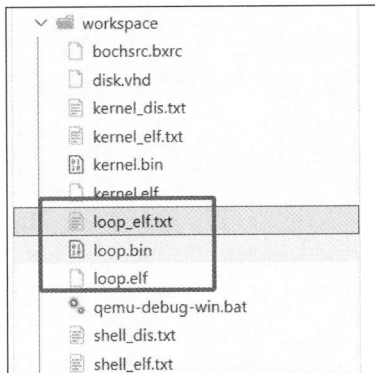

图 18.2 loop 工程构建结果

shell 作为普通的应用程序,没有权限调用 load_elf_file() 等函数来加载生成的 loop.elf。在接下来的内容中,我们将新增若干系统调用来解决该问题。

18.2 利用 fork() 创建子进程

如果 loop.elf 被加载到内存中,操作系统需要创建进程来执行。对于进程的创建,这里参考 Linux 等系统的做法,通过 fork() 系统调用来完成。

18.2.1 fork() 简介

在 Linux 等系统中,fork() 是一个非常重要的系统调用,可用于创建子进程。该函数的原型为 pid_t fork(void),返回值含义如下。

- 在父进程中,返回新创建的子进程的 pid,该值大于 0。
- 在子进程中,返回 0。
- 如果创建失败,返回 −1。

其中,pid 是整数,用于唯一标识一个进程。为了更好地理解 fork() 的使用,下面给出了使用示例,该示例代码如程序清单 18.5 所示。

程序清单 18.5　fork() 系统调用示例

```
 1: int main() {
 2:     int cnt = 0;
 3:     pid_t pid = fork();
 4:     if (pid < 0) {
 5:         perror("fork failed");
 6:         return −1;
 7:     } else if (pid == 0) {
 8:         // 子进程
 9:         printf("Child process.\n");
10:         cnt = 2;
11:     } else {
12:         // 父进程
13:         printf("Parent process.\n", pid);
14:         cnt = 3;
15:     }
16:     return 0;
17: }
```

在使用 fork() 后,程序的执行流程将变得有些不同,该执行流程如图 18.3 所示。
整个程序的执行流程详细说明如下。

- 当程序开始运行时,操作系统创建父进程执行 main()。在 main() 中,cnt 的值被初始化为 0。
- 父进程调用 fork(),操作系统创建一个子进程。此时,父进程和子进程各自独立运行,互不干扰。
  - 父进程从 fork() 返回,发现 pid 大于 0,认为子进程创建成功。之后,打印 Parent process 以及子进程的 pid,并将 cnt 的值修改为 3。
  - 子进程从 fork() 返回,发现 pid 等于 0,知道自己是子进程。之后,打印 Child process.,并将 cnt 的值修改为 2。

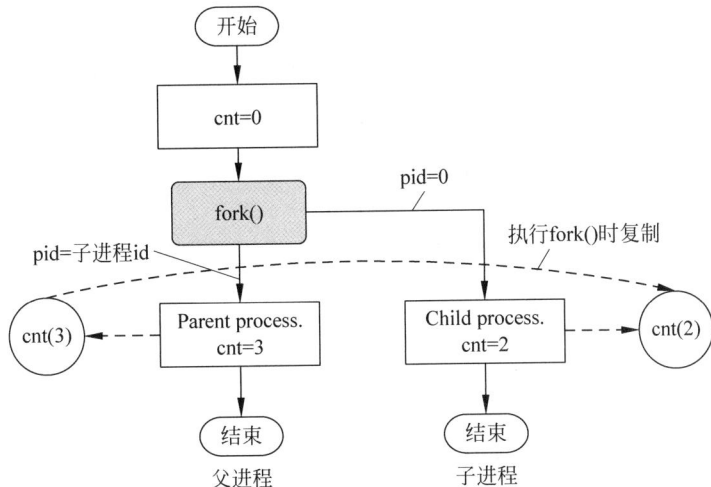

图 18.3　fork()执行效果

通过分析上述执行流程,可以发现两点比较有意思的地方。

(1) 子进程拥有和父进程完全相同的程序代码。子进程并没有执行其他程序,而是从fork()返回并往下执行。通常情况下,子进程需要完成与父进程不同的工作,因此,通过检查 pid 是否为 0,使得这两个进程分别执行不同的代码块。

(2) 子进程拥有和父进程完全相同的变量副本。子进程访问的 cnt 变量,并不是父进程中的 cnt 变量,而是其副本。这两个进程对各自同名的 cnt 变量进行写入,互不干扰。最终,在父进程中,cnt 的值为 3;而在子进程中,cnt 的值为 2。

综上所述,可以将 fork()的作用看作是对进程进行"克隆"。这种克隆并非创建一个全新的进程,而是基于进程的当前运行状态来进行创建。这将导致创建出来的子进程不仅拥有与父进程完全相同的代码,也拥有完全相同的名称和值的变量数据。如果父进程已经打开了某些文件,那么,当子进程开始运行时,这些文件在子进程中也处于已经打开的状态。

18.2.2　实现原理

我们知道,进程由若干部分组成:进程控制块、寄存器值列表、打开文件列表以及进程地址空间。如果要对进程进行复制,只需要基于这几部分创建相应的副本,就能创建出所需的子进程。这种方法的实现原理如图 18.4 所示。

根据图 18.4 所示,需要完成以下几项工作。

- 为子进程分配新的进程控制块。
- 复制父进程中已打开的文件列表。
- 复制寄存器值列表,对其中的部分寄存器值进行必要的调整。
- 复制父进程的地址空间,使子进程拥有与父进程完全相同的代码和数据。

接下来,我们将根据以上内容,逐步实现 fork()系统调用。

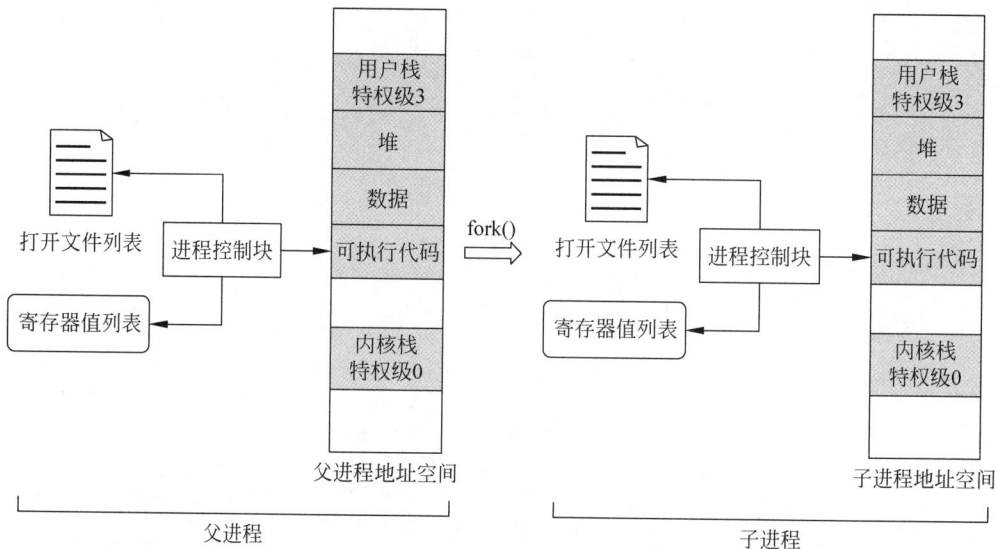

图 18.4 fork()工作原理

18.2.3 实现 fork()系统调用

1. 增加系统调用接口

首先,需要增加 fork()系统调用接口,该接口的实现如程序清单 18.6 所示。之后,还需要增加系统调用号 SYS_fork、注册处理函数 sys_fork()等。这些步骤与其他系统调用的添加方法相同,此处不再赘述。

程序清单 18.6 c16.02\project\shell\syscall.c

```
37: int fork(void) {
38:     return __syscall(SYS_fork, 0, 0, 0, 0);
39: }
```

2. 分配进程控制块

为了给子进程分配进程控制块,需要增加 alloc_task()函数。该函数的实现如程序清单 18.7 所示。在函数内部,遍历进程控制块数组 task_table,找到一个空闲项后返回。与此同时,还实现了释放接口 free_task()。

程序清单 18.7 c16.02\project\kernel\core\task.c

```
354: static task_t * alloc_task (void) {
355:     task_t * task = (task_t *)0;
356:
357:     irq_state_t state = irq_enter_protection();
358:     for (int i = 0; i < TASK_NR; i++) {
359:         task_t * curr = task_table + i;
360:         if (curr -> name[0] == 0) {
361:             task = curr;
362:             break;
363:         }
364:     }
365:     irq_leave_protection(state);
```

```
366:        return task;
367: }
368:
372: static void free_task (task_t * task) {
373:        irq_state_t state = irq_enter_protection();
374:        task->name[0] = 0;
375:        irq_leave_protection(state);
376: }
```

3. 复制文件列表

子进程需要拥有和父进程相同的打开文件列表。针对这一需求，我们可以参考 dup() 的实现原理，通过增加文件的引用计数来完成。该功能由 copy_opened_files() 实现，该函数的实现代码如程序清单 18.8 所示。

程序清单 18.8   c16.02\project\kernel\core\task.c

```
400: static void copy_opened_files(task_t * child_task) {
401:        task_t * parent = task_current();
402:
403:        for (int i = 0; i < TASK_FILE_CNT; i++) {
404:            file_t * file = parent->file_table[i];
405:            if (file) {
406:                file_inc_ref(file);
407:                child_task->file_table[i] = parent->file_table[i];
408:            }
409:        }
410: }
```

在上述函数中，遍历父进程所有已打开的文件，使用 file_inc_ref() 增加引用计数，并将文件结构指针复制到子进程中。

4. 复制进程地址空间

子进程需要拥有与父进程完全相同的代码和数据。针对这一需求，需要对父进程的地址空间进行完整地复制。该项工作由 memory_copy_pgdir() 完成，该函数的实现如程序清单 18.9 所示。其中，参数 dst_pgdir 为子进程的页目录表地址，参数 from_pgdir 为父进程的页目录表地址。

程序清单 18.9   c16.02\project\kernel\core\memory.c

```
144: int memory_copy_pgdir (uint32_t dst_pgdir, uint32_t from_pgdir) {
145:        // 遍历用户空间页目录项
146:        int start = pde_index(MEMORY_TASK_BASE);
147:        pde_t * pde = (pde_t *)from_pgdir + start;
148:        for (int i = start; i < PDE_CNT; i++, pde++) {
149:            if (!pde->present) {
150:                continue;
151:            }
152:
153:            // 遍历页表
154:            pte_t * pte = (pte_t *)pde_paddr(pde);
155:            for (int j = 0; j < PTE_CNT; j++, pte++) {
156:                if (!pte->present) {
157:                    continue;
```

```
158:               }
159:
160:               uint32_t page = pmem_alloc();
161:               if (page == 0) {
162:                   return - 1;
163:               }
164:
165:               // 建立映射关系
166:               uint32_t vaddr = (i << 22) | (j << 12);
167:               int err = memory_create_map((pde_t *)dst_pgdir, vaddr, page, 1, get_pte_
               perm(pte));
168:               if (err < 0) {
169:                   pmem_free(page);
170:                   return - 1;
171:               }
172:
173:               // 复制内容
174:               kernel_memcpy((void *)page, (void *)vaddr, MEM_PAGE_SIZE);
175:           }
176:       }
177:   return 0;
178: }
```

在复制过程中,并没有从 0 地址开始,主要原因在于:在任意进程创建时,memory_create_pgdir()会将地址 0x80000000 以下的区域进行恒等映射。这样一来,这些区域的内容对所有进程而言是完全相同的,不需要进行复制。而对于地址 0x80000000 以上的区域,由于应用程序的不同,其内容也是不同的,因此,需要从该地址开始检查并复制。

在函数内部中,遍历父进程的所有页表项,当发现页表项有效时,调用 pmem_alloc()为子进程分配一个物理页 page。之后,调用 memory_create_map()将该物理页与当前表项对应的虚拟地址 vaddr 建立映射。最后,利用 kernel_memcpy()将父进程虚拟页 vaddr 中的内容复制到子进程虚拟页 page 中。

注意,在使用 kernel_memcpy()时,同样利用了恒等映射机制。从表面上看,page 是一个物理地址,但实际上,page 是父进程中的一个虚拟地址。

注:当父进程使用了比较大的内存时,上述复制过程将变得耗时。可以考虑采取延迟加载等技术,从而避免一次性完成所有的复制工作。如有兴趣,可自行实现。

5. 实现 sys_fork()

fork()系统调用的处理函数为 sys_fork(),sys_fork()的实现如程序清单 18.10 所示。

程序清单 18.10   c16.02\project\kernel\core\task.c

```
416: int sys_fork (void) {
417:     task_t * parent_task = task_current();
418:
419:     // 分配任务结构
420:     task_t * child_task = alloc_task();
421:     if (child_task == (task_t *)0) {
422:         goto fork_failed;
423:     }
424:
```

```
425:        exception_frame_t * frame = (exception_frame_t *)(parent_task->tss.esp0 -
            sizeof(exception_frame_t));
426:
427:        // 对子进程进行初始化,并对必要的字段进行调整
428:        // 其中 esp 要减去系统调用的总参数字节大小,因为其是通过正常的 ret 返回,而没有
            走系统调用处理的 ret(参数个数返回)
429:        int err = task_create(child_task,  parent_task->name,
430:                                   0, frame->eip, frame->esp3);
431:        if (err < 0) {
432:              goto fork_failed;
433:        }
434:
435:        // 复制打开的文件
436:        copy_opened_files(child_task);
437:
438:        // 从父进程的栈中取部分状态,然后写入 tss
439:        // 注意检查 esp、eip 等是否在用户空间范围内,不然会造成 page_fault
440:        tss_t * tss = &child_task->tss;
441:        tss->eax = 0;                              // 子进程返回 0
442:        tss->ebx = frame->ebx;
443:        tss->ecx = frame->ecx;
444:        tss->edx = frame->edx;
445:        tss->esi = frame->esi;
446:        tss->edi = frame->edi;
447:        tss->ebp = frame->ebp;
448:        tss->cs = frame->cs;
449:        tss->ds = frame->ds;
450:        tss->es = frame->es;
451:        tss->fs = frame->fs;
452:        tss->gs = frame->gs;
453:        tss->eflags = frame->eflags;
454:
455:        child_task->parent = parent_task;
456:        child_task->heap_start = parent_task->heap_start;
457:        child_task->heap_end = parent_task->heap_end;
458:
459:        // 复制父进程的内存空间到子进程
460:        if (memory_copy_pgdir(child_task->tss.cr3, parent_task->tss.cr3) < 0) {
461:            goto fork_failed;
462:        }
463:        // 创建成功,返回子进程的 pid
464:        task_start(child_task);
465:        return child_task->pid;
466: fork_failed:
467:        if (child_task) {
468:              task_uninit (child_task);
469:              free_task(child_task);
470:        }
471:      return -1;
472: }
```

sys_fork()的实现较为复杂,主要完成以下几项工作:

(1) 调用 alloc_task()分配进程控制块,并通过 task_create()进行初始化。

（2）调用 copy_opened_files() 复制父进程中已打开的文件列表。

（3）复制父进程的寄存器值列表，并对部分寄存器值进行调整。

（4）调整进程控制块中的 parent 字段，建立父子关系；复制堆相关的字段。

（5）调用 memory_copy_pgdir() 复制进程的地址空间。

（6）调用 task_start() 将进程控制块加入至就绪队列。

（7）返回进程 pid。

在上述各项工作中，有部分工作涉及子进程初始运行状态的设置。该部分设置较为复杂，将在接下来的内容中详细说明。

1）初始化任务控制块

当调用 task_create() 时，传入了参数 frame->eip 和 frame->esp3。这两个参数分别用于指定子进程执行的入口地址和栈顶指针。至于为何要传入这两个值，可以借助图 18.5 来理解。

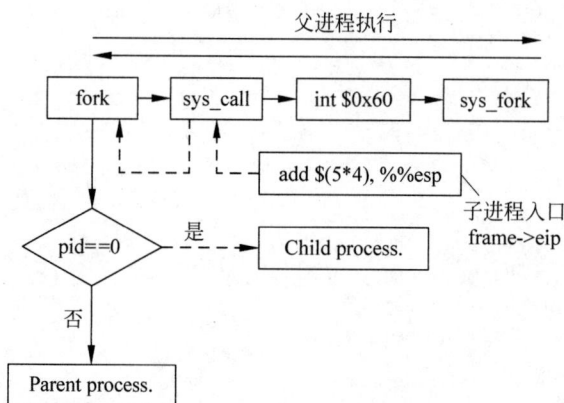

图 18.5　父进程与子进程执行流程

如图 18.5 中实线箭头所示，父进程在调用 fork() 后，按照正常的系统调用流程执行。在执行完 sys_fork() 后，父进程一步步返回，最终从 fork() 中退出。而子进程开始执行时，它并不是从 ELF 文件中指定的入口地址执行，而是要从 fork() 返回。

那么，如何实现子进程从 fork() 返回？也许，可以将 fork() 内部的某个地址传递给子进程，但是，这很难做到。不过，我们可以在 sys_fork() 中，通过 frame->eip 获取父进程的返回地址。该地址为 int $0x60 指令的下一条指令(add $(5 * 4),%%esp)的地址。如果将该指令作为子进程的入口地址，那么，子进程的执行流程如图 18.5 中虚线所示。首先，执行 add $(5 * 4),%%esp 指令；之后，从 sys_call() 返回；最后，从 fork() 返回。

也就是说，对于子进程而言，它像是刚执行完 fork() 的系统调用，只不过获得的返回值为 0。

由于子进程执行的第一条指令为 add $(5 * 4),%%esp，以及子进程的运行状态应当与父进程完全相同，因此，在退出 sys_fork() 之前，需要将栈顶指针设置成和父进程相同，即使用 frame->esp。这样一来，当子进程执行 add $(5 * 4),%%esp 指令时，栈顶指针能够指向正确的位置，保证子进程能够顺利地从 fork() 中返回并执行后续的程序。

2）寄存器列表初始化

对于子进程的各寄存器值，也应当与父进程执行 add $(5 * 4),%%esp 指令时的值相同。为实现这点,可以从 frame 中复制值到子进程的 TSS。不过,由于 fork()返回值为 0,因此,TSS 的 eax 值需要设置为 0。

18.2.4 实现 getpid()系统调用

除 fork()之外,还可以新增 getpid()系统调用。该系统调用用于获取当前进程的 pid,其实现如程序清单 18.11 所示。

程序清单 18.11 c16.02\project\kernel\core\task.c

```
41: int getpid(void) {
42:     return __syscall(SYS_getpid, 0, 0, 0, 0);
43: }
```

getpid()的处理函数为 sys_getpid(),其实现如程序清单 18.12 所示。在该函数中,返回当前进程控制块的 pid 字段值。

程序清单 18.12 c16.02\project\kernel\core\task.c

```
766: int sys_getpid (void) {
767:     task_t * curr_task = task_current();
768:     return curr_task -> pid;
769: }
```

18.2.5 运行效果

在完成上述代码之后,可以在 shell 中添加一小段测试代码,以验证是否能创建子进程。该测试代码如程序清单 18.13 所示。

程序清单 18.13 c16.02\project\shell\main.c

```
301: int main (int argc, char ** argv) {
      ......省略......
306:     int cnt = 0;
307:     int pid = fork();
308:     if (pid == 0) {
309:         for (;;) {
310:             printf("child: pid % d, % d\n", getpid(), cnt++);
311:             msleep(500);
312:         }
313:     } else if (pid < 0) {
314:         printf("fork failed.\n");
315:     } else {
316:         for (;;) {
317:             printf("parent: pid % d, % d\n", getpid(), cnt++);
318:             msleep(1000);
319:         }
320:     }
```

启动程序运行,可以看到:有两个进程在运行。父进程和子进程分别每隔 1000ms 和 500ms 打印各自的 cnt 值。两个进程的打印效果如图 18.6 所示。

通过打印结果可以发现,虽然这两个进程都对 cnt 进行了修改,但是,彼此互不干扰。这说明两个进程都有各自的 cnt 变量。

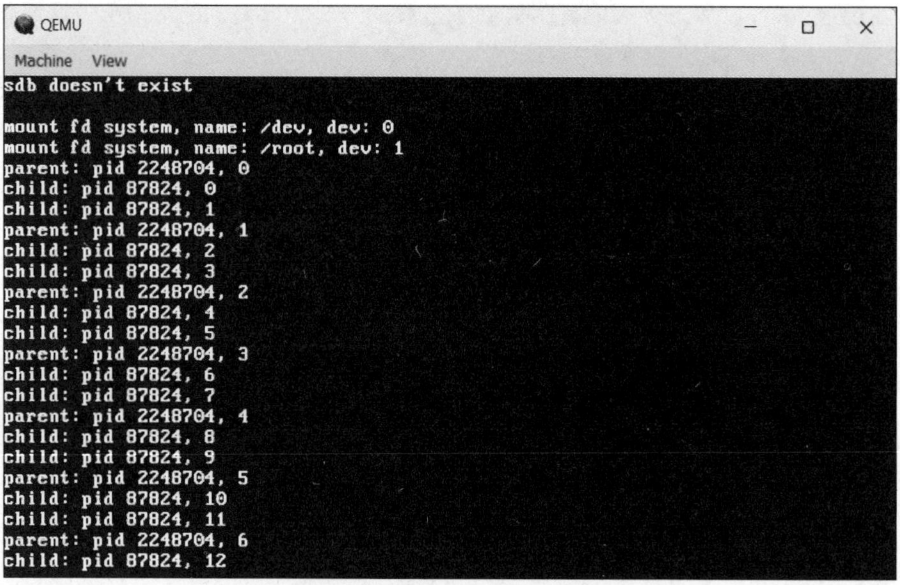

图 18.6　fork()程序执行效果

18.3　利用 execve()加载可执行程序

利用 fork()系统调用,仅能创建子进程。不过,该子进程只能执行和父进程相同的程序。接下来,我们将实现 execve()系统调用,该系统调用可加载可执行程序到内存中执行。

18.3.1　execve 简介

在 Linux 等系统中,execve()系统调用可实现用新程序替换当前进程的内容。也就是说,在保持进程不变的情况下,当前进程的代码和数据被替换为新程序的代码和数据,并从新程序的入口地址开始运行。可以简单地认为:进程改头换面,重新开始执行。

execve()的函数原型为:int execve(const char * pathname,char * const argv[],char * const envp[])。其参数说明如下。

- pathname:可执行程序的路径。
- argv[]:传递给程序的参数列表。
- envp[]:传递给程序的环境变量列表(本书未用)。

该系统调用如果执行失败,则返回 -1;如果执行成功,进程转而执行新程序,导致该系统调用永远不会返回。

为了更好地理解该系统调用的功能,下面给出了一个示例,该示例代码如程序清单 18.14 所示。在程序中,使用 execve()加载/bin/ls 程序执行。如果加载成功,/bin/ls 会立即运行,而 return 0;语句永远得不到执行。

程序清单 18.14　execve 使用示例

```
1: int main() {
2:     char * argv[] = { "/bin/ls", "-l", NULL };
3:     char * envp[] = { NULL };
```

```
4:        if (execve("/bin/ls", argv, envp) == -1) {
5:            perror("execve failed");
6:        }
7:
8:        return 0;
9: }
```

18.3.2 实现原理

与 task_shell_create() 的实现原理类似，execve() 也需要将可执行程序加载至内存，并且传递运行参数。该系统调用的工作原理如图 18.7 所示。

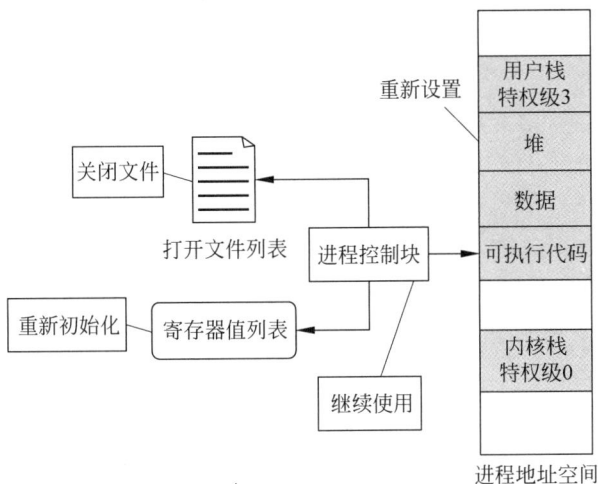

图 18.7 execve() 执行原理

不过，由于 execve() 被应用程序调用，因此，它的实现与 task_shell_create() 在某些方面有所不同。具体而言，execve() 需要完成以下几项工作。

（1）无须分配进程控制块，继续使用当前进程的进程控制块。

（2）需要关闭已经打开的文件。对于文件描述符 0～2，可以选择保留，使得新程序可直接使用 printf() 等函数。

（3）寄存器列表值应当按照新程序的要求重新初始化。

（4）进程地址空间需要根据新程序的运行要求重新设置。

18.3.3 实现 execve() 系统调用

1. 增加系统调用接口

execve() 的实现如程序清单 18.15 所示。关于系统调用号的定义以及处理函数的注册，为简化篇幅，此处不作介绍。

程序清单 18.15 c16.03/project/shell/syscall.c

```
49: int execve(const char * name, char * const * argv, char * const * env) {
50:     return __syscall(SYS_execve, name, argv, env, 0);
51: }
```

2. 关闭已经打开的文件

对于已经打开的文件,可以使用 close_opend_files()关闭。该函数的实现如程序清单 18.16 所示。

程序清单 18.16   c16.03/project/kernel/core/task.c

```
412: static void close_opend_files (task_t * task, int close_all) {
413:     for (int fd = (close_all ? 0 : 3); fd < TASK_FILE_CNT; fd++) {
414:         file_t * file = task->file_table[fd];
415:         if (file) {
416:             sys_close(fd);
417:             task->file_table[fd] = (file_t *)0;
418:         }
419:     }
420: }
```

其中,close_all 参数用于指示是否关闭所有文件。当值为 1 时,关闭所有文件;当值为 0 时,仅保持文件描述符 0~2 为打开状态。

18.3.4   实现 sys_execve()

execve()的处理函数为 sys_execve(),该函数的实现如程序清单 18.17 所示。该函数的实现较为复杂,主要完成这几项工作:关闭已打开的文件,加载 ELF 程序,向进程传递参数,初始化寄存器值列表。

程序清单 18.17   c16.03/project/kernel/core/task.c

```
778: int sys_execve(char * name, char ** argv, char ** env) {
779:     task_t * task = task_current();
780:
781:     close_opend_files(task, 0);
782:
783:     // 后面会切换页表,所以先处理需要从进程空间取数据的情况
784:     kernel_strncpy(task->name, name, TASK_NAME_SIZE);            // 不支持路径
785:
787:     uint32_t old_page_dir = task->tss.cr3;
788:     uint32_t new_page_dir = memory_create_pgdir();
789:     if (!new_page_dir) {
790:         goto exec_failed;
791:     }
792:
793:     // 加载 elf 文件到内存中。要放在开启新页表之后,这样才能对相应的内存区域写
794:     uint32_t entry = load_elf_file(task, name, new_page_dir);
795:     if (entry == 0) {
796:         goto exec_failed;
797:     }
798:
799:     // 准备用户栈空间,预留环境及参数的空间
800:     uint32_t stack_top = MEM_TASK_STACK_TOP - MEM_TASK_ARG_SIZE;
801:     int err = memory_alloc_for(new_page_dir,
802:                                MEM_TASK_STACK_TOP - MEM_TASK_STACK_SIZE,
803:                                MEM_TASK_STACK_SIZE, PTE_P | PTE_U | PTE_W);
804:     if (err < 0) {
```

```
805:            goto exec_failed;
806:        }
807:
808:        // 复制参数,写入到栈顶的后边
809:        int argc = 0;
810:        while (argv[argc++] != (char *)0) {}
811:
812:        err = copy_task_args((char *)stack_top, new_page_dir, argc, argv);
813:        if (err < 0) {
814:            goto exec_failed;
815:        }
816:
817:        // 加载完毕,为程序的执行做必要准备
818:        // 注意,exec 的作用是替换掉当前进程,所以只要改变当前进程的执行流即可
819:        // 当该进程恢复运行时,像完全重新运行一样,所以用户栈要设置成初始模式
820:        // 运行地址要设置成整个程序的入口地址
821:        exception_frame_t * frame = (exception_frame_t *)(task -> tss.esp0 - sizeof
            (exception_frame_t));
822:        frame -> eip = entry;
823:        frame -> eax = frame -> ebx = frame -> ecx = frame -> edx = 0;
824:        frame -> esi = frame -> edi = frame -> ebp = 0;
825:        frame -> eflags = EFLAGS_DEFAULT | EFLAGS_IF;
826:        frame -> esp3 = stack_top;
827:
828:        // 切换到新的页表
829:        task -> tss.cr3 = new_page_dir;
830:        memory_active_pgdir(new_page_dir);
831:        memory_destroy_pgdir(old_page_dir);    // 再释放掉原进程的内容空间
832:        return 0;
833:
834: exec_failed:                                  // 必要的资源释放
835:        if (new_page_dir) {
836:            // 有页表空间切换,切换至旧页表,销毁新页表
837:            task -> tss.cr3 = old_page_dir;
838:            memory_active_pgdir(old_page_dir);
839:            memory_destroy_pgdir(new_page_dir);
840:        }
841:
842:        return -1;
843: }
```

在上述代码中,首先调用 close_opend_files()关闭已经打开的文件。其中,close_all 参数值为 0,即保持文件描述符 0～2 为打开状态。

接下来,加载 ELF 程序到内存。在加载前,使用 memory_create_pgdir()创建了新的进程地址空间,以避免加载失败时,原进程地址空间中的代码和数据被破坏,进而导致 execve()返回后进程执行出现问题。在新的进程地址空间创建完成后,调用 load_elf_file()加载 ELF可执行程序。

之后,使用 memory_alloc_for()在进程地址空间中分配栈,并使用 copy_task_args()将参数复制到栈内。

然后,初始化寄存器值列表。与 fork()不同,这里并没有对 TSS 进行设置,而是设置

frame 中的值。至于原因,稍后会详细介绍。由于是新程序运行,所以,这些值需要按照程序刚开始运行那样再进行设置(与 tss_init()中的设置类似)。

最后,使用 memory_active_pgdir()切换至新的进程地址空间。原有的进程地址空间使用 memory_destroy_pgdir()进行销毁。

18.3.5 execve()执行流程

为了理解为何要对 frame 中的寄存器值进行设置,我们需要深入分析 execve()的执行流程,该执行流程如图 18.8 所示。

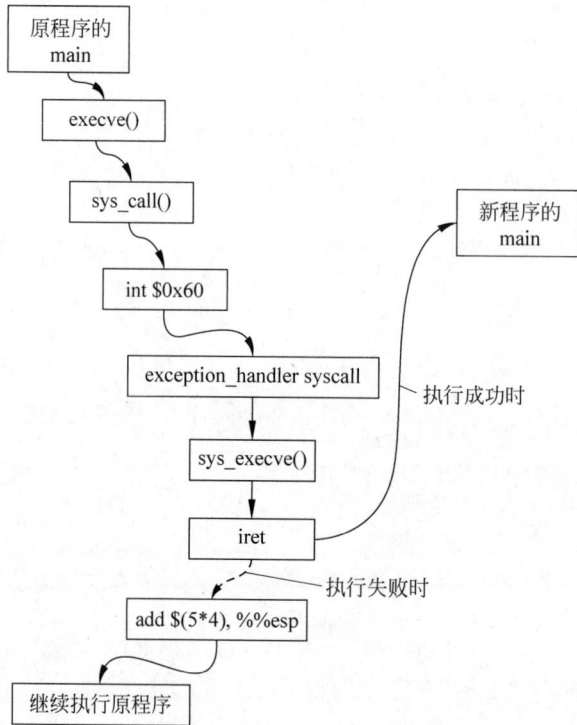

图 18.8 execve()执行流程

通过图 18.8 可以看出,进程对 execve()的调用,最终被转换为对 sys_execve()的调用。之后,进程返回到异常处理程序 exception_handler_syscall 中,继续往下运行,并最终通过 iret 指令返回。

此时,如果 execve()执行失败,则进程返回到 sys_call()中,继续执行下一条指令 add \$(5 * 4),%%esp,并最终返回至原程序继续往下执行。如果成功,进程应当跳转到新程序的入口地址处,并最终进入新程序的 main()函数执行。

由此可见,进程是通过 iret 指令触发进入到新程序中执行。因此,我们需要修改 frame 中的各项值,这些值将在异常退出时被恢复到 CPU 的寄存器。而 TSS 的这些值,对新进程的运行不构成任何影响。

此外,当 execve()成功执行时,进程并不需要获取其返回值,因此,不同于 fork(),不需要将某种返回值设置到 eax 中。

18.3.6　运行效果

在完成上述代码后，可以在 shell 中添加一小段测试代码，以验证 execve() 是否能正常工作。该测试代码如程序清单 18.18 所示。

程序清单 18.18　c16.03/project/shell/main.c

```
301: int main (int argc, char ** argv) {
302:     open(argv[1], O_RDWR);
303:     dup(0);                              // 标准输出
304:     dup(0);                              // 标准错误输出
305:
306:     int pid = fork();
307:     if (pid == 0) {
308:         char * argv[] = {"loop.elf", "-n", "10", "Hello", (char *)0};
309:         execve("loop.elf", argv, NULL);
310:     } else if (pid < 0) {
311:         printf("fork failed.\n");
312:     }
         ……省略……
```

在该测试代码中，使用 fork() 创建子进程。在子进程中，使用 execve() 加载 loop.elf 执行，并向其传递运行参数：loop.elf、-n、10、Hello。测试程序的运行效果如图 18.9 所示。

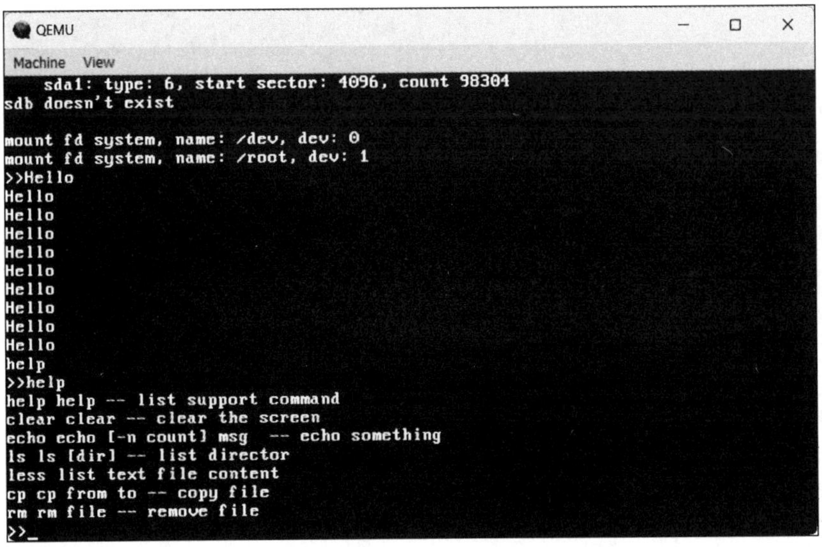

图 18.9　execve() 运行效果

从图 18.9 可以看出，loop.elf 成功执行，且连续打印了 10 次 Hello。与此同时，shell 仍然正常运行，等待用户输入命令。

18.4　进程退出

虽然 loop.elf 已经成功被加载到内存中执行，但是，程序从 main() 返回后，仍然不断地执行 start.S 中的 loop：jmp loop 指令。这不仅导致了 CPU 时间的浪费，还导致其所占用的内存等资源无法释放。当系统中出现大量的此类进程时,系统资源将被耗尽,无法执行新的程序。为解决该问题,需要实现进程退出机制。

18.4.1 相关系统调用

为实现进程的退出,参考 Linux 等系统的做法,新增两个系统调用:_exit()和 wait()。

1. _exit()系统调用

在 C 语言标准库中,提供了可用于进程退出的函数 exit(),该函数的原型为:void exit(int status)。exit()可用于终止程序的执行,并将状态码 status 返回给操作系统。当 status 的值为 0 时,表示正常退出;为非 0 值时,表示异常退出,可能由于程序在执行过程中发生了某种错误。

当进程执行 exit()时,将进行必要的资源清理操作,如刷新文件缓冲区、关闭文件等。在清理完成后,调用_exit()结束进程的运行。

由此可知,exit()函数依赖系统调用_exit()。该系统调用的函数原型为:void _exit(int status)。其中,status 参数的含义与 exit()的相同。

2. wait()系统调用

在_exit()执行过程中,进程所占据的资源需要被释放掉。如果完全由进程自己来完成该释放工作,将会导致进程运行出现问题。例如,进程在运行过程中,主动释放掉自己的进程地址空间,这将导致进程无法运行,也无法切换到其他进程运行。因此,应当避免将资源释放工作全部交由进程自己来完成。那么,由谁来做这件事更合适呢?

我们可以选择由父进程来完成此项工作。当父进程释放子进程的资源时,子进程此时已经不在运行状态,父进程可以放心地进行回收。此外,父进程可能需要了解子进程的执行结果,即获取状态码 status 值,我们需要在父进程拿到该值之后才能释放。

父进程可以通过 wait()系统调用通知操作系统去回收子进程所占用的资源。该系统调用的原型为:pid_t wait(int * status)。当 wait()被调用时,父进程等待子进程的结束。一旦有子进程退出,父进程从该函数返回,此时的 status 保存了子进程的退出状态码。

注:父进程并不直接回收子进程所占据的资源,而是通过 wait()系统调用来间接依赖操作系统去完成此项工作。

3. 联合使用示例

为了更好地理解上述系统调用的使用方法,这里给出了 Linux 系统上的使用示例,该示例代码如程序清单 18.19 所示。

程序清单 18.19 _exit()和 wait()使用示例

```
01: int main() {
02:     pid_t pid = fork();
03:
04:     if (pid == 0) {
05:         // 子进程
06:         printf("Child process exiting\n");
07:         exit(0);
08:     } else {
09:         // 父进程等待子进程
```

```
10:        int status;
11:        pid_t child_pid = wait(&status);
12:
13:        if (WIFEXITED(status)) {
14:            printf("Child %d exited with status %d\n", child_pid, WEXITSTATUS(status));
15:        }
16:    }
17:
18:    return 0;
19: }
```

注意：在上述代码中，可以看到两个宏：WIFEXITED()和 WEXITSTATUS()。这两个宏分别用于判断进程是否正常退出、获取退出的状态码。本书并未实现这两个宏。

对于上述代码，我们可以借助流程图分析其执行过程，该过程如图 18.10 所示。

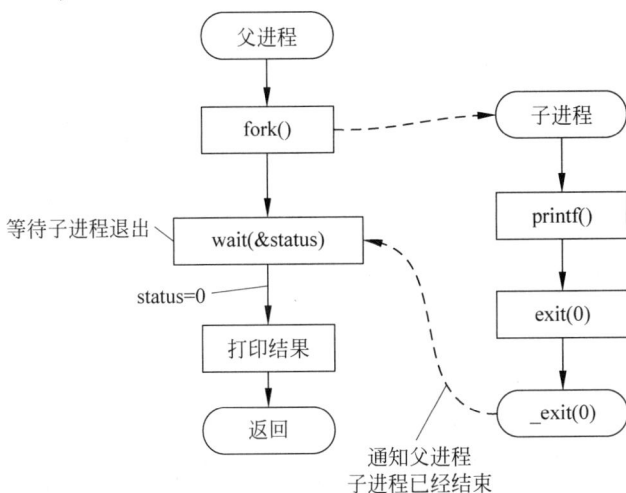

图 18.10   _exit()和 wait()使用示例

首先，父进程使用 fork()创建子进程，并调用 wait(&status)等待子进程退出；之后，子进程开始运行，在完成打印工作之后，最终调用_exit(0)退出；接下来，父进程从 wait()返回，status 的值为 0；最后，父进程打印 status 值。

注意：子进程在成功执行 exit()后，将立即终止运行，不会继续执行 return 0 语句。

18.4.2   实现_exit()系统调用

为了让程序能够正常退出，可以在 main()执行完毕之后立即调用 exit()，修改方法如程序清单 18.20 所示。其中，exit()的状态码值被设置为 main()的返回值，以便父进程获取子进程的 main()执行结果。

程序清单 18.20   c16.04/project/loop/start_c.c

```
07: #include <stdlib.h>
        ......省略.....
15: void cstart (int argc, char ** argv) {
        ......省略.....
22:     exit(main(argc, argv));
23: }
```

_exit()的实现如程序清单18.21所示。关于系统调用号的定义以及处理函数的注册,为简化篇幅,此处不作介绍。

程序清单 18.21 c16.04/project/loop/syscall.c

```
56: void _exit(int status) {
57:     __syscall(SYS_exit, status, 0, 0, 0);
58:     while (1) {}
59: }
```

_exit()的处理函数为 sys_exit(),该函数的实现如程序清单18.22所求。该函数的实现较复杂,主要完成三项工作:关闭已打开的文件,唤醒父进程,进入僵尸状态。所谓的僵尸状态:是指进程已经结束运行但占据的资源(进程控制块、内存)未被回收。

程序清单 18.22 c16.04/project/kernel/core/task.c

```
897: void sys_exit(int status) {
898:     task_t * curr_task = task_current();
899:
900:     // 关闭所有已经打开的文件
901:     close_opend_files(curr_task, 1);
902:
903:     int move_child = 0;
904:
905:     // 找所有的子进程,将其转交给 root_task 进程
906:     irq_state_t state = irq_enter_protection();
907:     for (int i = 0; i < TASK_FILE_CNT; i++) {
908:         task_t * task = task_table + i;
909:       if (task -> parent == curr_task) {
910:             // 有子进程,则转给顶层任务
911:             task -> parent = task_manager.root_task;
912:
913:             // 如果子进程中有僵尸进程,唤醒回收资源
914:             // 并不由自己回收,因为自己将要退出
915:             if (task -> state == TASK_ZOMBIE) {
916:                 move_child = 1;
917:             }
918:         }
919:     }
920:
921:     // 如果有移动子进程,则唤醒顶层任务
922:     if (move_child) {
923:         if (task_manager.root_task -> state == TASK_WAITING) {
924:             task_set_ready(task_manager.roo_task);
925:         }
926:     }
927:
928:     // 如果有父任务在 wait,则唤醒父任务进行回收
929:     // 如果父进程没有等待,则一直处于僵尸状态
930:     task_t * parent = curr_task -> parent;
931:     if (parent -> state == TASK_WAITING){
932:         task_set_ready(parent);
933:     }
934:
```

```
935:        // 保存返回值,进入僵尸状态
936:        curr_task -> status = status;
937:        curr_task -> state = TASK_ZOMBIE;
938:        task_remove_ready(curr_task);
939:        task_dispatch();
940:
941:        irq_leave_protection(state);
942: }
```

在该函数中,首先使用 close_opend_files() 关闭所有已经打开的文件。

其次,对当前进程的所有子进程进行调整,指定其父进程为 task_manager. root_task (实际为 first,后面介绍)。这样可使得进程退出后,这些子进程仍然有父进程,可以继续运行。在这些子进程中,有些可能已经处于僵尸状态,此时,将 move_child 设置为 1,表示需要唤醒 task_manager. root_task 去回收。

接下来,判断是否有子进程处于僵尸状态。如果有且 task_manager. root_task 正在调用 wait()(状态为 TASK_WAITING),则唤醒该进程。对于当前进程的父进程,也进行类似的检查,以及时唤醒父进程回收当前进程的资源。

最后,将状态码 status 保存到 curr_task-> status 中,进程进入僵尸状态。同时,将其从就绪队列中移除,并调用 task_dispatch() 切换至其他进程运行。一旦切换完成,当前进程永远不会切换回来执行下面的 irq_leave_protection(state) 语句。

18.4.3　实现 wait()系统调用

当父进程需要等待子进程退出,并获取退出状态码时,可以使用 wait() 系统调用。该系统调用的实现如程序清单 18.23 所示。

程序清单 18.23　c16.04/project/loop/syscall.c

```
53: int wait(int * status) {
54:     return __syscall(SYS_wait, status, 0, 0, 0);
55: }
```

wait()的处理函数为 sys_wait(),该函数的实现如程序清单 18.24 所示。

程序清单 18.24　c16.04/project/kernel/core/task.c

```
858: int sys_wait(int * status) {
859:     task_t * curr_task = task_current();
860:
861:     for (;;) {
862:         // 遍历,找僵尸状态的进程,然后回收。如果收不到,则进入睡眠态
863:         irq_state_t state = irq_enter_protection();
864:         for (int i = 0; i < TASK_NR; i++) {
865:             task_t * task = task_table + i;
866:             if (task -> parent != curr_task) {
867:                 continue;
868:             }
869:
870:             if (task -> state == TASK_ZOMBIE) {
871:                 int pid = task -> pid;
872:
```

```
873:                         if (status) {
874:                             * status = task -> status;
875:                         }
876:                         irq_leave_protection(state);
877:
878:                         // 释放页目录
879:                         memory_destroy_pgdir(task -> tss.cr3);
880:                         free_task(task);
881:
882:                         return pid;
883:                     }
884:                 }
885:
886:                 // 找不到,则等待
887:                 task_remove_ready(curr_task);
888:                 curr_task -> state = TASK_WAITING;
889:                 task_dispatch();
890:                 irq_leave_protection(state);
891:     }
892: }
```

在该函数中,查找所有子进程。当发现子进程处于僵尸状态时,从进程控制块中取出状态码 status,并释放进程地址空间和进程控制块。之后,返回子进程的 pid。如果没有子进程处于僵尸状态,则进程进入 TASK_WAITING 状态,继续等待子进程退出。

18.4.4 设置 root_task

task_manager. root_task 比较特殊,它负责回收没有父进程的进程。在_exit()中,当父进程退出时,所有的子进程交由 task_manager. root_task 进行管理。由于这种特殊性,该进程应当在操作系统启动后开始运行且永不退出。显然,选择 first 是最为合适的,于是,我们需要将 task_manager. root_task 设置为 first,设置方法如程序清单 18.25 所示。

程序清单 18.25 c16.04/project/kernel/core/task.c

```
164: void task_first_create (void) {
        ......省略.....
166:     task_create(&task_table[0], "first", TASK_FLAG_SYSTEM, 0, 0);
        ......省略.....
169:     task_manager.curr_task = &task_table[0];
170:     task_manager.root_task = task_manager.curr_task;
        ......省略.....
177: }
```

相应地,还需要修改 first 的代码,使其不断地调用 sys_wait(),修改方法如程序清单 18.26 所示。

程序清单 18.26 c16.04/project/kernel/init.c

```
20: void kernel_start (void) {
        ......省略.....
37:     while (1) {
38:         sys_wait((int * )0);
39:     }
40: }
```

注意：由于 first 运行在操作系统内部，它应当调用 sys_wait()，而不是 wait()。

18.4.5 运行效果

在完成上述代码后，可以在 shell 中添加一小段测试代码，以验证进程的退出和回收效果。该测试代码如程序清单 18.27 所示。

程序清单 18.27 c16.04/project/shell/main.c

```
301: int main (int argc, char ** argv) {
       ……省略……
306:     int pid = fork();
307:     if (pid == 0) {
308:         printf("child process\n");
309:         exit(-1);
310:     } else if (pid < 0) {
311:         printf("fork failed.\n");
312:     }
313:     int status;
314:     wait(&status);
315:     printf("child exit = %d\n", status);
       ……省略……
```

启动程序运行，可以看到如图 18.11 所示的运行效果。在子进程打印完 child process 后，shell 成功获得其退出状态码 −1，并打印 child exit＝−1。

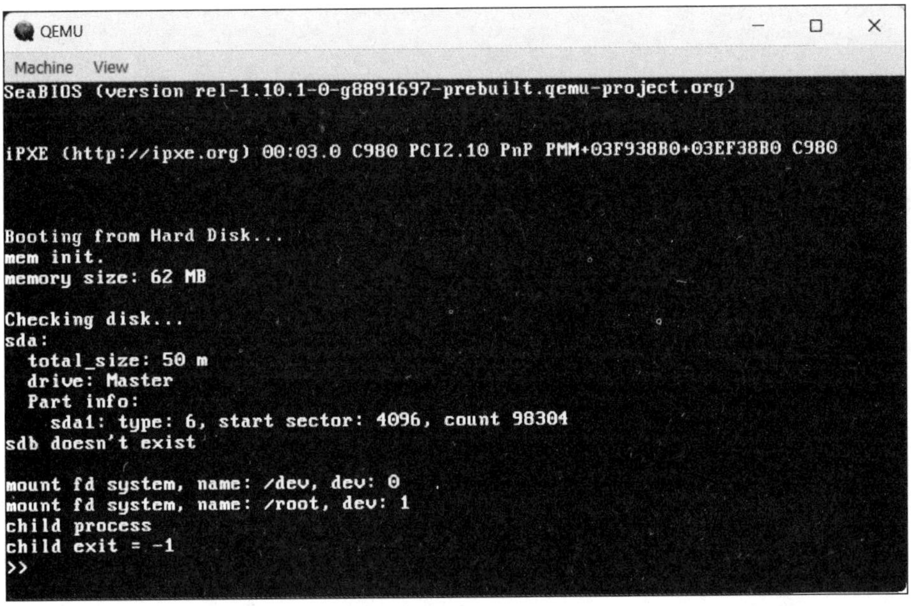

图 18.11 运行效果

18.5 支持加载程序运行

有了新增的系统调用的支持，我们可以修改 shell 的实现，使其能够动态加载可执行程序到内存中执行。对 shell 的修改如程序清单 18.28 所示。

程序清单 18.28　　c16.05/project/shell/main.c

```
301: int main (int argc, char ** argv) {
        ......省略.....
389:        const char * path = find_exec_path(argv[0]);
390:        if (path) {
391:            run_exec_file(path, argc, argv);
392:            continue;
393:        }
        ......省略.....
369: }
```

在上述代码中,调用 find_exec_path()检查可执行程序是否存在。如果存在,则调用
run_exec_file()加载程序运行;如果不存在,则按内置命令进行处理。find_exec_path()和
run_exec_file()的实现如程序清单 18.29 所示。

程序清单 18.29　　c16.05/project/shell/main.c

```
304: static const char * find_exec_path (const char * file_name) {
305:        int fd = open(file_name, 0);
306:        if (fd < 0) {
307:            return (const char * )0;
308:        }
309:
310:        close(fd);
311:        return file_name;
312: }
313:
317: static void run_exec_file (const char * path, int argc, char ** argv) {
318:        int pid = fork();
319:        if (pid < 0) {
320:            fprintf(stderr, "fork failed: % s", path);
321:        } else if (pid == 0) {
322:            // 子进程
323:            int err = execve(path, argv, (char * const * )0);
324:            if (err < 0) {
325:                fprintf(stderr, "exec failed: % s", path);
326:            }
327:            exit( - 1);
328:        } else {
329:            // 等待子进程执行完毕
330:            int status;
331:            int pid = wait(&status);
332:            fprintf(stderr, "cmd % s result: % d, pid = % d\n", path, status, pid);
333:        }
334: }
```

由于没有系统调用可用于检查文件是否存在,因此,在 find_exec_path()中,采用了一
种较简单的方法:通过检查文件是否能打开,作为判断文件是否存在的依据。

而为了执行可执行程序,在 run_exec_file(),首先使用 fork()创建子进程;之后,在子
进程中使用 execve()加载可执行程序执行。如果加载失败,则使用 exit(-1)退出。与此同
时,shell 调用 wait(&status)等待子进程执行完毕后退出。也就是说,shell 会等待命令执
行完毕后,才继续读取用户输入。

运行效果

在完成上述代码之后,去掉 shell 中无关的测试代码,再次启动程序运行。此时,可以输入 loop. elf -n 10 hello,world。当按下回车键之后,loop. elf 开始运行,并在连续 10 次打印 hello,world 后退出。最后,shell 打印出 loop. elf 的执行结果及 pid,如图 18.12 所示。

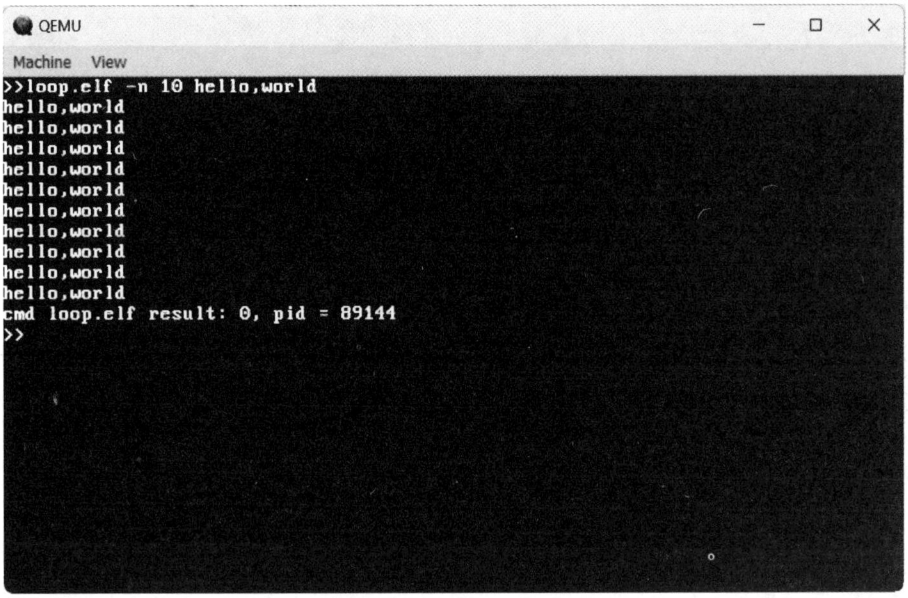

图 18.12　命令执行效果

18.6　进程异常退出

在应用程序的执行过程中,可能由于某些原因(如除 0)导致执行过程中触发异常。此时,操作系统需要结束进程并回收资源。我们可以对异常处理函数进行修改,增加进程退出的操作,修改方法如程序清单 18.30 所示。

程序清单 18.30　c16. 06/project/kernel/cpu/irq. c

```
 35: static void do_default_handler (exception_frame_t * frame, const char * message) {
     ......省略.....
 41:     if (frame->cs != KERNEL_SELECTOR_CS) {
 42:         // 结束进程,在后续完成
 43:         sys_exit(frame->error_code);
 44:     } else {
 45:         for (;;) {
 46:             hlt();
 47:         }
 48:     }
 49: }
103: void do_handler_general_protection(exception_frame_t * frame) {
     ......省略.....
125:     if (frame->cs != KERNEL_SELECTOR_CS) {
```

```
126:              // 结束当前进程
127:              sys_exit(frame->error_code);
128:         } else {
129:              for (;;) {
130:                   hlt();
131:              }
132:         }
133: }

135: void do_handler_page_fault(exception_frame_t * frame) {
      ......省略.....
157:         if (frame->cs != KERNEL_SELECTOR_CS) {
158:              sys_exit(frame->error_code);
159:         } else {
160:              for (;;) {
161:                   hlt();
162:              }
163:         }
164: }
```

在上述异常处理函数中,首先检查异常发生时程序的工作状态,如果为内核态(使用内核代码段 KERNEL_SELECTOR_CS),即操作系统内部触发的异常,则使用 hlt 指令让 CPU 停机;如果是用户态,即应用程序触发的异常,调用 sys_exit()结束当前进程。

为了测试应用程序的异常退出,可以在 loop 中增加除 0 代码。该代码如程序清单 18.31 所示。

程序清单 18.31　c16.06/project/loop/main.c

```
16: int main (int argc, char ** argv) {
17:      int a = 3 / 0;                  // 除 0 触发异常
         ......省略.....
```

当再次执行 loop.elf -n 10 hello,world 命令时,程序将因为除 0 异常而跳转至 do_default_handler()执行。此时,操作系统将打印出异常信息,并终止 loop 的运行。该命令的执行效果如图 18.13 所示。

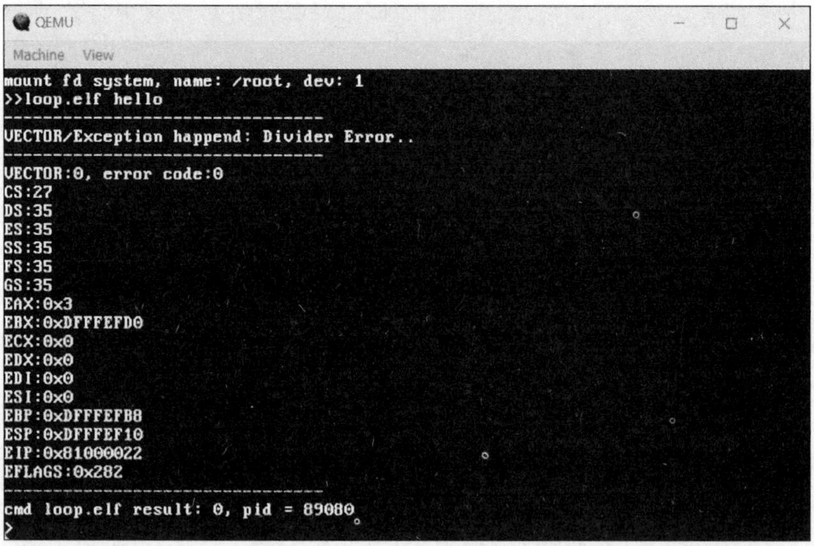

图 18.13　程序异常退出效果

18.7 多个 shell 同时运行

最后,让我们回到 task_shell_create(),对其进行稍许修改。

目前,该函数仅创建了一个 shell 进程,该进程读写/dev/tty0。由于整个系统支持最多 8 个 tty,我们可以将循环次数修改为 TTY_COUNT(8),修改方法如程序清单 18.32 所示。

程序清单 18.32 c16.06/project/loop/main.c

```
677: void task_shell_create (void) {
678:     for ( int i = 0 ; i < TTY_COUNT; i++) {
         ......省略.....
703:         char tty_num[] = "/dev/tty?";
704:         tty_num[sizeof(tty_num) - 2] = i + '0';
705:         char * argv[] = {"shell.elf", tty_num, (char *)0};
         ......省略.....
718:     }
719:     return;
         ......省略.....
723: }
```

通过上述修改,在系统启动后,将同时运行 8 个 shell,每个 shell 读写不同的 tty。这些 shell 的工作方式如图 18.14 所示。

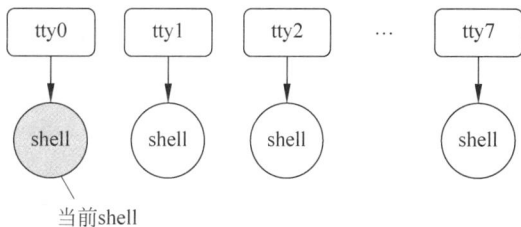

图 18.14 多个 shell 运行

默认情况下,用户使用 tty0 进行键盘输入和打印输出,由 tty0 对应的 shell 解析用户输入。不过,用户可以通过 Ctrl+Fn(F1~F8)来切换当前所用的 shell,从而在不同的 shell 中执行不同的命令。

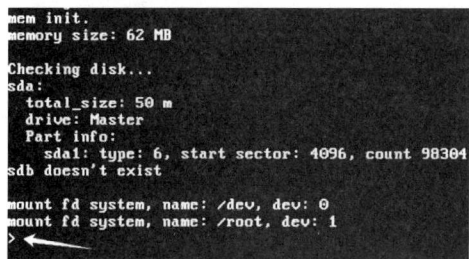

图 18.15 退格删除错误

最后,还需要对 tty_read()进行调整。在测试时,你可能会发现:当连续按下退格键删除已经在屏幕中输入的命令字符时,退格键总是产生作用。也就是说,当输入的命令字符已经被删除完毕时,如果继续按下退格键,则可能删除其他字符,如命令提示符。这种现象如图 18.15 所示。

在图 18.15 中,当按下退格键时,命令行提示符>>被错误地删除掉了一个字符>。为解决该问题,需要对 tty_read()进行修改,修改方法如程序清单 18.33 所示。当发现读取的键值为退格键且输入缓存中没有数据时,不进行任何处理(比如回显),这样就可避免出现上述问题。

程序清单 18.33　c16.06\project\kernel\dev\tty\tty.c

```
132: int tty_read (device_t * device, int addr, char * buf, int size) {
         ……省略……
147:            char ch;
148:            tty_fifo_get(&tty->ififo, &ch);
149:            if ((ch == 0x7F) && (1en == 0)) continue;
         ……省略……
170: }
```

通过上述所有工作,我们便拥有了一个能正常工作的 shell。你可以在此基础上继续进行功能扩展,让 shell 的功能更加强大!

18.8　本章小结

本章主要实现了可执行程序的加载,以及进程的创建及退出机制。具体而言,新增了 4 个系统调用:fork()、execve()、_exit()和 wait()。

fork()用于创建子进程,该进程可以视作父进程的副本。execve()用于加载可执行程序到内存中执行,它使用新程序的代码和数据替换掉原进程的代码和数据。_exit()和 wait()分别用于进程退出和资源回收。通常情况下,这两个系统调用相互配合使用。

通过上述系统调用,shell 可以动态加载可执行程序到内存中执行。如果我们希望丰富整个系统的功能,只需要创建新的应用程序,由 shell 加载执行即可。与此同时,普通的应用程序也可以使用这些系统调用,创建多个进程来协同完成某些复杂工作。